新编高等院校公共基础课系列规划教材

高等数学

Gaodeng Shuxue

（第3版）

主　编　林　益　毕重荣　涂　平
副主编　张丹丹　李　锐　李春桃
参　编　吴　洁　邵　琨

华中科技大学出版社
http://www.hustp.com
中国·武汉

内容简介

本书是为理工类或经管类大专学生编写的基础课教材，内容包括函数与极限、导数及其应用、不定积分、定积分及其应用、微分方程与差分方程、空间解析几何与向量代数、多元函数微分学、二重积分、无穷级数.

本书以“必需、够用”为度，注重“数学为人人”的理念，努力提高学生学习的兴趣，增强学生应用数学的能力.

对数学要求不高的理工类或经管类本科学生也可使用本书.

图书在版编目(CIP)数据

高等数学/林益，毕重荣，涂平主编. —3版. —武汉：华中科技大学出版社，2014.1
ISBN 978-7-5609-9846-6

Ⅰ.①高… Ⅱ.①林… ②毕… ③涂… Ⅲ.①高等数学-高等学校-教材 Ⅳ.①O13

中国版本图书馆CIP数据核字(2014)第017476号

高等数学(第3版) 林 益 毕重荣 涂平 主编

策划编辑：张 毅
责任编辑：史永霞
封面设计：龙文装帧
责任校对：李 琴
责任监印：朱 玢
出版发行：华中科技大学出版社(中国·武汉)
武昌喻家山 邮编：430074 电话：(027)81321913
录 排：华中科技大学惠友文印中心
印 刷：武汉华工鑫宏印务有限公司
开 本：787mm×960mm 1/16
印 张：19.75
字 数：408千字
版 次：2008年9月第1版 2011年7月第2版 2018年1月第3版第4次印刷
定 价：36.50元

前　言

本书是为高等专科学校理工、经管类学生所编写的基础课教材，其内容包括函数与极限、导数及其应用、不定积分、定积分及其应用、微分方程与差分方程、空间解析几何与向量代数、多元函数微分学、二重积分、无穷级数等.

高等数学是重要的基础课程，它不仅为后续的专业课程提供了必要的工具，同时也是专业技术人才素质教育的重要组成部分.结合大专教育的特点和要求，本书在内容取舍上不追求理论上的完整性和系统性，在取各家之长与精选的基础上，达到“必需、够用”的要求.编写时作者有意识地引导学生了解数学与社会的关系，注意从学生身边的各种社会、生活及科学的问题出发，展开数学理论和应用的学习.在教学观念上，本书不过分强求学生如何去更深刻地理解数学概念、原理及研究的过程，而是注重让学生体会数学的本质及数学的价值，让学生感受到“数学为人人”的思想.

全书语言流畅，内容深入浅出，通俗易懂，可读性强.特别是书中列举的应用问题新颖、趣味性强，亲近数学理论，能够激发学生的学习兴趣，提高学生应用数学的能力.本书由林益（文华学院）、毕重荣（武汉工程科技学院）、涂平（文华学院）担任主编，张丹丹（武昌首义学院）、李锐（武汉工程科技学院）、李春桃（武昌首义学院）担任副主编，吴洁（华中科技大学）、邵琨（华中科技大学）参编.

由于作者水平有限，时间也紧迫，因此不可避免地会有不尽如人意之处，恳请有关专家、同行和广大读者批评指正.

编　者

2016 年 6 月

前言

目　　录

第1章　函数与极限

函数是微积分学研究的主要对象,极限方法是微积分学研究所采用的基本方法.本章将对函数与极限的概念、性质和运算进行较系统的学习.

1.1　函数的概念与性质

函数是变量与变量的一种对应关系.本书研究的变量均取值于实数,因此必须了解实数的一些性质及实数集的常见表示法.

1.1.1　实数

数是人类在争取生存、进行生产和交换中创造的一种特殊语言,是量的描述及其运算的手段.

实数是有理数与无理数的总称,它有以下性质.

(1) 实数对四则运算(即加、减、乘、除)是封闭的,即任意两个实数进行加、减、乘、除(除法要求分母不为零)运算后,其结果仍是实数.

(2) 有序性,即任意两个实数 a 与 b 都可以比较大小,满足且只满足下列关系之一:

$$a < b,\quad a = b,\quad a > b.$$

且大小关系具有传递性,即若 $a < b, b < c$,则 $a < c$.

(3) 稠密性,即任意两实数之间仍有实数.也就是说,有理数和无理数在实数集中是稠密的.

(4) 连续性,即实数与数轴上的点一一对应.

微积分学中经常需要比较两变量的大小,为此必须熟悉一些常见的不等式.

将实数 a 的绝对值 $|a|$ 定义为

$$|a| = \begin{cases} a, & a \geqslant 0; \\ -a, & a < 0. \end{cases}$$

它表示数轴上的点 a 到原点的距离.以下是两种常见的含绝对值的不等式.

三角不等式:设 a,b 为实数,则

$$|a+b| \leqslant |a| + |b|,$$

$$||a| - |b|| \leqslant |a-b|.$$

利用数学归纳法可将它推广为

$$|a_1 + a_2 + \cdots + a_n| \leqslant |a_1| + |a_2| + \cdots + |a_n|,$$

其中 $a_i(i=1,2,\cdots,n)$ 为实数.

平均值不等式:设 $a_i(i=1,2,\cdots,n)$ 是非负实数,则有

$$\sqrt[n]{a_1a_2\cdots a_n}\leqslant\frac{a_1+a_2+\cdots+a_n}{n}.$$

区间是今后常用的实数集.

设 a,b 是两个实数,且 $a<b$,则:

(1) 满足不等式 $a<x<b$ 的实数 x 的全体叫作以 a,b 为端点的开区间,记作 (a,b),即 $(a,b)=\{x\mid a<x<b\}$;

(2) 满足不等式 $a\leqslant x\leqslant b$ 的实数 x 的全体叫作以 a,b 为端点的闭区间,记作 $[a,b]$,即 $[a,b]=\{x\mid a\leqslant x\leqslant b\}$;

(3) 满足不等式 $a\leqslant x<b$ 或 $a<x\leqslant b$ 的实数 x 的全体叫作以 a,b 为端点的半开区间,记作 $[a,b)$ 或 $(a,b]$,即 $[a,b)=\{x\mid a\leqslant x<b\}$,$(a,b]=\{x\mid a<x\leqslant b\}$.

以上三种区间称为有限区间,数 $b-a$ 称为它们的长度.从数轴上看,有限区间的长度为有限的线段(或不包括端点,或包括一个端点,或包括两个端点)(见图 1-1).

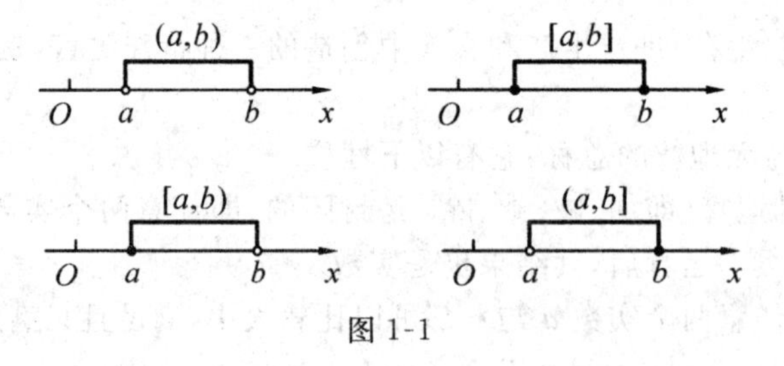

图 1-1

除上述有限区间外,还有无限区间.为了表示无限区间,首先引进记号 $+\infty$ 与 $-\infty$(不是数!),分别读作正无穷大与负无穷大.设 a,b 是两个实数,且 $a<b$,则:

(1) 满足不等式 $a<x<+\infty$ 或 $-\infty<x<b$ 的实数 x 的全体记作 $(a,+\infty)$ 或 $(-\infty,b)$,称为无限的开区间,即 $(a,+\infty)=\{x\mid x>a\}$,$(-\infty,b)=\{x\mid x<b\}$;

(2) 满足不等式 $a\leqslant x<+\infty$ 或 $-\infty<x\leqslant b$ 的实数 x 的全体记作 $[a,+\infty)$ 或 $(-\infty,b]$,称为无限的半开区间,即 $[a,+\infty)=\{x\mid x\geqslant a\}$,$(-\infty,b]=\{x\mid x\leqslant b\}$.

$[a,+\infty)$,$(-\infty,b]$,$(a,+\infty)$ 以及 $(-\infty,b)$ 在数轴上表现为长度为无限的半直线,如图 1-2 所示.

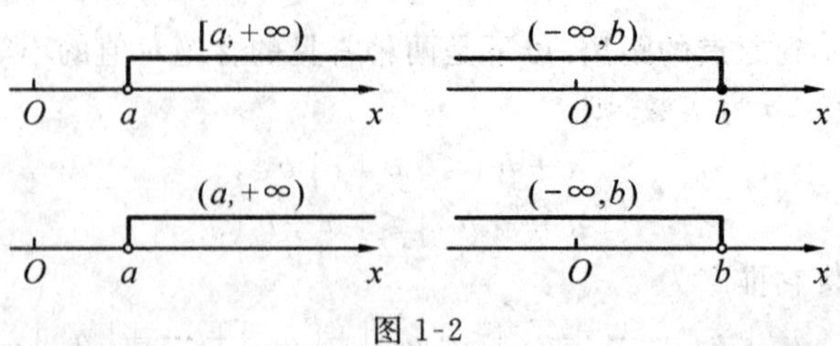

图 1-2

全体实数 **R** 记作$(-\infty,+\infty)$，它也是无限的开区间.

以 a 为中心的开区间$(a-\delta,a+\delta)$ $(\delta>0)$ 称为 a 的邻域，δ 称为此邻域的半径(见图1-3). 常将邻域$(a-\delta,a+\delta)$ 记作 $N(a,\delta)$ 或 $N(a)$. 在 $N(a,\delta)$ 中去掉中心点 a 后，称为 a 的去心邻域(见图 1-4)，记作 $N^{\circ}(a,\delta)$ 或 $N^{\circ}(a)$.

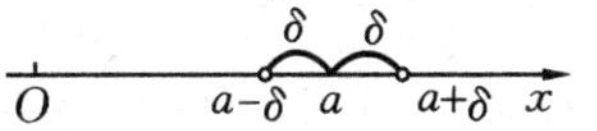

图 1-3

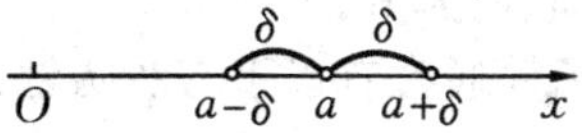

图 1-4

由于 $a-\delta<x<a+\delta$ 相当于 $|x-a|<\delta$，因此

$$N(a,\delta)=\{x \mid |x-a|<\delta\}.$$

因为 $|x-a|$ 表示点 x 与点 a 的距离，所以 $N(a,\delta)$ 表示与 a 的距离小于 δ 的实数 x 的全体.

类似地，$N^{\circ}(a,\delta)=\{x \mid 0<|x-a|<\delta\}$，这里 $|x-a|>0$ 表示 $x\neq a$.

如果一个实数 x 在某个区间(a,b) 内，就用符号 $x\in(a,b)$ 表示，如 $2\in(0,3)$.

例 1　用区间表示 x 的变化范围：

(1) $2<x\leqslant 6$；　(2) $x\geqslant 0$；　(3) $x^2<9$；　(4) $|x-3|\leqslant 4$.

解　(1) $(2,6]$；　(2) $[0,+\infty)$；　(3) $(-3,3)$；　(4) $[-1,7]$.

1.1.2　函数的定义

在对自然现象与社会现象的观察与研究过程中，人们会碰到各种各样的量. 在某个问题的研究过程中，保持不变的量称为常量，可以取不同数值的量称为变量.

例如，对一个密闭容器中的气体加热时，容器中气体的体积和分子个数保持不变，是常量；而气体的温度和容器内的气压在不断变化，因而是变量.

又如，一个商场的面积是常量，而每天到商场购物的人数是变量.

在同一研究问题中，往往同时有几个变量变化着，这几个变量并不是孤立地在变，而是相互联系并遵循着一定的变化规律. 先看以下几个例子.

例 2　在物体做自由落体运动的过程中，物体的高度 h、运动速度 v、下落时间 t、下落距离 s 都是变量；下落开始时的初始高度 h_0 及加速度 g 是常量. 它们之间有以下关系：

$$s+h=h_0,\quad v=gt,\quad s=\frac{1}{2}gt^2.$$

例 3　把一杯热的饮料放到冰箱里，饮料的温度随时间的变化而变化.

例 4　经济学家经常研究消费与收入之间的关系，一般的，消费随收入的变化而变化.

抛开上述例子各自的具体含义，其共同本质是变量之间相互依赖的关系. 当其中一个变量取定了一个数值时，按照某种确定的对应关系，就可以求得另一个变量的一个相应值. 函数的一般概念正是这样抽象出来的.

定义　设在某一问题中有两个变量 x 和 y，变量 x 的变化范围为 D. 如果 D 中每一个

值 x,按照某种对应法则 f,都有变量 y 的唯一确定的值与之对应,则称变量 y 是变量 x 的一个函数,记为

$$y = f(x),\quad x \in D.$$

称 x 为自变量,y 为因变量或函数. x 的变化范围 D 称为函数的定义域,y 的变化范围称为函数的值域,一般记为 W.

表示一个函数通常有以下三种方法.

1. 公式法

公式法就是用公式表示两变量之间的关系,公式法又称为解析法. 例如,$y = \sqrt{x}$,$y = \sin x$,$S = \pi r^2$ 等都是用公式表示的函数.

上面所列举的函数,都是用一个公式表示了一个函数. 但是有的函数用一个公式表示不出来,需要用两个或两个以上的公式表示,这样的函数叫分段函数. 例如:

绝对值函数 $$y = |x| = \begin{cases} x, & x \geqslant 0, \\ -x, & x < 0. \end{cases}$$

符号函数 $$y = \operatorname{sgn} x = \begin{cases} 1, & x > 0; \\ 0, & x = 0; \\ -1, & x < 0. \end{cases}$$

在实际生活中,分段函数的例子也是常见的.

例 5 某路公共汽车的票价 y(单位:元) 与站数 x 间的函数关系是

$$y = \begin{cases} 1, & 1 \leqslant x \leqslant 5; \\ 1.5, & 6 \leqslant x \leqslant 10; \\ 2, & 11 \leqslant x \leqslant 15; \\ 3, & x > 15. \end{cases}$$

也就是说,乘客乘车的站数不超过5站,只需购买1元的车票,乘车的站数超过5站但不超过10站,须购买1.5元的车票,等等.

例 6 从2008年3月1日起,个人工资、奖金所得按月应缴纳的个人所得税税款 y(单位:元) 与其工资、奖金所得 x(单位:元) 之间的关系是:

$$y = \begin{cases} 0, & 0 \leqslant x \leqslant 2\,000; \\ (x - 2\,000) \times 5\%, & 2\,000 < x \leqslant 2\,500; \\ 25 + (x - 2\,500) \times 10\%, & 2\,500 < x \leqslant 4\,000; \\ 25 + 150 + (x - 4\,000) \times 15\%, & 4\,000 < x \leqslant 7\,000; \\ 175 + 450 + (x - 7\,000) \times 20\%, & 7\,000 < x \leqslant 22\,000; \\ 625 + 3\,000 + (x - 22\,000) \times 25\%, & 22\,000 < x \leqslant 42\,000; \\ 3\,625 + 5\,000 + (x - 42\,000) \times 30\%, & 42\,000 < x \leqslant 62\,000; \\ 8\,625 + 6\,000 + (x - 62\,000) \times 35\%, & 62\,000 < x \leqslant 82\,000; \\ 14\,625 + 7\,000 + (x - 82\,000) \times 40\%, & 82\,000 < x \leqslant 102\,000; \\ 21\,625 + 8\,000 + (x - 102\,000) \times 45\%, & x > 102\,000. \end{cases}$$

也就是说，当 $x \leqslant 2\,000$ 时，不必纳税；当 $2\,000 < x \leqslant 2\,500$ 时，纳税部分是 $x-2\,000$，税率为 5%；当 $2\,500 < x \leqslant 4\,000$ 时，其中 2 000 元不纳税，500 元应纳 5% 的税，即 500 元 $\times 5\% = 25$ 元，再多的部分，即 $x-2\,500$，按 10% 纳税；等等.

对于分段函数要注意下面几点：

(1) 分段函数是用几个公式合起来表示一个函数，而不是几个函数；

(2) 分段函数的定义域是各段定义域的并集；

(3) 在处理问题时，对属于某一段的自变量就应用该段的表达式.

公式法的优点是准确、简单，便于进行理论研究.

2. 列表法

列表法就是将自变量的一系列值和与其对应的函数值列成一张表来表示函数. 例如中学数学用表中所列的立方根表、三角函数表等；在现实生活中，彩票的中奖号码是日期的函数，可以列表将两者对应起来，但是没有一个能使我们致富的抽彩中奖公式.

列表法的优点是便于应用.

3. 图像法

图像法就是在坐标系中用图形来表示函数 $y=f(x)$. 如股票价格的运行图(实际上，很难用公式表示股票价格与时间的关系).

用图形表示函数的优点是它的直观性，函数的变化趋势从图形上可以一目了然，便于对函数进行定性分析.

例 7 在统计学上饮食消费占日常支出的比例称为恩格尔系数，它反映了一个国家或地区的富裕程度，是国际通用的一项重要经济指标. 联合国根据恩格尔系数来划分一个国家国民的富裕程度：恩格尔系数小于 20 为绝对富裕；20 到 40 之间属比较富裕；40 到 50 之间算小康水平；50 到 60 之间则刚够温饱；60 以上则为贫困. 以 x 表示恩格尔系数，y 表示富裕程度，则国民富裕程度如图 1-5 所示.

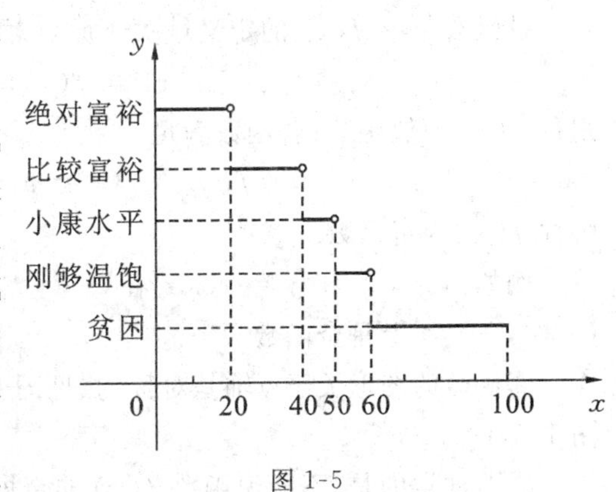

图 1-5

本书中函数的表示将以公式法为主，并尽可能地辅以图像说明.

一个函数主要是由对应法则和其定义域 D 所确定的，与其变量所选用的记号没有关系. 函数的定义域 D 可根据问题的实际意义来确定. 例如，在圆的面积 $S=\pi r^2$ 中，定义域 $D=\{r \mid r \geqslant 0\}$. 若考虑由某一公式表示的函数 $y=f(x)$，如果不特别声明，则认定其定义域为使 $f(x)$ 有意义的 x 的全体. 例如 $y=\sqrt{1-x^2}$ 的定义域为 $[-1,1]$. 通常求定义域时应注意如下几点：

(1) 分母不能为零；

(2) 开偶次方时，被开方式的值非负；

(3) 对数式中的真数必须大于零，底数大于零且不等于1，等等.

例8 判断下述函数 $f(x)$，$g(x)$ 是否相等.

(1) $f(x)=x$, $g(x)=(\sqrt{x})^2$； (2) $f(x)=x+1$, $g(x)=\dfrac{x^2-1}{x-1}$；

(3) $f(x)=2\lg x$, $g(x)=\lg x^2$； (4) $f(x)=x$, $g(x)=\dfrac{x^3+x}{x^2+1}$.

解 两函数相等的充分必要条件是定义域与对应法则完全一致.

(1) $f(x)$ 与 $g(x)$ 不相等. 因为 $f(x)$ 的定义域是 $(-\infty,+\infty)$，而 $g(x)$ 的定义域是 $[0,+\infty)$，定义域不同.

(2) $f(x)$ 与 $g(x)$ 不相等. 因为 $f(x)$ 的定义域是 $(-\infty,+\infty)$，而 $g(x)$ 的定义域是 $(-\infty,1)\cup(1,+\infty)$，定义域不同.

(3) $f(x)$ 与 $g(x)$ 不相等. 因为 $f(x)$ 的定义域是 $(0,+\infty)$，而 $g(x)$ 的定义域是 $(-\infty,0)\cup(0,+\infty)$，定义域不同.

(4) $f(x)$ 与 $g(x)$ 相同. 首先是定义域均为 $(-\infty,+\infty)$，其次是对应法则相同，因为

$$g(x)=\frac{x^3+x}{x^2+1}=\frac{x(x^2+1)}{x^2+1}=x=f(x).$$

1.1.3 函数的性质

研究函数的性质是为了了解函数所具有的特性，以便掌握它的变化规律.

1. 奇偶性

设函数 $y=f(x)$ 的定义域关于原点对称，即 $x\in(-a,a)$. 若函数满足

$$f(-x)=f(x),\quad \forall x\in(-a,a),$$

则称 $f(x)$ 为偶函数；若函数满足

$$f(-x)=-f(x),\quad \forall x\in(-a,a),$$

则称 $f(x)$ 为奇函数.

例如，$y=x^2$ 和 $y=\cos x$ 在 $(-\infty,+\infty)$ 上是偶函数；$y=x^3$ 和 $y=\sin x$ 在 $(-\infty,+\infty)$ 上是奇函数.

偶函数的图形关于 y 轴是对称的(见图1-6(a))；奇函数的图形关于原点是对称的(见图1-6(b)).

需要注意的是，不能说函数 $f(x)$ 非奇即偶或非偶即奇. 如 $f(x)=x+1$ 既不是奇函数，也不是偶函数，因 $f(-1)=0$，$f(1)=2$，既无 $f(-1)=-f(1)$，也无 $f(-1)=f(1)$.

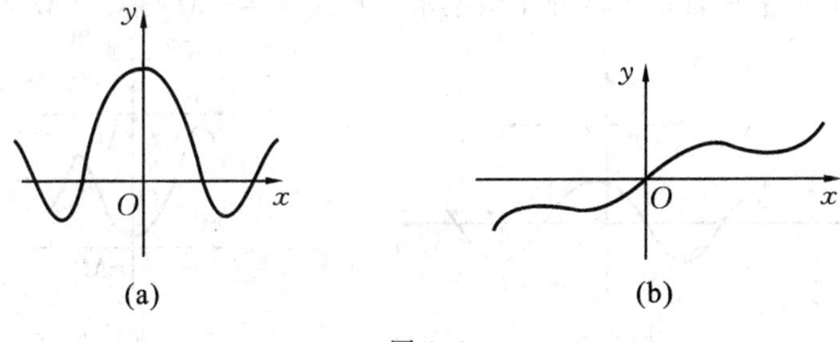

图 1-6

2. 单调性

设函数 $y=f(x)$ 在区间 I 上有定义，任意的 $x_1,x_2\in I$. 若 $x_1<x_2$ 时，总有

$$f(x_1)\leqslant f(x_2)\quad (f(x_1)\geqslant f(x_2)),$$

则称 $f(x)$ 在区间 I 上是单调增(单调减) 的. 单调增与单调减统称为单调. I 称为 $f(x)$ 的单调区间，$f(x)$ 称为 I 上的单调函数.

若将上面的不等号 $\leqslant(\geqslant)$ 换成 $<(>)$，则称函数 $f(x)$ 在区间 I 上是严格单调增(严格单调减) 的. 严格单调增与严格单调减统称为严格单调. 由于 $f(x_1)\leqslant f(x_2)$ 包含了 $f(x_1)<f(x_2)$，故严格单调函数也是单调函数.

例如，函数 $y=x^2$ 在$(-\infty,0]$ 内是单调减的，而在$[0,+\infty)$ 内是单调增的(见图 1-7). 在现实生活中，消费是收入的单调增函数. 从图形上看，单调增函数的图像当 x 往右边移动时上升，而单调减函数的图像当 x 往右边移动时下降. 常数函数 $y=C$ 既是单调增函数又是单调减函数.

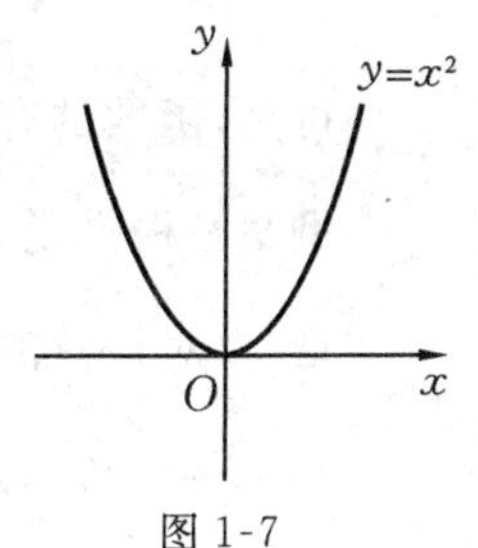

图 1-7

3. 周期性

设函数 $y=f(x)$ 的定义域为 D. 若存在 $T_0>0$，对任意 $x\in D$，有 $f(x+T_0)=f(x)$，则称 $f(x)$ 是周期函数. 满足上面等式的最小正数 T_0 称为 $f(x)$ 的周期.

例如，$y=\sin x$，$y=\cos x$ 是以 2π 为周期的函数，$y=\tan x$，$y=\cot x$ 是以 π 为周期的函数.

有很多自然现象，如季节、气候等都是年复一年地呈周期变化的；有很多经济活动，小到商品销售，大到经济宏观运行，其变化都具有周期规律性. 从几何上看，以 T 为周期的函数 $f(x)$ 的图像沿 x 轴平行移动 T 仍然保持不变(见图 1-8).

4. 有界性

设函数 $y=f(x)$ 的定义域为 D. 若存在 $M>0$，对任意 $x\in D$，都有

$$|f(x)|\leqslant M,$$

则称 $f(x)$ 在 D 上有界，否则称 $f(x)$ 在 D 上无界.

从几何上看,有界函数的图像介于两条水平直线 $y=-M$ 与 $y=M$ 之间(见图 1-9).

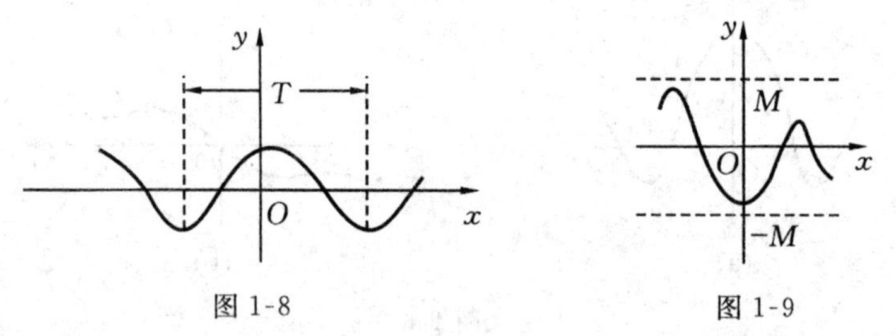

图 1-8　　图 1-9

例如,函数 $y=\sin x, y=\cos x$ 在 $(-\infty,+\infty)$ 内是有界的,因为对 $\forall x\in(-\infty,+\infty)$,有 $M=1$,使得

$$|\sin x|\leqslant 1,\quad |\cos x|\leqslant 1.$$

又如,函数 $y=\frac{1}{x}$ 在 $(0,1)$ 内无界. 因为无论 M 多么大,只要取 $x_M=\frac{1}{2M}\in(0,1)$ 就有 $f(x_M)=2M>M$,因此没有常数 M,使 $|f(x)|\leqslant M(x\in(0,1))$ 成立.

但是,$y=\frac{1}{x}$ 在 $\left(\frac{1}{100},+\infty\right)$ 内有界. 此时可取 $M=100$,使得

$$0<\frac{1}{x}\leqslant 100,\quad x\in\left(\frac{1}{100},+\infty\right).$$

可见,函数的有界性与自变量的取值范围密切相关.

例 9　根据定义证明 $f(x)=\frac{x}{1+x}$ 在 $(0,+\infty)$ 内是单调增加的.

证　对任意的 $x_1,x_2\in(0,+\infty)$,设 $x_1<x_2$,

$$\begin{aligned}f(x_2)-f(x_1)&=\frac{x_2}{1+x_2}-\frac{x_1}{1+x_1}\\&=\frac{x_2(1+x_1)-x_1(1+x_2)}{(1+x_1)(1+x_2)}\\&=\frac{x_2-x_1}{(1+x_1)(1+x_2)}>0,\end{aligned}$$

故函数 $f(x)=\frac{x}{1+x}$ 在 $(0,+\infty)$ 内单调增加.

***例 10**　证明:定义在 $(-a,a)$ 内的任何函数 $f(x)$ 可表示为一个奇函数与一个偶函数的和.

证　设 $f(x)$ 为定义在 $(-a,a)$ 内的任意一个函数. 令

$$\varphi(x)=\frac{1}{2}[f(x)+f(-x)],\quad \psi(x)=\frac{1}{2}[f(x)-f(-x)].$$

因　$$\varphi(-x)=\frac{1}{2}\{f(-x)+f[-(-x)]\}=\frac{1}{2}[f(-x)+f(x)]=\varphi(x),$$

$$\psi(-x)=\frac{1}{2}\{f(-x)-f[-(-x)]\}=\frac{1}{2}[f(-x)-f(x)]=-\psi(x),$$

所以，$\varphi(x)$ 是偶函数，$\psi(x)$ 是奇函数，而

$$f(x)=\frac{1}{2}[f(x)+f(-x)]+\frac{1}{2}[f(x)-f(-x)]=\varphi(x)+\psi(x),$$

故 $f(x)$ 可以表示为一个奇函数与一个偶函数的和.

***例 11**　设实数 $a<b$，函数 $f(x)$ 对任意实数 x，有 $f(a-x)=f(a+x)$，$f(b-x)=f(b+x)$. 证明 $f(x)$ 是以 $2b-2a$ 为周期的周期函数.

证

$$\begin{aligned} f[x+2(b-a)] &= f[b+(x+b-2a)] \\ &= f[b-(x+b-2a)] \\ &= f(2a-x)=f[a+(a-x)] \\ &= f[a-(a-x)]=f(x), \end{aligned}$$

故 $f(x)$ 是以 $2(b-a)$ 为周期的周期函数.

通常，可用下述方法判断一个函数是否为周期函数.

(1) 将函数分解成大家熟知的周期函数的代数和，再求这些周期函数的周期的最小公倍数.

例如 $y=\sin^2 x$，因 $\sin^2 x=(1-\cos 2x)/2$，且 $\cos 2x$ 是以 π 为周期的函数，所以 $y=\sin^2 x$ 是以 π 为周期的函数.

(2) 列出方程 $f(x+T)-f(x)=0$，以 T 为未知量解此方程. 若：

① 解出的 T 是与 x 无关的正数，则 $f(x)$ 是周期函数；

② 解出的 T 与 x 有关，或者利用一些熟知的运算法则推出矛盾的结果，就可断定函数是非周期函数.

例 12　证明 $y=\sin x^2$ 不是周期函数.

证　用反证法. 假设它存在正周期 T，则有

$$\sin(x+T)^2=\sin x^2.$$

若令 $x=0$，得

$$\sin T^2=0.$$

故得 $T^2=k\pi$，即 $T=\sqrt{k\pi}$，其中 $k\in\mathbf{N}$.

若令 $x=\sqrt{2}T$，并将 $T=\sqrt{k\pi}$ 代入上式，得

$$\sin[(\sqrt{2}+1)^2 k\pi]=0,$$

即

$$(\sqrt{2}+1)^2 k\pi=l\pi\quad(l\in\mathbf{N}),$$

则

$$(\sqrt{2}+1)^2=l/k\quad(l,k\in\mathbf{N}).$$

因 l/k 为有理数，而 $(\sqrt{2}+1)^2$ 不是有理数，出现矛盾，所以 $y=\sin x^2$ 不是周期函数.

习题 1.1

1. 求下列各函数值.

(1) 设 $f(x)=x^3-1$,求 $f(0)$,$f(-x)$.

(2) 设 $f(x)=\begin{cases}x, & x>0,\\ 1, & x=0,\\ -x, & x<0,\end{cases}$ 求 $f(0)$,$f(-1)$,$f(1)$.

(3) 设 $f(x)=2x^2+3x-4$,求 $f(0)$,$f(-2)$,$f(3)$,$f(-x)$,$f\left(\frac{1}{x}\right)$.

(4) 设 $\varphi(x)=\begin{cases}|\sin x|, & |x|<\frac{\pi}{3},\\ 0, & |x|\geqslant\frac{\pi}{3},\end{cases}$ 求 $\varphi\left(\frac{\pi}{6}\right)$,$\varphi\left(\frac{\pi}{4}\right)$,$\varphi\left(-\frac{\pi}{4}\right)$,$\varphi(-2)$.

2. 指出下列各对函数 $f(x)$ 和 $g(x)$ 是否相同,并说明理由.

(1) $f(x)=\frac{x}{x}$,$g(x)=1$;

(2) $f(x)=|x|$,$g(x)=\sqrt{x^2}$;

(3) $f(x)=\ln x$,$g(x)=\ln|x|$;

(4) $f(x)=\sqrt[3]{x^4-x^3}$,$g(x)=x\sqrt[3]{x-1}$.

(5) $f(x)=\lg x^2$,$g(x)=2\lg x$;

(6) $y=2x+1$,$x=2y+1$.

3. 求下列函数的定义域:

(1) $y=\frac{1}{x-1}$;

(2) $y=\frac{1}{x^2+2x-3}$;

(3) $y=\frac{x^2}{1+x^2}$;

(4) $y=\frac{1}{\sqrt{x^2-1}}$;

(5) $y=\sqrt{9-x^2}$;

(6) $y=\frac{1}{\sqrt[3]{x^2-4}}$;

(7) $y=\frac{1}{x}-\sqrt{1-x^2}$;

(8) $y=\lg(1-x)+\frac{1}{\sqrt{x+4}}$.

4. 判断下列函数的奇偶性:

(1) $f(x)=x^5-2x^3-4x$;

(2) $f(x)=\cos x-\sin x$;

(3) $f(x)=\frac{a^x+1}{a^x-1}$;

(4) $y=\lg(x+\sqrt{x^2+1})$.

5. 判断下列函数在所给区间上的有界性:

(1) $f(x)=\frac{x}{x^2+1}$ $(-\infty<x<+\infty)$;

(2) $f(x)=\frac{x^2-1}{x^2+1}$ $(-\infty<x<+\infty)$.

6. 讨论函数 $y = 2x + \ln x$ 在区间$(0, +\infty)$内的单调性.

7. 下列各函数中哪些是周期函数?如是,指出周期.

(1) $y = \cos(x-1)$;　　　　(2) $y = x\tan x$;

(3) $y = \sin^2 x$.

1.2 函数的运算、初等函数

1.2.1 函数的四则运算

设 $f(x)$、$g(x)$ 是分别定义于 D_1 与 D_2 上的函数,D_1 与 D_2 的交集 $D = D_1 \cap D_2$ 非空,对每个 $x \in D$,分别称

$$f(x)+g(x),\quad f(x)-g(x),\quad f(x)g(x),\quad f(x)/g(x)\quad (g(x)\neq 0)$$

为函数的和、差、积、商.函数的四则运算,也称作有理运算.

如果 $f(x)$、$g(x)$ 具备某种特性(如奇偶性、单调性、有界性及周期性),那么经四则运算后的函数是否仍具备该性质呢?我们看以下几个例子.

例 1 若 $f(x)$、$g(x)$ 是$(-a,a)$上的奇函数,则在$(-a,a)$上,$f(x)\pm g(x)$ 是奇函数,$f(x)g(x)$,$f(x)/g(x)(g(x)\neq 0)$ 是偶函数.

证 设 $F_1(x) = f(x)\pm g(x)$,$F_2(x) = f(x)g(x)$,$F_3(x) = f(x)/g(x)(g(x)\neq 0)$,则对任意$x \in (-a,a)$,

$$F_1(-x) = f(-x)\pm g(-x) = -[f(x)\pm g(x)] = -F_1(x);$$

$$F_2(-x) = f(-x)g(-x) = f(x)g(x) = F_2(x);$$

$$F_3(-x) = f(-x)/g(-x) = f(x)/g(x) = F_3(x).$$

这表明 $f(x)\pm g(x)$ 是奇函数,$f(x)g(x)$ 和 $f(x)/g(x)(g(x)\neq 0)$ 是偶函数.

类似地可以证明,两个偶函数的和、差、积、商仍是偶函数,而奇函数与偶函数的积与商是奇函数.

由以上结果推知,$x\pm\sin x$,$x^2\sin x$,$x\cos x$ 在$(-\infty,+\infty)$上是奇函数;$x\sin x$,$1+x^2$,$x^2\operatorname{sgn} x$ 在$(-\infty,+\infty)$上是偶函数.

例 2 若 $f(x)$、$g(x)$ 是区间 I 上的非负单调增函数,则 $f(x)+g(x)$ 与 $f(x)g(x)$ 也是 I 上的非负单调增函数.

证 设 $x_1 < x_2$,$x_1, x_2 \in I$,则由条件得

$$0 \leqslant f(x_1) \leqslant f(x_2),\quad 0 \leqslant g(x_1) \leqslant g(x_2).$$

从而

$$0 \leqslant f(x_1)+g(x_1) \leqslant f(x_2)+g(x_2);$$

$$0 \leqslant f(x_1)g(x_1) \leqslant f(x_2)g(x_2).$$

这表明 $f(x)+g(x)$ 与 $f(x)g(x)$ 是区间 I 上的非负单调增函数.

例 3 若 $f(x)$、$g(x)$ 是 D 上的有界函数,则 $f(x)\pm g(x)$ 与 $f(x)g(x)$ 也是 D 上的有界函数.

证　由条件知，存在 $M>0, N>0$，使得

$$|f(x)| \leqslant M, \quad |g(x)| \leqslant N \quad (x \in D).$$

于是

$$|f(x) \pm g(x)| \leqslant |f(x)| + |g(x)| \leqslant M+N \quad (x \in D);$$

$$|f(x)g(x)| \leqslant |f(x)||g(x)| \leqslant MN \quad (x \in D).$$

这表明 $f(x) \pm g(x)$ 与 $f(x)g(x)$ 是 D 上的有界函数.

由例 3 可推得，$\cos x + \dfrac{x}{1+x^2}$，$\sin x \cdot \dfrac{x}{1+x^2}$ 在 $(-\infty, +\infty)$ 上有界.

1.2.2　反函数

在函数的定义中有两个变量：一个叫自变量；一个叫因变量. 它们是一主一从，地位不同. 然而在实际问题中，谁是自变量，谁是因变量，并不是绝对的，它们是可以依所研究的具体问题不同而相互转化的.

例如，设某种商品的单价是 P，每日销售量为 Q，每日的销售收入为 R，则销售收入 R 是销售量 Q 的函数，即

$$R = PQ.$$

若制订计划要求每日的收入为 R，问每日的销售量 Q 应达到多少，这时就应将 Q 表示成 R 的函数，即

$$Q = \frac{R}{P},$$

称 $Q = \dfrac{R}{P}$ 为 $R = PQ$ 的反函数.

定义 1　设函数 $y = f(x)$，$x \in D$，$y \in W$. 若对 W 中的每一个 y 值，都可以通过关系式 $y = f(x)$ 确定一个唯一的 x 值，则得到一个定义在 W 上的以 y 为自变量、x 为因变量的新函数 $x = \varphi(y)$，称它为 $y = f(x)$ 的反函数.

函数 $y = f(x)$ 的反函数一般记为 $x = f^{-1}(y)$. 习惯上总是用 x 表示自变量，y 表示因变量，故 $y = f(x)$ 的反函数可以记为 $y = f^{-1}(x)$.

函数 $y = f(x)$ 与反函数 $x = f^{-1}(y)$ 的图形是同一条曲线，但若在 $x = f^{-1}(y)$ 中将 x、y 互换，即 $y = f^{-1}(x)$，则它的图形与 $y = f(x)$ 的图形关于直线 $y = x$ 对称.

什么函数存在反函数呢？可以证明：严格单调函数存在反函数，且反函数与其原函数有相同的单调性. 但须注意：严格单调并非是反函数存在的必要条件.

例 4　求函数 $y = x^2$ $(x \in [0, +\infty))$ 的反函数，并在同一坐标系内作出这两个函数的图像.

解　因为函数 $y = x^2$ 在区间 $[0, +\infty)$ 上单调增，所以它的反函数存在，由 $y = x^2$ 解得 $x = \sqrt{y}$，$y \geqslant 0$. 于是 $y = x^2$ $(x \in [0, +\infty))$ 的反函数为 $y = \sqrt{x}$，$x \in [0, +\infty)$. 这两个函数的图像如图 1-10 所示.

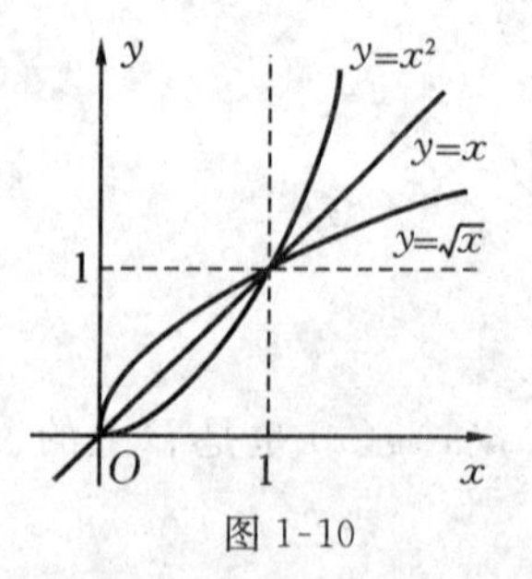

图 1-10

1.2.3　基本初等函数

以下六类函数统称为基本初等函数.

(1) 常数函数　$y=C$(C为常数).

(2) 幂函数　$y=x^{\mu}$(μ为常数).

常用的幂函数有$y=x, y=x^2, y=x^3, y=\sqrt{x}, y=\dfrac{1}{x}, y=\dfrac{1}{\sqrt{x}}$等.

(3) 指数函数　$y=a^x(a>0, a\neq 1)$.

最重要的指数函数是$y=\mathrm{e}^x$.

(4) 对数函数　$y=\log_a x(a>0, a\neq 1)$.

比较重要的对数函数是$y=\log_{\mathrm{e}}x$,简记为$\ln x$,称为自然对数;$y=\log_{10}x$,简记为$\lg x$,称为常用对数.

(5) 三角函数　$y=\sin x$,　$y=\cos x$,　$y=\tan x$,　$y=\cot x$.

(6) 反三角函数　$y=\arcsin x$,　$y=\arccos x$,　$y=\arctan x$,　$y=\operatorname{arccot} x$.

现将基本初等函数列表说明.

函　数	图　形	定义域	值　域	主要性质
幂函数 $y=x^{\mu}$ (μ为常数)	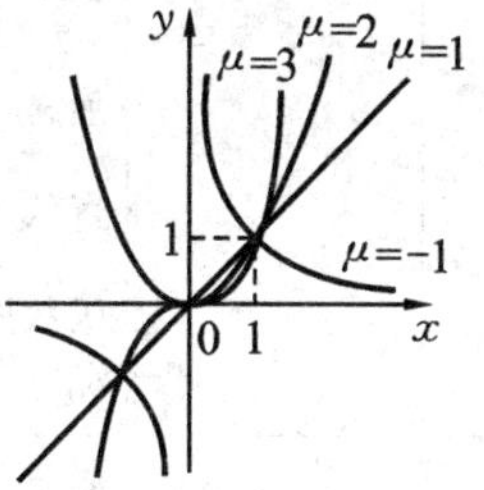	随μ的不同而不同,但不论μ取何值,x^{μ}在$(0,+\infty)$内总有定义	随μ不同而不同	若$\mu>0$,x^{μ}在$(0,+\infty)$内单调增加; 若$\mu<0$,x^{μ}在$(0,+\infty)$内单调减少
指数函数 $y=a^x$ $(a>0,a\neq 1)$	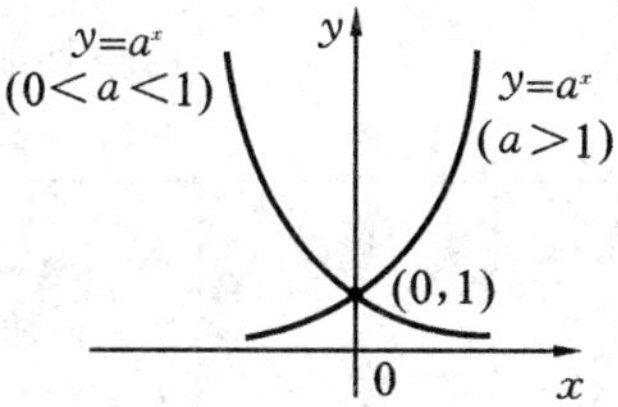	$(-\infty,+\infty)$	$(0,+\infty)$	$a^0=1$; 若$a>1$,a^x单调增加; 若$0<a<1$,a^x单调减少; 直线$y=0$为函数图形的水平渐近线

续表

函　数	图　形	定义域	值　域	主要性质
对数函数 $y=\log_a x$ $(a>0,a\neq 1)$	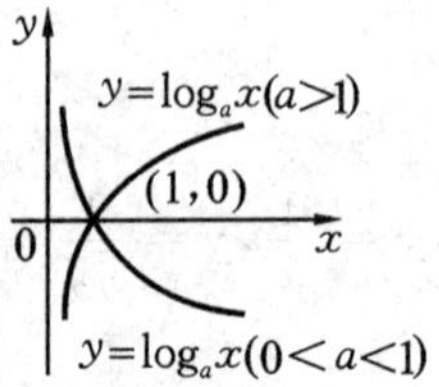 $y=\log_a x(a>1)$；$(1,0)$；$y=\log_a x(0<a<1)$	$(0,+\infty)$	$(-\infty,+\infty)$	$\log_a 1=0$； 若 $a>1$，$\log_a x$ 单调增加； 若 $0<a<1$，$\log_a x$ 单调减少； 直线 $x=0$ 为函数图形的铅直渐近线
正弦函数 $y=\sin x$	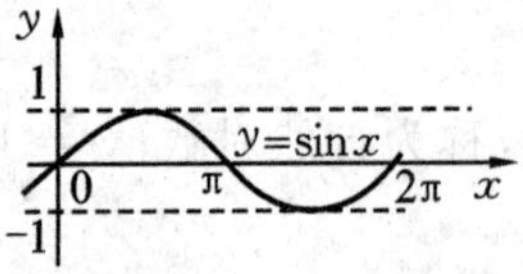 $y=\sin x$	$(-\infty,+\infty)$	$[-1,1]$	以 2π 为周期的函数，在 $\left[-\frac{\pi}{2},\frac{\pi}{2}\right]$ 上单调增加，奇函数
余弦函数 $y=\cos x$	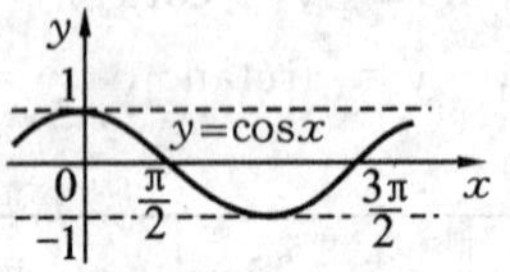 $y=\cos x$	$(-\infty,+\infty)$	$[-1,1]$	以 2π 为周期的函数，在 $[0,\pi]$ 上单调减少，偶函数
正切函数 $y=\tan x$	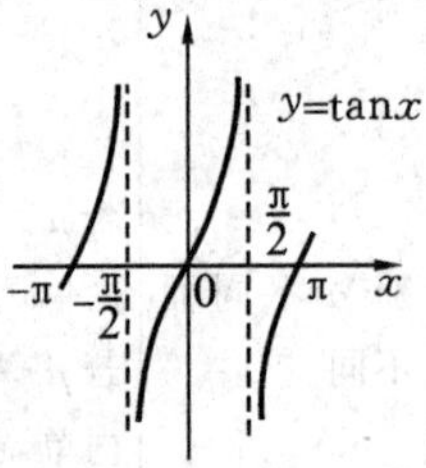 $y=\tan x$	$x\neq(2n+1)\frac{\pi}{2}$ $n=0,\pm 1,\pm 2,\cdots$	$(-\infty,+\infty)$	以 π 为周期的函数，在 $\left(-\frac{\pi}{2},\frac{\pi}{2}\right)$ 内单调增加，奇函数 直线 $x=(2n+1)\frac{\pi}{2}$ 为函数图形的铅直渐近线 $(n=0,\pm 1,\pm 2,\cdots)$
余切函数 $y=\cot x$	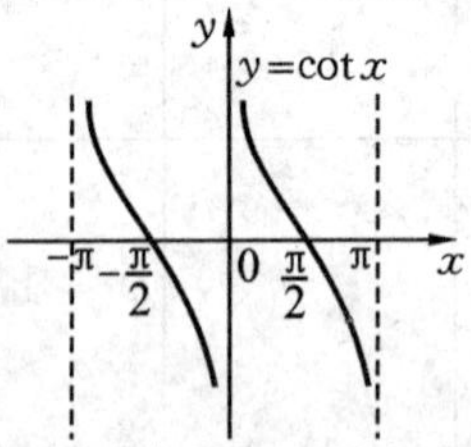 $y=\cot x$	$x\neq n\pi$ $n=0,\pm 1,\pm 2,\cdots$	$(-\infty,+\infty)$	以 π 为周期的函数，在 $(0,\pi)$ 内单调减少，奇函数 直线 $x=n\pi$ 为函数图形的铅直渐近线 $(n=0,\pm 1,\pm 2,\cdots)$
反正弦函数 $y=\arcsin x$	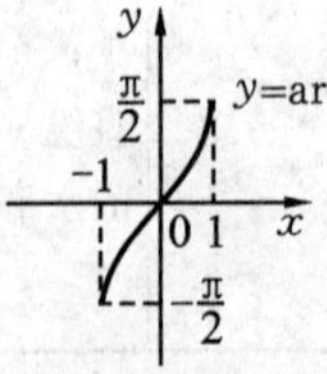 $y=\arcsin x$	$[-1,1]$	$\left[-\frac{\pi}{2},\frac{\pi}{2}\right]$	单调增加； 奇函数

续表

函　　数	图　　形	定 义 域	值　　域	主 要 性 质
反余弦函数 $y=\arccos x$	$y=\arccos x$	$[-1,1]$	$[0,\pi]$	单调减少
反正切函数 $y=\arctan x$	$y=\arctan x$	$(-\infty,+\infty)$	$\left(-\frac{\pi}{2},\frac{\pi}{2}\right)$	单调增加,奇函数. 直线 $y=-\frac{\pi}{2}$ 与 $y=\frac{\pi}{2}$ 为函数图形的水平渐近线
反余切函数 $y=\operatorname{arccot} x$	$y=\operatorname{arccot} x$	$(-\infty,+\infty)$	$(0,\pi)$	单调减少. 直线 $y=0$ 及 $y=\pi$ 为函数图形的水平渐近线

为了便于读者回顾三角函数中的关系式,我们将后续内容中常见的一些三角函数关系式开列如下.

三角函数的基本关系:

(1) $\sin x\cdot\csc x=1$;　(2) $\cos x\cdot\sec x=1$;　(3) $\tan x\cdot\cot x=1$;

(4) $\sin^2 x+\cos^2 x=1$;　(5) $\sec^2 x-\tan^2 x=1$;　(6) $\csc^2 x-\cot^2 x=1$;

(7) $\tan x=\dfrac{\sin x}{\cos x}$;　(8) $\cot x=\dfrac{\cos x}{\sin x}$.

两角和的三角函数公式:

$$\sin(\alpha\pm\beta)=\sin\alpha\cos\beta\pm\cos\alpha\sin\beta;$$

$$\cos(\alpha\pm\beta)=\cos\alpha\cos\beta\mp\sin\alpha\sin\beta;$$

$$\tan(\alpha\pm\beta)=\frac{\tan\alpha\pm\tan\beta}{1\mp\tan\alpha\tan\beta};$$

$$\cot(\alpha\pm\beta)=\frac{\cot\alpha\cot\beta\mp 1}{\cot\beta\pm\cot\alpha}.$$

倍角公式:

$$\sin 2\alpha=2\sin\alpha\cos\alpha=\frac{2\tan\alpha}{1+\tan^2\alpha};$$

$$\cos 2\alpha=\cos^2\alpha-\sin^2\alpha=2\cos^2\alpha-1=1-2\sin^2\alpha=\frac{1-\tan^2\alpha}{1+\tan^2\alpha};$$

$$\tan 2\alpha = \frac{2\tan\alpha}{1-\tan^2\alpha};$$

$$\cot 2\alpha = \frac{\cot^2\alpha - 1}{2\cot\alpha}.$$

三角函数的积与和差的关系式：

$$\sin\alpha\sin\beta = -\frac{1}{2}[\cos(\alpha+\beta) - \cos(\alpha-\beta)];$$

$$\cos\alpha\cos\beta = \frac{1}{2}[\cos(\alpha+\beta) + \cos(\alpha-\beta)];$$

$$\sin\alpha\cos\beta = \frac{1}{2}[\sin(\alpha+\beta) + \sin(\alpha-\beta)].$$

1.2.4 复合函数

上面的基本初等函数是远远不能满足应用的需要的，但可由它们产生出更复杂的函数.

例如，质量为 m 的物体，自由下落时的动能为 $E=\frac{1}{2}mv^2$，而自由落体的速度 v 又是 t 的函数，$v=gt$，把函数 $v=gt$ 代入函数 $E=\frac{1}{2}mv^2$ 中，便得到 E 关于 t 的函数 $E=\frac{1}{2}m(gt)^2$.

再如，某种商品的月销售收入 R 是销售量 Q 的函数，即 $R=R(Q)$，而 Q 又是价格 P 的函数，即 $Q=Q(P)$，这样经过中间变量 Q 就使得 R 成为 P 的函数，$R=R[Q(P)]$.

像这样由函数套函数而得到的函数就是复合函数.

定义 2 设有两个函数

$$y=f(u),\quad u=\varphi(x).$$

若 $\varphi(x)$ 的值域包含在 $f(u)$ 的定义域内，则将 $u=\varphi(x)$ 代入 $f(u)$ 中，就得到

$$y=f[\varphi(x)],$$

将这个以 x 为自变量、y 为因变量的函数称为复合函数，u 称为中间变量. $u=\varphi(x)$ 称为内层函数，$y=f(u)$ 称为外层函数.

例 5 设 $y=\ln u, u=\sin x$，则复合函数为 $y=\ln\sin x$.

函数的复合还可以推广到两个以上的函数的情形.

例 6 设 $y=\cos u, u=e^v, v=\tan x$，则复合函数为 $y=\cos e^{\tan x}$.

基本初等函数可以复合成复合函数，与此相对应，复合函数也可以分解成若干个基本初等函数或基本初等函数经四则运算后得到的简单函数. 正确分解复合函数在微积分学中有着十分重要的意义.

例 7 写出下列复合函数的复合过程：

(1) $y=\cos\sqrt{\ln x}$； (2) $y=\sqrt{\ln\sin^2 x}$；

(3) $y=e^{\arctan x^2}$； (4) $y=\cos^2\ln(2+\sqrt{1+x^2})$.

解 (1) $y=\cos\sqrt{\ln x}$ 由 $y=\cos u, u=\sqrt{v}, v=\ln x$ 复合而成；

(2) $y=\sqrt{\ln\sin^2 x}$ 由 $y=\sqrt{u}, u=\ln v, v=w^2, w=\sin x$ 复合而成；

(3) $y=e^{\arctan x^2}$ 由 $y=e^u, u=\arctan v, v=x^2$ 复合而成；

(4) $y=\cos^2\ln(2+\sqrt{1+x^2})$ 由 $y=u^2, u=\cos v, v=\ln w, w=2+t, t=\sqrt{s}, s=1+x^2$ 复合而成.

例 8 求下列函数的定义域：

(1) $y=\sqrt{x^2-x}\arcsin x$； (2) $y=\arccos\sqrt{\lg(x^2-1)}$.

解 (1) 这里需要 $x^2-x\geqslant 0$ 且 $|x|\leqslant 1$，它包括：

$$\begin{cases} x\geqslant 0 \text{ 且 } x-1\geqslant 0, \\ |x|\leqslant 1, \end{cases}$$

解得 $x=1$；

$$\begin{cases} x\leqslant 0 \text{ 且 } x-1\leqslant 0, \\ |x|\leqslant 1, \end{cases}$$

解得 $-1\leqslant x\leqslant 0$.

所以函数的定义域为 $\{x \mid x=1 \text{ 或 } -1\leqslant x\leqslant 0\}$.

(2) 由 $0\leqslant\lg(x^2-1)\leqslant 1$ 知，$1\leqslant x^2-1\leqslant 10$，即

$$2\leqslant x^2\leqslant 11.$$

因此函数的定义域为 $[-\sqrt{11},-\sqrt{2}]\cup[\sqrt{2},\sqrt{11}]$.

例 9 若函数 $f(x)$ 的定义域为 $[0,1]$，分别求函数 $f(\ln x)$ 和 $f(x+a)+f(x-a)$ $\left(0<a<\dfrac{1}{2}\right)$ 的定义域.

解 对于函数 $f(\ln x)$，由 $0\leqslant\ln x\leqslant 1$ 解得 $1\leqslant x\leqslant e$，因此 $f(\ln x)$ 的定义域为 $[1,e]$.

对于函数 $f(x+a)+f(x-a)$，由 $0\leqslant x+a\leqslant 1$ 且 $0\leqslant x-a\leqslant 1$ 解得 $-a\leqslant x\leqslant 1-a$ 且 $a\leqslant x\leqslant 1+a$，注意到 $0<a<\dfrac{1}{2}$，因此 $f(x+a)+f(x-a)$ 的定义域为 $[a,1-a]$.

例 10 设 $f(x)=x/\sqrt{1+x^2}$，求 $f[f(x)]$，$f\{f[f(x)]\}$.

解 $f[f(x)]=\dfrac{f(x)}{\sqrt{1+[f(x)]^2}}=\dfrac{1}{\sqrt{1+(x/\sqrt{1+x^2})^2}}\cdot\dfrac{x}{\sqrt{1+x^2}}=\dfrac{x}{\sqrt{1+2x^2}}$；

$$f\{f[f(x)]\}=\frac{f(x)}{\sqrt{1+2[f(x)]^2}}=\frac{1}{\sqrt{1+2(x/\sqrt{1+x^2})^2}}\cdot\frac{x}{\sqrt{1+x^2}}=\frac{x}{\sqrt{1+3x^2}}.$$

读者可思考

$$\underbrace{f\{f[\cdots f(x)]\}}_{n\text{次}}=?$$

例 11 设 $\varphi(x)=\begin{cases}3+x, & x<0;\\ 3, & x\geqslant 0.\end{cases}$ 求 $\varphi[\varphi(x)]$.

解

$$\varphi[\varphi(x)]=\begin{cases}3+\varphi(x), & \varphi(x)<0,\\ 3, & \varphi(x)\geqslant 0\end{cases}$$

$$=\begin{cases}3+(3+x), & 3+x<0,\\ 3, & 3+x\geqslant 0\end{cases}$$

$$=\begin{cases}6+x, & x<-3,\\ 3, & x\geqslant -3.\end{cases}$$

注意:求分段函数的复合函数时,特别要注意不同范围内自变量、中间变量及函数之间的依赖关系.

例 12 设复合函数 $y=f[\varphi(x)]$ 的定义域为 D. 证明:

(1) 若 $\varphi(x)$ 是偶函数,则 $f[\varphi(x)]$ 是偶函数;

(2) 若 $\varphi(x)$ 是奇函数,$f(u)$ 是偶函数,则 $f[\varphi(x)]$ 是偶函数;

(3) 若 $\varphi(x)$,$f(u)$ 都是奇函数,则 $f[\varphi(x)]$ 也是奇函数.

证 (1) 若 $u=\varphi(x)$ 是偶函数,则对 $\forall x\in D$,

$$f[\varphi(-x)]=f[\varphi(x)],$$

所以复合函数 $y=f[\varphi(x)]$ 是偶函数.

(2) $\forall x\in D$,由假设

$$f[\varphi(-x)]=f[-\varphi(x)]=f[\varphi(x)],$$

即 $y=f[\varphi(x)]$ 是偶函数.

(3) $\forall x\in D$,由假设

$$f[\varphi(-x)]=f[-\varphi(x)]=-f[\varphi(x)],$$

即 $y=f[\varphi(x)]$ 是奇函数.

1.2.5 初等函数

基本初等函数经有限次四则运算以及有限次复合所得的可以用一个式子表示的函数叫初等函数.

例如:线性(一次)函数 $y=ax+b$,二次函数 $y=ax^2+bx+c$ 以及 $y=\sqrt{2x}$,$y=(x^2-1)^3$,$y=e^{4x}$,$y=\sin(1+\cos 2x)-\sqrt{x-1}$ 等都是初等函数.

注意:(1) 基本初等函数是初等函数;

(2) 分段函数一般不是初等函数,但当它每一段都是初等函数时,我们仍可用处理初等函数的方法来处理每一段函数.

1.2.6 建立函数关系举例

我们在用数学来解决实际问题时，往往需要建立相应的数学模型，其中一类较简单的便是建立函数关系. 下面先介绍经济学中函数关系的建立.

经济学中常用的函数举例.

(1) 需求函数：需求量 Q_D 是价格 P 的函数，记为 $Q_D = f(P)$，称之为需求函数. 一般的，需求量随价格的增加而减少，因此，它是减函数；价格和需求量都不能取负值，因此函数的图像在第一象限内. 常用的需求函数有：

线性函数 $Q_D = -aP + b$，其中 $a,b > 0$；

幂函数 $Q_D = kP^{-a}$，其中 $k,a > 0$；

指数函数 $Q_D = ae^{-bP}$，其中 $a,b > 0$.

市场是由供求双方组成的，下面介绍与需求函数有密切关系的函数.

(2) 供给函数：供给量 Q_S 是价格 P 的函数，记为 $Q_S = g(P)$，称之为供给函数. 供给函数一般是单调增函数，图像也在第一象限内. 常用的供给函数有：

线性函数 $Q_S = aP + b$，其中 $a,b > 0$；

幂函数 $Q_S = kP^a$，其中 $k,a > 0$；

指数函数 $Q_S = ae^{bP}$，其中 $a,b > 0$.

(3) 成本函数：以 Q 表示产量，所需的全部生产费用是 Q 的函数，记为 $C(Q)$，它由固定成本和可变成本组成. 固定成本是指支付固定生产要素的费用，包括厂房、设备折旧以及管理人员工资等；可变成本是指支付可变生产要素的费用，包括原材料、燃料的支出以及生产工人的工资，它随着产量的变动而变动. 因此，成本函数 $C(Q)$ 可写成

$$C(Q) = C_F + C_V(Q),$$

其中：C_F 为固定成本，是与 Q 无关的常数；$C_V(Q)$ 为可变成本，一般与 Q 有关.

(4) 收入函数：总收入是生产者出售一定数量产品所得的全部收入，如果用 Q 表示出售产品的数量，R 表示总收入，则

$$R = R(Q).$$

如果产品的价格 P 保持不变，则

$$R = PQ.$$

(5) 利润函数：利润是生产中获得的总收益与投入的总成本之差，即

$$L(Q) = R(Q) - C(Q).$$

企业的经济效益通常就表现在利润上，因此，利润函数是非常重要的概念. 特别是可以通过对产量、成本、利润三者内在联系的分析（简称为量本利分析）做出生产决策.

例 13 某企业生产某种产品，已知最高年产量为 m(单位：吨)，成本函数 $C(Q) = 200 + 0.3Q, Q \in [0,m]$. 若已知每吨售价为 0.35 万元，则产量为 Q(单位：吨) 时的销售收

入为

$$R(Q)=0.35Q.$$

利润函数

$$L(Q)=R(Q)-C(Q)=0.35Q-(200+0.3Q)=0.05Q-200,Q\in[0,m].$$

为做到盈亏平衡,只需令 $L(Q)=0.05Q-200=0$,即 $Q=4000$ 吨.这就是说,年产量达到4000吨,就可以不赢不亏.

再看一些其他建立函数的实例.

例 14 脉冲发生器产生一个单三角脉冲,其波形如图1-11所示.写出电压 U 与时间 $t(t\geqslant 0)$ 的函数关系式.

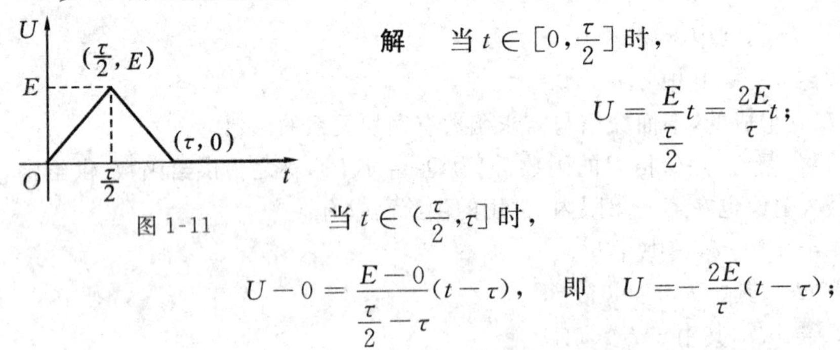

图 1-11

解 当 $t\in[0,\frac{\tau}{2}]$ 时,

$$U=\frac{E}{\frac{\tau}{2}}t=\frac{2E}{\tau}t;$$

当 $t\in(\frac{\tau}{2},\tau]$ 时,

$$U-0=\frac{E-0}{\frac{\tau}{2}-\tau}(t-\tau),\quad 即\quad U=-\frac{2E}{\tau}(t-\tau);$$

当 $t\in(\tau,+\infty)$ 时,$U=0$.

归纳上述结果,知函数 $U=U(t)$ 是一个分段函数,其表达式为

$$U=\begin{cases}\frac{2E}{\tau}t, & t\in[0,\frac{\tau}{2}];\\ -\frac{2E}{\tau}(t-\tau), & t\in(\frac{\tau}{2},\tau];\\ 0, & t\in(\tau,+\infty).\end{cases}$$

例 15 如果你到银行去存款,你将可以获得利息,而利息的支付方式是多样的.

设 A_0 是本金,r 是年利率,则一年后利息为 A_0r,本利和为 $A_0(1+r)$;n 年后利息 $I=A_0rn$,本利和 $p=A_0(1+rn)$.这是利息和本利和与计息期数的函数关系,即单利模型.

比如某人存入银行1 000元,定期3年的年利率为2.7%,则3年期满后应得的利息(单利)

$$I=A_0rn=1\ 000元\times2.7\%\times3=81元,$$

本利和 $$p=A_0+I=1\ 000元+81元=1\ 081元.$$

现在,如果将第一年所得的利息归入第二年本金按原利率计算,则第二年的本金为 $A_0(1+r)$,第二年后所得利息为 $A_0(1+r)r$,本利和为

$$A_0(1+r)+A_0(1+r)r=A_0(1+r)^2.$$

依此类推，n 年后应得的本利和

$$p = A_0(1+r)^n,$$

这就是复利模型.

进一步，如果要求一年结算两次，则半年后的利息为 $A_0\ \frac{r}{2}$，本利和为 $A_0 + A_0\ \frac{r}{2} = A_0\left(1+\frac{r}{2}\right)$；下半年得利息 $A_0\left(1+\frac{r}{2}\right)\frac{r}{2}$，一年后本利和

$$p = A_0\left(1+\frac{r}{2}\right)+A_0\left(1+\frac{r}{2}\right)\frac{r}{2} = A_0\left(1+\frac{r}{2}\right)^2.$$

如果要求一年结算3次，类似地可算出一年后的本利和 $p = A_0\left(1+\frac{r}{3}\right)^3$. 一般的，如果要求一年结算 m 次，一年后的本利和

$$p = A_0\left(1+\frac{r}{m}\right)^m.$$

资金周转过程是不断持续地进行的，计算利息分期越细越合理，这就是连续复利问题. 连续复利问题将在1.4节中介绍.

例16　在一个半径为 r 的球内，嵌入一内接圆柱，试求圆柱体的体积 V 与圆柱高 h 的函数关系.

解　截面图如图1-12所示. 设圆柱半径为 R，则 $R^2 = r^2 - \left(\frac{h}{2}\right)^2$，因此圆柱体的体积

$$V = \pi R^2 h = \pi\left(r^2 - \frac{h^2}{4}\right)h,$$

其中 h 的取值范围是 $0 < h < 2r$，即函数定义域为 $(0, 2r)$.

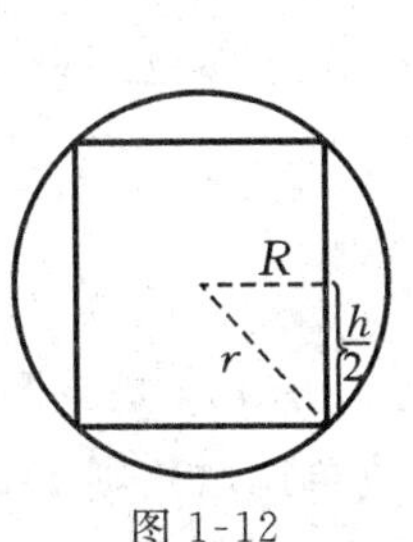

图1-12

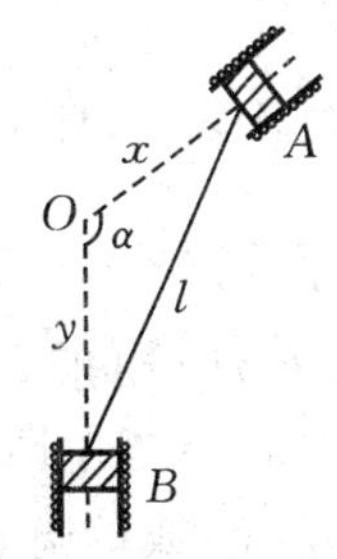

图1-13

例17　图1-13所示为机械中常用的一种既可改变运动方向又可调整运动速度的滑块构件，现设滑块 A、B 与 O 点的距离为 x 与 y，$\angle AOB = \alpha$（定值），连接滑块 A 与 B 的杆长为 l（定值），试建立 x 与 y 之间的函数关系.

解　由余弦定理得 x 与 y 之间的关系为

$$x^2 + y^2 - 2xy\cos\alpha = l^2.$$

从以上几个例子中，可以归纳出建立函数关系的步骤：

(1) 弄清问题中有哪些变量与常量，哪个变量是自变量，哪个变量为因变量，并用字母表示；

(2) 根据问题所服从的规律(几何的、物理的等) 来确定变量之间的函数关系，并指明定义域，必要时画一个简单的示意图或建立适当的坐标系.

习题 1.2

1. 求下列函数的反函数：

(1) $y = 2x + 1$；　　(2) $y = a^{2x}(a > 0, a \neq 1)$；

(3) $y = x^3 + 2$；　　(4) $y = \lg(x + 1)$.

2. 指出下列各复合函数的复合步骤：

(1) $y = \sin 2x$；　　(2) $y = \tan(2t + \frac{\pi}{4})$；

(3) $y = \ln(1 + x^2)$；　　(4) $y = (1 + x)^n$；

(5) $y = \tan\ln\sqrt{x}$；　　(6) $y = \sqrt{\arctan x^2}$.

3. 写出由下列各组函数复合而成的复合函数：

(1) $y = u^2, u = \sin x$；　　(2) $y = \sin u, u = x^2$；

(3) $y = \ln u, u = v^2 - 1, v = \tan x$；　　(4) $y = e^u, u = v^2, v = \frac{x-1}{x+1}$；

(5) $y = \sqrt{u}, u = 2 + v^2, v = \cos x$.

4. 已知 $f(u) = u^2 + 1, u = \varphi(x) = e^x$，求 $f[\varphi(x)]$ 与 $\varphi[f(u)]$.

5. 设 $f(x)$ 为二次函数，且 $f(x+1) + f(x-1) = 2x^2 - 4x$，求 $f(x)$.

6. 设 $f(x) = \frac{1}{1-x}$，求 $f[f(x)]$.

7. 设复合函数 $f[\varphi(x)]$ 的定义域为 D. 证明：

(1) 若 $\varphi(x), f(u)$ 都是单调增(或单调减) 的，则 $f[\varphi(x)]$ 是单调增的；

(2) 若 $\varphi(x)$ 单调增(或单调减)，而 $f(u)$ 单调减(或单调增)，则 $f[\varphi(x)]$ 是单调减的.

8. 已知 $f(x) = e^{x^2}, f[\varphi(x)] = 1 - x$，且 $\varphi(x) \geqslant 0$，求 $\varphi(x)$ 并写出它的定义域.

9. 设 $f(x) = \begin{cases} -e^x, & x \leqslant 0, \\ x, & x > 0, \end{cases}$　$g(x) = \begin{cases} 0, & x \leqslant 0, \\ -x^2, & x > 0, \end{cases}$ 求 $f[g(x)]$.

10. 把直径为 30 cm 的木材，锯成横断面为矩形的房梁，设矩形的宽是 b，试将矩形面积 A 表示为 b 的函数(见图 1-14).

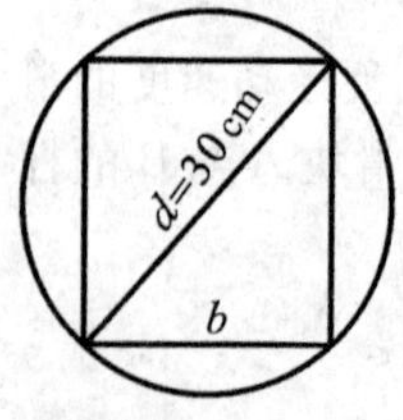

图 1-14

11. 有一块边长为 L(单位:cm) 的正方形铁皮,它的四角剪去四块边长都是 x 的小正方形,形成一只没有盖的容器,求这容器的容积 V 与高 x 的函数关系.

1.3 数列的极限

函数给出了变量的对应关系,但研究变量的变化仅靠对应关系是不够的,还需要通过变量变化的趋势来进一步研究,这便是极限的概念. 微积分是建立在极限基础上的,因此了解极限对于掌握微积分是至关重要的. 从这个意义上说,极限是微积分中一个最基本、最重要的概念. 数列极限是极限概念中最简单的一种.

1.3.1 数列

定义 1 设 $y_n = f(n)$ 是以正整数集为定义域的函数. 称有顺序的一列数

$$y_1, y_2, \cdots, y_n, \cdots$$

为一个无穷数列,简称数列,记作 $\{y_n\}$ 或 $\{f(n)\}$,其中每一个数都称为数列的项,第 n 个数 y_n 称为数列的第 n 项或一般项,也叫通项. 例如,

$\{2n-1\}: 1, 3, 5, 7, \cdots, 2n-1, \cdots$

$\left\{\frac{n}{10}\right\}: \frac{1}{10}, \frac{2}{10}, \frac{3}{10}, \cdots, \frac{n}{10}, \cdots$

$\{2^{n-1}\}: 1, 2, 4, 8, \cdots, 2^{n-1}, \cdots$

$\left\{\left(-\frac{1}{2}\right)^{n-1}\right\}: 1, -\frac{1}{2}, \frac{1}{4}, -\frac{1}{8}, \cdots, \left(-\frac{1}{2}\right)^{n-1}, \cdots$

$\left\{\frac{1}{n}\right\}: 1, \frac{1}{2}, \frac{1}{3}, \cdots, \frac{1}{n}, \cdots$

$\{C\}: C, C, C, \cdots, C, \cdots$

首先看看数列 $\{2n-1\}$ 与 $\left\{\frac{n}{10}\right\}$ 有什么共同特点. 数列 $\{2n-1\}$ 从第 2 项起,每一项与前一项的差都是 2;数列 $\left\{\frac{n}{10}\right\}$ 从第 2 项起,每一项与前一项的差都是 $\frac{1}{10}$. 也就是说,数列 $\{2n-1\}$ 与 $\left\{\frac{n}{10}\right\}$ 的共同特点是:从第 2 项起,每一项与前一项的差都是同一常数.

一般的,如果一个数列从第 2 项起,每一项与它前一项的差等于同一常数,那么这个数列就叫作**等差数列**,这个常数叫作等差数列的**公差**,公差通常用字母 d 表示.

如果等差数列 $\{a_n\}$ 的首项是 a_1,公差是 d,那么根据等差数列的定义得到:

$$a_2 - a_1 = d, \quad a_3 - a_2 = d, \quad a_4 - a_3 = d, \cdots$$

所以

$$a_2 = a_1 + d,$$
$$a_3 = a_2 + d = (a_1 + d) + d = a_1 + 2d,$$
$$a_4 = a_3 + d = (a_1 + 2d) + d = a_1 + 3d,$$
$$\vdots$$

因此

$$a_n = a_1 + (n-1)d,$$

称此公式为等差数列的通项公式.

设等差数列$\{a_n\}$的前n项和为S_n,即

$$S_n = a_1 + a_2 + \cdots + a_n.$$

根据等差数列$\{a_n\}$的通项公式,上式可写成

$$S_n = a_1 + (a_1 + d) + \cdots + [a_1 + (n-1)d],$$

同时,S_n又可写成

$$S_n = a_n + (a_n - d) + \cdots + [a_n - (n-1)d],$$

将以上两式相加,得

$$2S_n = \underbrace{(a_1 + a_n) + (a_1 + a_n) + \cdots + (a_1 + a_n)}_{n\text{个}}.$$

由此得等差数列$\{a_n\}$的前n项和的公式为

$$S_n = \frac{n(a_1 + a_n)}{2}.$$

这就是说,等差数列的前n项和等于首末项的和与项数乘积的一半.

经观察,还可发现数列$\{2^{n-1}\}$与$\left\{\left(-\frac{1}{2}\right)^{n-1}\right\}$的共同特点是:从第2项起,每一项与前一项的比分别是常数2与$-\frac{1}{2}$.

一般的,如果一个数列从第2项起,每一项与它前一项的比等于同一常数,那么这个数列就叫作**等比数列**,这个常数叫作等比数列的**公比**,公比通常用字母q表示($q \neq 0$).

对于等比数列$\{a_n\}$,根据定义容易得到:

$$a_2 = a_1 q,$$
$$a_3 = a_2 q = (a_1 q)q = a_1 q^2,$$
$$a_4 = a_3 q = (a_1 q^2)q = a_1 q^3,$$
$$\vdots$$

因此

$$a_n = a_1 q^{n-1},$$

其中,a_1与q均不为0,称此公式为等比数列的通项公式.

设等比数列$\{a_n\}$的前n项和为S_n,即

$$S_n = a_1 + a_2 + \cdots + a_n.$$

根据等比数列$\{a_n\}$的通项公式，上式可写成

$$S_n = a_1 + a_1q + a_1q^2 + \cdots + a_1q^{n-2} + a_1q^{n-1},$$

上式的两边同乘以q，得

$$qS_n = a_1q + a_1q^2 + \cdots + a_1q^{n-1} + a_1q^n,$$

以上两式相减，得

$$(1-q)S_n = a_1 - a_1q^n.$$

由此得到，当$q \neq 1$时，等比数列$\{a_n\}$的前n项和的公式为

$$S_n = \frac{a_1(1-q^n)}{1-q}.$$

因为

$$a_1q^n = (a_1q^{n-1})q = a_nq,$$

所以上面的公式还可写成

$$S_n = \frac{a_1 - a_nq}{1-q}.$$

例1 分期付款中的有关计算.

在日常生活中，一些商家为了促进商品的销售，便于顾客购买一些售价较高的商品，如商品房、家用轿车、高档家用电器等，在付款上采用了较为灵活的方式，可以一次性付款，也可以分期付款. 现要购买一件售价为a元的商品，采用分期付款的方式，要求在m个月内将款全部付清，月利率为r，分n(n是m的约数)次付款，那么每次付款数的计算公式是什么?

解 解决问题的第一步，是要先算一算，在商品购买后m个月内货款全部付清时，其商品售价增值到了多少.

由于月利率为r，在购买商品后1个月，商品售价增值到

$$a(1+r),$$

又由于利息按复利计算，在购买商品后2个月，商品售价增值到

$$a(1+r)(1+r) = a(1+r)^2,$$

于是，在商品购买后m个月(即货款全部付清时)，其售价增值到

$$a(1+r)^m.$$

下面再算一算，在货款全部付清时，各期所付款额的增值情况. 假定每期付款x元.

第n期付款(即最后一次付款)x元时，款已全部还清，因此这一期所付的款没有利息.

第$n-1$期付款x元后，过$\frac{m}{n}$个月即款全部付清时，所付款的本利和为

$$(1+r)^{\frac{m}{n}}x.$$

类似地可推得第 $n-2,n-3,\cdots,2,1$ 期所付的款额到货款全部付清时的本利和依次为 $(1+r)^{2\frac{m}{n}}x,(1+r)^{3\frac{m}{n}}x,\cdots,(1+r)^{(n-2)\frac{m}{n}}x,(1+r)^{(n-1)\frac{m}{n}}x$.

按分期付款中的规定,各期所付款额的本利和之和应等于商品售价与其增值之和,即

$$x+(1+r)^{\frac{m}{n}}x+(1+r)^{2\frac{m}{n}}x+\cdots+(1+r)^{\frac{(n-1)m}{n}}x=a(1+r)^m,$$

亦即

$$x\left[1+(1+r)^{\frac{m}{n}}+\cdots+(1+r)^{\frac{(n-1)m}{n}}\right]=a(1+r)^m.$$

由等比数列前 n 项和公式,上式又可写成

$$x\frac{1-\left[(1+r)^{\frac{m}{n}}\right]^n}{1-(1+r)^{\frac{m}{n}}}=a(1+r)^m,$$

所以
$$x=\frac{a(1+r)^m\left[1-(1+r)^{\frac{m}{n}}\right]}{1-(1+r)^m}.$$

数列可以用图像来表示. 图 1-15(a)、(b)、(c) 所示分别为数列 $\{2n-1\}$、$\left\{\frac{n+1}{2n}\right\}$、$\left\{1+\frac{(-1)^n}{n}\right\}$ 的图像表示. 从图上看,它们是一组孤立的点.

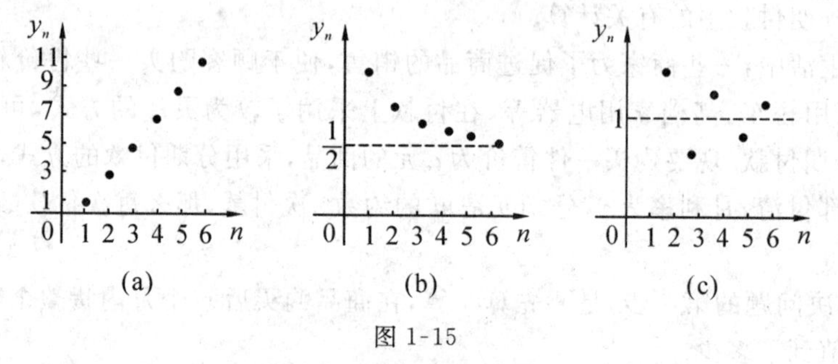

图 1-15

若 $y_1\leqslant y_2\leqslant\cdots\leqslant y_n\leqslant\cdots$,则称 $\{y_n\}$ 为单调增加数列,如 $\{2n-1\}$;若 $y_1\geqslant y_2\geqslant\cdots\geqslant y_n\geqslant\cdots$,则称 $\{y_n\}$ 为单调减少数列,如 $\left\{\frac{1}{n}\right\}$,$\left\{\frac{n+1}{2n}\right\}$.

对于 $\{y_n\}$,如果存在常数 $M>0$,使对一切 y_n 满足 $|y_n|\leqslant M$,则称 $\{y_n\}$ 是有界的,如 $\left\{\frac{1}{n}\right\}$,$\{(-1)^{n+1}\}$;否则,称 $\{y_n\}$ 是无界的.

1.3.2　数列的极限

有时我们要确定数列变化的趋势或性态. 例如,当 n 无限变大时,y_n 会发生什么样的变化?是趋于(或非常接近)一个常数值,是无限增大,是无限减小,还是振荡且不趋于任何值?

定义 2　对于$\{y_n\}$,若n无限增大时导致$\{y_n\}$无限接近于常数l,则称当n趋于无穷大时,$\{y_n\}$以l为极限,记为

$$\lim_{n\to\infty} y_n = l \quad 或 \quad y_n \to l(n\to\infty).$$

若$\{y_n\}$有极限l,也称$\{y_n\}$收敛于l.若$\{y_n\}$没有极限,则称$\{y_n\}$是发散的(如数列$\{(-1)^{n+1}\}$).

通过数列的图形,容易得到下列式子.

例 2　$\lim\limits_{n\to\infty}\dfrac{1}{n}=0.$

例 3　$\lim\limits_{n\to\infty}\dfrac{(-1)^{n-1}}{n}=0.$

例 4　$\lim\limits_{n\to\infty}C=C$ (C为常数).

为了求得更多数列的极限,我们不加证明地引入数列极限的若干性质.

1.3.3　数列极限的性质和运算

1. 唯一性

如果数列$\{y_n\}$有极限,则此极限是唯一的.

2. 有界性

如果数列$\{y_n\}$收敛,则该数列一定有界.需要注意的是,有界数列不一定收敛.如$\{(-1)^{n+1}\}$是有界的,但它是发散的.

3. 判断极限存在的准则

准则Ⅰ(夹挤准则)　如果数列$\{x_n\}$、$\{y_n\}$、$\{z_n\}$满足下列条件

(1) $y_n \leqslant x_n \leqslant z_n \quad (n=1,2,\cdots)$,

(2) $\lim\limits_{n\to\infty} y_n = \lim\limits_{n\to\infty} z_n = a$,

则数列$\{x_n\}$的极限存在,且$\lim\limits_{n\to\infty} x_n = a$.

准则Ⅱ(单调有界准则)　单调有界数列必有极限.

4. 极限的运算法则

设数列$\{x_n\}$、$\{y_n\}$的极限都存在,且$\lim\limits_{n\to\infty} x_n = A$,$\lim\limits_{n\to\infty} y_n = B$,则:

(1) $\lim\limits_{n\to\infty}(x_n \pm y_n) = \lim\limits_{n\to\infty} x_n \pm \lim\limits_{n\to\infty} y_n = A \pm B$;

(2) $\lim\limits_{n\to\infty} x_n y_n = \lim\limits_{n\to\infty} x_n \lim\limits_{n\to\infty} y_n = AB$;

(3) $\lim\limits_{n\to\infty} x_n/y_n = \lim\limits_{n\to\infty} x_n / \lim\limits_{n\to\infty} y_n = A/B \ (B \neq 0)$.

以上极限的四则运算法则是对两个数列而言的,对两个以上的有限个收敛数列,和差与积的运算法则仍成立.由积的运算法则还可推得以下结论(设所写极限均存在):

(1) $\lim\limits_{n\to\infty} Cx_n = C\lim\limits_{n\to\infty} x_n$ (C 为常数);

(2) $\lim\limits_{n\to\infty} x_n^m = (\lim\limits_{n\to\infty} x_n)^m$ (m 为正整数);

(3) $\lim\limits_{n\to\infty} x_n^{\frac{1}{m}} = (\lim\limits_{n\to\infty} x_n)^{\frac{1}{m}}$ ($\lim\limits_{n\to\infty} x_n > 0, m \in \mathbf{N}$).

利用极限的运算法则可将求极限问题简化.

例 5 求$\lim\limits_{n\to\infty}\dfrac{1}{n+1}$.

解 因
$$0 \leqslant \frac{1}{n+1} \leqslant \frac{1}{n},\quad \lim_{n\to\infty} 0 = 0,\quad \lim_{n\to\infty}\frac{1}{n} = 0,$$
故
$$\lim_{n\to\infty}\frac{1}{n+1} = 0.$$

例 6 求$\lim\limits_{n\to\infty}\dfrac{n+3}{n+1}$.

解法一 $\lim\limits_{n\to\infty}\dfrac{n+3}{n+1} = \lim\limits_{n\to\infty}\left(1+\dfrac{2}{n+1}\right) = \lim\limits_{n\to\infty} 1 + 2\lim\limits_{n\to\infty}\dfrac{1}{n+1} = 1.$

解法二 $\lim\limits_{n\to\infty}\dfrac{n+3}{n+1} = \lim\limits_{n\to\infty}\dfrac{1+\dfrac{3}{n}}{1+\dfrac{1}{n}} = \dfrac{\lim\limits_{n\to\infty} 1 + \lim\limits_{n\to\infty}\dfrac{3}{n}}{\lim\limits_{n\to\infty} 1 + \lim\limits_{n\to\infty}\dfrac{1}{n}} = 1.$

解法三 设$x_n = \dfrac{n+3}{n+1}$,则$1 = \dfrac{n+1}{n+1} \leqslant x_n \leqslant \dfrac{n+3}{n} = 1 + \dfrac{3}{n}$.因$\lim\limits_{n\to\infty} 1 = 1 = \lim\limits_{n\to\infty}\left(1+\dfrac{3}{n}\right)$,故$\lim\limits_{n\to\infty}\dfrac{n+3}{n+1} = 1$.

例 7 设 $S_n = 1 + q + q^2 + \cdots + q^{n-1}$,其中 q 为实数,数列$\{S_n\}$是否有极限?

解 设 $|q| \neq 1$,因
$$S_n = 1 + q + q^2 + \cdots + q^{n-1} = \frac{1-q^n}{1-q} = \frac{1}{1-q} - \frac{q^n}{1-q},$$
故:当 $|q| < 1$ 时,$|q|^n \to 0(n\to\infty)$,于是$\{S_n\}$收敛,且$\lim\limits_{n\to\infty} S_n = \dfrac{1}{1-q}$;

当 $|q| > 1$ 时,$|q|^n \to \infty(n\to\infty)$,因此$\{S_n\}$的极限不存在.

当 $q = 1$ 时,$S_n = 1 + 1 + \cdots + 1 = n$,当 $n\to\infty$ 时,$\{S_n\}$的极限不存在.

当 $q = -1$ 时,$S_n = 1 - 1 + 1 - \cdots + (-1)^{n-1}$,$S_n$ 或为 1 或为 0,其极限仍不存在.

综上所述,$|q| < 1$ 时,$\{S_n\}$的极限存在,且$\lim\limits_{n\to\infty} S_n = \dfrac{1}{1-q}$;当 $|q| \geqslant 1$ 时,$\{S_n\}$的极限不存在.

例 8 求证$\lim\limits_{n\to\infty}\left(1+\dfrac{1}{n}\right)^n = \mathrm{e}$.

解 令 $y_n=\left(1+\frac{1}{n}\right)^n$，$n=1,2,\cdots$. 对具体的 n，计算 y_n 的值，列表如下.

n	1	2	3	4	5	6	7	8	10	100	1000	…
y_n	2.0	2.25	2.369	2.441	2.488	2.521	2.546	2.565	2.594	2.705	2.717	…

我们看到$\{y_n\}$是单调增加的，可以证明对任何 n，$y_n<3$，即$\{y_n\}$是单调增加的有界数列. 由极限存在准则 Ⅱ，$\{y_n\}$的极限存在. 用字母 e 表示这个极限的值，即

$$\lim_{n\to\infty}\left(1+\frac{1}{n}\right)^n=\mathrm{e}.$$

e 是一个无理数，且 e = 2.718281828459045⋯. 数 e 是一个重要的常数，以 e 为底的指数函数 e^x 及对数函数 $\ln x$ 常出现在一些重要问题之中.

极限式 $\lim\limits_{n\to\infty}\left(1+\frac{1}{n}\right)^n=\mathrm{e}$ 是一个重要的极限，注意到数列 $y_n=\left(1+\frac{1}{n}\right)^n$ 的特点是：当 $n\to\infty$ 时，其底 $1+\frac{1}{n}$ 趋于 1，而其指数 n 趋于 ∞. 因此极限式 $\lim\limits_{n\to\infty}a_n^{b_n}$，当 $a_n\to1$，$b_n\to\infty(n\to\infty)$ 时，常可利用上述重要极限式进行计算.

例 9 求下列数列的极限：

(1) $l=\lim\limits_{n\to\infty}(1+\frac{1}{n})^{n+1}$；　　(2) $l=\lim\limits_{n\to\infty}(1+\frac{1}{n+1})^n$；

(3) $l=\lim\limits_{n\to\infty}(1-\frac{1}{n})^n$；　　(4) $l=\lim\limits_{n\to\infty}(\frac{n}{n+1})^{n+1}$.

解 (1) $l=\lim\limits_{n\to\infty}\left(1+\frac{1}{n}\right)^n\left(1+\frac{1}{n}\right)=\lim\limits_{n\to\infty}\left(1+\frac{1}{n}\right)^n\cdot\lim\limits_{n\to\infty}\left(1+\frac{1}{n}\right)=\mathrm{e}\cdot1=\mathrm{e}$；

(2) $l=\lim\limits_{n\to\infty}\left(1+\frac{1}{1+n}\right)^{n+1-1}=\lim\limits_{n\to\infty}\left(1+\frac{1}{1+n}\right)^{n+1}/\lim\limits_{n\to\infty}\left(1+\frac{1}{n+1}\right)=\mathrm{e}/1=\mathrm{e}$；

(3) $l=\lim\limits_{n\to\infty}\left(\frac{n-1}{n}\right)^n=\lim\limits_{n\to\infty}\left(1+\frac{1}{n-1}\right)^{-n}=1/\lim\limits_{n\to\infty}\left(1+\frac{1}{n-1}\right)^{n-1+1}$

$=1/[\lim\limits_{n\to\infty}\left(1+\frac{1}{n-1}\right)^{n-1}\lim\limits_{n\to\infty}\left(1+\frac{1}{n-1}\right)]=1/(\mathrm{e}\cdot1)=\mathrm{e}^{-1}$；

(4) $l=\lim\limits_{n\to\infty}\left(1-\frac{1}{n+1}\right)^{n+1}=\mathrm{e}^{-1}$ （由(3)得）.

习题 1.3

1. 写出下列数列的前五项：

(1) $y_n=\frac{1}{3^n}$；　　(2) $y_n=1-\frac{1}{2^n}$；

(3) $y_n = \left(1+\dfrac{1}{n}\right)^n$；　　(4) $y_n = \sqrt{n+1}-\sqrt{n}$.

2. 观察下列数列当 $n\to\infty$ 时的变化趋势，并指出哪些有极限，极限值是多少？哪些没有极限？

(1) $y_n = \dfrac{1}{3^n}$；　　(2) $y_n = 2+\dfrac{1}{n^2}$；

(3) $y_n = \dfrac{n-1}{n+1}$；　　(4) $y_n = n(-1)^n$；

(5) $y_n = \dfrac{n^2}{n+1}$；　　(6) $y_n = (-1)^{n-1}\dfrac{n}{2n+1}$.

3. 求下列数列的极限：

(1) $\lim\limits_{n\to\infty}\sqrt{1+\dfrac{1}{n}}$；　　(2) $\lim\limits_{n\to\infty}\dfrac{\sqrt{n^2+a^2}}{n}$；

(3) $\lim\limits_{n\to\infty}\dfrac{n+1}{n-1}$；　　(4) $\lim\limits_{n\to\infty}\dfrac{(n+1)(n+2)(n+3)}{5n^3}$；

(5) $\lim\limits_{n\to\infty}\dfrac{1+2+3+\cdots+(n-1)}{n^2}$；　　(6) $\lim\limits_{n\to\infty}(1+\dfrac{1}{2}+\dfrac{1}{4}+\cdots+\dfrac{1}{2^n})$；

(7) $\lim\limits_{n\to\infty}\dfrac{(-2)^n+3^n}{(-2)^{n+1}+3^{n+1}}$；　　(8) $\lim\limits_{n\to\infty}\left[\dfrac{1}{1\cdot 2}+\dfrac{1}{2\cdot 3}+\cdots+\dfrac{1}{n(n+1)}\right]$；

(9) $\lim\limits_{n\to\infty}(\sqrt{n+1}-\sqrt{n})$；　　(10) $\lim\limits_{n\to\infty}(\dfrac{1}{n^2}+\dfrac{2}{n^2}+\cdots+\dfrac{n}{n^2})$；

(11) $\lim\limits_{n\to\infty}\dfrac{n}{\sqrt{n^2+1}-\sqrt{n}}$；　　(12) $\lim\limits_{n\to\infty}(\sqrt{n^2+n}-n)$；

(13) $\lim\limits_{n\to\infty}(1-\dfrac{1}{2})(1-\dfrac{1}{3})\cdots(1-\dfrac{1}{n})$；

(14) $\lim(1+\dfrac{1}{n})^4$；　　(15) $\lim\limits_{n\to\infty}(1+\dfrac{3}{n})^n$.

1.4　函数的极限

函数的极限是指因变量在随着自变量的变化而变化的过程中能无限地接近于某个常数. 显然，函数极限要比数列极限复杂多了，因为它的自变量可以趋于一个有限数，也可以趋于无限.

1.4.1　自变量趋于有限数时 $f(x)$ 的极限

设 $f(x)$ 在 $x=a$ 的附近有定义，现考察 $x\neq a$ 且 x 无限接近 a，即 $x\to a$(读作 x 趋

于 a) 时 $f(x)$ 的变化趋势. 请看下面例子.

例 1　设 $y=\tan x$,讨论 $x\to\frac{\pi}{4}$ 时,函数的变化趋势.

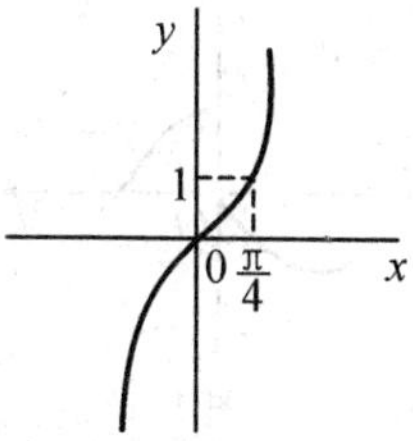

从函数图像(见图 1-16) 上可以看出 x 无限接近$\frac{\pi}{4}$时,函数值就无限接近 1,因此认为 1 是 $\tan x$ 在 $x\to\frac{\pi}{4}$ 时的极限,记作

图 1-16

$$\lim_{x\to\frac{\pi}{4}}\tan x=1.$$

例 2　若 $f(x)=\begin{cases}\tan x, & x\neq\frac{\pi}{4};\\ 2, & x=\frac{\pi}{4}.\end{cases}$ 现考察 $x\to\frac{\pi}{4}$ 时函数的变化趋势.

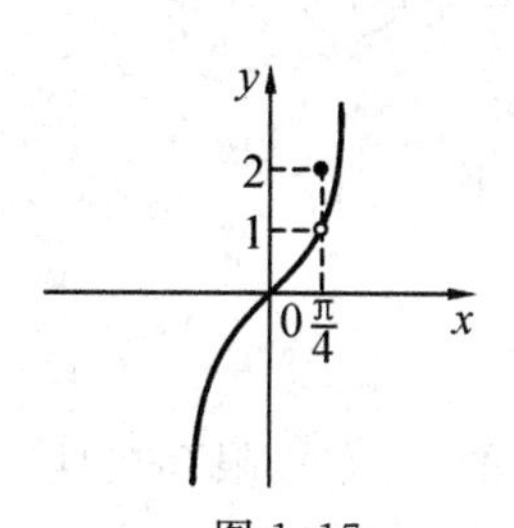

图 1-17

从函数图像(见图 1-17) 上可以看出,x 无限接近$\frac{\pi}{4}$时,$f(x)$ 就无限接近 1,因此

$$\lim_{x\to\frac{\pi}{4}}f(x)=1.$$

从上述两例可以看出,函数在 $x=\frac{\pi}{4}$ 处的极限与函数在$\frac{\pi}{4}$处有无定义以及函数在该点取什么值无关.

定义 1　设 $f(x)$ 在 x_0 的某个去心邻域内有定义. 如果当 $x\to x_0$($x\neq x_0$ 且 x 无限接近 x_0) 时,$f(x)$ 无限接近一个常数 A,则称 $x\to x_0$ 时,$f(x)$ 以 A 为极限,记作

$$\lim_{x\to x_0}f(x)=A\quad 或\quad f(x)\to A(x\to x_0).$$

由基本初等函数的图像,很容易得到一结论 ——“基本初等函数在其定义域的每一点处的极限等于该点的函数值”.

例 3　求$\lim\limits_{x\to 1}\arctan x$.

解　因 $x=1$ 是 $y=\arctan x$ 定义域中的点,故

$$\lim_{x\to 1}\arctan x=\arctan 1=\frac{\pi}{4}.$$

类似地,可以得到$\lim\limits_{x\to x_0}x=x_0$,$\lim\limits_{x\to x_0}\sqrt{x}=\sqrt{x_0}\,(x_0>0)$.

例 4　求$\lim\limits_{x\to 0}\frac{x^2}{x}$.

解　虽然 $x=0$ 不是函数 $f(x)=\frac{x^2}{x}$ 定义域内的点,但 $x\neq 0$ 时$\frac{x^2}{x}=x$,故由极限定义得知

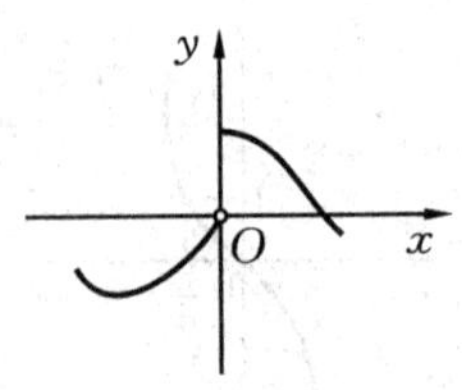

图 1-18

$$\lim_{x\to 0}\frac{x^2}{x}=\lim_{x\to 0}x=0.$$

例 5 设 $f(x)=\begin{cases}\sin x, & x<0,\\ \cos x, & x\geqslant 0,\end{cases}$ 求$\lim\limits_{x\to 0}f(x)$.

解 如图 1-18 所示,$f(x)$ 是一分段函数,在 $x=0$ 的左、右,$f(x)$ 的表达式是不同的. 当 $x>0$ 且 $x\to 0$ 时,$f(x)=\cos x\to 1$,而当 $x<0$ 且 $x\to 0$ 时,$f(x)=\sin x\to 0$. 因此 $x\to 0$ 时,$f(x)$ 不趋于一常数,故$\lim\limits_{x\to 0}f(x)$ 不存在.

在例 5 中,我们看到当自变量从 x_0 的左边或右边趋于 x_0 时,$f(x)$ 也可能趋于某常数,对于这种极限,称为函数的单侧极限,下面给出定义.

定义 2 设 $y=f(x)$ 在 $x>x_0$ 时有定义. 若 $x>x_0$ 且 $x\to x_0$(即 x 从 x_0 的右侧趋于 x_0)时,$f(x)$ 无限接近一个常数 A,则称当 $x\to x_0$ 时,$f(x)$ 以 A 为右极限,记作

$$\lim_{x\to x_0^+}f(x)=A \quad 或 \quad f(x_0^+)=A.$$

类似地可定义 $f(x)$ 在 $x=x_0$ 处的左极限(请读者自行给出),记作

$$\lim_{x\to x_0^-}f(x)=A \quad 或 \quad f(x_0^-)=A.$$

函数的极限与其左右极限的关系可表述为如下定理.

定理 1 $x\to x_0$ 时,函数 $f(x)$ 极限存在的充分必要条件是 $f(x)$ 的左、右极限存在且相等,即

$$\lim_{x\to x_0}f(x)=A\Leftrightarrow f(x_0^+)=f(x_0^-)=A.$$

在例 5 中,$f(0^+)=1$,$f(0^-)=0$,$f(0^+)\neq f(0^-)$,故$\lim\limits_{x\to 0}f(x)$ 不存在.

例 6 讨论符号函数 $f(x)=\operatorname{sgn}x=\begin{cases}1, & x>0,\\ 0, & x=0,\\ -1, & x<0\end{cases}$ 在 $x=0$ 处的极限.

解 因 $x>0$ 时,$f(x)\equiv 1$,故 $f(0^+)=1$,而当 $x<0$ 时,$f(x)\equiv -1$,故 $f(0^-)=-1$,即$f(0^+)\neq f(0^-)$. 由定理 1 知,函数 $f(x)=\operatorname{sgn}x$ 在 $x=0$ 处的极限不存在.

下面我们考察 $x\to x_0$(或 $x\to x_0^+$,$x\to x_0^-$)时,$|f(x)|$ 无限增大的情形.

例 7 求$\lim\limits_{x\to 0}\dfrac{1}{x}$.

解 从 $y=\dfrac{1}{x}$ 的图像(见图 1-19)上看,当 $x\to 0$ 时,y 并不无限接近某个常数,故$\lim\limits_{x\to 0}\dfrac{1}{x}$ 不存在.

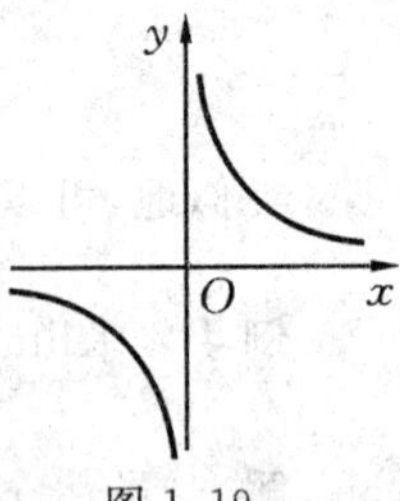

图 1-19

但 $x\to 0$ 时,$\left|\dfrac{1}{x}\right|$ 无限地增大,因此 $y=\dfrac{1}{x}$ 的变化趋势也是明显

的，对此我们仍然称 $x \to 0$ 时，$\frac{1}{x}$ 的极限为 ∞，记作 $\lim\limits_{x \to 0} \frac{1}{x} = \infty$.

特别地，当 $x \to 0^+$ 时，$y = \frac{1}{x} > 0$ 且无限地增大，因此我们称 $x \to 0^+$ 时，$\frac{1}{x}$ 的极限为 $+\infty$，记作 $\lim\limits_{x \to 0^+} \frac{1}{x} = +\infty$；当 $x \to 0^-$ 时，$y = \frac{1}{x} < 0$ 且其绝对值无限地增大，则称 $x \to 0^-$ 时 $\frac{1}{x}$ 的极限为 $-\infty$，记作 $\lim\limits_{x \to 0^-} \frac{1}{x} = -\infty$.

一般可以给出以下定义.

定义 3　若 $x \to x_0$ 时：

(1) $|f(x)|$ 无限地增大，则称 $f(x)$ 的极限为 ∞，记作 $\lim\limits_{x \to x_0} f(x) = \infty$ 或 $f(x) \to \infty (x \to x_0)$；

(2) $f(x) > 0$ 且无限地增大，则称 $f(x)$ 的极限为 $+\infty$，记作 $\lim\limits_{x \to x_0} f(x) = +\infty$ 或 $f(x) \to +\infty (x \to x_0)$；

(3) $f(x) < 0$ 且 $|f(x)|$ 无限地增大，则称 $f(x)$ 的极限为 $-\infty$，记作 $\lim\limits_{x \to x_0} f(x) = -\infty$ 或 $f(x) \to -\infty (x \to x_0)$.

类似地可给出 $\lim\limits_{x \to x_0^+} f(x) = \infty$（或 $\pm\infty$），$\lim\limits_{x \to x_0^-} f(x) = \infty$（或 $\pm\infty$）的定义.

1.4.2　自变量趋于无穷时 $f(x)$ 的极限

自变量 x 趋于无穷大可分为三种情形：$|x|$ 无限增大时，称 $x \to \infty$；$x > 0$ 且 x 无限增大时，称 $x \to +\infty$；$x < 0$ 且 $|x|$ 无限增大时，称 $x \to -\infty$. 现看以下几例.

例 8　考察 $x \to \infty$ 时，$f(x) = \frac{1}{x}$ 的变化趋势.

解　从 $y = \frac{1}{x}$ 的图像上可以看出，当 $|x|$ 无限增大时，$f(x) = \frac{1}{x}$ 的值无限地接近常数 0，故记 $\lim\limits_{x \to \infty} \frac{1}{x} = 0$.

例 9　求 $\lim\limits_{x \to +\infty} 2^{-x}$，$\lim\limits_{x \to -\infty} 2^{-x}$ 及 $\lim\limits_{x \to \infty} 2^{-x}$.

解　由 $y = 2^{-x}$ 的图像容易得出

$$\lim_{x \to +\infty} 2^{-x} = 0, \quad \lim_{x \to -\infty} 2^{-x} = +\infty,$$

因此，$\lim\limits_{x \to \infty} 2^{-x}$ 不存在.

请读者仿照定义 1 和定义 2 给出 $\lim\limits_{x \to \infty} f(x) = A$，$\lim\limits_{x \to +\infty} f(x) = A$，$\lim\limits_{x \to -\infty} f(x) = A$，$\lim\limits_{x \to \infty} f(x) = \infty$（或 $\pm\infty$），$\lim\limits_{x \to +\infty} f(x) = \infty$（或 $\pm\infty$），$\lim\limits_{x \to -\infty} f(x) = \infty$（或 $\pm\infty$）的定义.

这里特别指出，若 $\lim\limits_{x \to \infty} f(x) = A$（或 $\lim\limits_{x \to +\infty} f(x) = A$，$\lim\limits_{x \to -\infty} f(x) = A$），$A$ 为实数，则称直

线 $y=A$ 为 $f(x)$ 的水平渐近线;若 $\lim\limits_{x\to x_0} f(x)=\infty$(或 $\lim\limits_{x\to x_0^+} f(x)=\infty$,$\lim\limits_{x\to x_0^-} f(x)=\infty$),$x_0$ 为实数,则称 $x=x_0$ 为 $f(x)$ 的垂直渐近线.

例如,$x=0$ 是 $y=\dfrac{1}{x}$ 的垂直渐近线,$y=0$ 是 $y=\dfrac{1}{x}$ 的水平渐近线.

由于数列是自变量为正整数的函数,因此数列极限是函数极限的特殊情形,于是:当 $\lim\limits_{x\to+\infty} f(x)=A$ 时,$\lim\limits_{n\to\infty} f(n)=A$;当 $\lim\limits_{x\to+\infty} f(x)=\infty$(或 $\pm\infty$)时,$\lim\limits_{n\to\infty} f(n)=\infty$(或 $\pm\infty$).

例如 $\lim\limits_{n\to\infty} 2^{-n}=0$,$\lim\limits_{n\to\infty} 2^n=+\infty$ 等.

1.4.3 无穷小量与无穷大量

无穷小量和无穷大量是极限过程中常见的两种变量.

定义 4 若在 x 的某一变化过程中,函数 $f(x)$ 以零为极限,则称 $f(x)$ 为上述过程中的无穷小量.

如:因 $\lim\limits_{x\to\infty}\dfrac{1}{x}=0$,故 $f(x)=\dfrac{1}{x}$ 当 $x\to\infty$ 时是无穷小量;因 $\lim\limits_{x\to-\infty} 2^x=0$,故 $f(x)=2^x$ 当 $x\to-\infty$ 时是无穷小量;因 $\lim\limits_{x\to 0} x=0$,故 $f(x)=x$ 当 $x\to 0$ 时是无穷小量.

根据极限的定义,如果 $f(x)$ 的极限是 A,则意味着 $f(x)$ 无限接近于 A,即 $f(x)-A$ 无限接近于零,因此 $f(x)-A$ 在所考察过程中是无穷小量;另一方面,对变量 $f(x)$,若存在一个常数 A,两者之差 $f(x)-A$ 是无穷小量,这就表明在所考察过程中,$f(x)$ 无限接近于 A. 因而有下面的定理,称为变量、极限与无穷小量的关系定理,证明从略.

定理 2 函数 $y=f(x)$ 在 x 的某个变化过程中以常数 A 为极限的充分必要条件是 $f(x)=A+\alpha$,即

$$\lim f(x)=A \Leftrightarrow f(x)=A+\alpha,$$

其中 α 是所考察过程中的无穷小量.

无穷小量的性质:

(1) 有限个无穷小量的和、差、积仍为无穷小量;

(2) 有界函数与无穷小量的乘积仍为无穷小量.

特别地,常数与无穷小量的乘积为无穷小量.

例 10 证明 $\lim\limits_{x\to\infty}\dfrac{\sin x}{x}=0$.

证 因为 $\dfrac{\sin x}{x}=\dfrac{1}{x}\sin x$,当 $x\to\infty$ 时,$\dfrac{1}{x}\to 0$,又 $|\sin x|\leqslant 1$,故由无穷小量的性质(2)知,$\lim\limits_{x\to\infty}\dfrac{\sin x}{x}=0$.

定义 5 若在 x 的某一变化过程中,函数 $f(x)$ 的绝对值无限增大,则称 $f(x)$ 为上述

过程中的无穷大量.

如：因$\lim\limits_{x\to 0}\dfrac{1}{x}=\infty$，故$f(x)=\dfrac{1}{x}$当$x\to 0$时是无穷大量；因$\lim\limits_{x\to+\infty}2^x=+\infty$，故$f(x)=2^x$当$x\to+\infty$时是无穷大量；因$\lim\limits_{x\to 0^+}\ln x=-\infty$，故$f(x)=\ln x$当$x\to 0^+$时是无穷大量.

注意以下几点.

(1) 无穷小量与无穷大量都是变量，它们描述的是变量的一种变化趋势. 因此，一个不等于零的常数，哪怕它的绝对值非常小，如10^{-10}，10^{-20}，等等，也不是无穷小量；同样，一个常数，哪怕它非常非常大，也不是无穷大量.

(2) 常函数中只有0函数是无穷小量.

(3) 一个变量是无穷小量还是无穷大量，要由自变量的变化过程来决定. 同一变量，在某一变化过程中是无穷小量，而在另一变化过程中就可能是无穷大量. 如$f(x)=\dfrac{1}{x}$，当$x\to\infty$时是无穷小量，而当$x\to 0$时是无穷大量.

无穷小量与无穷大量有如下密切的关系.

定理3　(1) 如果$f(x)$是无穷大量，则$\dfrac{1}{f(x)}$是无穷小量；

(2) 如果$f(x)(f(x)\neq 0)$是无穷小量，则$\dfrac{1}{f(x)}$是无穷大量.

如：当$x\to 1$时，$\dfrac{1}{x-1}$是无穷大量，则$x-1$为无穷小量；当$x\to+\infty$时，e^{-x}是无穷小量，则e^x是无穷大量.

同是无穷小量，趋于零的快慢程度不一定相同. 例如，当$x\to 0$时，x^2也是无穷小量，但是x^2趋于零的速度比x快得多(见下表).

x	0.1	0.01	10^{-3}	10^{-4}	…
x^2	0.01	0.000 1	10^{-6}	10^{-8}	…

为了对两个无穷小量α、β趋于零的快慢进行比较，需要考虑它们的商$\dfrac{\alpha}{\beta}$(自然地假设$\beta\neq 0$)的极限，以此建立一个比较准则.

定义6　设α与β是同一极限过程中的两个无穷小量.

(1) 如果$\lim\dfrac{\alpha}{\beta}=0$，则称$\alpha$是比$\beta$高阶的无穷小量，记为$\alpha=o(\beta)$；

(2) 如果$\lim\dfrac{\alpha}{\beta}=\infty$，则称$\alpha$是比$\beta$低阶的无穷小量；

(3) 如果$\lim\dfrac{\alpha}{\beta}=k$($k$为常数，$k\neq 0$，$k\neq 1$)，则称$\alpha$与$\beta$是同阶的无穷小量；

(4) 如果$\lim\dfrac{\alpha}{\beta}=1$，则称$\alpha$与$\beta$是等价无穷小量，记为$\alpha\sim\beta$.

例如：因$\lim\limits_{x\to 0}\frac{8x^2}{x}=\lim\limits_{x\to 0}8x=0$，故当$x\to 0$时，$8x^2$是比$x$高阶的无穷小量；因$\lim\limits_{x\to 0}\frac{x^2}{5x^2}=\lim\limits_{x\to 0}\frac{1}{5}=\frac{1}{5}$，故当$x\to 0$时，$x^2$与$5x^2$是同阶的无穷小量；因$\lim\limits_{x\to 1}\frac{x^2-1}{x-1}=\lim\limits_{x\to 1}(x+1)=2$，故当$x\to 1$时，$x^2-1$与$x-1$是同阶的无穷小量.

1.4.4 极限的运算法则

以下极限运算均以$x\to a$为例，其结论对其他的极限过程同样成立. 首先，数列极限的四则运算性质可自然地推广到函数极限中.

定理 4(极限的四则运算法则) 设$\lim\limits_{x\to a}f(x)=A$，$\lim\limits_{x\to a}g(x)=B$，则：

$\lim\limits_{x\to a}[f(x)\pm g(x)]=\lim\limits_{x\to a}f(x)\pm\lim\limits_{x\to a}g(x)=A\pm B$；

$\lim\limits_{x\to a}[f(x)g(x)]=\lim\limits_{x\to a}f(x)\cdot\lim\limits_{x\to a}g(x)=AB$；

$\lim\limits_{x\to a}f(x)/g(x)=\lim\limits_{x\to a}f(x)/\lim\limits_{x\to a}g(x)=A/B\quad(B\neq 0)$.

和差与积的运算法则可以推广到有限个具有极限的函数的情况. 由积的运算法则可以得到以下结论(设所写极限存在)：

(1) $\lim\limits_{x\to a}Cf(x)=C\lim\limits_{x\to a}f(x)\quad$ (C为常数)；

(2) $\lim\limits_{x\to a}[f(x)]^m=[\lim\limits_{x\to a}f(x)]^m\quad$ (m为正整数)；

(3) $\lim\limits_{x\to a}[f(x)]^{\frac{1}{m}}=[\lim\limits_{x\to a}f(x)]^{\frac{1}{m}}\quad$ (m为正整数，$\lim\limits_{x\to a}f(x)>0$).

利用极限的四则运算法则可以简化极限的计算.

例 11 证明$\lim\limits_{x\to x_0}P_n(x)=P_n(x_0)$，其中$P_n(x)=a_0x^n+a_1x^{n-1}+\cdots+a_{n-1}x+a_n$为$n$次多项式.

证 由定理 4，得

$$\begin{aligned}\lim_{x\to x_0}P_n(x)&=a_0\lim_{x\to x_0}x^n+a_1\lim_{x\to x_0}x^{n-1}+\cdots+a_{n-1}\lim_{x\to x_0}x+\lim_{x\to x_0}a_n\\&=a_0x_0^n+a_1x_0^{n-1}+\cdots+a_{n-1}x_0+a_n=P_n(x_0).\end{aligned}$$

两个多项式$P_n(x)$与$Q_m(x)$的商$R(x)=P_n(x)/Q_m(x)$称为分式或有理函数. 由例 11 及商的运算法则可推得，若$Q_m(x_0)\neq 0$，则

$$\lim_{x\to x_0}R(x)=\lim_{x\to x_0}[P_n(x)/Q_m(x)]=\lim_{x\to x_0}P_n(x)/\lim_{x\to x_0}Q_m(x)=P_n(x_0)/Q_m(x_0)=R(x_0).$$

可见，多项式与分式在其有定义的点x_0处的极限值就是它们在该点的函数值.

例 12 求下列极限：

(1) $l=\lim\limits_{x\to 1}(x^2-2x+5)$； (2) $l=\lim\limits_{x\to 2}\frac{3x^2-2x+1}{3x+1}$.

解 (1) 设$P(x)=x^2-2x+5$，则$l=P(1)=1^2-2\times 1+5=4$.

(2) 设$P(x)=3x^2-2x+1$，$Q(x)=3x+1$.

因 $$\lim_{x\to 2}Q(x)=Q(2)=3\times 2+1=7\neq 0,$$

且 $$\lim_{x\to 2}P(x)=P(2)=3\times 2^2-2\times 2+1=9,$$

所以 $$l=\lim_{x\to 2}(3x^2-2x+1)/\lim_{x\to 2}(3x+1)=P(2)/Q(2)=9/7.$$

求极限时，如果所给函数不符合运算法则的条件，则不可直接用运算法则求极限，而是应该先对函数作适当的恒等变形，使它符合条件，然后再利用极限运算法则求极限.

例 13 求$\lim\limits_{x\to 1}\dfrac{x^2-1}{2x^2-x-1}$.

解 因为当$x\to 1$时，分子、分母的极限均为0，这时称极限是“$\dfrac{0}{0}$”型. 显然它不符合商的运算法则的条件，因此首先应对函数作恒等变形. 由于分子、分母都是多项式，所以可将分子、分母分解因式. 注意到$x\to 1$时，$x\neq 1$，故可先约去分子与分母的非零因子$x-1$，最后再利用运算法则求极限. 于是

$$\lim_{x\to 1}\frac{x^2-1}{2x^2-x-1}=\lim_{x\to 1}\frac{(x-1)(x+1)}{(x-1)(2x+1)}=\lim_{x\to 1}\frac{x+1}{2x+1}=\frac{2}{3}.$$

例 14 求$\lim\limits_{x\to 9}\dfrac{\sqrt{x}-3}{x-9}$.

解法一 极限是“$\dfrac{0}{0}$”型. 利用例13的方法：

$$\lim_{x\to 9}\frac{\sqrt{x}-3}{x-9}=\lim_{x\to 9}\frac{\sqrt{x}-3}{(\sqrt{x}-3)(\sqrt{x}+3)}=\lim_{x\to 9}\frac{1}{\sqrt{x}+3}=\frac{1}{6}.$$

解法二 当分式中含有根式时，可将根式有理化，然后约去公因子，最后再利用运算法则求极限.

$$\lim_{x\to 9}\frac{\sqrt{x}-3}{x-9}=\lim_{x\to 9}\frac{(\sqrt{x}-3)(\sqrt{x}+3)}{(x-9)(\sqrt{x}+3)}=\lim_{x\to 9}\frac{x-9}{(x-9)(\sqrt{x}+3)}=\lim_{x\to 9}\frac{1}{\sqrt{x}+3}=\frac{1}{6}.$$

例 15 求$\lim\limits_{x\to +\infty}\dfrac{2x^2+3x-4}{3x^2+2x-1}$.

解 因为$x\to +\infty$时，分子、分母均趋于∞，称极限是“$\dfrac{\infty}{\infty}$”型. 因为当$x\to +\infty$时，分子、分母的极限均不存在，因此，不能直接用商的运算法则. 这时，常将分子、分母中最高次幂提出来，约分后，再求极限. 于是

$$\lim_{x\to +\infty}\frac{2x^2+3x-4}{3x^2+2x-1}=\lim_{x\to +\infty}\frac{x^2\left(2+\dfrac{3}{x}-\dfrac{4}{x^2}\right)}{x^2\left(3+\dfrac{2}{x}-\dfrac{1}{x^2}\right)}=\frac{2}{3}.$$

例 16 求 $\lim\limits_{x\to+\infty}\dfrac{3x^2-2x+1}{2x^3+3x^2-5}$.

解 将分子、分母的最高次幂 x^2、x^3 分别提出,则

$$\lim_{x\to+\infty}\frac{3x^2-2x+1}{2x^3+3x^2-5}=\lim_{x\to+\infty}\frac{x^2\left(3-\dfrac{2}{x}+\dfrac{1}{x^2}\right)}{x^3\left(2+\dfrac{3}{x}-\dfrac{5}{x^3}\right)}=0.$$

例 17 求 $\lim\limits_{x\to+\infty}\dfrac{2x^3+5}{3x^2-7x}$.

解 考虑 $\lim\limits_{x\to+\infty}\dfrac{3x^2-7x}{2x^3+5}$,利用例 16 的方法,易得 $\lim\limits_{x\to+\infty}\dfrac{3x^2-7x}{2x^3+5}=0$. 所以原极限

$$\lim_{x\to+\infty}\frac{2x^3+5}{3x^2-7x}=\infty.$$

综合上述三例,可得

$$\lim_{x\to+\infty}\frac{a_0x^n+a_1x^{n-1}+\cdots+a_n}{b_0x^m+b_1x^{m-1}+\cdots+b_m}=\begin{cases}\dfrac{a_0}{b_0}, & n=m,\\ 0, & n<m,\\ \infty, & n>m.\end{cases}$$

例 18 求 $\lim\limits_{x\to+\infty}\dfrac{x-\sin x}{x+\sin x}$.

解 因为当 $x\to+\infty$ 时,$|\sin x|\leqslant 1$,故极限是“$\dfrac{\infty}{\infty}$”型. 分子、分母同除以 x,得

$$\lim_{x\to+\infty}\frac{x-\sin x}{x+\sin x}=\lim_{x\to+\infty}\frac{1-\dfrac{1}{x}\sin x}{1+\dfrac{1}{x}\sin x}=1.$$

例 19 求 $\lim\limits_{x\to 1}\left(\dfrac{1}{1-x}-\dfrac{3}{1-x^3}\right)$.

解 因 $x\to 1$ 时,$\dfrac{1}{1-x}$ 及 $\dfrac{3}{1-x^3}$ 均趋于 ∞,故称极限是“$\infty-\infty$”型. 这时,不能直接用和的运算法则,应先通分,然后约去公因式,再求极限.

$$\begin{aligned}\lim_{x\to 1}\left(\frac{1}{1-x}-\frac{3}{1-x^3}\right)&=\lim_{x\to 1}\frac{1+x+x^2-3}{1-x^3}\\&=\lim_{x\to 1}\frac{(x-1)(x+2)}{(1-x)(x^2+x+1)}=-1.\end{aligned}$$

例 20 设 $f(x)=\begin{cases}x-1, & x<0,\\ \dfrac{x^2+3x-1}{x^3+1}, & x\geqslant 0,\end{cases}$ 求 $\lim\limits_{x\to 0}f(x)$, $\lim\limits_{x\to+\infty}f(x)$, $\lim\limits_{x\to-\infty}f(x)$.

解 因为 $\lim\limits_{x\to 0^-}f(x)=\lim\limits_{x\to 0^-}(x-1)=-1$, $\lim\limits_{x\to 0^+}f(x)=\lim\limits_{x\to 0^+}\dfrac{x^2+3x-1}{x^3+1}=-1$.

故
$$\lim_{x\to 0} f(x) = -1.$$

$$\lim_{x\to+\infty} f(x) = \lim_{x\to+\infty} \frac{x^2+3x-1}{x^3+1} = 0,$$

$$\lim_{x\to-\infty} f(x) = \lim_{x\to-\infty} (x-1) = -\infty.$$

定理 5(极限的复合运算法则) 若$\lim\limits_{t\to t_0} f(t) = A$，$\lim\limits_{x\to x_0} g(x) = t_0$，且 $g(x)$ 在 x_0 的附近均有 $g(x) \neq t_0$，则$\lim\limits_{x\to x_0} f[g(x)] = A$.

这里略去定理的证明，提醒读者注意的是该定理提供了极限计算中使用变量代换的理论根据，并在后面的两个重要极限的使用中起到重要作用.

例 21 求$\lim\limits_{x\to 1} \dfrac{\sqrt[3]{x}-1}{\sqrt{x}-1}$.

解 极限是"$\dfrac{0}{0}$"型. 令 $x = t^6$，则 $x\to 1$ 时，$t\to 1$. 于是

$$\lim_{x\to 1} \frac{\sqrt[3]{x}-1}{\sqrt{x}-1} = \lim_{t\to 1} \frac{t^2-1}{t^3-1} = \lim_{t\to 1} \frac{(t-1)(t+1)}{(t-1)(t^2+t+1)} = \frac{2}{3}.$$

例 22 求 $l = \lim\limits_{x\to 1^+} \left(\sqrt{\dfrac{1}{x-1}+1} - \sqrt{\dfrac{1}{x-1}-1}\right)$.

解 令 $t = \dfrac{1}{x-1}$，则 $x\to 1^+$ 时，$t\to+\infty$. 于是

$$l = \lim_{t\to+\infty} (\sqrt{t+1} - \sqrt{t-1}) = \lim_{t\to+\infty} \frac{2}{\sqrt{t+1}+\sqrt{t-1}} = 0.$$

1.4.5 两个重要极限

重要极限 Ⅰ $\lim\limits_{x\to 0} \dfrac{\sin x}{x} = 1$.

这一重要极限有以下两个特征：

(1) 在自变量的一定趋势下，函数是"$\dfrac{0}{0}$"型；

(2) 分子 sin 符号后的变量与分母在形式上完全一致，故只要$\lim\limits_{x\to a} f(x) = 0$，便有$\lim\limits_{x\to a} \dfrac{\sin f(x)}{f(x)} = 1$.

利用这一重要极限，可以求得一系列涉及三角函数的极限.

例 23 求下列极限：

(1)$l = \lim\limits_{x\to 0} \dfrac{\sin kx}{x}$； (2)$l = \lim\limits_{x\to 0} \dfrac{\sin 3x}{\sin 4x}$； (3)$l = \lim\limits_{x\to 0} \dfrac{x}{\tan x}$；

(4)$l = \lim\limits_{x\to 0} \dfrac{1-\cos x}{x^2}$； (5)$l = \lim\limits_{x\to \pi/2} \dfrac{\sin 2x}{\cos x}$； (6)$l = \lim\limits_{x\to\infty} \dfrac{2x-1}{x^2\sin(2/x)}$；

(7) $l=\lim\limits_{n\to\infty}2^n\sin\frac{x}{2^n}$.

解 (1) $l=\lim\limits_{x\to0}k\frac{\sin kx}{kx}=k\lim\limits_{x\to0}\frac{\sin kx}{kx}=k\cdot1=k$;

(2) $l=\lim\limits_{x\to0}\frac{\sin3x}{3x}\cdot\frac{4x}{\sin4x}\cdot\frac{3}{4}=\frac{3}{4}\lim\limits_{x\to0}\frac{\sin3x}{3x}\Big/\lim\limits_{x\to0}\frac{\sin4x}{4x}=\frac{3}{4}$;

(3) $l=\lim\limits_{x\to0}x\Big/\frac{\sin x}{\cos x}=\lim\limits_{x\to0}\left[\left(1\Big/\frac{\sin x}{x}\right)\cdot\cos x\right]=\left(1\Big/\lim\limits_{x\to0}\frac{\sin x}{x}\right)\cdot\lim\limits_{x\to0}\cos x$
$=(1/1)\cdot1=1$;

(4) 因$\frac{1-\cos x}{x^2}=\frac{2\sin^2(x/2)}{x^2}=\frac{1}{2}\left[\frac{\sin(x/2)}{x/2}\right]^2$,于是

$$l\xlongequal{令t=\frac{x}{2}}\lim_{t\to0}\frac{1}{2}\left(\frac{\sin t}{t}\right)^2=\frac{1}{2}\left(\lim_{t\to0}\frac{\sin t}{t}\right)^2=\frac{1}{2};$$

(5) $l\xlongequal{令x=\frac{\pi}{2}-t}\lim\limits_{t\to0}\frac{\sin(\pi-2t)}{\sin t}=\lim\limits_{t\to0}\frac{\sin2t}{\sin t}=2$;

(6) $l=\frac{1}{2}\lim\limits_{x\to\infty}\left(2-\frac{1}{x}\right)\frac{2/x}{\sin(2/x)}\xlongequal{令t=\frac{1}{x}}\frac{1}{2}\lim\limits_{t\to0}(2-t)\frac{2t}{\sin2t}=1$;

(7) $l=\lim\limits_{n\to\infty}\frac{\sin(x/2^n)}{x/2^n}\cdot x\xlongequal{令t=\frac{x}{2^n}}x\lim\limits_{t\to0}\frac{\sin t}{t}=x$.

例 24 求证“等价无穷小代换定理”:若 $x\to x_0$ 时 $\alpha\sim\alpha'$,$\beta\sim\beta'$,则$\lim\limits_{x\to x_0}\frac{\alpha}{\beta}=\lim\limits_{x\to x_0}\frac{\alpha'}{\beta'}$.
并用此定理计算$\lim\limits_{x\to0}\frac{\sin x^2}{1-\cos x}$.

证 因$\lim\limits_{x\to x_0}\frac{\alpha}{\alpha'}=1$,$\lim\limits_{x\to x_0}\frac{\beta}{\beta'}=1$,故

$$\lim_{x\to x_0}\frac{\alpha}{\beta}=\lim_{x\to x_0}\frac{\alpha}{\alpha'}\cdot\frac{\beta'}{\beta}\cdot\frac{\alpha'}{\beta'}=\lim_{x\to x_0}\frac{\alpha}{\alpha'}\cdot\lim_{x\to x_0}\frac{\beta'}{\beta}\cdot\lim_{x\to x_0}\frac{\alpha'}{\beta'}=\lim_{x\to x_0}\frac{\alpha'}{\beta'}.$$

由重要极限知 $\sin x\sim x(x\to0)$,故

$\sin x^2\sim x^2(x\to0)$,$1-\cos x=2\sin^2(x/2)\sim2\cdot(x/2)^2=x^2/2(x\to0)$,

于是

$$\lim_{x\to0}\frac{\sin x^2}{1-\cos x}=\lim_{x\to0}\frac{x^2}{x^2/2}=2.$$

重要极限 Ⅱ $\lim\limits_{x\to\infty}\left(1+\frac{1}{x}\right)^x=\mathrm{e}$ 或$\lim\limits_{x\to0}(1+x)^{\frac{1}{x}}=\mathrm{e}$.

前文中给出的数列极限$\lim\limits_{n\to\infty}\left(1+\frac{1}{n}\right)^n=\mathrm{e}$便是重要极限 Ⅱ 的特殊情形.

这个重要极限也有以下两个特征：

(1) 在自变量的一定趋势下，函数是“1^∞”型；

(2) 底是两项之和，第一项是常数1，第二项是无穷小量，指数是无穷大量，且与底的第二项互为倒数，故当$\lim\limits_{x\to a}f(x)=\infty$时，有$\lim\limits_{x\to a}\left[1+\frac{1}{f(x)}\right]^{f(x)}=\mathrm{e}$，或当$f(x)\neq 0$且$\lim\limits_{x\to a}f(x)=0$时，有$\lim\limits_{x\to a}[1+f(x)]^{\frac{1}{f(x)}}=\mathrm{e}$.

利用这一重要极限，可以求得一系列涉及幂指函数$u(x)^{v(x)}$的极限.

例 25 求下列极限：

(1)$l=\lim\limits_{x\to\infty}\left(1+\frac{2}{x}\right)^x$；　　(2)$l=\lim\limits_{x\to\infty}\left(1-\frac{2}{x}\right)^x$；

(3)$l=\lim\limits_{x\to\infty}\left(1+\frac{1}{x}\right)^{x+5}$；　　(4)$l=\lim\limits_{x\to 0}(\cos^2 x)^{\csc^2 x}$.

解 (1)$l=\lim\limits_{x\to\infty}\left(1+\frac{2}{x}\right)^{\frac{x}{2}\cdot 2}=\left[\lim\limits_{x\to\infty}\left(1+\frac{2}{x}\right)^{\frac{x}{2}}\right]^2=\mathrm{e}^2$；

(2)$l=\lim\limits_{x\to\infty}\left[1+\left(-\frac{2}{x}\right)\right]^{-\frac{x}{2}\cdot(-2)}=\mathrm{e}^{-2}$；

(3)$l=\lim\limits_{x\to\infty}\left[\left(1+\frac{1}{x}\right)^x\left(1+\frac{1}{x}\right)^5\right]=\lim\limits_{x\to\infty}\left(1+\frac{1}{x}\right)^x\cdot\lim\limits_{x\to\infty}\left(1+\frac{1}{x}\right)^5=\mathrm{e}\cdot 1=\mathrm{e}$；

(4)$l=\lim\limits_{x\to 0}(1+\cos^2 x-1)^{\frac{-1}{\cos^2 x-1}}\xlongequal{\text{令 }t=\cos^2 x-1}\lim\limits_{t\to 0}(1+t)^{\frac{-1}{t}}=1/\lim\limits_{t\to 0}(1+t)^{\frac{1}{t}}=\mathrm{e}^{-1}$.

例 26 在1.2节例15中我们给出了一年结算m次的复利模型，如果结算的次数m越来越多，且趋于无穷，则意味着每个瞬时立即存款立即结算，这样的复利称为连续复利. 一年后的本利和

$$p_1=\lim_{m\to\infty}A_0\left(1+\frac{r}{m}\right)^m=A_0\left[\lim_{m\to\infty}\left(1+\frac{r}{m}\right)^{\frac{m}{r}}\right]^r=A_0\mathrm{e}^r.$$

从而两年后的本利和$p_2=p_1\mathrm{e}^r=A_0\mathrm{e}^{2r}$，$n$年后的本利和$p_n=A_0\mathrm{e}^{nr}$. 这是连续复利的数学模型.

对上式中的A_0、p_n、n、r的意义稍作修改，上述模型又可作为描述细菌的繁殖、生物的生长、放射性物质的衰减等现象的数学模型.

习题 1.4

1. 下列变量在给定的变化过程中哪些是无穷小量？哪些是无穷大量？

(1) $y=\dfrac{1+2x}{x^2}\quad(x\to 0)$；

(2) $y=\dfrac{x+1}{x^2-9}\quad(x\to 3)$；

(3) $y=2^{-x}-1\quad(x\to 0)$；

(4) $y=\lg x\quad(x\to 0^+)$.

2. $f(x)=\dfrac{1}{(x-1)^2}$ 在什么过程中是无穷大量，在什么过程中是无穷小量？

3. 当 $x\to 0$ 时，判别下列各函数哪个是 x 的高阶、低阶、同阶无穷小量.

(1) $\sin kx$（$k\neq 0$，为常数）；

(2) $x^2\cos x$；

(3) $\sqrt{x}\cos x$；

(4) $\sqrt{1-2x}-\sqrt{1-3x}$.

4. 求下列极限：

(1) $\lim\limits_{x\to 2}\dfrac{x^2+5}{x-3}$；

(2) $\lim\limits_{x\to\sqrt{3}}\dfrac{x^2-3}{x^2+1}$；

(3) $\lim\limits_{x\to 0}\dfrac{3x}{x^3-x}$；

(4) $\lim\limits_{x\to 1}\dfrac{x^2-2x+1}{x^2-1}$；

(5) $\lim\limits_{x\to 3}\dfrac{x^2-9}{x-3}$；

(6) $\lim\limits_{x\to\infty}\dfrac{x^2+x-1}{3x^2-2x}$；

(7) $\lim\limits_{x\to+\infty}\dfrac{4x^2+x}{x^3-2x+3}$；

(8) $\lim\limits_{x\to\infty}\left(2-\dfrac{1}{x}-\dfrac{1}{x^2}\right)$；

(9) $\lim\limits_{x\to\infty}\left(1+\dfrac{1}{x}\right)\left(2-\dfrac{1}{x}\right)$；

(10) $\lim\limits_{x\to 2}\left(\dfrac{1}{x-2}-\dfrac{4}{x^2-4}\right)$；

(11) $\lim\limits_{x\to\infty}\dfrac{\sin 3x}{1+4x^2}$；

(12) $\lim\limits_{x\to 0}\dfrac{\sin 3x}{\sin 5x}$；

(13) $\lim\limits_{x\to 1}\dfrac{\sin(x-1)}{x^2-1}$；

(14) $\lim\limits_{x\to 0}(1-3x)^{\frac{1}{x}}$；

(15) $\lim\limits_{x\to\infty}\left(\dfrac{x}{1+x}\right)^x$；

(16) $\lim\limits_{x\to\infty}\left(1-\dfrac{1}{x^2}\right)^{x^2}$.

5. 讨论 $\lim\limits_{x\to 0}\dfrac{|x|}{x}$ 是否存在.

6. 计算下列极限：

(1) $\lim\limits_{x\to 0}\dfrac{\tan 5x}{x}$；

(2) $\lim\limits_{x\to 0}x\cot x$；

(3) $\lim\limits_{x\to 0}\dfrac{\tan x-\sin x}{x}$；

(4) $\lim\limits_{x\to 0}\dfrac{1-\cos 2x}{x\sin x}$；

(5) $\lim\limits_{x\to\pi}\dfrac{\sin x}{\pi-x}$；

(6) $\lim\limits_{x\to 0}\dfrac{x-\sin x}{x+\sin x}$.

7. 计算下列极限：

(1) $\lim\limits_{x\to 0}(1-x)^{\frac{1}{x}}$；

(2) $\lim\limits_{x\to 0}(1+2x)^{\frac{1}{x}}$；

(3) $\lim\limits_{x\to\infty}\left(\dfrac{1+x}{x}\right)^{3x}$;　　(4) $\lim\limits_{x\to\infty}\left(1-\dfrac{1}{x}\right)^{5x}$;

(5) $\lim\limits_{x\to\infty}\left(\dfrac{x}{x+1}\right)^{x+3}$;　　(6) $\lim\limits_{x\to\infty}\left(\dfrac{x+a}{x-a}\right)^{x}$.

8. 利用等价无穷小的性质求下列极限：

(1) $\lim\limits_{x\to0}\dfrac{\arctan 3x}{5x}$;　　(2) $\lim\limits_{x\to0}\dfrac{\sqrt{1+x\sin x}-1}{x\arctan x}$;

(3) $\lim\limits_{x\to0}\dfrac{e^{5x}-1}{x}$.

1.5 连续函数

连续函数是微积分研究的基本对象，本节将介绍连续函数的概念与性质.

1.5.1 连续与间断的概念

作为日常用语，连续的对立面就是间断. 所谓连续就是不间断.

在现实世界中，有许多量的变化是连续进行的，如气温的连续变化、生物的连续生长、股票价格的连续波动，等等；也有很多量的变化是不连续的，如某些季节性商品的销售，等等. 这些现象反映在数学上就是函数的连续性与间断.

函数的连续性，从函数图像来看，就是函数的曲线是连绵不断的，因而可一笔画成(见图1-20(a)). 在连续点 x_0 处，当自变量从 x_0 向左或向右作微小改变时，对应的函数值也只作微小改变. 这就是说，当自变量 x 靠近 x_0 时，函数值 $f(x)$ 就靠近 $f(x_0)$，而当 x 趋于 x_0 时，$f(x)$ 就趋于 $f(x_0)$. 如果记 $\Delta x=x-x_0$，$\Delta y=f(x)-f(x_0)$，则函数在 x_0 处连续，也就是当 Δx 趋于零时，Δy 也趋于零. 通常称 Δx 与 Δy 分别为自变量与函数的改变量或增量.

在间断点 x_0 处，当自变量 x 从 x_0 的左侧的近旁变到 x_0 右侧的近旁时，对应的函数值发生显著变化(见图1-20(b))，即当 x 趋于 x_0 时，$f(x)$ 不趋于 $f(x_0)$，或 Δx 趋于零时，Δy 不趋于零.

根据以上分析，引入下面的定义.

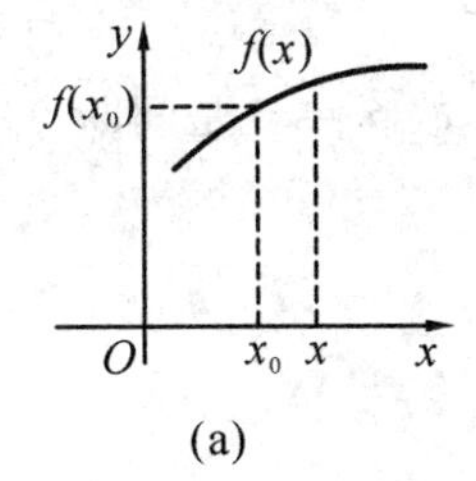

(a)

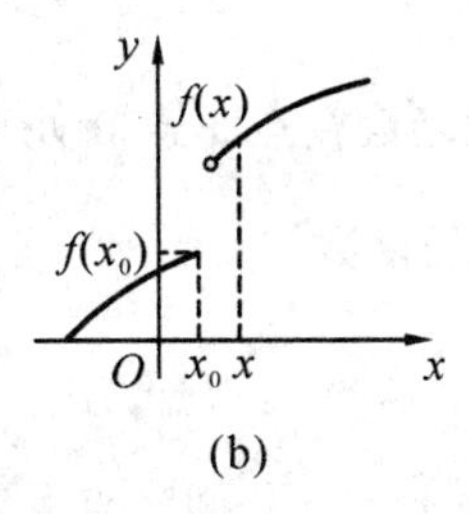

(b)

图 1-20

定义1 设函数 $y=f(x)$ 在点 x_0 的某个邻域内有定义.如果当 x 趋于 x_0 时,$f(x)$ 的极限存在且等于它在点 x_0 处的函数值,即

$$\lim_{x\to x_0} f(x)=f(x_0),$$

则称函数 $f(x)$ 在点 x_0 处是连续的,否则称函数 $f(x)$ 在 x_0 处是间断的.

$f(x)$ 在 $x=x_0$ 处连续也可定义为:若 $\lim\limits_{\Delta x\to 0}\Delta y=0$,则 $f(x)$ 在 $x=x_0$ 处连续,其中 $\Delta y=f(x_0+\Delta x)-f(x_0)$.该定义应用起来比较方便,并且易于理解函数在某一点处连续的本质特征:当自变量的变化很小时,函数值的变化也很小.

如果函数 $f(x)$ 在区间 (a,b) 内或 $[a,b]$ 上的每一点都连续,则称 $f(x)$ 在 (a,b) 内或 $[a,b]$ 上连续.

如果函数 $f(x)$ 在其定义域内的每一点都连续,则称 $f(x)$ 在其定义域内是连续的.

例1 试证 $f(x)=x^2$ 在区间 $(-\infty,+\infty)$ 上连续.

证 任给 $x_0\in(-\infty,+\infty)$,则

$$\lim_{x\to x_0} f(x)=\lim_{x\to x_0} x^2=(\lim_{x\to x_0} x)^2={x_0}^2=f(x_0),$$

故由定义知,$f(x)=x^2$ 在 x_0 处连续.由 x_0 的任意性知,$f(x)=x^2$ 是 $(-\infty,+\infty)$ 上的连续函数.

例1的结论不是偶然的,根据连续函数的定义可知,基本初等函数在其定义域上连续.

根据定义,函数 $y=f(x)$ 在点 x_0 处连续的条件是:

(1) 函数 $y=f(x)$ 在点 x_0 有定义,即 $f(x_0)$ 存在;

(2) $\lim\limits_{x\to x_0} f(x)$ 存在;

(3) $\lim\limits_{x\to x_0} f(x)=f(x_0)$.

以上三个条件同时满足,则函数 $f(x)$ 在点 x_0 处连续;其中任何一条不满足,函数 $f(x)$ 在点 x_0 处都是间断的.

如,在1.4节例4中的函数

$$f(x)=\frac{x^2}{x},$$

虽然 $\lim\limits_{x\to 0}\dfrac{x^2}{x}=0$,但此函数在点 $x=0$ 处无定义,故 $x=0$ 是间断点.

在1.4节例5中的函数

$$f(x)=\begin{cases}\sin x, & x<0,\\ \cos x, & x\geqslant 0,\end{cases}$$

因 $\lim\limits_{x\to 0} f(x)$ 不存在,故 $x=0$ 是间断点.

1.5.2 初等函数的连续性

根据极限的四则运算法则和复合运算法则,容易导出如下定理.

定理1 两个连续函数的和、差、积、商(除数不为零)仍是连续函数;两个连续函数的复合函数仍是连续函数.

由于基本初等函数在其定义域内连续,故由定理1得知:

定理2 初等函数在其定义区间内连续.

例2 讨论 $f(x)=\begin{cases}\dfrac{\sin x}{x}, & x\neq 0,\\ 0, & x=0\end{cases}$ 的连续性.

解 因$\dfrac{\sin x}{x}$是初等函数,由定理2知,当$x\neq 0$时$f(x)$连续.当$x=0$时,因$\lim\limits_{x\to 0}f(x)=\lim\limits_{x\to 0}\dfrac{\sin x}{x}=1$,而$f(0)=0$,故$f(x)$在点$x=0$处间断.

例3 求函数$y=\dfrac{\sin x}{x^2-3x+2}$的连续区间.

解 由定理2知,求初等函数的连续区间,就是求其有定义的区间.因$y=\dfrac{\sin x}{x^2-3x+2}$是初等函数,其定义域为$x\neq 2$且$x\neq 1$,故$y$的连续区间为$(-\infty,1)\cup(1,2)\cup(2,+\infty)$.

下面讨论函数的连续性在求极限时的作用.

由连续函数定义$\lim\limits_{x\to x_0}f(x)=f(x_0)$可知,若$f(x)$在点$x_0$处连续,则求$f(x)$在$x\to x_0$时的极限值,只要求$f(x)$在点$x_0$处的函数值就行了.因此,上述关于初等函数连续性的结论提供了求极限的一个方法,这就是:如果$f(x)$是初等函数,且x_0是$f(x)$在定义区间内的点,则

$$\lim_{x\to x_0}f(x)=f(x_0)=f(\lim_{x\to x_0}x).$$

这就是说,对于初等函数$f(x)$而言,极限符号与函数符号可以交换位置.

例4 求$\lim\limits_{x\to e^{\pi}}\sin\ln x$.

解 因为$y=\sin\ln x$是初等函数,它在点$x_0=e^{\pi}$处有定义,因而在该点处连续.因此,

$$\lim_{x\to e^{\pi}}\sin\ln x=\sin(\lim_{x\to e^{\pi}}\ln x)=\sin\ln(\lim_{x\to e^{\pi}}x)=\sin\ln e^{\pi}=\sin\pi=0.$$

熟练后可简化求极限的过程.如$\lim\limits_{x\to 2}\sqrt{x+2}=\sqrt{4}=2$,$\lim\limits_{x\to\pi}\sqrt{\cos(x-\pi)}=\sqrt{\cos 0}=1$等.

例5 求$\lim\limits_{x\to 4}\dfrac{\sqrt{2x+1}-3}{\sqrt{x-2}-\sqrt{2}}$.

解 极限是“$\frac{0}{0}$”型. 分子、分母同时有理化,得

$$
\begin{aligned}
&\lim_{x\to 4}\frac{\sqrt{2x+1}-3}{\sqrt{x-2}-\sqrt{2}}\\
&=\lim_{x\to 4}\frac{(\sqrt{2x+1}-3)(\sqrt{2x+1}+3)(\sqrt{x-2}+\sqrt{2})}{(\sqrt{x-2}-\sqrt{2})(\sqrt{x-2}+\sqrt{2})(\sqrt{2x+1}+3)}\\
&=\lim_{x\to 4}\frac{(2x+1-9)(\sqrt{x-2}+\sqrt{2})}{(x-2-2)(\sqrt{2x+1}+3)}\\
&=\lim_{x\to 4}\frac{2(x-4)(\sqrt{x-2}+\sqrt{2})}{(x-4)(\sqrt{2x+1}+3)}=\frac{2}{3}\sqrt{2}.
\end{aligned}
$$

例 6 求$\lim\limits_{x\to 0}\frac{\ln(1+x)}{x}$.

解 因为$\frac{\ln(1+x)}{x}=\ln(1+x)^{\frac{1}{x}}$,利用对数函数的连续性以及$\lim\limits_{x\to 0}(1+x)^{\frac{1}{x}}=\mathrm{e}$,得

$$\lim_{x\to 0}\frac{\ln(1+x)}{x}=\lim_{x\to 0}\ln(1+x)^{\frac{1}{x}}=\ln\lim_{x\to 0}(1+x)^{\frac{1}{x}}=\ln\mathrm{e}=1.$$

由本例题知 $\ln(1+x)\sim x(x\to 0)$.

例 7 证明:

(1) $\lim\limits_{x\to 0}\frac{a^x-1}{x}=\ln a$; (2) $\lim\limits_{x\to 0}\frac{(1+x)^\alpha-1}{x}=\alpha(\alpha\neq 0)$.

证 (1) 令 $y=a^x-1$,则 $x=\ln(1+y)/\ln a$,且 $x\to 0$ 时,$y\to 0$. 由例 6 得

$$\lim_{x\to 0}\frac{a^x-1}{x}=\lim_{y\to 0}\frac{y\ln a}{\ln(1+y)}=\ln a.$$

(2) 因$(1+x)^\alpha=\mathrm{e}^{\alpha\ln(1+x)}$,令 $t=\alpha\ln(1+x)$,则 $x\to 0$ 时,$t\to 0$,因此

$$\lim_{x\to 0}\frac{(1+x)^\alpha-1}{x}=\lim_{x\to 0}\frac{\mathrm{e}^{\alpha\ln(1+x)}-1}{\alpha\ln(1+x)}\cdot\frac{\alpha\ln(1+x)}{x}=\lim_{t\to 0}\frac{\mathrm{e}^t-1}{t}\cdot\lim_{x\to 0}\frac{\alpha\ln(1+x)}{x}=1\cdot\alpha=\alpha.$$

由 1.4 节的有关例题及本节例 6、例 7,我们可以得到当 $x\to 0$ 时,以下常用的等价无穷小:

$\sin x\sim x$; $\tan x\sim x$; $\arcsin x\sim x$; $\arctan x\sim x$;

$\mathrm{e}^x-1\sim x$; $\ln(1+x)\sim x$; $1-\cos x\sim\frac{x^2}{2}$; $a^x-1\sim x\ln a$;

$(1+x)^\alpha-1\sim\alpha x(\alpha>0)$.

例 8 求下列极限:

(1)$l=\lim\limits_{x\to 0}\frac{\tan 3x}{\sin 5x}$; (2)$l=\lim\limits_{x\to 0}\frac{\mathrm{e}^x-1}{x^3+2x}$;

(3)$l=\lim\limits_{x\to 0}\frac{\sqrt{1+x+x^2}-1}{\ln(1+2x)}$; (4)$l=\lim\limits_{x\to 0}\frac{\ln\cos\alpha x}{\ln\cos\beta x}(\beta\neq 0)$.

解 (1) 因为 $x\to 0$ 时，$\tan 3x\sim 3x$，$\sin 5x\sim 5x$，所以

$$l=\lim_{x\to 0}\frac{3x}{5x}=\frac{3}{5};$$

(2) 因为 $x\to 0$ 时，$e^x-1\sim x$，无穷小量 x^3+2x 与它自身等价，所以

$$l=\lim_{x\to 0}\frac{x}{x^3+2x}=\lim_{x\to 0}\frac{1}{x^2+2}=\frac{1}{2};$$

(3) 因为 $x\to 0$ 时，$\sqrt{1+x+x^2}-1\sim\frac{1}{2}(x+x^2)$，$\ln(1+2x)\sim 2x$，所以

$$l=\lim_{x\to 0}\frac{\frac{1}{2}(x+x^2)}{2x}=\lim_{x\to 0}\frac{1+x}{4}=\frac{1}{4};$$

(4)
$$l=\lim_{x\to 0}\frac{\ln[1+(\cos\alpha x-1)]}{\ln[1+(\cos\beta x-1)]}=\lim_{x\to 0}\frac{\cos\alpha x-1}{\cos\beta x-1}$$
$$=\lim_{x\to 0}\frac{-(\alpha x)^2/2}{-(\beta x)^2/2}=\frac{\alpha^2}{\beta^2}.$$

1.5.3 闭区间上连续函数的性质

本小节我们不加证明地介绍闭区间上连续函数的两个重要性质.

定义 2 设函数 $f(x)$ 在区间 I 上有定义，如果存在 $x_0\in I$，使对任一 $x\in I$，都有

$$f(x)\leqslant f(x_0)\quad(\text{或 } f(x)\geqslant f(x_0)),$$

则称 $f(x_0)$ 是函数 $f(x)$ 在区间 I 上的最大值(或最小值). 最大值与最小值统称为最值.

定理 3(最大值与最小值定理) 若函数 $f(x)$ 在闭区间 $[a,b]$ 上连续，则在该区间上 $f(x)$ 一定存在最大值和最小值.

如图 1-21 所示，曲线弧 $\overset{\frown}{AB}$ 是闭区间 $[a,b]$ 上连续函数 $y=f(x)$ 的图像. 在该曲线上，至少存在一个最高点 $C(x_1,f(x_1))$ 和一个最低点 $D(x_2,f(x_2))$.

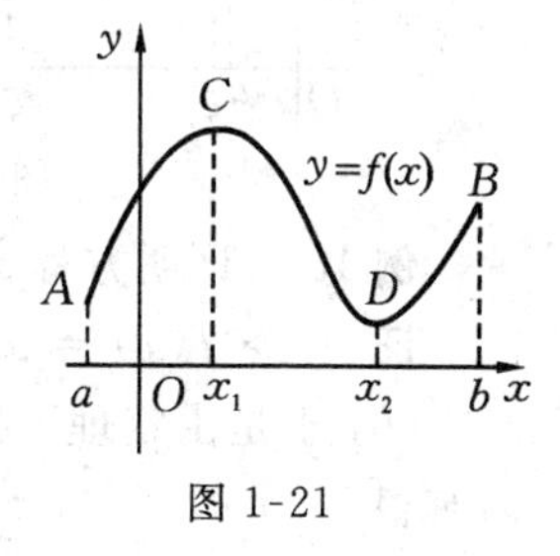

图 1-21

需要注意的是，定理中指出的“闭区间”和“连续”两个条件很重要. 满足条件时结论一定成立，不满足条件时，结论可能不成立. 我们应当弄清充分条件与结论之间的逻辑关系.

例 9 $y=\frac{1}{|x|}$ 在闭区间 $[-1,1]$ 上不连续，它不存在最大值(见图 1-22). 函数 $y=\tan x$ 在开区间 $\left(-\frac{\pi}{2},\frac{\pi}{2}\right)$ 内连续，它既不存在最大值，也不存在最小值. 然而函数

$$y=\begin{cases}x, & 0<x<1,\\ x-1, & 1\leqslant x\leqslant 2\end{cases}$$

的定义域 $(0,2]$ 不是闭区间，而且它在该区间上也不连续 $(f(1^-)=1,f(1^+)=0)$，但它既

存在最大值 $f(2)=1$,又存在最小值 $f(1)=0$(见图 1-23).

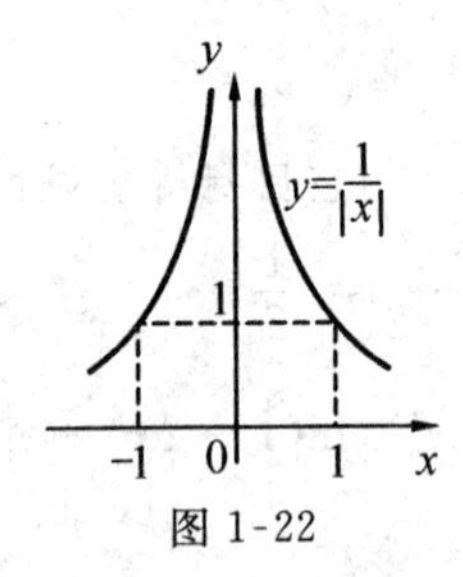

图 1-22

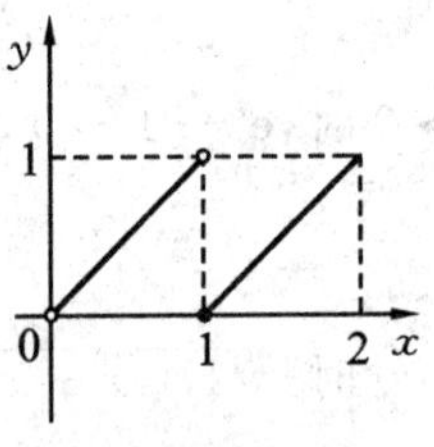

图 1-23

* **定理 4(介值定理)** 若函数 $f(x)$ 在闭区间 $[a,b]$ 上连续,且 $f(a)\neq f(b)$,则对于介于 $f(a)$ 与 $f(b)$ 之间的任何一个实数 c,必至少存在一 $\xi\in(a,b)$,使 $f(\xi)=c$.

在几何上,定理 4 的结论意味着,若 c 介于 $f(a)$ 与 $f(b)$ 之间,则水平直线 $y=c$ 必交曲线 $y=f(x)$ 于某点 $(\xi,c)(a<\xi<b)$(见图 1-24).

推论(零点定理) 若函数 $f(x)$ 在闭区间 $[a,b]$ 上连续,且 $f(a)$ 与 $f(b)$ 异号,则至少存在一 $\xi\in(a,b)$,使 $f(\xi)=0$.

如图 1-25 所示,曲线 $y=f(x)$ 从 x 轴下方的 A 点连续地变动到 x 轴上方的 B 点时,必与 x 轴至少相交于一点 $(\xi,0)$. 这一事实常常被用于判定方程的根的存在性,故上述推论又称为根的存在性定理.

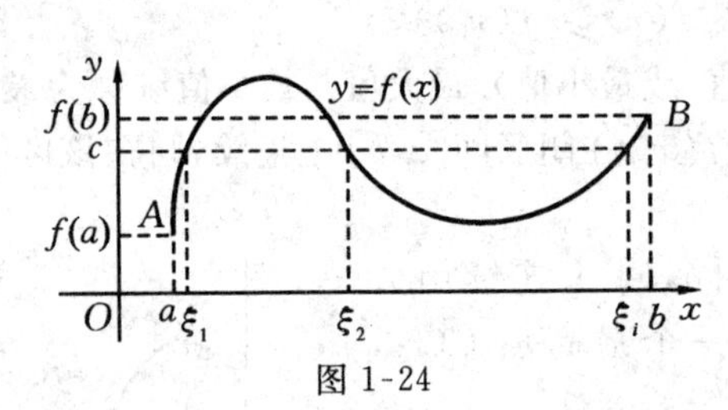

图 1-24

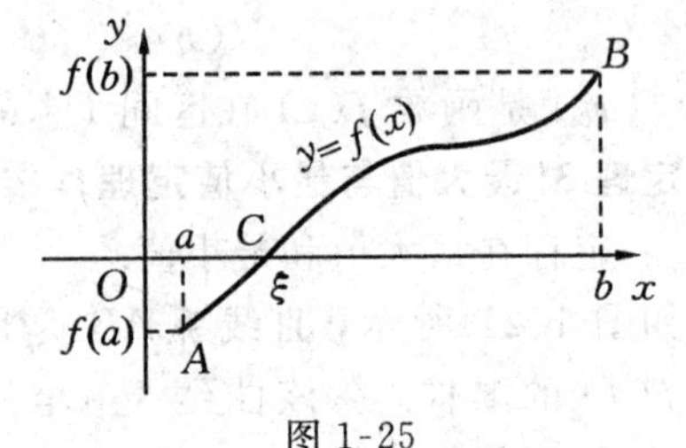

图 1-25

例 10 证明方程 $x^5-3x=1$ 在区间 $(1,2)$ 上有根.

证 令 $f(x)=x^5-3x-1$,则 $f(x)$ 在 $[1,2]$ 上连续且 $f(1)=-3<0$,$f(2)=25>0$,于是由定理 4 推论知,存在 $\xi\in(1,2)$,使 $f(\xi)=0$,即方程 $x^5-3x=1$ 在 $(1,2)$ 内有根.

习题 1.5

1. 讨论函数 $f(x)=\begin{cases}1, & x\leqslant 1,\\ 2x+1, & 1<x\leqslant 2,\\ 1+x^2, & x>2\end{cases}$ 的连续性.

2. 设 $f(x)=\begin{cases}\dfrac{\sin x}{x}, & x\neq 0,\\ a, & x=0,\end{cases}$ 求 a 的值，使 $f(x)$ 在点 $x=0$ 处连续.

3. 求下列函数的间断点：

(1) $f(x)=\dfrac{x^2-4}{x-2}$；

(2) $f(x)=\dfrac{1}{x-1}$；

(3) $f(x)=\begin{cases}x, & x\geqslant 1,\\ 1-x, & x<1;\end{cases}$

(4) $f(x)=\begin{cases}2x^2, & 0\leqslant x\leqslant 1,\\ 2-x, & 1<x\leqslant 2.\end{cases}$

4. 利用初等函数的连续性，求下列极限：

(1) $\lim\limits_{x\to\infty}\ln\left(1+\dfrac{1}{x}\right)$；

(2) $\lim\limits_{x\to 1}e^{x-1}$；

(3) $\lim\limits_{x\to 1}\cos(1-x^2)$；

(4) $\lim\limits_{x\to\frac{\pi}{2}}\ln\sin x$；

(5) $\lim\limits_{x\to\infty}x\ln\left(1+\dfrac{1}{x}\right)$；

(6) $\lim\limits_{x\to 1}e^{\frac{x^2-1}{x-1}}$.

5. 求下列极限：

(1) $\lim\limits_{x\to 0}\dfrac{x^2}{1-\sqrt{1+x^2}}$；

(2) $\lim\limits_{x\to 1}\dfrac{\sqrt{5x-4}-\sqrt{x}}{x-1}$；

(3) $\lim\limits_{x\to 0}(1+3\tan^2 x)^{\cot^2 x}$；

(4) $\lim\limits_{x\to 0}\dfrac{\sin x(1+x)}{\tan 2x}$；

(5) $\lim\limits_{x\to 1}x(\sqrt{x^2+1}-x)$；

(6) $\lim\limits_{x\to 0}\dfrac{e^{7x}-e^{2x}}{x}$；

(7) $\lim\limits_{x\to 0}\dfrac{\sqrt{1+x\sin x}-\cos x}{x\sin x}$；

(8) $\lim\limits_{x\to\infty}\left(\dfrac{x^2}{x^2-1}\right)^x$；

(9) $\lim\limits_{x\to\infty}\dfrac{(2x-3)^{20}(3x-5)^{30}}{(4x+1)^{50}}$；

(10) $\lim\limits_{x\to 1}(1-x)\tan\dfrac{\pi x}{2}$.

6. 求下列极限式中的常数.

(1) 已知 $\lim\limits_{x\to 0}(1+ax)^{\frac{1}{x}}=3$，求 a.

(2) 已知 $\lim\limits_{x\to 0}\left(\dfrac{x^2}{1+x}-ax-b\right)=0$，求 a,b.

7. 设函数 $f(x)=\begin{cases}e^x, & x<0,\\ a+x, & x\geqslant 0,\end{cases}$ 确定常数 a 使 $f(x)$ 在 $(-\infty,+\infty)$ 内连续.

*8. 试证方程 $x=\cos x$ 在 $\left(0,\dfrac{\pi}{2}\right)$ 内至少有一个根.

第 2 章　导数及其应用

本章介绍微积分的主体之一 —— 微分学，主要内容有导数的概念、求导公式与求导法则、微分概念与微分法则以及导数的应用，其中包括利用导数作经济分析以及利用导数求解最优化问题.

2.1　导数的概念

2.1.1　瞬时速度与线密度

变速直线运动的瞬时速度　某质点作变速直线运动，设经过时间 t 后，质点走过的路程为 $s(t)$，函数 $s=s(t)$ 称为质点的运动方程. 求质点在 t_0 时刻的瞬时速度.

当时间 t 从 t_0 变到 $t_0+\Delta t$ 时，质点在 Δt 内走过的路程为

$$\Delta s=s(t_0+\Delta t)-s(t_0).$$

对于匀速直线运动，比值

$$\frac{\Delta s}{\Delta t}=\frac{s(t_0+\Delta t)-s(t_0)}{\Delta t}$$

表示质点在时间间隔 $[t_0,t_0+\Delta t]$ 内的平均速度，它是一个与 Δt 无关的常数. 对于变速直线运动，则 $\frac{\Delta s}{\Delta t}$ 不是常数，它与 Δt 有关. 因此，$\frac{\Delta s}{\Delta t}$ 不能精确地表达质点在 t_0 这一时刻的瞬时运动状态. 然而，时间间隔 Δt 越小，$\frac{\Delta s}{\Delta t}$ 越接近于这个时刻的瞬时运动状态. 于是，当 $\Delta t\to 0$ 时，若 $\frac{\Delta s}{\Delta t}$ 有极限，则称此极限值为质点在时刻 t_0 的瞬时速度，并记为 $v(t_0)$，即定义

$$v(t_0)=\lim_{\Delta t\to 0}\frac{\Delta s}{\Delta t}=\lim_{\Delta t\to 0}\frac{s(t_0+\Delta t)-s(t_0)}{\Delta t}.$$

非均匀棒的线密度　设有一根细棒，取棒的一端作为原点，棒上任意点的坐标为 x，于是分布在 $[0,x]$ 上细棒的质量 m 是 x 的函数，即 $m=m(x)$. 求细棒在 x_0 处的线密度（对于均匀细棒来说，单位长度细棒的质量叫作该细棒的线密度）.

分布在 $[x_0,x_0+\Delta x]$ 上的细棒的质量

$$\Delta m=m(x_0+\Delta x)-m(x_0).$$

对于均匀细棒，比值

$$\frac{\Delta m}{\Delta x}=\frac{m(x_0+\Delta x)-m(x_0)}{\Delta x}$$

是一个与 Δx 无关的常数，它表示细棒在 $[x_0,x_0+\Delta x]$ 上的平均线密度. 对于非均匀细棒，则 $\frac{\Delta m}{\Delta x}$ 不是常数. 然而，Δx 越小，$\frac{\Delta m}{\Delta x}$ 越接近 x_0 处的线密度. 因此，当 $\Delta x\to 0$ 时，若 $\frac{\Delta m}{\Delta x}$ 有极限，则将此极限值

$$\lim_{\Delta x\to 0}\frac{\Delta m}{\Delta x}=\lim_{\Delta x\to 0}\frac{m(x_0+\Delta x)-m(x_0)}{\Delta x}$$

定义为细棒在 x_0 处的线密度.

2.1.2　导数的定义

除以上两例外，在自然科学与工程领域内还有许多概念，如角速度、电流强度以及经济学中的"边际"概念，在数学上都归结为一个共同的问题：讨论函数的增量 $f(x+\Delta x)-f(x)$ 与自变量的增量 Δx 之比，以及比值的极限 $\lim\limits_{\Delta x\to 0}\frac{f(x+\Delta x)-f(x)}{\Delta x}$. 由此，抽象出导数的概念.

定义　设 $y=f(x)$ 在点 x_0 的某个邻域内有定义. 如果函数的增量 $\Delta y=f(x_0+\Delta x)-f(x_0)$ 与自变量的增量 Δx 的比值

$$\frac{\Delta y}{\Delta x}=\frac{f(x_0+\Delta x)-f(x_0)}{\Delta x}$$

当 $\Delta x\to 0$ 时有极限，即

$$\lim_{\Delta x\to 0}\frac{\Delta y}{\Delta x}=\lim_{\Delta x\to 0}\frac{f(x_0+\Delta x)-f(x_0)}{\Delta x}\tag{2.1.1}$$

存在，则称 $y=f(x)$ 在点 x_0 处可导，称极限值为 $f(x)$ 在点 x_0 处的导数，通常记为

$$f'(x_0),\quad \left.\frac{\mathrm{d}y}{\mathrm{d}x}\right|_{x=x_0}\quad 或\quad y'\Big|_{x=x_0}.$$

如果极限(2.1.1)不存在，就称函数 $f(x)$ 在点 x_0 处的导数不存在或在点 x_0 处不可导.

若函数 $y=f(x)$ 在点 x_0 处可导，则由第1.4节定理2知

$$\frac{\Delta y}{\Delta x}=f'(x_0)+\alpha,$$

其中 α 是 $\Delta x\to 0$ 时的无穷小量. 上式可改写成

$$\Delta y=f'(x_0)\Delta x+\alpha\Delta x,\tag{2.1.2}$$

于是

$$\lim_{\Delta x\to 0}\Delta y=\lim_{\Delta x\to 0}[f'(x_0)\Delta x+\alpha\Delta x]=0.$$

由连续的定义知，$f(x)$ 在点 x_0 处连续. 也就是说，若 $y=f(x)$ 在某点可导，则在该点一定连续，但它的逆命题不成立.

如果 $y=f(x)$ 在区间 (a,b) 内每点都可导，则称 $f(x)$ 在区间 (a,b) 内可导，此时

$f'(x)$ 是定义在(a,b)内的函数，称为 $f(x)$ 的导函数，通常仍简称为导数，并用符号

$$f'(x),\quad y',\quad y'_x \quad 或 \quad \frac{\mathrm{d}y}{\mathrm{d}x}$$

表示. 于是，变速直线运动的瞬时速度 v 是路程 $s(t)$ 对时间 t 的导数，即 $v = v(t) = s'(t)$；非均匀细棒的线密度是分布在$[0,x]$上的细棒的质量 m 对 x 的导数，即 $m' = m'(x)$.

2.1.3 导数的直接计算

根据导数的定义求导数，一般包含以下三个步骤：

(1) 对给定的 Δx，求出相应的函数改变量

$$\Delta y = f(x + \Delta x) - f(x);$$

(2) 计算比值$\frac{\Delta y}{\Delta x}$并化简；

(3) 求极限$\lim\limits_{\Delta x \to 0} \frac{\Delta y}{\Delta x}$.

例 1 证明常数的导数恒等于零.

证 设 $y = f(x) = C$，C 为常数，则对任意的 x 以及 Δx，

(1)$\Delta y = f(x + \Delta x) - f(x) = C - C = 0$；

(2) $\frac{\Delta y}{\Delta x} = 0$；　　(3) $\lim\limits_{\Delta x \to 0} \frac{\Delta y}{\Delta x} = 0$.

得证

$$(C)' = 0.$$

这个结果是容易理解的，因为常数函数的取值无变化可言，变化率自然就是零.

例 2 求 $f(x) = x^2$ 在 $x_0 = 1$ 处的导数.

解 (1)$\Delta y = f(1 + \Delta x) - f(1) = (1 + \Delta x)^2 - 1^2 = 2\Delta x + (\Delta x)^2$；

(2) $\frac{\Delta y}{\Delta x} = \frac{2\Delta x + (\Delta x)^2}{\Delta x} = 2 + \Delta x$；

(3) $\lim\limits_{\Delta x \to 0} \frac{\Delta y}{\Delta x} = \lim\limits_{\Delta x \to 0}(2 + \Delta x) = 2$.

故 $f(x) = x^2$ 在 $x_0 = 1$ 处的导数为 2.

一般的，对于幂函数 $f(x) = x^\mu$(μ 为任意实数)的导数，有

$$(x^\mu)' = \mu x^{\mu - 1}.$$

利用这个公式，可以很方便地求出幂函数的导数. 例如：在例 2 中，$f'(x) = (x^2)' = 2x$，所以 $f'(1) = 2$.

若 $f(x) = x^{\frac{1}{2}} = \sqrt{x}\,(x > 0)$，则$(x^{\frac{1}{2}})' = \frac{1}{2}x^{\frac{1}{2} - 1} = \frac{1}{2\sqrt{x}}$.

若 $f(x)=x^{-1}=\dfrac{1}{x}(x\neq 0)$，则 $(x^{-1})'=(-1)x^{-1-1}=-x^{-2}=-\dfrac{1}{x^2}$.

例 3　求 $y=\sin x$ 的导数.

解　对任意的 x 及 Δx，有：

$$(1)\Delta y=f(x+\Delta x)-f(x)=\sin(x+\Delta x)-\sin x$$
$$=2\cos\frac{x+\Delta x+x}{2}\sin\frac{x+\Delta x-x}{2}$$
$$=2\cos\left(x+\frac{\Delta x}{2}\right)\sin\frac{\Delta x}{2};$$

$$(2)\ \frac{\Delta y}{\Delta x}=\frac{2\cos\left(x+\frac{\Delta x}{2}\right)\sin\frac{\Delta x}{2}}{\Delta x}=\cos\left(x+\frac{\Delta x}{2}\right)\frac{\sin\frac{\Delta x}{2}}{\frac{\Delta x}{2}};$$

$$(3)\ \lim_{\Delta x\to 0}\frac{\Delta y}{\Delta x}=\lim_{\Delta x\to 0}\cos\left(x+\frac{\Delta x}{2}\right)\cdot\lim_{\Delta x\to 0}\frac{\sin\frac{\Delta x}{2}}{\frac{\Delta x}{2}}=\cos x.$$

故
$$(\sin x)'=\cos x.$$

类似地，可以证明
$$(\cos x)'=-\sin x.$$

例 4　求 $y=\ln x\,(x>0)$ 的导数.

解　对任意的 $x(x>0)$ 及 Δx，有：

$$(1)\Delta y=\ln(x+\Delta x)-\ln x=\ln\left(1+\frac{\Delta x}{x}\right);$$

$$(2)\ \frac{\Delta y}{\Delta x}=\frac{\ln\left(1+\frac{\Delta x}{x}\right)}{\Delta x}=\frac{1}{x}\ln\left(1+\frac{\Delta x}{x}\right)^{\frac{x}{\Delta x}};$$

$$(3)\ \lim_{\Delta x\to 0}\frac{\Delta y}{\Delta x}=\frac{1}{x}\lim_{\Delta x\to 0}\ln\left(1+\frac{\Delta x}{x}\right)^{\frac{x}{\Delta x}}=\frac{1}{x}.$$

故
$$(\ln x)'=\frac{1}{x}.$$

例 5　研究 $f(x)=|x|$ 在 $x=0$ 处的可导性.

解　$f(x)=|x|=\begin{cases}x, & x\geqslant 0,\\ -x, & x<0.\end{cases}$

$$(1)\Delta y=f(0+\Delta x)-f(0)=f(\Delta x)=\begin{cases}\Delta x, & \Delta x>0,\\ -\Delta x, & \Delta x<0.\end{cases}$$

(2) 当 $\Delta x>0$ 时，比值 $\dfrac{\Delta y}{\Delta x}=1$；当 $\Delta x<0$ 时，比值 $\dfrac{\Delta y}{\Delta x}=-1$.

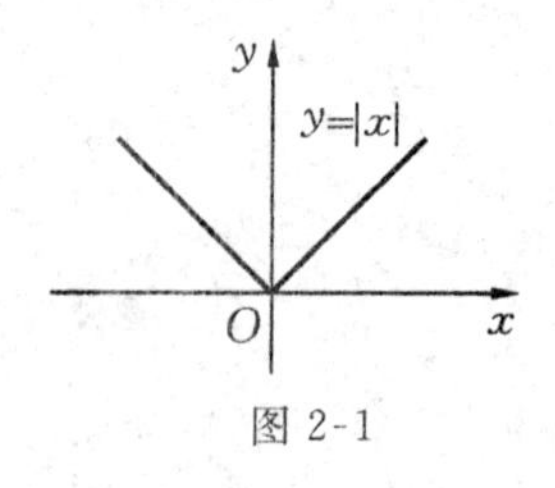

图 2-1

(3) $\lim\limits_{\Delta x\to 0^+}\dfrac{\Delta y}{\Delta x}=1$；$\lim\limits_{\Delta x\to 0^-}\dfrac{\Delta y}{\Delta x}=-1$.

可见$\lim\limits_{\Delta x\to 0}\dfrac{\Delta y}{\Delta x}$不存在，即 $f(x)=|x|$ 在 $x=0$ 处不可导. 由于 $f(x)=|x|=\sqrt{x^2}$ 是初等函数，因此 $f(x)$ 在 $x=0$ 处是连续的(见图 2-1). 这是一个连续但不可导的典型例子.

例 6 设 $f(x)=\begin{cases} x\sin\dfrac{1}{x}, & x\neq 0,\\ 0, & x=0.\end{cases}$ 讨论 $f(x)$ 在 $x=0$ 处的连续性与可导性.

解 因

$$\lim_{x\to 0}f(x)=\lim_{x\to 0}x\sin\frac{1}{x}=0=f(0),$$

故 $f(x)$ 在 $x=0$ 处连续. 但

$$\lim_{\Delta x\to 0}\frac{f(0+\Delta x)-f(0)}{\Delta x}=\lim_{\Delta x\to 0}\frac{\Delta x\sin\dfrac{1}{\Delta x}-0}{\Delta x}=\lim_{\Delta x\to 0}\sin\frac{1}{\Delta x}$$

不存在，所以 $f(x)$ 在 $x=0$ 处不可导.

2.1.4 导数的几何意义

给定平面曲线 $y=f(x)$，$M_0(x_0,y_0)$ 是曲线上一点. 当自变量在点 x_0 处取得增量 Δx，则函数相应地取得增量 $\Delta y=f(x_0+\Delta x)-f(x_0)$. 取曲线上的点 $M(x_0+\Delta x,y_0+\Delta y)$，由平面解析几何知，$\dfrac{\Delta y}{\Delta x}$ 是割线 M_0M 的斜率(见图 2-2).

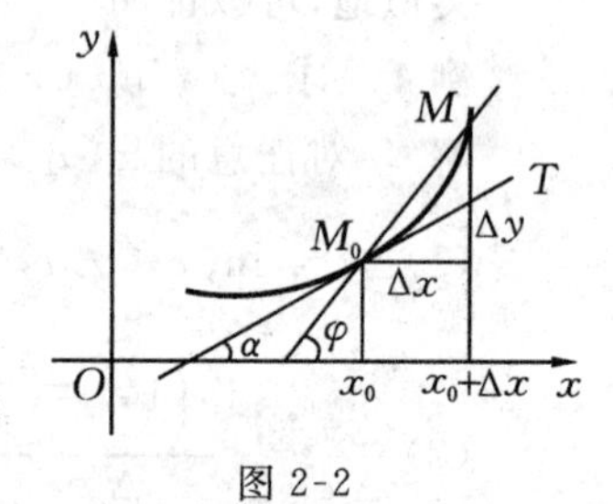

图 2-2

当 $\Delta x\to 0$ 时，点 M 沿曲线 $y=f(x)$ 趋于点 M_0. 这时若极限

$$\lim_{\Delta x\to 0}\frac{\Delta y}{\Delta x}=\lim_{\Delta x\to 0}\frac{f(x_0+\Delta x)-f(x_0)}{\Delta x}$$

存在，则此极限值即 $f'(x_0)$.

一般的，曲线 $y=f(x)$ 的切线定义为点 M 沿曲线趋于 M_0 时，割线绕点 M_0 转动的极限位置. 因此，上述极限值就是曲线 $y=f(x)$ 在点 $M_0(x_0,y_0)$ 处切线的斜率. 于是得出结论：函数 $y=f(x)$ 在点 x_0 处的导数 $f'(x_0)$ 在几何上表示，就是曲线 $y=f(x)$ 在点 $M_0(x_0,y_0)$ 处的切线斜率，即

$$f'(x_0)=\tan\alpha,$$

其中，α 是切线的倾角.

由导数的几何意义并应用直线的点斜式方程可知，曲线 $y=f(x)$ 在点 $M_0(x_0,y_0)$ 处的切线方程为

$$y - y_0 = f'(x_0)(x - x_0),$$

法线方程为

$$y - y_0 = -\frac{1}{f'(x_0)}(x - x_0),$$

其中

$$y_0 = f(x_0).$$

例 7 求曲线 $y = x^2$ 在点 $x_0 = 1$ 处的切线方程与法线方程.

解 由例 2 知,$f'(1) = 2$. 因 $y_0 = f(1) = 1^2 = 1$,故所求切线方程为

$$y - 1 = 2(x - 1) \quad 或 \quad y - 2x + 1 = 0,$$

法线方程为

$$y - 1 = -\frac{1}{2}(x - 1) \quad 或 \quad 2y + x - 3 = 0.$$

注:若 $f'(x_0) = 0$,则切线方程为 $y = y_0$,即切线平行于 x 轴;若 $f'(x_0)$ 为无穷大量,即 $\lim\limits_{\Delta x \to 0} \frac{\Delta y}{\Delta x} = \infty$,这时切线方程为 $x = x_0$,即切线垂直于 x 轴(注意,$f'(x_0) = \infty$ 时,$f(x)$ 在 x_0 处不可导).

2.1.5 高阶导数

函数 $f(x)$ 的导数 $f'(x)$ 仍然是 x 的函数,对它自然可以同样讨论求导数的问题.

如果函数 $y = f(x)$ 的导数 $f'(x)$ 还是可导的,则 $f'(x)$ 的导数 $[f'(x)]'$ 称为 $y = f(x)$ 的二阶导数,记为

$$f''(x), \quad y'', \quad \frac{d^2 y}{dx^2} \quad 或 \quad \frac{d^2 f(x)}{dx^2}.$$

同理,如果二阶导数 $f''(x)$ 还是 x 的可导函数,则它的导数 $[f''(x)]'$ 就称为 $y = f(x)$ 的三阶导数,记为

$$f'''(x), \quad y''', \quad \frac{d^3 y}{dx^3} \quad 或 \quad \frac{d^3 f(x)}{dx^3}.$$

一般的,如果 $f(x)$ 的 $(n-1)$ 阶导数 $f^{(n-1)}(x)$ 仍是 x 的可导函数,则它的导数称为 $f(x)$ 的 n 阶导数,记为 $f^{(n)}(x)$,$y^{(n)}$ 等,且

$$f^{(n)}(x) = [f^{(n-1)}(x)]'.$$

二阶及二阶以上的导数统称为高阶导数.

显然,求高阶导数只需一次一次地去求导,原则上没有任何新的方法.

高阶导数也是有许多实际意义的,如加速度是速度的变化率,因而它是速度对时间的导数,但速度本身又是路程对时间的导数,所以加速度是路程对时间的二阶导数. 设质点的运动方程为 $s = s(t)$,则加速度

$$a = a(t) = v'(t) = [s'(t)]' = s''(t).$$

习题 2.1

1. 设物体绕定轴旋转，在时间间隔$[0,t]$内转过角度θ，从而转角是t的函数：$\theta=\theta(t)$. 如果旋转是匀速的，那么称$\omega=\dfrac{\theta}{t}$为该物体旋转的角速度. 如果旋转是非匀速的，应该怎样确定该物体在时刻t_0处的角速度？

2. 当物体的温度高于周围介质的温度时，物体就不断冷却. 若物体的温度T与时间t的函数关系为$T=T(t)$，应该怎样确定物体在时刻t的冷却速度？

3. 设$f'(x_0)$存在，试利用导数的定义求下列极限：

(1) $\lim\limits_{\Delta x\to 0}\dfrac{f(x_0-\Delta x)-f(x_0)}{\Delta x}$；

(2) $\lim\limits_{h\to 0}\dfrac{f(x_0+h)-f(x_0-h)}{h}$.

4. 利用导数的定义求下列函数在指定点处的导数：

(1) $f(x)=\dfrac{1}{x^2},x=1$；　　(2) $f(x)=\sqrt{4-x},x=0$.

5. 求下列函数的导函数及在指定点处的导数值：

(1) $f(x)=x^2-3,\ x=0,\ x=3$；　　(2) $f(x)=\dfrac{1}{\sqrt{x}},\ x=1,\ x=4$.

6. (1) 求曲线$y=\sqrt{x}$在$x=4$处的切线方程与法线方程.

(2) 求曲线$y=\sin x$在点$(\pi,0)$处的切线方程与法线方程.

7. 设$f(x)=\log_a x(a>0,a\neq 1)$，试证明$(\log_a x)'=\dfrac{1}{x\ln a}$.

8. 求下列函数的二阶导数：

(1) $y=\sin x$；　　(2) $y=\ln x$.

9. 设函数$f(x)=\begin{cases}x^2\sin\dfrac{1}{x}, & x\neq 0,\\ 0, & x=0.\end{cases}$讨论$f(x)$在$x=0$处的连续性与可导性.

10. 设函数$f(x)=\begin{cases}x^2, & x\leqslant 1,\\ ax+b, & x>1.\end{cases}$为使$f(x)$在$x=1$处可导，应如何选取常数$a,b$？

2.2 求导法则

在上一节中，我们按照定义求出了一些函数的导数，但这并不意味着任何函数的导数都要按定义来计算，且有时按定义求导很烦琐．人们总结了一套简单而又统一的方法，借助于这些方法，至少可以求出任何初等函数的导数．这些方法的基础就是本节要介绍的求导法则，它们的基本出发点是将比较复杂的函数的求导问题转化为比较简单的函数的求导问题．

2.2.1 导数的四则运算

定理 1 如果函数 $u(x)$ 与 $v(x)$ 可导，则 $u(x)\pm v(x)$，$u(x)\cdot v(x)$，$\dfrac{u(x)}{v(x)}(v(x)\neq 0)$ 也可导，且

$$[u(x)\pm v(x)]'=u'(x)\pm v'(x);\tag{2.2.1}$$

$$[u(x)\cdot v(x)]'=u'(x)v(x)+u(x)v'(x);\tag{2.2.2}$$

$$\left[\frac{u(x)}{v(x)}\right]'=\frac{u'(x)v(x)-u(x)v'(x)}{v^2(x)}.\tag{2.2.3}$$

证 在这里我们仅证明式(2.2.1)．

令 $y=u(x)\pm v(x)$，则

$$\begin{aligned}\Delta y&=u(x+\Delta x)\pm v(x+\Delta x)-[u(x)\pm v(x)]\\&=[u(x+\Delta x)-u(x)]\pm[v(x+\Delta x)-v(x)]=\Delta u\pm\Delta v.\end{aligned}$$

由 $u(x)$，$v(x)$ 都可导以及极限的四则运算法则，得

$$\lim_{\Delta x\to 0}\frac{\Delta y}{\Delta x}=\lim_{\Delta x\to 0}\frac{\Delta u\pm\Delta v}{\Delta x}=\lim_{\Delta x\to 0}\frac{\Delta u}{\Delta x}\pm\lim_{\Delta x\to 0}\frac{\Delta v}{\Delta x}.$$

由导数的定义，上式即为

$$[u(x)\pm v(x)]'=u'(x)\pm v'(x).$$

特别地，若令 $v(x)=C$（C 为常数），则

$$[u(x)\cdot v(x)]'=[Cu(x)]'=C'u(x)+C[u(x)]'=Cu'(x),$$

即

$$[Cu(x)]'=Cu'(x).\tag{2.2.4}$$

式(2.2.1)与式(2.2.4)可结合为

$$[C_1u(x)+C_2v(x)]'=C_1u'(x)+C_2v'(x)\quad(C_1,C_2\text{ 为常数}).$$

例 1 设 $f(x)=\sqrt{x}-\sin x$，求 $f'(x)$．

解 由式(2.2.1)，得

$$(\sqrt{x}-\sin x)'=(\sqrt{x})'-(\sin x)'=\frac{1}{2\sqrt{x}}-\cos x.$$

式(2.2.1)可推广到任意有限个可导函数的代数和的情形，即

$$[u_1(x)\pm u_2(x)\pm\cdots\pm u_n(x)]'=u_1'(x)\pm u_2'(x)\pm\cdots\pm u_n'(x).$$

例 2 设 $f(x)=x^4+\dfrac{1}{x}-\sqrt{x}+2$，求 $f'(x)$．

解 $f'(x)=(x^4+\frac{1}{x}-\sqrt{x}+2)'=(x^4)'+\left(\frac{1}{x}\right)'-(\sqrt{x})'+(2)'$

$$=4x^3-\frac{1}{x^2}-\frac{1}{2\sqrt{x}}.$$

例 3 设 $f(x)=x^2\ln x$，求 $f'(x)$.

解 由式(2.2.2)，得

$$f'(x)=(x^2\ln x)'=(x^2)'\ln x+x^2(\ln x)'=2x\ln x+x^2\cdot\frac{1}{x}$$

$$=2x\ln x+x.$$

式(2.2.2)可推广到任意有限个可导函数的乘积. 例如若 $u(x)$、$v(x)$、$w(x)$ 都可导，则

$$(uvw)'=u'vw+uv'w+uvw'.$$

例 4 设 $P_n(x)=a_0x^n+a_1x^{n-1}+\cdots+a_{n-1}x+a_n$，求 $P_n(x)$ 的各阶导数.

解 $P_n'(x)=a_0nx^{n-1}+a_1(n-1)x^{n-2}+\cdots+a_{n-1}$.

由此可见，n 次多项式的导数仍是一个多项式，不过它的次数比原来降低一次. 对 $P_n'(x)$ 再求一次导数，得

$$P_n''(x)=a_0n(n-1)x^{n-2}+a_1(n-1)(n-2)x^{n-3}+\cdots+a_{n-2}.$$

同理，

$$P_n'''(x)=a_0n(n-1)(n-2)x^{n-3}+a_1(n-1)(n-2)(n-3)x^{n-4}+\cdots+a_{n-3}.$$

依此类推，最后可得

$$P_n^{(n)}(x)=a_0n!.$$

因 $P_n^{(n)}(x)$ 是一个常数，故 $P_n^{(n+1)}(x)=P_n^{(n+2)}(x)=\cdots=0$，即 n 次多项式的一切阶数高于 n 的导数值都等于零.

例 5 设 $f(x)=\tan x$，求 $f'(x)$.

解 $f'(x)=(\tan x)'=\left(\frac{\sin x}{\cos x}\right)'=\frac{(\sin x)'\cos x-\sin x(\cos x)'}{\cos^2 x}$

$$=\frac{\cos^2 x+\sin^2 x}{\cos^2 x}=\frac{1}{\cos^2 x}=\sec^2 x.$$

类似地，可算得 $(\cot x)'=-\frac{1}{\sin^2 x}=-\csc^2 x.$

例 6 设 $f(x)=\sec x$，求 $f'(x)$.

解 $f'(x)=(\sec x)'=\left(\frac{1}{\cos x}\right)'=\frac{-(-\sin x)}{\cos^2 x}$

$$=\tan x\sec x.$$

类似地，可算得 $(\csc x)'=-\frac{\cos x}{\sin^2 x}=-\cot x\csc x.$

例 7　求下列函数的导数：

(1) $y=\sin x\cos x$；　　(2) $y=\dfrac{\sin x}{x}$；

(3) $y=\dfrac{1+\sin x}{1+\cos x}$；　　(4) $y=x^3\ln x\cos x$.

解　(1) $y'=(\sin x)'\cos x+\sin x(\cos x)'=\cos^2 x-\sin^2 x=\cos 2x$；

(2) $y'=\dfrac{(\sin x)'x-\sin x(x)'}{x^2}=\dfrac{x\cos x-\sin x}{x^2}$；

$$(3)\ y'=\frac{(1+\sin x)'(1+\cos x)-(1+\sin x)(1+\cos x)'}{(1+\cos x)^2}$$
$$=\frac{\cos x(1+\cos x)+\sin x(1+\sin x)}{(1+\cos x)^2}$$
$$=\frac{\cos x+\sin x+1}{(1+\cos x)^2};$$

$$(4)\ y'=(x^3)'\ln x\cos x+x^3(\ln x)'\cos x+x^3\ln x(\cos x)'$$
$$=3x^2\ln x\cos x+x^2\cos x-x^3\ln x\sin x.$$

2.2.2　复合函数的求导法则

定理 2(链式法则)　如果 $y=f(u)$ 和 $u=\varphi(x)$ 都可导，则复合函数 $y=f[\varphi(x)]$ 也可导，且

$$[f(\varphi(x))]'=f'(u)\varphi'(x)\quad 或\quad \frac{\mathrm{d}y}{\mathrm{d}x}=\frac{\mathrm{d}y}{\mathrm{d}u}\cdot\frac{\mathrm{d}u}{\mathrm{d}x}. \tag{2.2.5}$$

证　对于 $u=\varphi(x)$，有

$$\Delta u=\varphi(x+\Delta x)-\varphi(x);$$

对于 $y=f(u)$，有

$$\Delta y=f(u+\Delta u)-f(u).$$

当 $\Delta u\neq 0$ 时，有

$$\frac{\Delta y}{\Delta x}=\frac{\Delta y}{\Delta u}\cdot\frac{\Delta u}{\Delta x},$$

因 $u=\varphi(x)$ 可导，则必连续，所以当 $\Delta x\to 0$ 时，有 $\Delta u\to 0$，于是

$$\lim_{\Delta x\to 0}\frac{\Delta y}{\Delta x}=\lim_{\Delta x\to 0}\frac{\Delta y}{\Delta u}\cdot\frac{\Delta u}{\Delta x}=\lim_{\Delta u\to 0}\frac{\Delta y}{\Delta u}\cdot\lim_{\Delta x\to 0}\frac{\Delta u}{\Delta x}.$$

由导数的定义知

$$\frac{\mathrm{d}y}{\mathrm{d}x}=\frac{\mathrm{d}y}{\mathrm{d}u}\cdot\frac{\mathrm{d}u}{\mathrm{d}x},$$

也就是 $[f(\varphi(x))]'=f'(u)\cdot\varphi'(x)$，其中 $u=\varphi(x)$.

当 $\Delta u=0$ 时，可以证明上述法则仍然成立.

上述法则表明，复合函数的导数等于函数对中间变量的导数乘以中间变量对自变量的导数.

复合函数的求导法则,在导数的计算中十分重要.能熟练地运用链式法则求导,就标志着已经熟练地掌握了求导的技术.

例 8 设 $y=(1-2x^2)^{10}$,求$\frac{\mathrm{d}y}{\mathrm{d}x}$.

解 因 $y=(1-2x^2)^{10}$ 由 $y=u^{10}$,$u=1-2x^2$ 复合而成,且$\frac{\mathrm{d}y}{\mathrm{d}u}=10u^9$,$\frac{\mathrm{d}u}{\mathrm{d}x}=-4x$,由链式法则,有

$$\frac{\mathrm{d}y}{\mathrm{d}x}=\frac{\mathrm{d}y}{\mathrm{d}u}\cdot\frac{\mathrm{d}u}{\mathrm{d}x}=10u^9\cdot(-4x)=-40x(1-2x^2)^9.$$

例 9 求下列函数的导数:

(1)$y=\ln\sin x$; (2)$y=\tan(\ln x+1)$.

解 (1) 因 $y=\ln\sin x$ 由 $y=\ln u$,$u=\sin x$ 复合而成,且$\frac{\mathrm{d}y}{\mathrm{d}u}=\frac{1}{u}$,$\frac{\mathrm{d}u}{\mathrm{d}x}=\cos x$,

故
$$\frac{\mathrm{d}y}{\mathrm{d}x}=\frac{\mathrm{d}y}{\mathrm{d}u}\cdot\frac{\mathrm{d}u}{\mathrm{d}x}=\frac{1}{u}\cdot\cos x=\frac{1}{\sin x}\cdot\cos x=\cot x.$$

(2)$y=\tan(\ln x+1)$ 由 $y=\tan u$,$u=\ln x+1$ 复合而成,所以

$$\frac{\mathrm{d}y}{\mathrm{d}x}=\frac{\mathrm{d}y}{\mathrm{d}u}\cdot\frac{\mathrm{d}u}{\mathrm{d}x}=\sec^2 u\cdot\frac{1}{x}=\frac{1}{x}\sec^2(\ln x+1).$$

链式法则还可以推广到多个函数复合的情况.

例 10 设 $y=\ln(1+2\sin^2 x)$,求$\frac{\mathrm{d}y}{\mathrm{d}x}$.

解 $y=\ln(1+2\sin^2 x)$ 由 $y=\ln u$,$u=1+2v^2$,$v=\sin x$ 复合而成,于是

$$\frac{\mathrm{d}y}{\mathrm{d}x}=\frac{\mathrm{d}y}{\mathrm{d}u}\cdot\frac{\mathrm{d}u}{\mathrm{d}v}\cdot\frac{\mathrm{d}v}{\mathrm{d}x}=\frac{1}{u}\cdot 4v\cdot\cos x$$
$$=\frac{1}{1+2\sin^2 x}\cdot 4\sin x\cos x=\frac{2\sin 2x}{1+2\sin^2 x}.$$

在计算熟练以后可以不写出中间变量,直接利用链式法则与求导规则求导,如例 10 可表示为

$$y'=[\ln(1+2\sin^2 x)]'=\frac{1}{1+2\sin^2 x}\cdot(1+2\sin^2 x)'$$
$$=\frac{1}{1+2\sin^2 x}\cdot 4\sin x\cdot(\sin x)'=\frac{1}{1+2\sin^2 x}\cdot 4\sin x\cdot\cos x$$
$$=\frac{2\sin 2x}{1+2\sin^2 x}.$$

例 11 设 $y=\ln|x|$,求 y'.

解 因 $y=\ln|x|=\begin{cases}\ln x, & x>0,\\ \ln(-x), & x<0,\end{cases}$ 于是

$$y' = (\ln|x|)' = \begin{cases} \dfrac{1}{x}, & x > 0, \\ -\dfrac{1}{x} \cdot (-1), & x < 0. \end{cases}$$

即
$$y' = (\ln|x|)' = \frac{1}{x}, \quad x \neq 0.$$

2.2.3 反函数的导数

定理 3 如果 $x = \varphi(y)$ 是可导的,且 $\varphi'(y) \neq 0$,则 $x = \varphi(y)$ 的反函数 $y = f(x)$ 也可导,且

$$f'(x) = \frac{1}{\varphi'(y)}\bigg|_{y=f(x)}, \tag{2.2.6}$$

即反函数的导数等于原函数导数之倒数.

证 利用复合函数的链式法则,证明定理的后半部分.

设 $y = f(x)$ 可导,且 $y = f[\varphi(y)]$,则上式两边分别对 y 求导,得

$$1 = f'(x) \cdot \varphi'(y),$$

因 $\varphi'(y) \neq 0$,得

$$f'(x) = \frac{1}{\varphi'(y)},$$

即
$$\frac{\mathrm{d}y}{\mathrm{d}x} = \frac{1}{\dfrac{\mathrm{d}x}{\mathrm{d}y}}.$$

例 12 求 $y = \mathrm{e}^x$ 的导数.

解 因 $y = \mathrm{e}^x$ 的反函数为 $x = \ln y$,故

$$x' = \frac{1}{y} = \frac{1}{\mathrm{e}^x},$$

于是
$$y' = \frac{1}{x'} = \mathrm{e}^x.$$

由例 12 及链式法则,可以证明前面已给出的幂函数的求导公式:

$$(x^\mu)' = \mu x^{\mu-1} \quad (x > 0, \mu \text{ 为任意实数}).$$

事实上,$y = x^\mu = \mathrm{e}^{\mu \ln x}$ 可看作是由 $y = \mathrm{e}^u$ 与 $u = \mu \ln x$ 复合而成的函数,因此

$$y' = \mathrm{e}^u \cdot \frac{\mu}{x} = \mathrm{e}^{\mu \ln x} \cdot \frac{\mu}{x} = x^\mu \cdot \frac{\mu}{x} = \mu x^{\mu-1}.$$

例 13 求下列各反三角函数的导数:

(1) $y = \arcsin x \quad (-1 < x < 1)$; (2) $y = \arccos x \quad (-1 < x < 1)$;

(3) $y = \arctan x \quad (-\infty < x < +\infty)$; (4) $y = \operatorname{arccot} x \quad (-\infty < x < +\infty)$.

解 (1) $y=\arcsin x$ 的反函数是 $x=\sin y$,

$$x'=(\sin y)'=\cos y=\sqrt{1-\sin^2 y}=\sqrt{1-x^2},$$

故由式(2.2.6),有

$$(\arcsin x)'=\frac{1}{(\sin y)'}=\frac{1}{\sqrt{1-x^2}}.$$

(2) 同理(1) $$(\arccos x)'=-\frac{1}{\sqrt{1-x^2}}.$$

(3) $y=\arctan x$ 的反函数是 $x=\tan y$,

$$x'=(\tan y)'=\frac{1}{\cos^2 y}=\sec^2 y=1+\tan^2 y=1+x^2,$$

故由式(2.2.6),有

$$(\arctan x)'=\frac{1}{(\tan y)'}=\frac{1}{1+x^2}.$$

(4) 同理(3) $$(\text{arccot}\, x)'=-\frac{1}{1+x^2}.$$

注意:当根据式(2.2.6)写出反函数的导数 $\frac{1}{\varphi'(y)}$ 时,需把 y 用原来的自变量 x 代回去,否则得到的还不是所求的最后结果.

2.2.4 隐函数的导数

前面讨论的函数具有一个明显的特征,那就是函数 y 具有 x 的明显表达式,即 $y=f(x)$,这种函数称为显函数.

在现实中,我们常常会遇到这样的情况:两个变量的对应关系是由一个方程 $F(x,y)=0$ 确定的.例如:$x^2-y+5=0$,$x^2+y^2=R^2$,$xy-x+e^y=0$,等等.这样由方程确定的函数称为隐函数.

假如能从确定隐函数的方程中把某一个变量解出来,则隐函数就变成显函数了.例如,从方程 $x^2-y+5=0$ 中把 y 解出来,便得到显函数 $y=x^2+5$.又如,从方程 $x^2+y^2=R^2$ 中把 y 解出来,便得到显函数 $y=\sqrt{R^2-x^2}$ 或 $y=-\sqrt{R^2-x^2}$.

但是,在许多情况下,要想从确定隐函数的方程中把某一个变量 y 解出来是很困难的.如我们很难从方程 $xy-x+e^y=0$ 中解出 y.那么隐函数如何求导呢?一般的方法是:将 y 看成 x 的函数,利用复合函数的求导法则在方程 $F(x,y)=0$ 的两边对 x 求导,得到一个关于 y' 的方程,把 y' 解出来,就得到了所求隐函数的导数.

例 14 求由方程 $x^2+y^2=R^2$ 确定的函数 $y=f(x)$ 的导数.

解 方程两端对 x 求导,由于 y 是 x 的函数,所以应把 y^2 看成 x 的复合函数.由式(2.2.1)及链式法则得

$$2x+2y\cdot y'_x=0,$$

解出
$$y'_x=-\frac{x}{y}.$$

注意，由于 $x^2+y^2=R^2$ 可以化成显函数 $y=\pm\sqrt{R^2-x^2}$，因此，y 的导数应是分别对 $y=\sqrt{R^2-x^2}$ 与 $y=-\sqrt{R^2-x^2}$ 求导的统一结果.

例 15　求由方程 $xy-x+\mathrm{e}^y=0$ 确定的函数 $y=f(x)$ 的导数.

解　方程两端对 x 求导，得

$$(x)'y+x\cdot y'_x-1+(\mathrm{e}^y)'\cdot y'_x=0,$$

解出
$$y'_x=\frac{1-y}{x+\mathrm{e}^y}.$$

例 16　求函数 $y=x^x(x>0)$ 的导数.

解　这个函数既不是幂函数也不是指数函数，称它为幂指函数. 首先对等式两边取对数，得

$$\ln y=x\ln x,$$

等式两边对 x 求导，得

$$\frac{1}{y}\cdot y'=\ln x+x\cdot\frac{1}{x}=\ln x+1,$$

从而有
$$y'=y(\ln x+1)=x^x(\ln x+1).$$

这种先取对数再求导的方法叫作**对数求导法**. 该方法除适用于幂指函数 $y=u(x)^{v(x)}(u(x)>0)$ 外，对含有多个因式相乘除或带乘方、开方的函数也适用.

例 17　设 $y=(x-1)\sqrt[3]{\dfrac{(x-2)^2}{x-3}}$，求 y'.

解　先取函数绝对值的对数，得

$$\ln|y|=\ln|x-1|+\frac{2}{3}\ln|x-2|-\frac{1}{3}\ln|x-3|,$$

等式两边对 x 求导，整理得

$$y'=(x-1)\sqrt[3]{\frac{(x-2)^2}{x-3}}\left[\frac{1}{x-1}+\frac{2}{3}\cdot\frac{1}{x-2}-\frac{1}{3}\cdot\frac{1}{x-3}\right].$$

例 18　设 $y=\sqrt{x\sin x\sqrt{1-\mathrm{e}^x}}$，求 y'.

解　先取函数绝对值的对数，得

$$\ln|y|=\frac{1}{2}\ln|x|+\frac{1}{2}\ln|\sin x|+\frac{1}{4}\ln(1-\mathrm{e}^x),$$

等式两边对 x 求导，整理得

$$y'=\sqrt{x\sin x\sqrt{1-\mathrm{e}^x}}\left[\frac{1}{2x}+\frac{\cos x}{2\sin x}-\frac{\mathrm{e}^x}{4(1-\mathrm{e}^x)}\right].$$

至此,我们已求得所有基本初等函数的导数,现将所得结果归纳如下以备查用.

(1)$(C)'=0$,C是常数.

(2)$(x^{\alpha})'=\alpha x^{\alpha-1}$,$\alpha$是实常数.

(3)$(a^x)'=a^x\ln a\quad(a>0,a\neq 1)$;$(\mathrm{e}^x)'=\mathrm{e}^x$.

(4)$(\log_a x)'=\dfrac{1}{x\ln a}\quad(a>0,a\neq 1)$;$(\ln x)'=\dfrac{1}{x}$.

(5)$(\sin x)'=\cos x$.

(6)$(\cos x)'=-\sin x$.

(7)$(\tan x)'=\dfrac{1}{\cos^2 x}=\sec^2 x$.

(8)$(\cot x)'=-\dfrac{1}{\sin^2 x}=-\csc^2 x$.

(9)$(\arcsin x)'=\dfrac{1}{\sqrt{1-x^2}}\quad(|x|<1)$.

(10)$(\arccos x)'=-\dfrac{1}{\sqrt{1-x^2}}\quad(|x|<1)$.

(11)$(\arctan x)'=\dfrac{1}{1+x^2}$.

(12)$(\operatorname{arccot} x)'=-\dfrac{1}{1+x^2}$.

利用以上导数公式及求导法则,原则上就可以计算各种初等函数的导数,但为使计算尽可能简便,选用求导法则时应有一定的灵活性.

例 19 设 $y=\dfrac{x^5+2\sqrt{x}+1}{x^3}$,求 y'.

解 注意到 $y=x^2+2x^{-\frac{5}{2}}+x^{-3}$,因此

$$y'=2x-5x^{-\frac{7}{2}}-3x^{-4}\quad(x>0).$$

注意,若用商的法则解上题,则计算要复杂一些.

例 20 求下列函数的 n 阶导数:

(1)$y=a^x$; (2)$y=\sin x$;

(3)$y=\ln(a+x)$; (4)$y=x^{\mu}$ (μ为任意常数).

解 (1) $y'=a^x\ln a,y''=(a^x\ln a)'=a^x(\ln a)^2,\cdots$,

继续求导后可推得 $y^{(n)}=a^x(\ln a)^n$.

当 $a=\mathrm{e}$ 时,得到

$$(\mathrm{e}^x)^{(n)}=\mathrm{e}^x.$$

(2) $y'=(\sin x)'=\cos x=\sin\left(x+\dfrac{\pi}{2}\right)$,

$$y'' = \cos\left(x+\frac{\pi}{2}\right) = \sin\left(x+\frac{\pi}{2}+\frac{\pi}{2}\right) = \sin\left(x+2\cdot\frac{\pi}{2}\right),$$

$$y''' = \cos\left(x+2\cdot\frac{\pi}{2}\right) = \sin\left(x+3\cdot\frac{\pi}{2}\right),$$

一般的,可得

$$(\sin x)^{(n)} = \sin\left(x+n\cdot\frac{\pi}{2}\right).$$

类似地可求得

$$(\cos x)^{(n)} = \cos\left(x+n\cdot\frac{\pi}{2}\right).$$

(3) $$y' = \frac{1}{a+x},\quad y'' = \frac{-1}{(a+x)^2},\quad y''' = \frac{1\cdot 2}{(a+x)^3},$$

$$y^{(4)} = -\frac{1\cdot 2\cdot 3}{(a+x)^4} = -\frac{3!}{(a+x)^4},$$

一般的,可得

$$y^{(n)} = \frac{(-1)^{n-1}(n-1)!}{(a+x)^n}\quad (x>-a).$$

由上述推导过程,可得

$$\left(\frac{1}{a+x}\right)^{(n)} = \frac{(-1)^n n!}{(a+x)^{n+1}}.$$

(4) $y' = \mu x^{\mu-1}$, $y'' = \mu(\mu-1)x^{\mu-2}$, $y''' = \mu(\mu-1)(\mu-2)x^{\mu-3}$,

一般的,可得

$$y^{(n)} = \mu(\mu-1)(\mu-2)\cdots(\mu-n+1)x^{\mu-n}.$$

当 $\mu = n$ 时,得到

$$(x^n)^{(n)} = n(n-1)(n-2)\cdots 3\cdot 2\cdot 1 = n!,$$

而 $$(x^n)^{(n+1)} = 0.$$

习题 2.2

1. 求下列函数的导数:

(1) $y = 3x^2 - x + 5$; (2) $y = 6x^3 - \frac{1}{2}x^2 + 8$;

(3) $y = x^3 - 2\sqrt{x} + \frac{1}{\sqrt[3]{x}}$; (4) $y = x^2 - 2\cos x$;

(5) $y = (1-x^3)\ln x$; (6) $y = \frac{1-\cos x}{1+x}$;

(7) $y=\dfrac{\ln x}{x}$；　(8) $y=\dfrac{1}{\ln x}$；

(9) $y=\dfrac{x-1}{x+1}$；　(10) $y=\dfrac{1}{1+x+x^2}$；

(11) $y=\dfrac{2\csc x}{1+x^2}$；　(12) $y=x\tan x+\ln x$；

(13) $y=\ln x-2\lg x+3\log_2 x$；　(14) $y=2\tan x+\sec x-1$.

2. 求下列函数的导数：

(1) $y=(2x+5)^4$；　(2) $y=\dfrac{1}{\sqrt{1-x^2}}$；

(3) $y=\cos(4-3x)$；　(4) $y=\ln(1+x^2)$；

(5) $y=\sin x^2+\sin^2 x$；　(6) $y=\ln\ln x$；

(7) $y=\ln\dfrac{a+x}{a-x}$；　(8) $y=\tan\cos x$；

(9) $y=\sqrt{3-\cos 2x}$；　(10) $y=\cos(\sin\sqrt{1+x^2})$；

(11) $y=\dfrac{\sin 2x}{x}$；　(12) $y=\ln\tan\dfrac{x}{2}$；

(13) $y=\sqrt{1+\ln^2 x}$；　(14) $y=\ln(x+\sqrt{1+x^2})$.

3. 求下列函数的导数：

(1) $y=\mathrm{e}^{-x}$；　(2) $y=\arccos\left(\dfrac{1}{x}\right)$；

(3) $y=\mathrm{e}^{-\frac{x}{2}}\cos 3x$；　(4) $y=\mathrm{e}^{\sin x}\arctan(x^2)$；

(5) $y=\sqrt{4x-x^2}+4\arcsin\dfrac{\sqrt{x}}{2}$；　(6) $y=\operatorname{arccot}\dfrac{x+1}{x-1}$；

(7) $y=\mathrm{e}^{\sin\sqrt{x}}$；　(8) $y=\arcsin(\sin x)$.

4. 求由下列方程所确定的隐函数 y 对 x 的导数：

(1) $xy^2-\mathrm{e}^y=0$；　(2) $y=\cos(x^2-y^2)$；

(3) $xy=C$（C 为常数）；　(4) $y^2-2xy+b^2=0$；

(5) $x^y=y^x$；　(6) $y^2\cos x=a^2\sin x$.

5. 求下列函数的导数：

(1) $y=(\cos x)^x\quad(\cos x>0)$；　(2) $y=\sqrt[x]{x}\quad(x>0)$；

(3) $y=\sqrt{\dfrac{x^3}{x-1}}$；　(4) $y=\dfrac{\sqrt[3]{2x-1}\,x\sin 2x}{\sqrt{x^2+1}\,\mathrm{e}^x}$.

6. 对下列函数求指定的高阶导数：

(1) $y=\mathrm{e}^x\cos x$，求 $y^{(4)}$；　(2) $y=\sin 3x$，求 $y^{(10)}$；

(3) $y=\ln(x+\sqrt{a^2+x^2})$，求 y''；　　(4) $y=a^{bx}$，求 $y^{(n)}$.

7. 设 $f(x)=\begin{cases}\sin x, & x<0,\\ \ln(1+x), & x\geqslant 0.\end{cases}$ 讨论 $f(x)$ 在 $x=0$ 处是否可导.

8. 已知物质的运动规律为 $S=A\sin\omega t$（A,ω 是常数），求物质的加速度，并验证

$$\frac{\mathrm{d}^2 s}{\mathrm{d}t^2}+\omega^2 s=0.$$

9. 求圆 $x^2+y^2=4$ 上点 (x_0,y_0) 处的切线方程与法线方程.

10. 求曲线 $(5y+2)^3=(2x+1)^5$ 在点 $(0,-\frac{1}{5})$ 处的切线方程与法线方程.

11. 设 $f(x)=\begin{cases}\mathrm{e}^{ax}, & x\leqslant 0,\\ b(1-x^2), & x>0.\end{cases}$ 确定 a,b，使 $f(x)$ 在 $x=0$ 处连续且可导.

12. 若 $f''(x)$ 存在，求下列函数 y 的二阶导数 $\frac{\mathrm{d}^2 y}{\mathrm{d}x^2}$：

(1) $y=f(x^2)$；　　(2) $y=\ln f(x)$ $(f(x)\geqslant 0)$；

(3) $y=f(\arctan x)$；　　(4) $y=\sin f(\mathrm{e}^x)$.

2.3　微分的概念与性质

微分是微分学中的另一个重要概念，它起源于近似计算. 在一元函数中可微与可导是等价的. 导数与微分既密切相关又有本质差别：导数主要反映函数在某点的变化快慢程度，即变化率；而微分则表示函数在某点增量的近似值.

2.3.1　微分的概念

在实际问题中，对函数 $y=f(x)$ 有时需要考虑当自变量改变 Δx 时，相应的函数的改变量 Δy 是多少. 如果函数 $f(x)$ 很复杂，要计算函数的改变量 $\Delta y=f(x+\Delta x)-f(x)$ 也很复杂，那么能否找一个既简便又较精确的方法来计算 Δy 呢？

先分析一个具体问题. 一块正方形金属薄片因受热，其边长由 x_0 变到 $x_0+\Delta x$（见图 2-3），问此薄片的面积改变了多少？

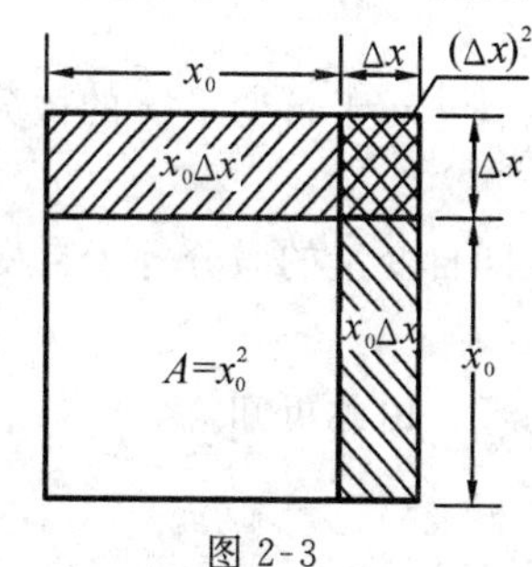

图 2-3

正方形薄片受热前的面积为 $A=x_0{}^2$，边长由 x_0 变到 $x_0+\Delta x$ 后，其面积的改变量

$$\Delta A=(x_0+\Delta x)^2-x_0{}^2=2x_0\Delta x+(\Delta x)^2.$$

ΔA 由两部分组成：第一部分 $2x_0\Delta x$ 是 Δx 的一次函数（图中带有单斜线的两个矩形面积之和）；第二部分 $(\Delta x)^2$ 是图中带交叉斜线部分的面积，当 $\Delta x\to 0$ 时，它是比 Δx 高阶的无穷小

量.由此可见,如果边长改变很微小,即 $|\Delta x|$ 很小时,面积的改变量 ΔA 可近似地用第一部分来代替.这种用简单的函数(Δx 的线性函数)在局部上近似表示 ΔA 的思想称为局部线性逼近.微分概念正是在这种背景下产生的.

一般的,如果函数 $y=f(x)$ 在点 x 处的导数存在,由式(2.1.2),有

$$\Delta y=f'(x)\Delta x+\alpha\Delta x,$$

其中 α 是当 $\Delta x\to 0$ 时的无穷小量.因为

$$\lim_{\Delta x\to 0}\frac{\alpha\Delta x}{\Delta x}=0,$$

即 $\alpha\Delta x$ 是比 Δx 高阶的无穷小量,故

$$\Delta y=f'(x)\Delta x+o(\Delta x).$$

于是函数 $f(x)$ 在 x 处的改变量 Δy 分成了两部分:第一部分是以 $f'(x)$ 为系数的 Δx 的一次函数 $f'(x)\Delta x$,它是 Δy 的线性主部;第二部分是比 Δx 高阶的无穷小量.直观地说,就是自变量 x 有微小变动 Δx 时,第二项比 Δx 更小,以至于可以忽略不计,从而 Δy 就近似于 $f'(x)\Delta x$.反过来,若函数 $y=f(x)$ 在点 x_0 处的改变量 Δy 可表示成

$$\Delta y=a\Delta x+o(\Delta x),$$

其中 a 是与 Δx 无关的常数,即 $a\Delta x$ 为 Δy 的线性主部,则

$$\frac{\Delta y}{\Delta x}=a+\frac{o(\Delta x)}{\Delta x}\to a(\Delta x\to 0).$$

这说明 $f(x)$ 在 $x=x_0$ 处可导且 $f'(x_0)=a$,即 Δy 的线性主部必为 $f'(x_0)\Delta x$.

因此,$y=f(x)$ 在点 x_0 处的增量 Δy 具有线性主部的充要条件是 $y=f(x)$ 在 x_0 处可导且 Δy 的线性主部必为 $f'(x_0)\Delta x$.这样便可得到微分概念.

定义 设函数 $y=f(x)$ 在 x_0 处可导,则 $y=f(x)$ 在 x_0 处的导数 $f'(x_0)$ 与自变量 x 的改变量 Δx 的积 $f'(x_0)\Delta x$ 称为函数 $f(x)$ 在 x_0 处的微分,记为 $\mathrm{d}f(x_0)$ 或 $\mathrm{d}y\Big|_{x=x_0}$,即

$$\mathrm{d}f(x_0)=\mathrm{d}y\Big|_{x=x_0}=f'(x_0)\Delta x. \tag{2.3.1}$$

这时,称函数 $f(x)$ 在 x_0 处是可微的.

函数 $y=f(x)$ 在区间 I 上任一点处的微分都可以写为

$$\mathrm{d}y=\mathrm{d}f(x)=f'(x)\Delta x.$$

对于自变量 x 的微分,可以认为是对 $y=x$ 的微分,因此有

$$\mathrm{d}x=(x)'\Delta x=\Delta x,$$

即自变量的微分等于自变量增量.于是函数 $y=f(x)$ 在任一点处的微分可以写成

$$\mathrm{d}y=f'(x)\mathrm{d}x.$$

由此可知,

$$\frac{\mathrm{d}y}{\mathrm{d}x}=f'(x),$$

即函数的导数等于函数的微分与自变量微分之商.因此,导数又称为微商.

有了微分概念以后,函数 $y=f(x)$ 在点 x 处的增量 Δy 可表示为

$$\Delta y=\mathrm{d}y+o(\Delta x),$$

即

$$\Delta y\approx \mathrm{d}y,$$

也就是说,函数的改变量 Δy 可用它的微分近似地表示,所产生的误差是 Δx 的高阶无穷小.这样就可以把计算较繁杂的 Δy 转化为计算微分 $\mathrm{d}y$.

如正方形薄片受热增长面积 $\Delta A\approx \mathrm{d}A\Big|_{x=x_0}=(x^2)'\Delta x=2x_0\Delta x$.

例 1　求函数 $y=\ln(1+x)$,当 $x=3$,$\Delta x=0.01$ 时的微分.

解　因 $\mathrm{d}y=[\ln(1+x)]'\Delta x=\dfrac{\Delta x}{1+x}$,故

$$\mathrm{d}y\Big|_{\substack{x=3\\ \Delta x=0.01}}=\frac{0.01}{1+3}=0.0025.$$

为了对微分有比较直观的了解,下面来说明微分的几何意义.

在直角坐标系中,函数 $y=f(x)$ 的图像是一条曲线.对于某一固定的 x_0,曲线上有一确定的点 $M(x_0,y_0)$.当自变量有微小增量 Δx 时,得到曲线上另一点 $N(x_0+\Delta x,\ y_0+\Delta y)$.

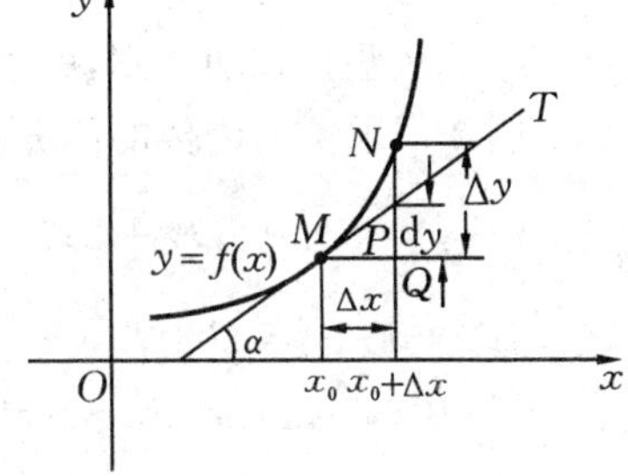

图 2-4

由图 2-4 可知,

$$MQ=\Delta x,\quad QN=\Delta y.$$

过点 M 作曲线的切线 MT,它的倾角为 α,则

$$QP=MQ\cdot\tan\alpha=\Delta x\cdot f'(x),$$

即

$$\mathrm{d}y=QP.$$

由此可见,当 Δy 是曲线的纵坐标的改变量时,$\mathrm{d}y$ 就是过点 $M(x_0,y_0)$ 的切线的纵坐标的改变量.

2.3.2　微分公式与微分法则

根据导数的基本公式,利用 $\mathrm{d}y=f'(x)\mathrm{d}x$,就可以得到相应的微分公式.

(1) $\mathrm{d}C=0$　(C 是常数).

(2) $\mathrm{d}x^{\alpha}=\alpha x^{\alpha-1}\mathrm{d}x$　(α 是实常数).

(3) $\mathrm{d}a^x=a^x\ln a\mathrm{d}x$　$(a>0,a\neq 1)$;$\mathrm{d}\mathrm{e}^x=\mathrm{e}^x\mathrm{d}x$.

(4) $\mathrm{d}\log_a x=\dfrac{1}{x\ln a}\mathrm{d}x$　$(a>0,a\neq 1)$;$\mathrm{d}\ln x=\dfrac{1}{x}\mathrm{d}x$.

(5) $\mathrm{d}\sin x=\cos x\mathrm{d}x$.

(6) $\mathrm{d}\cos x=-\sin x\mathrm{d}x$.

(7) $\mathrm{d}\tan x=\dfrac{1}{\cos^2 x}\mathrm{d}x=\sec^2 x\mathrm{d}x$.

(8) $\mathrm{d}\cot x = -\dfrac{1}{\sin^2 x}\mathrm{d}x = -\csc^2 x\mathrm{d}x$.

(9) $\mathrm{d}\arcsin x = \dfrac{1}{\sqrt{1-x^2}}\mathrm{d}x$.

(10) $\mathrm{d}\arccos x = -\dfrac{1}{\sqrt{1-x^2}}\mathrm{d}x$.

(11) $\mathrm{d}\arctan x = \dfrac{1}{1+x^2}\mathrm{d}x$.

(12) $\mathrm{d}\mathrm{arccot} x = -\dfrac{1}{1+x^2}\mathrm{d}x$.

根据求导的四则运算法则及 $\mathrm{d}y = f'(x)\mathrm{d}x$,可以得到如下微分的四则运算法则.

Ⅰ $\mathrm{d}[u(x) \pm v(x)] = \mathrm{d}u(x) \pm \mathrm{d}v(x)$.

Ⅱ $\mathrm{d}[Cu(x)] = C\mathrm{d}u(x)$ (C 为常数).

Ⅲ $\mathrm{d}u(x)v(x) = v(x)\mathrm{d}u(x) + u(x)\mathrm{d}v(x)$.

Ⅳ $\mathrm{d}\left[\dfrac{u(x)}{v(x)}\right] = \dfrac{v(x)\mathrm{d}u(x) - u(x)\mathrm{d}v(x)}{v^2(x)}$.

有了这些公式和法则,就可以求某些初等函数的微分了.

例 2 求下列函数的微分:

(1) $y = 5x^4 - 3x^2 + 2$; (2) $y = \mathrm{e}^x\cos x$; (3) $y = \dfrac{1-x^2}{1+x^2}$.

解 (1) $y' = 20x^3 - 6x$, $\mathrm{d}y = (20x^3 - 6x)\mathrm{d}x$.

(2)
$$\begin{aligned}\mathrm{d}(\mathrm{e}^x\cos x) &= \cos x\mathrm{d}(\mathrm{e}^x) + \mathrm{e}^x\mathrm{d}(\cos x)\\ &= \cos x\mathrm{e}^x\mathrm{d}x + \mathrm{e}^x(-\sin x)\mathrm{d}x = \mathrm{e}^x(\cos x - \sin x)\mathrm{d}x.\end{aligned}$$

(3)
$$\begin{aligned}\mathrm{d}\left(\frac{1-x^2}{1+x^2}\right) &= \frac{1}{(1+x^2)^2}[(1+x^2)\mathrm{d}(1-x^2) - (1-x^2)\mathrm{d}(1+x^2)]\\ &= \frac{1}{(1+x^2)^2}[(1+x^2)(-2x)\mathrm{d}x - (1-x^2)2x\mathrm{d}x]\\ &= -\frac{4x}{(1+x^2)^2}\mathrm{d}x.\end{aligned}$$

自然,以上两题也可以先求出导数,再利用 $\mathrm{d}y = f'(x)\mathrm{d}x$ 写出微分.

2.3.3 一阶微分形式的不变性

对于复合函数的微分运算,下面的定理给出了一个很重要的性质,称为“一阶微分形式的不变性”.

定理 设 $y = f(u)$ 可微,无论 u 是自变量还是另一个变量的可微函数,微分形式 $\mathrm{d}y = f'(u)\mathrm{d}u$ 保持不变.

证 当 u 为自变量时，由微分定义知 $\mathrm{d}y=f'(u)\mathrm{d}u$.

当 u 为中间变量时，因 $y=f(u)$，$u=g(x)$ 均可微，由复合函数 $y=f[g(x)]$ 的链式法则

$$y'=f'[g(x)]\cdot g'(x),$$

可知
$$\mathrm{d}y=f'[g(x)]\cdot g'(x)\mathrm{d}x=f'(u)\cdot g'(x)\mathrm{d}x.$$

因
$$\mathrm{d}u=g'(x)\mathrm{d}x,$$

故
$$\mathrm{d}y=f'(u)\mathrm{d}u.$$

例 3 求下列函数的微分：

(1) $y=\mathrm{e}^{\sin x}$，求 $\mathrm{d}y\Big|_{x=\pi}$； (2) $y=\ln\tan x^2$，求 $\mathrm{d}y\Big|_{x=\frac{\sqrt{\pi}}{2}}$.

解 (1) 视 $\sin x$ 为中间变量 u，则

$$\mathrm{d}y=\mathrm{d}(\mathrm{e}^u)=\mathrm{e}^u\mathrm{d}u=\mathrm{e}^{\sin x}\mathrm{d}(\sin x)=\mathrm{e}^{\sin x}\cdot\cos x\mathrm{d}x.$$

于是
$$\mathrm{d}y\Big|_{x=\pi}=\mathrm{e}^{\sin\pi}\cdot\cos\pi\mathrm{d}x=-\mathrm{d}x.$$

注：我们也可以不设出中间变量，直接用微分形式的不变性，即

$$\mathrm{d}\mathrm{e}^{\sin x}=\mathrm{e}^{\sin x}\mathrm{d}(\sin x)=\mathrm{e}^{\sin x}\cdot\cos x\mathrm{d}x,$$

从而
$$\mathrm{d}y\Big|_{x=\pi}=-\mathrm{d}x.$$

(2)
$$\mathrm{d}y=\mathrm{d}(\ln\tan x^2)=\frac{1}{\tan x^2}\mathrm{d}(\tan x^2)$$
$$=\frac{1}{\tan x^2}\cdot\sec^2x^2\mathrm{d}(x^2)=\frac{1}{\tan x^2}\cdot\sec^2x^2\cdot2x\mathrm{d}x,$$

故
$$\mathrm{d}y\Big|_{x=\frac{\sqrt{\pi}}{2}}=2\sqrt{\pi}\mathrm{d}x.$$

例 4 求由下列方程所确定的隐函数 $y=f(x)$ 的微分.

(1) $y^2=\mathrm{e}^{xy}$； (2) $x^3+y^3-3axy=0$.

解 (1) 方程两边微分，得 $\mathrm{d}y^2=\mathrm{d}\mathrm{e}^{xy}$，

即
$$2y\mathrm{d}y=\mathrm{e}^{xy}\mathrm{d}(xy)=\mathrm{e}^{xy}(y\mathrm{d}x+x\mathrm{d}y)=y\mathrm{e}^{xy}\mathrm{d}x+x\mathrm{e}^{xy}\mathrm{d}y,$$

所以
$$\mathrm{d}y=\frac{y\mathrm{e}^{xy}}{2y-x\mathrm{e}^{xy}}\mathrm{d}x.$$

(2)
$$\mathrm{d}(x^3+y^3-3axy)=\mathrm{d}0,$$

即
$$3x^2\mathrm{d}x+3y^2\mathrm{d}y-3a(y\mathrm{d}x+x\mathrm{d}y)=0,$$

整理得
$$\mathrm{d}y=-\frac{x^2-ay}{y^2-ax}\mathrm{d}x.$$

因导数又称为微商，据此可推导参数方程 $\begin{cases}x=x(t),\\y=y(t)\end{cases}$ ($t\in I$，$x(t)$ 与 $y(t)$ 均可导且 $x'(t)\neq0$) 所确定的函数 $y=y(x)$ 的求导公式：

$$\frac{\mathrm{d}y}{\mathrm{d}x}=\frac{y'(t)\mathrm{d}t}{x'(t)\mathrm{d}t}=\frac{y'(t)}{x'(t)}.$$

例 5 求椭圆 $x=a\cos t, y=b\sin t(0\leqslant t\leqslant 2\pi)$ 在 $t=\frac{\pi}{4}$ 所对应的点 M 处的切线方程.

解 依题意点 M 的坐标为 $\left(\frac{\sqrt{2}}{2}a,\frac{\sqrt{2}}{2}b\right)$,其切线斜率

$$k=\left.\frac{\mathrm{d}y}{\mathrm{d}x}\right|_{t=\frac{\pi}{4}}=\left.\frac{b\cos t}{-a\sin t}\right|_{t=\frac{\pi}{4}}=-\frac{b}{a},$$

故切线方程为

$$y-\frac{\sqrt{2}}{2}b=-\frac{b}{a}\left(x-\frac{\sqrt{2}}{2}a\right).$$

由于微分是函数增量的近似值,即

$$\Delta y=f(x_0+\Delta x)-f(x_0)\approx \mathrm{d}y=f'(x_0)\Delta x,$$

因此有

$$f(x_0+\Delta x)\approx f(x_0)+f'(x_0)\Delta x.$$

上式提供了求函数近似值的方法.

例 6 求 $\sin 31^\circ$ 的近似值.

解 先将角度化为弧度,即 $31^\circ=\frac{\pi}{6}+\frac{\pi}{180}$,令 $f(x)=\sin x, x_0=\frac{\pi}{6},\Delta x=\frac{\pi}{180}$,于是

$$\sin 31^\circ=\sin\left(\frac{\pi}{6}+\frac{\pi}{180}\right)\approx\sin\frac{\pi}{6}+\frac{\pi}{180}\cos\frac{\pi}{6}$$

$$=\frac{1}{2}+\frac{\pi}{180}\cdot\frac{\sqrt{3}}{2}\approx 0.5151.$$

例 7 求 $\arctan 1.02$ 的近似值.

解 设 $f(x)=\arctan x, x_0=1,\Delta x=0.02$,于是

$$\arctan 1.02\approx\arctan 1+\arctan'(1)\cdot 0.02=\frac{\pi}{4}+\frac{1}{1+1^2}\cdot 0.02\approx 0.7954.$$

习题 2.3

1. 对于函数 $y=x^3+2x$ 和下列 Δx 的值,求在点 $x=1$ 处的 Δy 和 $\mathrm{d}y$.

(1) $\Delta x=1$;　(2) $\Delta x=0.1$;　(3) $\Delta x=0.01$.

2. 将适当的函数填入下列括号内,使导式成立:

(1) $\mathrm{d}(\quad)=5x\mathrm{d}x$;　(2) $\mathrm{d}(\quad)=\sin\omega x\mathrm{d}x$;

(3) $\mathrm{d}(\quad)=\frac{1}{2+x}\mathrm{d}x$;　(4) $\mathrm{d}(\quad)=\mathrm{e}^{-2x}\mathrm{d}x$;

(5) $d(\quad) = \frac{1}{\sqrt{x}}dx$； (6) $d(\quad) = \sec^2 2x dx$.

3. 求下列函数的微分：

(1) $y = 3x^2 - 4x$； (2) $y = x\sin x$；

(3) $y = \frac{1+x}{1-x}$； (4) $y = e^{\arcsin x}$；

(5) $y = \ln\cos\sqrt{x}$； (6) $y = 5^{\ln\tan x}$.

4. 求由下列方程所确定的隐函数 $y = f(x)$ 的微分和导数.

(1) $y = e^{x-y}$； (2) $\arcsin x \cdot \ln y - e^{2x} + \tan y = 0$.

5. 求下列参数方程的导数 $\frac{dy}{dx}$：

(1) $\begin{cases} x = a\cos^3 t, \\ y = a\sin^3 t; \end{cases}$ (2) $\begin{cases} x = \ln(1+t^2), \\ y = t - \arctan t. \end{cases}$

6. 求下列近似值：

(1) $y = \cos 29°$； (2) $y = \sqrt[3]{1.02}$.

7. 有一批半径为 1 cm 的球，为了提高球面的光洁度，要镀上一层铜，厚度定为 0.01 cm，估计一下每只球需用多少克铜（铜的密度是 8.9 g/cm^3）.

2.4 中值定理与罗必塔法则

函数在区间上的变化率（平均变化率）$\frac{f(b)-f(a)}{b-a}$ 反映了函数的整体性质，导数则是函数在一点处的瞬时变化. 若用导数来研究函数在整个区间上的性态，需建立导数与平均变化率的直接关系（而不是极限关系），这便是微分中值定理所要解决的问题. 中值定理不仅是微分学的理论基础，同时在现实中也有着广泛的应用.

2.4.1 中值定理

下面只利用导数的几何意义从几何图形上说明而不加证明地介绍几个中值定理.

定理 1（罗尔定理） 如果函数 $f(x)$ 满足下列条件：

(1) 在闭区间 $[a,b]$ 上连续，

(2) 在开区间 (a,b) 内可导，

(3) 在区间端点的函数值相等，即 $f(a) = f(b)$，

那么在 (a,b) 内至少有一点 $\xi(a<\xi<b)$，使函数在该点的导数等于零，即 $f'(\xi) = 0$.

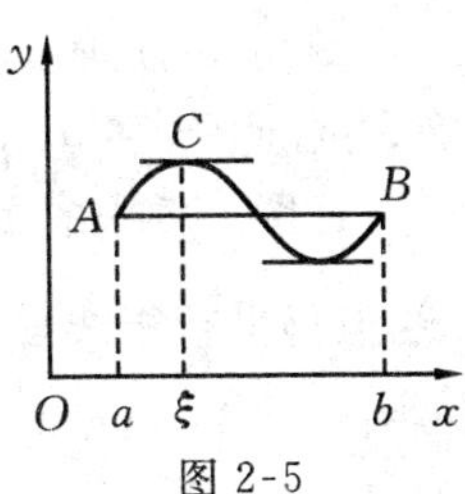

图 2-5

如图 2-5 所示，设曲线弧 $\overset{\frown}{AB}$ 的方程为 $y = f(x)(a \leqslant x \leqslant b)$.

罗尔定理的三个条件在几何上的表示是:$\overparen{AB}$ 是一条连续的曲线弧,除了端点处具有不垂直于 x 轴的切线,且两个端点的函数值相等,即线段 AB 平行于 x 轴,它的斜率反映了此时函数的平均变化率 $\dfrac{f(b)-f(a)}{b-a}=0$. 罗尔定理的结论表达了这样一个几何事实:在曲线弧 $\overparen{AB}$ 上,至少有一点 C,在该点处的切线平行于线段 AB,即该点导数值为零.

由于罗尔定理的结论相当于方程 $f'(x)=0$ 在 (a,b) 内有根,故常常利用罗尔定理证明方程的根的存在性.

例 1 若方程 $a_0x^n+a_1x^{n-1}+\cdots+a_{n-1}x=0$ 有一正根 $x=x_0$,证明方程 $a_0nx^{n-1}+a_1(n-1)x^{n-2}+\cdots+a_{n-1}=0$ 有一小于 x_0 的正根.

证 设 $\quad f(x)=a_0x^n+a_1x^{n-1}+\cdots+a_{n-1}x,\quad x\in[0,x_0]$,
则 $f(x)$ 在 $[0,x_0]$ 上连续,在 $(0,x_0)$ 内可导,且 $f(0)=f(x_0)=0$. 根据罗尔定理,存在 $\xi\in(0,x_0)$,使得 $f'(\xi)=0$,即

$$f'(\xi)=a_0n\xi^{n-1}+a_1(n-1)\xi^{n-2}+\cdots+a_{n-1}=0\quad(0<\xi<x_0),$$

故方程 $a_0nx^{n-1}+a_1(n-1)x^{n-2}+\cdots+a_{n-1}=0$ 必有一个小于 x_0 的正根.

例 2 设 $f(x)$ 在 $[0,a]$ 上连续,在 $(0,a)$ 内可导,且 $f(a)=0$,证明存在一点 $\xi\in(0,a)$,使 $f(\xi)+\xi f'(\xi)=0$.

证 所要证的等式可写成

$$[xf(x)]'\big|_{x=\xi}=0,$$

因此,作辅助函数 $F(x)=xf(x)$. 由条件知,$F(x)$ 在 $[0,a]$ 上连续,在 $(0,a)$ 内可导,且 $F(0)=F(a)=af(a)=0$. 应用罗尔定理知,存在 $\xi\in(0,a)$,使 $F'(\xi)=0$,又 $F'(x)=f(x)+xf'(x)$,故 $F'(\xi)=f(\xi)+\xi f'(\xi)=0$.

如果函数 $y=f(x)$ 在区间 $[a,b]$ 上不全满足罗尔定理的条件,那么在 (a,b) 内可能就不存在点 ξ,使 $f'(\xi)=0$,如图 2-6 所示.

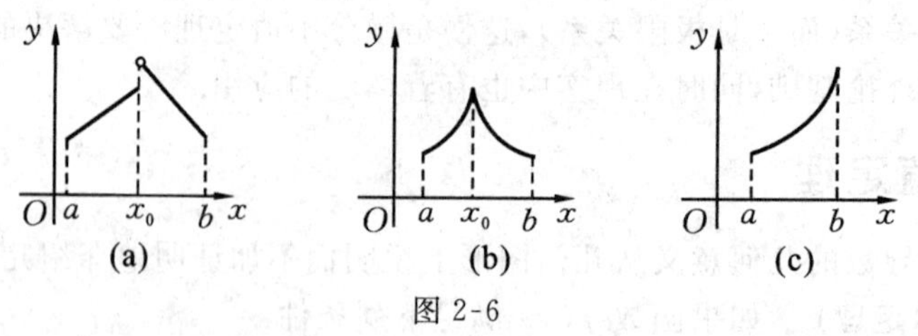

图 2-6

图 2-6(a) 所示函数,存在点 $x_0\in(a,b)$,使得 $f(x)$ 在 x_0 处不连续;图 2-6(b) 所示函数,存在点 $x_0\in(a,b)$,使得 $f(x)$ 在 x_0 处不可导;图 2-6(c) 所示函数,$f(a)\neq f(b)$.

将图 2-5 中的图像旋转一个角度,曲线 $y=f(x)$ 在 $x=\xi$ 处的切线就不再是水平直线,但仍平行于线段 AB(见图 2-7),其斜率为 $\dfrac{f(b)-f(a)}{b-a}$. 由这一事实启发,可得以下定理.

定理 2(拉格朗日中值定理) 如果函数 $f(x)$ 满足:

(1) 在闭区间$[a,b]$上连续,

(2) 在开区间(a,b)内可导,

那么在区间(a,b)内至少有一点$\xi(a<\xi<b)$,使

$$f'(\xi)=\frac{f(b)-f(a)}{b-a} \qquad (2.4.1)$$

或
$$f(b)-f(a)=f'(\xi)(b-a). \qquad (2.4.1)'$$

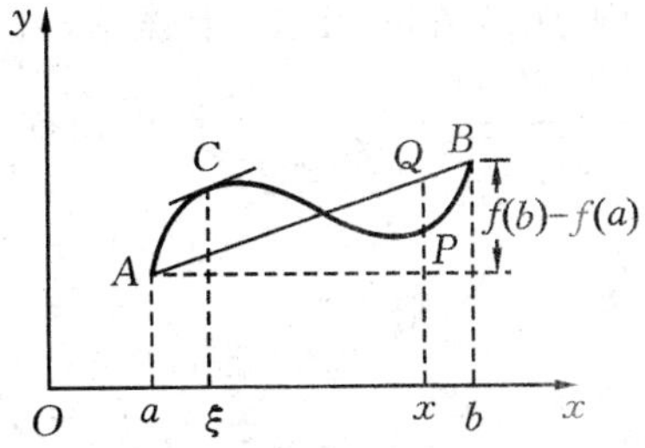

图 2-7

式(2.4.1)右端$\dfrac{f(b)-f(a)}{b-a}$表示$f(x)$在$[a,b]$上整体的平均变化率,左端$f'(\xi)$表示ξ处$f(x)$的瞬时变化率.于是,式(2.4.1)反映了可导函数$f(x)$在$[a,b]$上的整体平均变化率与ξ处的瞬时变化率之间的关系.因此,拉格朗日中值定理是联结整体与局部的纽带;而式(2.4.1)′则准确地刻画了函数的增量与自变量的增量之间的关系.因此,拉格朗日中值定理又称为有限增量定理.

容易看出:罗尔定理是拉格朗日中值定理当$f(a)=f(b)$时的特殊情况,拉格朗日中值定理是罗尔定理的推广.

由拉格朗日中值定理可以得到以下两个推论.

推论 1 如果函数$y=f(x)$在区间(a,b)内任意点处的导数等于零,则在(a,b)内$y=f(x)$是一常数.

证明 在区间(a,b)内任意取两点$x_1,x_2(x_1<x_2)$,利用式(2.4.1)′得

$$f(x_2)-f(x_1)=(x_2-x_1)f'(\xi) \quad (x_1<\xi<x_2).$$

由假设$f'(\xi)=0$,所以$f(x_2)-f(x_1)=0$,即

$$f(x_2)=f(x_1).$$

因为x_1、x_2是在(a,b)内任意取的两点,上面的等式表明:$f(x)$在(a,b)内的函数值总是相等的.这就是说,$f(x)$在区间(a,b)内是一个常数.

推论 2 如果函数$f(x)$和$g(x)$在区间(a,b)内可导,且对于任意的$x\in(a,b)$,有$f'(x)=g'(x)$,则在(a,b)内,$f(x)$与$g(x)$仅相差一个常数,即

$$f(x)=g(x)+C,$$

其中C为任意常数.

利用推论1容易证明推论2,推论2在不定积分的概念中要用到.

例 3 证明恒等式

$$\arcsin x+\arccos x=\frac{\pi}{2} \quad (|x|\leqslant 1).$$

证 设

$$f(x)=\arcsin x+\arccos x, \quad |x|\leqslant 1,$$

则 $f(x)$ 在 $[-1,1]$ 上连续，在 $(-1,1)$ 内可导，且 $f'(x)=(\arcsin x+\arccos x)'=\frac{1}{\sqrt{1-x^2}}-\frac{1}{\sqrt{1-x^2}}=0$. 由推论1知，当 $|x|<1$ 时，

$$f(x)=\arcsin x+\arccos x=C,\quad C\text{是常数}.$$

令 $x=0$，则

$$C=f(0)=\arcsin 0+\arccos 0=\frac{\pi}{2}.$$

于是，

$$\arcsin x+\arccos x=\frac{\pi}{2}.$$

显然，当 $|x|=1$ 时，结论也成立. 因此

$$\arcsin x+\arccos x=\frac{\pi}{2},\quad |x|\leqslant 1.$$

如果能确定出 $f'(\xi)$ 在区间 (a,b) 上的界，即确定 M，使 $|f'(\xi)|\leqslant M(a<x<b)$，则由式(2.4.1)′可推出不等式

$$|f(b)-f(a)|\leqslant M(b-a).$$

这一思路可用来证明一些不等式.

例 4 证明不等式：

$$|\arctan b-\arctan a|\leqslant|b-a|.$$

证 设 $f(x)=\arctan x, x\in[a,b]$，则 $f(x)$ 在 $[a,b]$ 上连续，在 (a,b) 内可导. 由拉格朗日中值定理，得

$$\arctan b-\arctan a=\frac{1}{1+\xi^2}(b-a),\quad a<\xi<b.$$

故

$$|\arctan b-\arctan a|=\left|\frac{1}{1+\xi^2}(b-a)\right|\leqslant|b-a|.$$

2.4.2 罗必塔法则

在上一章求极限的运算中，我们遇到当自变量 $x\to x_0$（或 $x\to\infty$）时，极限式中的分子和分母都趋于零或者都趋于无穷大的情况. 此时极限可能存在，也可能不存在，即使存在，情况也是多种多样的. 通常分别称这两类极限为“$\frac{0}{0}$”型和“$\frac{\infty}{\infty}$”型的未定式. 对这样的未定式求极限，不能直接利用求极限的四则运算法则. 过去往往采用适当变形将其转化成能运用四则运算法则的形式或者用其他一些计算技巧，现在要介绍的罗必塔法则，提供了用导数求未定式极限的简便而有效的方法.

定理3(罗必塔法则)　设函数 $f(x)$ 和 $g(x)$ 在点 $x=x_0$ 附近(点 x_0 可以除外)可导. 如果

(1) $\lim\limits_{x\to x_0}f(x)=\lim\limits_{x\to x_0}g(x)=0$ 或 $\lim\limits_{x\to x_0}f(x)=\lim\limits_{x\to x_0}g(x)=\infty$,且 $g'(x)\neq 0$,

(2) $\lim\limits_{x\to x_0}\dfrac{f'(x)}{g'(x)}=A$,

则
$$\lim_{x\to x_0}\frac{f(x)}{g(x)}=\lim_{x\to x_0}\frac{f'(x)}{g'(x)}=A.$$

上述定理中的 x_0 可以是有限数,也可以是无穷大;$x\to x_0$ 可以是双侧极限,也可以是单侧极限. 定理证明从略.

定理 3 的意义是:当满足定理的条件时,"$\dfrac{0}{0}$"型或"$\dfrac{\infty}{\infty}$"型的极限可以转化为导数之比的极限. 该定理为求极限化难为易提供了新的途径.

例 5　求 $\lim\limits_{x\to 0}\dfrac{1-\cos x}{x^2}$.

解　这是"$\dfrac{0}{0}$"型. 应用罗必塔法则,有

$$\lim_{x\to 0}\frac{1-\cos x}{x^2}=\lim_{x\to 0}\frac{(1-\cos x)'}{(x^2)'}=\lim_{x\to 0}\frac{\sin x}{2x}=\frac{1}{2}\lim_{x\to 0}\frac{\sin x}{x}=\frac{1}{2}.$$

例 6　求 $l=\lim\limits_{x\to 1}\dfrac{x^3-3x+2}{x^3-x^2-x+1}$.

解　$l=\lim\limits_{x\to 1}\dfrac{3x^2-3}{3x^2-2x-1}=\lim\limits_{x\to 1}\dfrac{6x}{6x-2}=\dfrac{3}{2}$.

必要时,罗必塔法则可多次使用. 但要特别注意:在反复使用罗必塔法则的过程中,需验证所求极限是不是"$\dfrac{0}{0}$"型或"$\dfrac{\infty}{\infty}$"型的未定式,如果不是,就不能应用罗必塔法则. 如上式中 $\lim\limits_{x\to 1}\dfrac{6x}{6x-2}$ 已不是未定型,就不能对它应用罗必塔法则,否则会导致错误结果.

例 7　求 $l=\lim\limits_{x\to 0}\dfrac{e^x-e^{-x}-2x}{x-\sin x}$.

解　$l=\lim\limits_{x\to 0}\dfrac{e^x+e^{-x}-2}{1-\cos x}=\lim\limits_{x\to 0}\dfrac{e^x-e^{-x}}{\sin x}=\lim\limits_{x\to 0}\dfrac{e^x+e^{-x}}{\cos x}=2$.

例 8　求 $l=\lim\limits_{x\to+\infty}\dfrac{\dfrac{\pi}{2}-\arctan x}{\dfrac{1}{x}}$.

解　这是 $x\to+\infty$ 时的"$\dfrac{0}{0}$"型未定式. 应用罗必塔法则,有

$$l=\lim_{x\to+\infty}\frac{-\frac{1}{1+x^2}}{-\frac{1}{x^2}}=\lim_{x\to+\infty}\frac{x^2}{1+x^2}=1.$$

例 9 求 $l=\lim\limits_{x\to+\infty}\dfrac{\ln x}{x^n}\quad(n>0)$.

解 这是 $x\to+\infty$ 时的“$\dfrac{\infty}{\infty}$”型未定式.应用罗必塔法则,有

$$l=\lim_{x\to+\infty}\frac{\frac{1}{x}}{nx^{n-1}}=\lim_{x\to+\infty}\frac{1}{nx^n}=0.$$

例 10 求 $l=\lim\limits_{x\to+\infty}\dfrac{x^2}{\mathrm{e}^x}$.

解 这也是 $x\to+\infty$ 时的“$\dfrac{\infty}{\infty}$”型未定式.应用罗必塔法则,有

$$l=\lim_{x\to+\infty}\frac{2x}{\mathrm{e}^x}=\lim_{x\to+\infty}\frac{2}{\mathrm{e}^x}=0.$$

未定式除了前面讨论的两种类型外,还有“$0\cdot\infty$”,“$\infty-\infty$”,“0^0”,“1^∞”,“∞^0”等类型,我们可以通过恒等变形,将它们转化为“$\dfrac{0}{0}$”型或“$\dfrac{\infty}{\infty}$”型后,再应用罗必塔法则.

例 11 求 $l=\lim\limits_{x\to0^+}x\ln x$.

解 这是“$0\cdot\infty$”型未定式.把 $x\ln x$ 改写成$\dfrac{\ln x}{\frac{1}{x}}$,于是得到 $x\to0^+$ 时的“$\dfrac{\infty}{\infty}$”型未定式.应用罗必塔法则,得

$$l=\lim_{x\to0^+}\frac{\ln x}{\frac{1}{x}}=\lim_{x\to0^+}\frac{\frac{1}{x}}{-\frac{1}{x^2}}=\lim_{x\to0^+}(-x)=0.$$

注:若将 $x\ln x$ 化为“$\dfrac{0}{0}$”型未定式,会使计算变得更为复杂,导致罗必塔法则失效,所以将“$0\cdot\infty$”型转化为“$\dfrac{0}{0}$”型还是“$\dfrac{\infty}{\infty}$”型,应注意选择.

例 12 求 $l=\lim\limits_{x\to1}\left(\dfrac{x}{x-1}-\dfrac{1}{\ln x}\right)$.

解 这是“$\infty-\infty$”型未定式.把$\dfrac{x}{x-1}-\dfrac{1}{\ln x}$改写成$\dfrac{x\ln x-(x-1)}{(x-1)\ln x}$,于是得到$x\to1$时的“$\dfrac{0}{0}$”型未定式.应用罗必塔法则,得

$$l=\lim_{x\to 1}\frac{x\ln x-x+1}{(x-1)\ln x}=\lim_{x\to 1}\frac{\ln x+1-1}{\ln x+\dfrac{x-1}{x}}=\lim_{x\to 1}\frac{\ln x}{\ln x+1-\dfrac{1}{x}}$$

$$=\lim_{x\to 1}\frac{\dfrac{1}{x}}{\dfrac{1}{x}+\dfrac{1}{x^2}}=\frac{1}{2}.$$

例 13　求 $l=\lim\limits_{x\to e}(\ln x)^{\frac{1}{1-\ln x}}$.

解　这是"1^∞"型未定式.一般求幂指函数的极限时,常用对数恒等式将其化为指数函数,$(\ln x)^{\frac{1}{1-\ln x}}=e^{\frac{\ln\ln x}{1-\ln x}}$,再根据连续函数的性质求极限.

$$l=\lim_{x\to e}e^{\frac{\ln\ln x}{1-\ln x}}=e^{\lim\limits_{x\to e}\frac{\ln\ln x}{1-\ln x}},$$

因
$$\lim_{x\to e}\frac{\ln\ln x}{1-\ln x}=\lim_{x\to e}\frac{\dfrac{1}{\ln x}\dfrac{1}{x}}{-\dfrac{1}{x}}=-1,$$

所以
$$l=e^{-1}.$$

在运用罗必塔法则求极限时,还应注意以下几点.

(1) 与其他求极限的方法配合使用,这样可以简化计算.

例 14　求 $l=\lim\limits_{x\to 0}\dfrac{x-\sin x}{x^2(e^x-1)}$.

解　该极限是"$\dfrac{0}{0}$"型未定式.当 $x\to 0$,$e^x-1\sim x$,所以

$$l=\lim_{x\to 0}\frac{x-\sin x}{x^3}$$

$$=\lim_{x\to 0}\frac{1-\cos x}{3x^2}\quad(\text{用罗必塔法则})$$

$$=\lim_{x\to 0}\frac{\dfrac{1}{2}x^2}{3x^2}\quad\left(1-\cos x\sim\frac{1}{2}x^2\right)$$

$$=\frac{1}{6}.$$

例 15　求 $l=\lim\limits_{x\to 0^+}\dfrac{e^{-\frac{1}{x}}}{x}$.

解　该极限是"$\dfrac{0}{0}$"型未定式.令 $t=\dfrac{1}{x}$,则

$$l=\lim_{t\to+\infty}\frac{t}{e^t}=\lim_{t\to+\infty}\frac{1}{e^t}=0.$$

注:若直接用罗必塔法则,则有

$$l=\lim_{x\to 0^+}\frac{e^{-\frac{1}{x}}\left(\frac{1}{x^2}\right)}{1}=\lim_{x\to 0^+}\frac{\left(e^{-\frac{1}{x}}\right)'}{(x^2)'}=\lim_{x\to 0^+}\frac{e^{-\frac{1}{x}}\left(\frac{1}{x^2}\right)}{2x}=\lim_{x\to 0^+}\frac{e^{-\frac{1}{x}}}{2x^3}.$$

继续算下去,不仅其结果仍是"$\frac{0}{0}$"型,而且分母中的 x 的次数还将增高.显然这样做得不出结果,究其原因是$\frac{1}{x}$ 的导数较$\frac{1}{x}$ 复杂.因此作代换 $t=\frac{1}{x}$.

(2) 数列极限不能直接运用罗必塔法则,要把数列极限转化为函数极限,再用罗必塔法则.

例 16 求 $l=\lim\limits_{n\to\infty}\sqrt[n]{n}$.

解 该极限是"∞^0"型未定式.因为

$$\lim_{x\to+\infty}\sqrt[x]{x}=\lim_{x\to+\infty}e^{\frac{\ln x}{x}}=e^{\lim\limits_{x\to+\infty}\frac{\ln x}{x}}=e^{\lim\limits_{x\to+\infty}\frac{1}{x}}=e^0=1,$$

所以

$$\lim_{n\to\infty}\sqrt[n]{n}=1.$$

最后,要指出:若 $\lim\frac{f'(x)}{g'(x)}$ 的极限不存在,则罗必塔法则失效,而原极限可能存在,也可能不存在.

例 17 求 $l=\lim\limits_{x\to+\infty}\frac{x-\sin x}{x+\sin x}$.

解 因 $\lim\limits_{x\to+\infty}\frac{1-\cos x}{1+\cos x}$ 不存在,故不能用罗必塔法则.直接计算易得

$$l=\lim_{x\to+\infty}\frac{1-\frac{\sin x}{x}}{1+\frac{\sin x}{x}}=1.$$

习题 2.4

1. 不用求出函数 $f(x)=(x-1)(x-2)(x-3)(x-4)$ 的导数,说明方程 $f'(x)=0$ 有几个实根,并指出它们所在的区间.

2. 下列函数在所给区间上是否满足拉格朗日中值定理的条件?如满足,求出符合定理的点 ξ.

(1) $f(x)=x^3-2x+1,[-1,0]$;　　(2) $f(x)=e^x,[0,\ln 2]$.

3. 求证:$3\arccos x-\arccos(3x-4x^3)=\pi\left(|x|<\frac{1}{2}\right)$.

4. 求证：$|\sin x-\sin y|\leqslant|x-y|$.

5. 求下列极限：

(1) $\lim\limits_{x\to 0}\dfrac{\sqrt[3]{1+x}-1}{x}$；

(2) $\lim\limits_{x\to 0}\dfrac{\sin 7x}{\sin 4x}$；

(3) $\lim\limits_{x\to +\infty}\dfrac{\ln\left(1+\dfrac{1}{x}\right)}{\operatorname{arccot} x}$；

(4) $\lim\limits_{x\to +\infty}\dfrac{\ln^2 x}{x^2}$；

(5) $\lim\limits_{x\to +\infty}\dfrac{e^x}{x^3}$；

(6) $\lim\limits_{x\to 0^+}\dfrac{\cot x}{\ln x}$；

(7) $\lim\limits_{x\to 0}\left(\dfrac{1}{\sin x}-\dfrac{1}{x}\right)$；

(8) $\lim\limits_{x\to 0}\left(\dfrac{1}{x}-\dfrac{1}{e^x-1}\right)$；

(9) $\lim\limits_{x\to +\infty}x^2e^{-x}$；

(10) $\lim\limits_{x\to 0^+}\dfrac{\ln(1+ax)}{x}$ ($a>0$ 且为常数)；

(11) $\lim\limits_{x\to 0^+}x^x$；

(12) $\lim\limits_{x\to 0^+}\left(\dfrac{1}{x}\right)^{\sin x}$.

2.5 函数的单调性与凸性

中值定理建立了函数在一个区间上的增量与函数在这区间内某点处的导数之间的联系，为我们提供了利用导数来研究函数的变化情况的可能性.

2.5.1 函数的单调性

在研究函数的变化情况时，考察函数的单调性是一个很重要的内容. 函数在某一区间内的单调性在1.1节中已经定义过，下面给出利用导数的符号确定函数单调性的方法.

定理1 设函数 $y=f(x)$ 在区间 $[a,b]$ 上连续，在 (a,b) 内可导，且 $f'(x)$ 不变号，则有：

(1) 如果在 (a,b) 内 $f'(x)\geqslant 0$，则函数 $y=f(x)$ 在 $[a,b]$ 上单调增加；

(2) 如果在 (a,b) 内 $f'(x)\leqslant 0$，则函数 $y=f(x)$ 在 $[a,b]$ 上单调减少.

证 (1) 在区间 (a,b) 上任取两点 x_1,x_2，且 $x_1<x_2$，对 $[x_1,x_2]$ 上的函数 $f(x)$ 应用拉格朗日中值定理，即得

$$f(x_2)-f(x_1)=f'(\xi)(x_2-x_1)\quad(x_1<\xi<x_2).$$

由于 $f'(\xi)>0$，$x_2-x_1>0$，所以

$$f(x_2)-f(x_1)>0,\quad 即\quad f(x_2)>f(x_1).$$

故函数 $f(x)$ 在区间 $[a,b]$ 上单调增加.

类似地可以证明(2).

利用导数的几何意义，很容易从几何图形上解释定理1. $f'(x)$ 在 (a,b) 上大于或等于0，表明曲线 $y=f(x)$ 上各点切线的斜率大于或等于0，即切线与 x 轴正向的夹角为锐角，这时曲线是向右上升的(见图2-8(a))；$f'(x)$ 在 (a,b) 上小于或等于0，表明曲线 $y=f(x)$ 上各点切线的斜率小于或等于0，即切线与 x 轴正向的夹角为钝角，这时曲线是向右下滑的(见图2-8(b)).

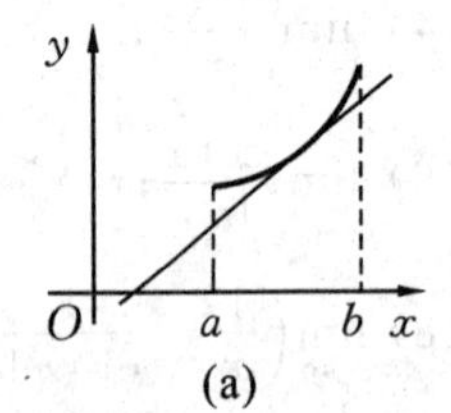

(a)

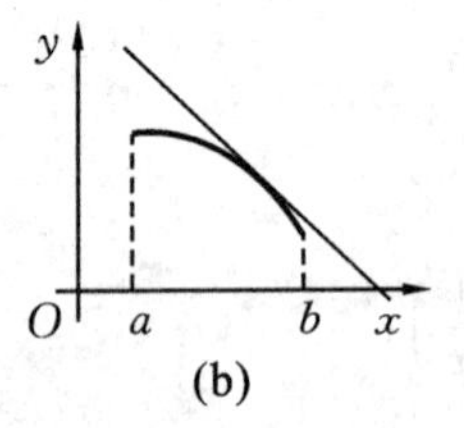

(b)

图2-8

例1　判别函数 $f(x)=e^x-x$ 在区间 $(0,+\infty)$ 内的单调性.

解　因为所给函数在 $(0,+\infty)$ 上连续、可导，且

$$f'(x)=e^x-1>0,$$

所以由定理1知，$f(x)=e^x-x$ 在 $(0,+\infty)$ 上单调增加.

例2　求函数 $f(x)=3x^2-x^3$ 的单调区间.

解　此函数的定义域是 $(-\infty,+\infty)$，函数在 $(-\infty,+\infty)$ 内连续、可导，且

$$f'(x)=6x-3x^2=3x(2-x).$$

令　$f'(x)=0$，即 $3x(2-x)=0$，解得它在 $(-\infty,+\infty)$ 内的两个根 $x_1=0$，$x_2=2$. 这两个根把 $(-\infty,+\infty)$ 分成 $(-\infty,0)$，$[0,2]$，$(2,+\infty)$.

当 $x\in(-\infty,0)\cup(2,+\infty)$ 时，$f'(x)<0$，故 $f(x)$ 在 $(-\infty,0]$ 与 $[2,+\infty)$ 内是单调减少的；

当 $x\in(0,2)$ 时，$f'(x)>0$，故 $f(x)$ 在 $[0,2]$ 上是单调增加的.

例3　讨论函数 $y=\sqrt[3]{x^2}$ 的单调性.

解　此函数的定义域为 $(-\infty,+\infty)$.

当 $x\neq0$ 时，$f'(x)=\dfrac{2}{3\sqrt[3]{x}}$；当 $x=0$ 时，函数的导数不存在.

在 $(-\infty,0)$ 内，$y'<0$，因此函数在 $(-\infty,0]$ 上单调减少；在 $[0,+\infty)$ 内，$y'>0$，因此函数在 $[0,+\infty)$ 上单调增加.

一般的，求函数 $y=f(x)$ 的单调区间的步骤是：

(1) 确定函数 $f(x)$ 的定义域；

(2) 求 $f'(x)$；

(3) 令 $f'(x)=0$，求出它在 $f(x)$ 的定义域内的全部实根；

(4) 用所求得的全部实根以及使 $f'(x)$ 不存在的点将定义域分成若干个小区间；

(5) 讨论导数在每一小区间上的符号，从而确定在各小区间内函数的单调性.

步骤(4)、(5) 通常可列表讨论. 如在例 2 中，可列表(用"↗"表示单调增，用"↘"表示单调减) 分析如下.

x	$(-\infty,0)$	0	$(0,2)$	2	$(2,+\infty)$
$f'(x)$	$-$		$+$		$-$
$f(x)$	↘		↗		↘

由表可知，$f(x)$ 在 $(-\infty,0]$ 和 $[2,+\infty)$ 上单调减少，在 $[0,2]$ 上单调增加.

例 4　消费品的需求量与消费者的收入有关. 如果不考虑其他因素，则作为简化的模型，可把某种商品的需求量 y 看成收入 x 的函数，即 $y=f(x)$. 在经济学文献中，称 f 为恩格尔函数，它可取多种形式，最简单的有 $f(x)=Ax^b$，$A>0$，b 为常数. 试讨论 $f(x)$ 的单调性.

解　由实际意义知，$f(x)$ 的定义域为 $x>0$，$f'(x)=Abx^{b-1}$. 因 $A>0$，则：

若 $b>0$，$f'(x)=Abx^{b-1}>0$，$f(x)$ 为单调增加函数；

若 $b<0$，$f'(x)=Abx^{b-1}<0$，$f(x)$ 为单调减少函数.

函数单调性的经济学解释，在这个例子里是比较容易理解的：收入越高，购买力越强，在正常情况下，该商品的需求量也越大，即恩格尔函数应为增函数；相反，若收入增加，对该商品的需求量反而减少，只能说明该商品是劣等的，即因生活水平提高而放弃质量较低的商品转向购买高质量的商品.

利用单调性可以证明一些不等式. 例如，若 $f(x)$ 在 $[a,b]$ 上单调增加，则有不等式

$$f(a)\leqslant f(x)\leqslant f(b)\quad(a\leqslant x\leqslant b).$$

例 5　证明：当 $x>0$ 时，$1+\frac{1}{2}x>\sqrt{1+x}$.

证　令 $f(x)=1+\frac{1}{2}x-\sqrt{1+x}$，则

$$f'(x)=\frac{1}{2}-\frac{1}{2\sqrt{1+x}}.$$

当 $x>0$ 时，$f'(x)>0$，即 $f(x)$ 为严格单调增函数，故 $f(x)>f(0)$.

由于 $f(0)=0$，从而推得，当 $x>0$ 时，$f(x)>0$，即 $1+\frac{1}{2}x>\sqrt{1+x}$.

单调性还可用来判定 $f(x)$ 的零点个数. 例如，若 $f(x)$ 在 $[a,b]$ 上连续且严格单调，则曲线 $y=f(x)(a\leqslant x\leqslant b)$ 至多交 x 轴一次，即位于 $[a,b]$ 内的零点至多有一个.

例 6　证明 $x^5+x-1=0$ 只有一个正根.

证　设 $f(x)=x^5+x-1$，则 $f'(x)=5x^4+1$. 当 $x>0$ 时，$f'(x)>0$，故 $f(x)$ 为

严格单调增函数，因此，$f(x)=0$ 在 $(0,+\infty)$ 内至多只有一根.

此外，$f(0)=-1, f(1)=1, f(0)f(1)<0$，故由连续函数的零点存在定理知，在 $(0,1)$ 内至少存在一个 ξ，使 $f(\xi)=0$.

综上所述，$f(x)=0$ 在 $(0,+\infty)$ 内只有一个根，即方程 $x^5+x-1=0$ 只有一个正根.

2.5.2 函数曲线的凸性与拐点

在研究函数的变化情况时，知道它们上升和下降的规律性很有好处，但这还不能完全反映它们的变化规律. 如图 2-9 所示的两个函数，虽然它们都是单调增加的，但增加的快慢是不相同的，左边一支向下弯曲，函数增加得越来越慢，右边一支向上弯曲，函数增加得越来越快. 为了刻画曲线的这种特性，我们给出函数曲线凸性的定义.

定义 若曲线弧位于其每一点处切线的上方，则称此曲线是向下凸的；若曲线弧位于其每一点处切线的下方，则称此曲线是向上凸的. 连续曲线由向下凸变为向上凸或由向上凸变为向下凸的转折点称为拐点. 如图 2-10 中的 A 点与 B 点.

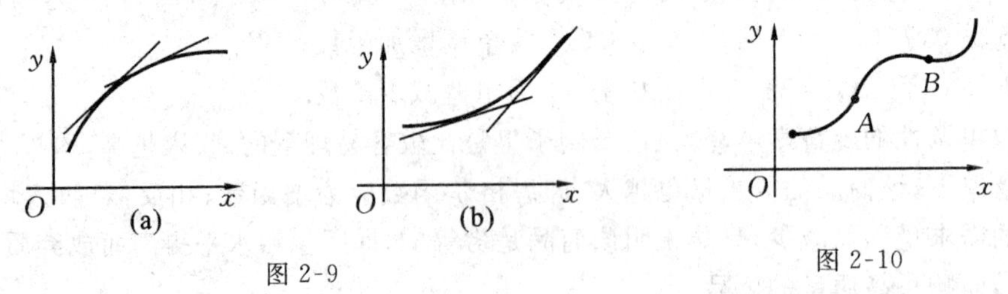

图 2-9　　图 2-10

定理 2 设函数 $f(x)$ 在 $[a,b]$ 上连续，在 (a,b) 内具有二阶导数，则有：

(1) 若在 (a,b) 内，$f''(x)>0$，则曲线弧 $y=f(x)$ 在 $[a,b]$ 上是向下凸的；

(2) 若在 (a,b) 内，$f''(x)<0$，则曲线弧 $y=f(x)$ 在 $[a,b]$ 上是向上凸的.

证明从略.

例 7 判定曲线 $y=\ln x$ 的凸性.

解 此函数的定义域为 $(0,+\infty)$. 因为 $y'=\dfrac{1}{x}, y''=-\dfrac{1}{x^2}$，所以在 $(0,+\infty)$ 内，$y''<0$，由定理 2 知，曲线 $y=\ln x$ 是向上凸的.

例 8 研究 $f(x)=\dfrac{1}{\sqrt{2\pi}}e^{-\frac{x^2}{2}}$ 的凸性.

解 此函数的定义域为 $(-\infty,+\infty)$.

$$f'(x)=\frac{1}{\sqrt{2\pi}}e^{-\frac{x^2}{2}}\cdot\left(-\frac{x^2}{2}\right)'=\frac{-x}{\sqrt{2\pi}}e^{-\frac{x^2}{2}},$$

$$f''(x)=-\frac{1}{\sqrt{2\pi}}\left[e^{-\frac{x^2}{2}}+xe^{-\frac{x^2}{2}}(-x)\right]=\frac{1}{\sqrt{2\pi}}(x^2-1)e^{-\frac{x^2}{2}},$$

令 $f''(x)=0$，解得 $x_1=-1$，$x_2=1$.

列表分析：

x	$(-\infty,-1)$	-1	$(-1,1)$	1	$(1,+\infty)$
$f''(x)$	$+$		$-$		$+$
$f(x)$	下凸		上凸		下凸

由表可知，曲线在 $(-\infty,-1)$、$(1,+\infty)$ 上是下凸的，在 $[-1,1]$ 上是上凸的，拐点为 $\left(-1,\dfrac{1}{\sqrt{2\pi e}}\right)$ 及 $\left(1,\dfrac{1}{\sqrt{2\pi e}}\right)$.

例 9　讨论曲线 $f(x)=x^4$ 是否有拐点.

解　此函数的定义域为 $(-\infty,+\infty)$，$f'(x)=4x^3$，$f''(x)=12x^2$.

由 $f''(x)=0$ 得 $x=0$. 但由于在 $x=0$ 的两侧，$f''(x)$ 均为正，即凸性相同，故点 $(0,0)$ 不是拐点，即该曲线无拐点.

例 10　讨论曲线 $y=\sqrt[3]{x}$ 的凸性与拐点.

解　此函数的定义域为 $(-\infty,+\infty)$. 当 $x\neq 0$ 时，$y'=\dfrac{1}{3}x^{-\frac{2}{3}}$，$y''=-\dfrac{2}{9}x^{-\frac{5}{3}}$. 显然 $x<0$ 时，$y''>0$，故曲线在 $(-\infty,0)$ 上为下凸；$x>0$ 时，$y''<0$，曲线在 $(0,+\infty)$ 上为上凸. 又在 $x=0$ 处曲线连续，故点 $(0,0)$ 是曲线的拐点.

例 11　判断曲线 $f(x)=\dfrac{1}{x}$ 的凸性.

解　此函数的定义域为 $(-\infty,0)\cup(0,+\infty)$. 因为 $f'(x)=-\dfrac{1}{x^2}$，$f''(x)=\dfrac{2}{x^3}$. 所以当 $x\in(-\infty,0)$ 时，$f''(x)<0$，曲线 $y=\dfrac{1}{x}$ 在 $(-\infty,0)$ 内是上凸的；当 $x\in(0,+\infty)$ 时，$f''(x)>0$，曲线 $y=\dfrac{1}{x}$ 在 $(0,+\infty)$ 内是下凸的.

注意：在 $x=0$ 的左右两侧，曲线的凸性发生了变化，但在该点处 $f(x)=\dfrac{1}{x}$ 无定义，因此，$x=0$ 不是拐点.

从上面的讨论我们发现：在例 9 中，虽然 $f''(0)=0$，但点 $(0,f(0))$ 不是拐点，因两侧凸性相同；在例 10 中，虽然函数在 $x=0$ 处的二阶导数不存在，但点 $(0,f(0))$ 仍可以是拐点；在例 11 中，虽然在 $x=0$ 的左右两侧曲线的凸性发生了变化，但 $x=0$ 不是拐点. 判断是不是拐点，关键是检验连续性及两侧凸性是否相反.

例 12　一般耐用消费品的累积销售量 y 与时间 t 有如下关系：

$$y=f(t)=Ae^{-be^{-at}},$$

式中 A,a,b 均为大于零的常数. 试讨论它的单调性及凸性.

解　由问题的实际意义知，函数的定义域为 $t \geqslant 0$.
由复合函数的求导法则得

$$\begin{aligned} y' &= Ae^{-be^{-at}}(-be^{-at})' = Ae^{-be^{-at}}(-be^{-at})(-at)' \\ &= Ae^{-be^{-at}} \cdot be^{-at} \cdot a \\ &= abe^{-at}y > 0, \end{aligned}$$

即耐用消费品的累积销售量 y 是随时间 t 增加的.

$$\begin{aligned} y'' &= (abe^{-at}y)' \\ &= ab[(e^{-at})'y + e^{-at}y'] \\ &= ab[e^{-at}(-a)y + e^{-at}abe^{-at}y] \\ &= a^2be^{-at}y(be^{-at} - 1). \end{aligned}$$

令 $y''=0$，解得 $t=\dfrac{\ln b}{a}$.

当 $0 < t < \dfrac{\ln b}{a}$ 时，$y'' > 0$，在这期间，商品销售量随着时间的推移而增加得越来越快，曲线是下凸的；过了 $t=\dfrac{\ln b}{a}$ 这个时刻，$y'' < 0$，商品销售量随着时间的推移而增加的速度放慢了，曲线是上凸的. 这反映了耐用消费品销售的一般规律. 根据上述讨论，我们可以大致地描绘出函数曲线(见图 2-11)，此曲线称为逻辑斯蒂曲线.

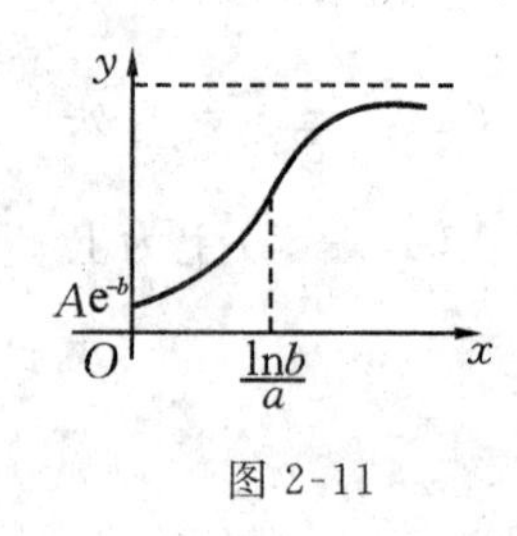

图 2-11

习题 2.5

1. 判断函数 $f(x) = \arctan x - x$ 及 $g(x) = x + \cos x (0 \leqslant x \leqslant 2\pi)$ 的单调性.

2. 确定下列函数的单调区间：

(1) $f(x) = \dfrac{1}{2x^2}$；　(2) $y = x - x^3$；

(3) $y = \ln(2x-1)$；　(4) $f(x) = -e^x$；

(5) $y = \dfrac{1}{3}x^3 - x^2 - 3x + 1$；　(6) $y = (1+\sqrt{x}) \cdot x$.

3. 证明下列不等式：

(1) 当 $x > 1$ 时，$2\sqrt{x} > 3 - \dfrac{1}{x}$；

(2) 当 $x > 0$ 时，$1 + x\ln(x + \sqrt{1+x^2}) > \sqrt{1+x^2}$；

(3) 当 $x > 0$ 时，$\sin x + \cos x > 1 + x - x^2$.

4. 判别下列曲线的凸性并求拐点：

(1) $f(x)=x^4-2x^3+1$；　　(2) $f(x)=x^2+\dfrac{1}{x}$；

(3) $f(x)=x-\sin x\quad\left(0\leqslant x\leqslant\dfrac{\pi}{2}\right)$.

5. 讨论下列曲线的单调性、凸性并求拐点：

(1) $f(x)=x^2\mathrm{e}^{-x}$；　　(2) $f(x)=\dfrac{x}{1+x^2}$.

6. 问 a,b 为何值时点(1,3)为曲线 $y=ax^3+bx^2$ 的拐点？

2.6　函数的极值与最值

在研究函数的变化情况时，经常需要考察函数在某一点的函数值是比该点附近的函数值都大还是都小，这就是函数的极值问题. 极值问题不仅在理论上，而且在工程技术以及社会、经济生活中都有着非常重要的意义.

2.6.1　极值的定义及其判定

定义　设函数 $y=f(x)(x\in(a,b))$ 在点 x_0 处连续，并且 x_0 不是其定义区间的端点. 若对 x_0 附近的所有点 $x(x\neq x_0)$，都有

$$f(x)\leqslant f(x_0)\qquad(\text{或 } f(x)\geqslant f(x_0)),$$

则称函数 $f(x)$ 在点 x_0 处取得极大值(或极小值)，并称点 x_0 是函数的极大值点(或极小值点).

函数的极大值与极小值统称为**极值**，极大值点与极小值点统称为**极值点**.

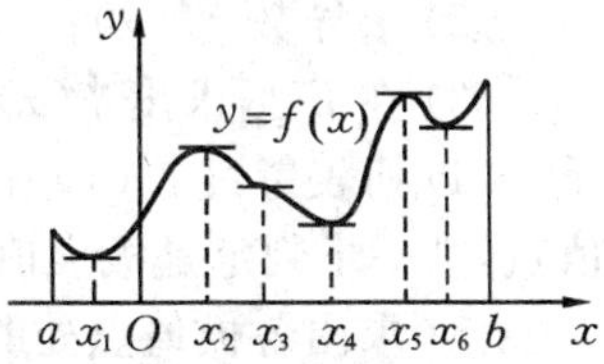

图 2-12

结合图 2-12，我们对上述定义作以下说明.

(1) 函数的极值概念仅仅是反映函数局部性质的概念，一个函数在其整个定义域内可能有若干个极大值与极小值. 不同的极大值点处的极大值不一定相同，如 $f(x_2)\neq f(x_5)$；而且极大值不一定大于极小值，如 $f(x_2)<f(x_6)$.

(2) 函数的极值点恰好是函数 $f(x)$ 在其左右附近由单调增加(减少)变为单调减少(增加)的转折点. 例如极大值点 x_2 是 $f(x)$ 由单调增加变为单调减少的转折点，极小值点 x_1 是 $f(x)$ 从单调减少变为单调增加的转折点.

(3) 曲线 $y=f(x)$ 在极值点 x_1、x_2、x_4、x_5、x_6 处都有水平的切线，这表明函数 $f(x)$ 在这些点处的导数都等于零，但曲线上有水平切线的地方，函数不一定取得极值. 如图中 $x=x_3$ 处，曲线有水平切线，但 $f(x_3)$ 不是极值.

(4) 在极大值点 x_2、x_5 的附近，曲线 $y=f(x)$ 是向上凸的；在极小值 x_1、x_4、x_6 的附近，曲线 $y=f(x)$ 是向下凸的.

由说明(3),可得以下定理.

定理1 设函数 $f(x)$ 在 x_0 处可导,且在 x_0 处取得极值,那么 $f'(x_0)=0$.

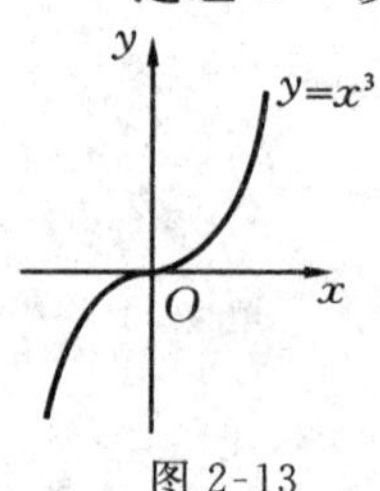

图 2-13

使导数为零的点(即方程 $f'(x)=0$ 的实根)叫作函数 $f(x)$ 的驻点.可导函数的极值点必定是它的驻点,反过来,函数的驻点却不一定是极值点.例如,$f(x)=x^3$ 的导数$f'(x)=3x^2$,$f'(0)=0$,因此$x=0$是这个函数的驻点,但是 $x=0$ 却不是该函数的极值点(见图 2-13).此外,函数的极值点也可能在它的导数不存在的点处.例如,$f(x)=|x|$ 在 $x=0$ 处不可导,但函数在该点取得极小值.

下面给出判别函数极值的两个方法.

定理2(函数极值判别法Ⅰ) 设函数 $f(x)$ 在点 x_0 附近可导,且 $f'(x_0)=0$ 或 $f'(x_0)$ 不存在.

(1) 如果当 x 取 x_0 左侧邻近的值时,$f'(x)>0$;当 x 取 x_0 右侧邻近的值时,$f'(x)<0$,则函数 $f(x)$ 在 x_0 处取得极大值.

(2) 如果当 x 取 x_0 左侧邻近的值时,$f'(x)<0$;当 x 取 x_0 右侧邻近的值时,$f'(x)>0$,则函数 $f(x)$ 在 x_0 处取得极小值.

(3) 如果当 x 取 x_0 两侧邻近的值时,$f'(x)$ 不变号,则 $f(x)$ 在 x_0 处无极值.

证 就情形(1)来说,根据函数单调性的判断法,函数在 x_0 的左侧邻近是单调增加的,在 x_0 的右侧邻近是单调减少的,因此 $f(x_0)$ 是函数 $f(x)$ 的一个极大值(见图 2-12).

类似地可以证明情形(2)和情形(3).

根据这个定理,我们得到求函数 $f(x)$ 极值的步骤:

(1) 求 $f(x)$ 的定义域 D;

(2) 求导数 $f'(x)$;

(3) 在 D 内求出 $f(x)$ 的全部驻点以及一阶导数不存在的点;

(4) 列表考察 $f'(x)$ 在上述点左、右邻近的符号,并确定它们是否是极值点,如果是极值点,进一步判定是极大值点还是极小值点;

(5) 求出各极值点处的函数值,便得到函数 $f(x)$ 的全部极值.

例1 求函数 $f(x)=\dfrac{1}{3}x^3-4x+4$ 的极值.

解 此函数的定义域是$(-\infty,+\infty)$,$f'(x)=x^2-4=(x+2)(x-2)$,令 $f'(x)=0$,解得驻点 $x_1=-2$,$x_2=2$.

列表分析如下:

x	$(-\infty,-2)$	-2	$(-2,2)$	2	$(2,+\infty)$
$f'(x)$	+	0	−	0	+
$f(x)$	↗	极大值	↘	极小值	↗

由表可知：当 $x=-2$ 时，函数 $f(x)$ 有极大值 $f(-2)=\frac{28}{3}$；当 $x=2$ 时，函数有极小值 $f(2)=-\frac{4}{3}$.

例 2　求函数 $f(x)=x-\frac{3}{2}x^{\frac{2}{3}}$ 的极值.

解　此函数的定义域是 $(-\infty,+\infty)$，当 $x\neq 0$ 时，$f'(x)=1-x^{-\frac{1}{3}}=1-\frac{1}{\sqrt[3]{x}}$，令 $f'(x)=0$，解得驻点 $x=1$，而 $x=0$ 时 $f'(x)$ 不存在.

列表分析如下：

x	$(-\infty,0)$	0	$(0,1)$	1	$(1,+\infty)$
$f'(x)$	+	不存在	−	0	+
$f(x)$	↗	极大值	↘	极小值	↗

由表可知，函数在点 $x=0$ 处有极大值 $f(0)=0$；在点 $x=1$ 处有极小值 $f(1)=-\frac{1}{2}$.

利用函数的凸性可得到求函数极值的另一种方法.

定理 3(函数极值判别法 Ⅱ)　设函数 $f(x)$ 在点 x_0 处具有二阶导数且 $f'(x_0)=0$，$f''(x_0)\neq 0$，则：

(1) 当 $f''(x_0)<0$ 时，函数 $f(x)$ 在 x_0 处取极大值；

(2) 当 $f''(x_0)>0$ 时，函数 $f(x)$ 在 x_0 处取极小值.

证明从略.

例 3　求函数 $f(x)=x^3+3x^2-24x-20$ 的极值.

解　此函数的定义域是 $(-\infty,+\infty)$，$f'(x)=3x^2+6x-24=3(x+4)(x-2)$，$f''(x)=6x+6=6(x+1)$.

令 $f'(x)=0$，解得驻点 $x_1=-4$，$x_2=2$.

由于 $f''(-4)=-18<0$，所以 $x=-4$ 为极大值点，且极大值 $f(-4)=60$；$f''(2)=18>0$，所以 $x=2$ 为极小值点，且极小值 $f(2)=-48$.

应该指出，判别法Ⅱ在判定函数的极值上虽然比较简便，但与判别法Ⅰ相比较，它的应用范围要狭小些. 当 $f'(x_0)=f''(x_0)=0$ 时，判别法Ⅱ失效，这时还得改用判别法Ⅰ.

例 4　求 $f(x)=x^4-4x^3+6x^2-4x+4$ 的极值.

解　此函数的定义域是 $(-\infty,+\infty)$，$f'(x)=4x^3-12x^2+12x-4=4(x-1)^3$，$f''(x)=12(x-1)^2$.

令 $f'(x)=0$，解得驻点 $x=1$，而 $f''(1)=0$，这时判别法 Ⅱ 失效，仍用判别法 Ⅰ.

现列表讨论如下：

x	$(-\infty,1)$	1	$(1,+\infty)$
$f'(x)$	$-$	0	$+$
$f(x)$	↘	极小值	↗

由表可知,函数 $f(x)$ 在 $x=1$ 处有极小值 $f(1)=3$.

2.6.2　函数的最大值与最小值

在1.5节中,我们曾定义过函数 $f(x)$ 在 $[a,b]$ 上的最大值与最小值的概念,最大值与最小值统称为最值.

注意:最值与极值一般是不同的,最大值与最小值是函数在所考虑区间上全部函数值中的最大值与最小值,而极大值与极小值是在其邻近范围内的最大值与最小值,可见最值是整体性的概念,而极值则是局部性的概念.

如果函数 $f(x)$ 在闭区间 $[a,b]$ 上连续,则它在 $[a,b]$ 上一定有最大值和最小值.显然,如果函数的最值点不是区间端点,则一定是函数的极值点.因此,对于闭区间上的连续函数而言,求函数最值的问题可归结为:

(1) 解方程 $f'(x)=0$,求出函数的全部驻点以及使 $f'(x)$ 不存在的点;

(2) 计算 $f(x)$ 在上述点以及端点 a,b 处的函数值,并把这些值加以比较,其中最大的就是 $f(x)$ 在 $[a,b]$ 上的最大值,最小的就是 $f(x)$ 在 $[a,b]$ 上的最小值.

例5　求函数 $f(x)=3x-x^3$ 在闭区间 $[-\sqrt{3},3]$ 上的最大值与最小值.

解　$f'(x)=3-3x^2$.

令 $f'(x)=0$,解得驻点 $x_1=-1,x_2=1$.

又 $f(-1)=-2,f(1)=2,f(-\sqrt{3})=0,f(3)=-18$,比较函数值的大小,易得 $f(x)$ 在 $[-\sqrt{3},3]$ 上的最大值为2,最小值为 -18.

对于下述两种特殊的情况,函数最值的计算变得很简单.

(1) 单调函数.显然,单调函数在区间两个端点分别取得最大值和最小值(见图2-14).

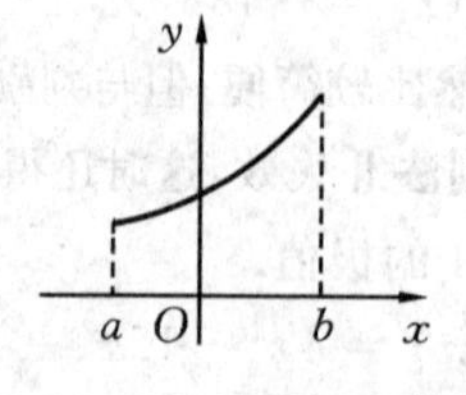

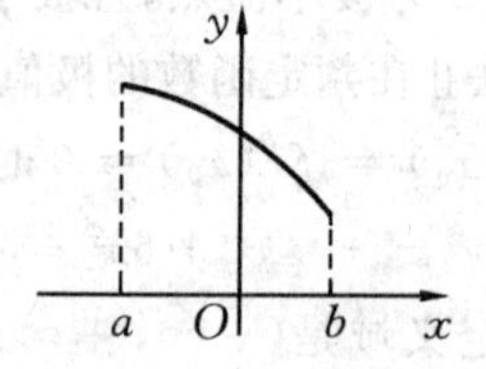

图2-14

(2) 向上凸与向下凸函数.若函数曲线在所考察的区间是向下凸的,且有一极值点,则必有最小值,且函数的最小值点就是它在该区间内唯一的极值点,这种函数曲线也称为

单谷或 $\cup$ 形曲线.类似地,若函数在所考察的区间是向上凸的,且有一极值点,则必有最大值,且函数的最大值点就是它在该区间内唯一的极值点,这种函数曲线也称为单峰或反 $\cup$ 形($\cap$ 形)曲线(见图 2-15).

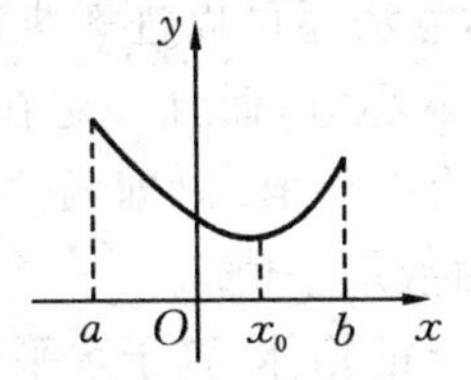

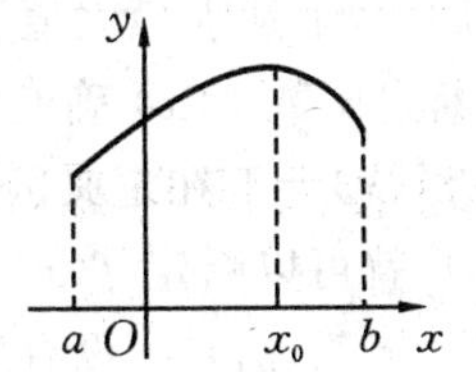

图 2-15

因此,在讨论最值问题时,如果我们已知曲线是单峰(或单谷)的,则只要利用一阶导数求出函数的驻点,即可断定它是最大(或最小)值点而不需再进行判别.

许多求最大值、最小值的实际问题,就属上述的第二种情况,从而求最值的问题就转化为求极值的问题.

例 6　将边长为 a 的一正方形铁皮,从每个角截去同样的小方块,然后把四边折起来,做成一个无盖的方盒.为了使这个方盒的容积最大,问应该截去多少?

解　如图 2-16 所示,设截去的小方块边长为 x,则所做成的方盒的容积为

$$V=(a-2x)^2x,\quad x\in\left(0,\frac{a}{2}\right).$$

$$V'=-4x(a-2x)+(a-2x)^2$$
$$=(a-2x)(a-6x).$$

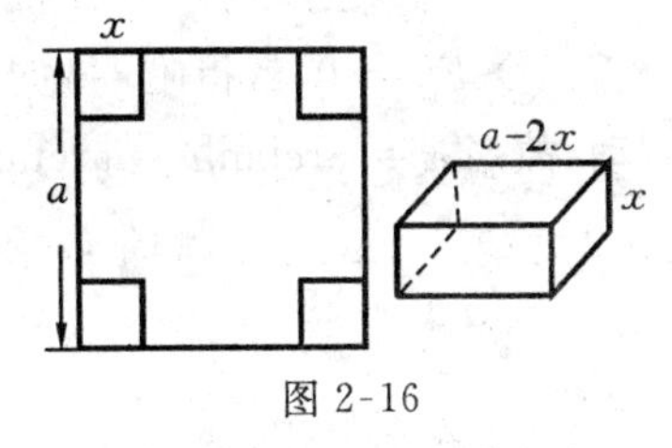

图 2-16

令 $V'=0$,解得位于区间 $\left(0,\frac{a}{2}\right)$ 内的唯一驻点 $x=\frac{a}{6}$.

又
$$V''=24x-8a,\quad V''\left(\frac{a}{6}\right)=-4a<0,$$

所以 $x=\frac{a}{6}$ 是 V 的极大值点,亦是 V 的最大值点,故当截去的小正方形边长为所给正方形铁片边长的 $\frac{1}{6}$ 时,所做的无盖盒子的容积最大.

例 7　若某产品每天生产 x 单位时,平均成本为 $(0.25x+10)$ 元,销售单价为 $p=25$ 元.设产品能全部售出,问每天生产多少单位才能获得最大利润?

解　总收益函数 $R(x)=px=25x$,

总成本函数　$C(x)=x(0.25x+10)=0.25x^2+10x$,

因此,总利润函数　$L(x)=R(x)-C(x)=15x-0.25x^2,\quad x\geqslant 0$,

$$L'(x)=15-0.5x.$$

令 $L'(x)=0$,解得唯一驻点 $x=30$,又 $L''(x)=-0.5<0$,即曲线 $L(x)$ 为单峰曲线.故

$x=30$ 就是 $L(x)$ 的最大值点，最大值 $L(30)=225$ 元. 所以，产量为 30 单位时，能获得最大利润 225 元.

本例的结论表明，企业不能单靠增加产量来提高利润.

在许多实际问题中，上述求最大值、最小值的方法还可以进一步简化. 我们往往根据问题的性质就可以断定函数 $f(x)$ 确有最大值或最小值，而且一定在定义区间的内部取得. 这时，如果方程 $f'(x)=0$ 在定义区间内部只有一个根 x_0（即函数 $f(x)$ 在定义区间内部只有唯一驻点 x_0），就可以断定 $f(x_0)$ 是最大值或最小值.

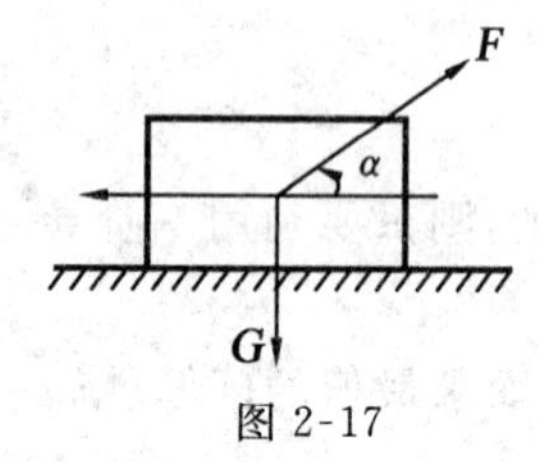

图 2-17

例 8 设有质量为 5 kg 的物体，置于水平面上，受力 $\boldsymbol{F}$ 的作用而开始移动（见图 2-17）. 设摩擦系数 $\mu=0.25$，问力 $\boldsymbol{F}$ 与水平线的夹角 α 为多少时，可使力 $\boldsymbol{F}$ 为最小？

解 当水平方向的力 $F\cos\alpha$ 等于摩擦力，即

$$F\cos\alpha=(G-F\sin\alpha)\mu=(mg-F\sin\alpha)\mu$$

时，物体开始移动，其中 m 为物体的质量，g 为重力加速度，也就是

$$F=\frac{mg\mu}{\cos\alpha+\mu\sin\alpha}\quad\left(0\leqslant\alpha\leqslant\frac{\pi}{2}\right).$$

$$F'=\frac{mg\mu(\sin\alpha-\mu\cos\alpha)}{(\cos\alpha+\mu\sin\alpha)^2}.$$

令 $F'=0$，解得唯一驻点 $\alpha=\arctan\mu$. 又由实际问题知存在最小的 $\boldsymbol{F}$ 使物体开始移动，故当 $\alpha=\arctan\mu=\arctan 0.25\approx14^\circ2'$ 时力 $\boldsymbol{F}$ 最小.

习题 2.6

1. 求下列函数的极值：

(1) $f(x)=x^2-7x+6$；　　(2) $f(x)=3x^4-4x^3$；

(3) $f(x)=2e^x+e^{-x}$；　　(4) $f(x)=\dfrac{1}{2}x+\cos x\quad x\in[-2\pi,2\pi]$；

(5) $f(x)=\dfrac{\ln^2 x}{x}$；　　(6) $f(x)=x+\sqrt{1-x}$.

2. 试问 a 为何值时，$f(x)=a\sin x+\dfrac{1}{3}\sin 3x$ 在 $x=\dfrac{\pi}{3}$ 处取得极值，并求此极值.

3. 求下列函数在给定闭区间上的最大值与最小值：

(1) $y=2x^3+3x^2-12x+14,x\in[-3,4]$；

(2) $y=x+2\sqrt{x},x\in[0,4]$；

(3) $y=\sin x+\cos x,x\in[0,2\pi]$；

(4) $y=x+\sqrt{1-x},x\in[-5,1]$；

(5) $y = x^4 - 8x^2 + 2, x \in [-1,3]$;

(6) $y = \ln(x^2 + 1), x \in [-1,2]$.

4. 某厂每批生产某种产品 x 个单位所需的费用(成本)为 $C(x) = 5x + 200$,得到的收益 $R(x) = 955x - \frac{5}{2}x^2$. 问每批应生产多少个单位才能使利润最大?

5. 一灯泡悬挂在水平桌面的上空,已知读者在桌面上的视点距灯泡所在的铅垂线的距离为 a,视点处受到的照明光线与视点处铅垂线夹角的余弦成正比,与视点到灯泡的距离的平方成反比. 问灯泡悬挂多高时视点处的照度最大?

6. 欲制造一容积为 V 的圆柱形有盖容器,问如何设计可使材料最省?

2.7 导数在经济分析中的应用

边际分析和弹性分析是经济学中研究市场供给、需求、消费行为和收益等问题的重要方法,利用边际和弹性的概念,可以描述和解释一些经济规律和经济现象. 下面用导数的概念来定义边际和弹性.

2.7.1 边际与边际分析

很多经济决策是基于对"边际"成本和收入的分析得到的.

假如你是一个航空公司经理,春节来临,你要决定是否增加新的航班. 如果单纯是从财务角度出发,若该航班能给公司挣钱,则应该增加. 因此,你需要考虑的是每增加一个航班后的附加成本是大于还是小于该航班所产生的附加收入. 这种附加成本和收入称为边际成本和边际收入.

设 $C(Q)$、$R(Q)$ 分别是经营 Q 个航班的成本函数与收入函数,且 $C(Q)$、$R(Q)$ 可导. 若该航空公司原经营 100 个航班,则边际成本为 $C(101) - C(100)$,因 $C(Q)$ 可导,由微分的定义,有

$$C(101) - C(100) \approx C'(100) \quad (\text{此时 } \Delta Q = 1).$$

同理,边际收入为

$$R(101) - R(100) \approx R'(100).$$

比较 $R'(100)$ 与 $C'(100)$,即可决定是否增加航班.

定义 1 设函数 $f(x)$ 在点 x 处可导,则导函数 $f'(x)$ 称为函数 $f(x)$ 的边际函数. 边际函数反映了函数 $f(x)$ 在点 x 处的变化率.

函数 $y = f(x)$ 在点 $x = x_0$ 处的导数 $f'(x_0)$ 也称为函数 $f(x)$ 在点 x_0 处的**边际函数值**. 边际函数值的具体意义是当 x 在点 x_0 处改变一个单位时,函数 $f(x)$ 近似地改变 $f'(x_0)$ 个单位.

例 1 某糕点加工厂生产A类糕点的成本函数与收入函数分别是

$$C(x)=100+2x+0.02x^2 \quad 和 \quad R(x)=7x+0.01x^2,$$

求边际利润函数和当日产量分别为200 kg、250 kg、300 kg时的边际利润,并说明其经济意义.

解 因利润函数 $L(x)=R(x)-C(x)=5x-100-0.01x^2$,

故边际利润函数 $L'(x)=5-0.02x$,

于是 $L'(200)=1,\quad L'(250)=0,\quad L'(300)=-1.$

经济意义:当日产量为200 kg时,再增加1 kg,则利润可增加1元;当日产量为250 kg时,再增加1 kg,则利润无增加;当日产量为300 kg时,再增加1 kg,则反而亏损1元.

本例结论表明,当企业某一产品的产量超越了边际利润的零点(使 $L'(x)=0$ 的点)时,企业反而无利可图.

2.7.2 弹性与弹性分析

前面讨论了函数的改变量与函数的变化率,但仅仅研究这些还是不够的.例如,在市场上,1 kg大米由1元上涨到1.5元,1 kg食用油由5元上涨到5.5元,问哪一种商品价格的波动对你影响比较大?尽管两种商品每千克都上涨0.5元,但实际上大米的涨幅是 $\frac{0.5}{1}=50\%$,食用油的涨幅是 $\frac{0.5}{5}=10\%$,当然大米的涨幅对我们影响比较大.这里就涉及相对改变量的问题.

定义 2 设函数 $y=f(x)$ 在点 x_0 的某邻域内有定义,$f(x_0)\neq 0$.称 Δx 和 Δy 分别是自变量 x 和函数 y 在 x_0 处的绝对增量,称 $\frac{\Delta x}{x_0}$ 与 $\frac{\Delta y}{y_0}=\frac{f(x_0+\Delta x)-f(x_0)}{f(x_0)}$ 分别是自变量 x 与函数 y 在 x_0 处的相对增量,称函数的相对增量与自变量的相对增量之比 $\frac{\Delta y/y_0}{\Delta x/x_0}$ 为函数 $f(x)$ 从 x_0 到 $x_0+\Delta x$ 的相对平均变化率或平均弹性.

例如 $y=x^2$,当 $x_0=10,\Delta x=1$ 时,x 的绝对增量是1,x 的相对增量 $\frac{\Delta x}{x_0}=\frac{1}{10}=10\%$,$y$ 的绝对增量为 $\Delta y=11^2-10^2=21$,y 的相对增量是 $\frac{\Delta y}{y_0}=\frac{21}{100}=21\%$.而 $\frac{\Delta y/y_0}{\Delta x/x_0}=\frac{21\%}{10\%}=2.1$,它表示 $x\in[10,11]$ 时,x 每改变1%,y 平均改变2.1%.

定义 3 设函数 $f(x)$ 在点 x 处可导,若 $\lim\limits_{\Delta x\to 0}\frac{\Delta y/y}{\Delta x/x}$ 存在,则称该极限为函数 $f(x)$ 的弹性函数,记为 $E(x)$,即

$$E(x)=\lim_{\Delta x\to 0}\frac{\Delta y}{\Delta x}\cdot\frac{x}{y}=f'(x)\cdot\frac{x}{f(x)}.$$

它刻画了 $f(x)$ 对 x 的变化反应的强弱程度或敏感度.

称点 x_0 处的弹性函数值 $E(x_0)=f'(x_0)\cdot\dfrac{x_0}{f(x_0)}$ 为函数 $f(x)$ 在点 x_0 处的弹性值，简称弹性.它表示在点 $x=x_0$ 处，当 x 变动 1% 时，$f(x)$ 的值近似地变动 $E(x_0)$%.

例 2 设函数 $y=x^2e^{-x}$，求其弹性函数以及在 $x=3$ 处的弹性.

解 因为 $y'=2xe^{-x}-x^2e^{-x}=xe^{-x}(2-x)$，所以弹性函数

$$E(x)=y'\cdot\frac{x}{f(x)}=\frac{x^2e^{-x}(2-x)}{x^2e^{-x}}=2-x.$$

于是 $E(3)=(2-x)\big|_{x=3}=-1$，即该函数在 $x=3$ 处的弹性为 $E(3)=-1$.它表示在点 $x=3$ 处，当 x 变动 1% 时，函数 y 的值反向地变动 1%.

下面介绍需求、供给以及收益对价格的弹性.

设某商品需求函数 $Q=Q(P)$ 与供给函数 $S=S(P)$ 可导，由于需求函数是价格的减函数，为了使需求弹性为正数，定义

$$\eta(P)=-Q'(P)\cdot\frac{P}{Q(P)}$$

为需求弹性.

供给弹性

$$e(P)=S'(P)\cdot\frac{P}{S(P)}.$$

由收益函数 $R=PQ(P)$，得

$$R'(P)=Q(P)+PQ'(P)=Q(P)\left[1+Q'(P)\frac{P}{Q(P)}\right]=Q(P)[1-\eta(P)],$$

所以，收益弹性为

$$E(P)=R'(P)\cdot\frac{P}{R(P)}=Q(P)[1-\eta(P)]\cdot\frac{P}{PQ(P)}=1-\eta(P).$$

这样，就导出了收益弹性与需求弹性的关系：在任何价格水平上，收益弹性和需求弹性之和等于 1.

(1) 若需求弹性 $\eta(P)<1$，则收益弹性大于 0.这时需求变动的幅度小于价格变动幅度，也就是说，需求对价格的变动不太敏感；收益的变化方向与价格变化方向相同，价格上涨(或下跌)1%，收益增加(或减少)$(1-\eta)$%.

(2) 若需求弹性 $\eta(P)>1$，则收益弹性小于 0.这时需求变动的幅度大于价格变动幅度，也就是说，需求对价格的变化反应较强；收益的变化方向与价格变化方向相反，价格上涨(或下跌)1%，收益减少(或增加)$|1-\eta|$%.

(3) 若需求弹性 $\eta(P)=1$，这时需求变动的幅度等于价格变动幅度，并且 $R'(P)=0$，总收益取得最大值.

不同商品的需求弹性是不同的.一般的,生活必需品的需求弹性小,奢侈品的需求弹性较大.

应用收益弹性与需求弹性的关系,可以解释经济学中著名的丰收悖论 —— 丰收通常会降低农民的收入.因为大米、小麦等食品是生活必需品,需求弹性小于1,也就是说,人们对大米、小麦等食品的需求不会因为价格低而大量增加,也不会因为价格高而大大减少.在市场经济体制下,农业的丰收提高了农作物的供给,进而引起价格的下降,但价格下降不会使食品的需求增加很多,结果收益反而减少.因此,好收成常常伴随着低收益.

例 3 设某商品的需求函数为 $Q(P)=75-P^2$,求:

(1) 需求弹性函数;

(2) $P=4$ 时的需求弹性,并说明其经济意义;

(3) 当 $P=4$ 时,价格上涨1%,其总收益增加还是减少?变化的幅度是多少?

(4) 当 P 取多少时,总收益最大?

解 需求函数为 $Q(P)=75-P^2$,总收益函数为 $R(P)=P(75-P^2)$.

(1) 需求弹性函数:$\eta(P)=-Q'(P)\dfrac{P}{Q(P)}=2P\dfrac{P}{75-P^2}=\dfrac{2P^2}{75-P^2}$.

(2) 当 $P=4$ 时的需求弹性:$\eta(4)=\dfrac{2\times4^2}{75-4^2}=\dfrac{32}{59}\approx0.54$.

这说明,当 $P=4$ 时,价格每上涨1%,需求减少0.54%;而价格若下降1%,需求增加0.54%.

(3) 当 $P=4$ 时,收益弹性 $E(P)=1-\eta(P)=1-0.54=0.46$.所以当 $P=4$ 时,价格上涨1%,总收益增加约0.46%.

(4) 要使总收益 $R(P)$ 最大,应有需求弹性 $\eta(P)=1$,即$\dfrac{2P^2}{75-P^2}=1$,得 $P=5$($P=-5$ 舍去),故当 $P=5$ 时,总收益取得最大值.

习题 2.7

1. 设某产品的价格函数为 $P=20-\dfrac{Q}{5}$,其中 P 为价格,Q 为销售量,求销售量为15个单位时的总收益与边际收益,并解释边际收益的经济意义.

2. 某工厂日产能力最高为1 000,每日产品的总成本 C 是日产量 x 的函数:

$$C(x)=1\,000+7x+50\sqrt{x},\quad x\in[0,1\,000].$$

求当日产量为100时的边际成本,并解释其经济意义.

3. 设某商品的供给函数为 $S=2+3P$,求供给弹性函数以及 $P=3$ 时的供给弹性.

4. 设某商品的需求函数为 $Q=\mathrm{e}^{-\frac{P}{5}}$,求:

(1) 需求弹性函数；

(2) 当 P 分别为 3,5,6 时的需求弹性,并给以适当的经济解释.

5. 已知生产商品 x 个单位的利润是 $L(x)=5\,000+x-0.000\,01x^2$. 问生产多少个单位产品时获利最大?最大利润为多少?

6. 设某产品生产 x 单位的总收益 R 为 x 的函数 $R=R(x)=200x-0.01x^2$. 求:生产 50 单位产品时的总收益及平均单位产品的收益和边际收益.

7. 某商品的需求函数为 $Q=10-\dfrac{P}{2}$. 求:(1) 需求弹性;(2) $P=3$ 时的需求弹性;(3) 当 $P=3$ 时,若价格上涨 1%,总收益是增加还是减少?它将变化多少?

第3章　不定积分

从前面介绍的微分学中我们可以看到，微分学有两个重要概念：导数与微分．同样，积分学也有两个重要概念：不定积分与定积分．不定积分的概念是作为函数求导数的逆运算引入的；而定积分则是一种特殊的和式极限．通过积分学的学习我们将知道，不仅积分学的两个概念之间有着密切的联系，而且它们分别与微分学中那两个概念也有着密切的联系．这种联系不仅表现在运算方法是互为逆运算上，而且表现在制定概念的思想方法上也是恰好相反．这一点，与加法和减法、乘法与除法是一致的．积分概念产生之后，关于积分的求法、性质和应用的研究，就是积分学的基本内容．

本章首先讨论微分学的逆问题，即已知一个函数的导数，求该函数(原函数)．

3.1　原函数与不定积分的概念

3.1.1　原函数的概念

在微分学中我们已经解决了两个基本问题：物理学中，已知运动规律 $s=s(t)$，求运动的速度；几何学中，已知曲线 $y=y(x)$，求曲线的切线．然而在实际问题中，还广泛地存在着与上述问题恰好相反的另一类问题：已知运动速度 $v(t)$ 而要求出运动规律 $s=s(t)$，已知某一曲线的切线方程而要求出该曲线．

例1　设一质点做直线运动，其速度公式为 $v=at+v_0$，其中 a,v_0 为常数，t 表示时间，求质点的运动规律 $s=s(t)$，s 表示质点所走过的路程．

解　由微分学知，此问题即为已知 $s'(t)=at+v_0$，求 $s(t)$．因 $\left(\frac{1}{2}at^2+v_0t+C\right)'$ $=at+v_0$，故可知 $s(t)=\frac{1}{2}at^2+v_0t+C$($C$为任意常数)．

例2　设曲线 $y=y(x)$ 上任一点 (x,y) 的切线斜率为 bx，求此曲线．

解　此问题为已知 $y'(x)=bx$，求 $y(x)$．因 $\left(\frac{1}{2}bx^2+C\right)'=bx$，故可知

$$y(x)=\frac{1}{2}bx^2+C\quad(C\text{为任意常数}).$$

将以上两例数学化，就是已知函数 $y=f(x)$ 的导数 $f'(x)$ 要求原来的函数 $f(x)$；或者说，已知一个函数 $f(x)$，要求一个新函数 $F(x)$，使 $F'(x)=f(x)$．于是我们得到原函数

的概念.

定义 1 如果在某一区间上存在一个函数 $F(x)$,使得 $F'(x) = f(x)$ 或 $\mathrm{d}F(x) = f(x)\mathrm{d}x$,则称 $F(x)$ 为 $f(x)$ 在该区间上的一个原函数.

例如,$s(t) = \frac{1}{2}at^2 + v_0 t$ 为 $v(t) = at + v_0$ 的一个原函数,同样,$\frac{1}{2}bx^2$ 亦为 bx 的一个原函数. 由此可知,原函数与导函数是一对相反的概念. 对于原函数,我们有如下问题.

第一,对于已知的函数 $f(x)$,它的原函数 $F(x)$ 是否一定存在?

第二,如果 $f(x)$ 的原函数存在,一共有多少个?

下面的两个定理回答了上述问题.

定理 1 在某一区间上的连续函数的原函数一定存在.

由此可知,初等函数在其定义区间上的原函数一定存在. 定理 1 称为原函数存在定理,其证明以后给出.

定理 2 设 $F(x)$ 是 $f(x)$ 在区间 I 上的一个原函数,则:

(1)$F(x) + C$ 也是 $f(x)$ 的一个原函数,其中 C 为任意常数;

(2)$f(x)$ 的任意两个原函数之间仅相差一个常数.

证 (1) 因为$[F(x) + C]' = F'(x) = f(x)$,所以 $F(x) + C$ 也是 $f(x)$ 的一个原函数.

(2) 设 $F(x)$ 与 $G(x)$ 是 $f(x)$ 在区间 I 上的任意两个原函数,由于$[F(x) - G(x)]' = F'(x) - G'(x) = f(x) - f(x) = 0$,故有

$$F(x) - G(x) = C \quad (C \text{ 为常数}),$$

即为所要证明的结论.

由此得到,$f(x)$ 的全部原函数有无限多个,而且可以表示为 $F(x) + C$,这里 $F(x)$ 为 $f(x)$ 的任一原函数,C 为任意常数.

3.1.2 不定积分的概念

定义 2 若在区间 I 上 $F'(x) = f(x)$,则称 $f(x)$ 的全部原函数 $F(x) + C$ 为 $f(x)$ 在区间 I 上的不定积分,记为

$$\int f(x)\mathrm{d}x = F(x) + C,$$

称$\int$为积分号,$f(x)$ 为被积函数,$f(x)\mathrm{d}x$ 为被积表达式,x 为积分变量,C 为积分常数.

对于 C 的任一个确定的值 C_0,对应着 $f(x)$ 的一个原函数 $F(x) + C_0$. 称由 $F(x) + C_0$ 所确定的一条曲线 $y = F(x) + C_0$ 为 $f(x)$ 的一条积分曲线. 显然,积分曲线有无穷多条,我们称这些积分曲线的全体为 $f(x)$ 的积分曲线族. 因此,不定积分$\int f(x)\mathrm{d}x$ 在几何意义

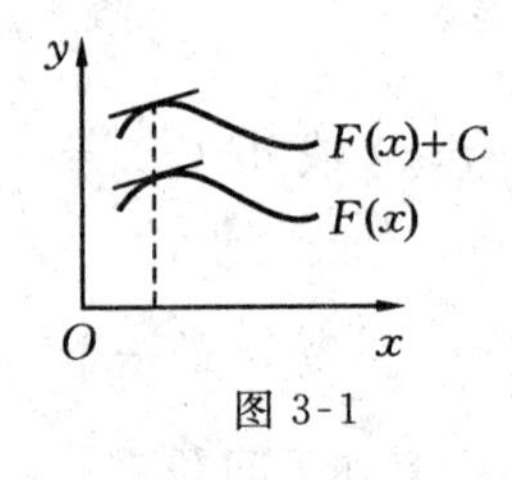

图 3-1

上表示函数$f(x)$的积分曲线族 $y=F(x)+C$. 这族曲线的特点是，它在横坐标相同的点处所有的切线相互平行(见图 3-1).

在实际问题中,有时要求满足一定附加条件的原函数.

例如在本节例 1 中如果附加条件 $s(0)=0$,则所求原函数即为

$$\begin{cases}s(t)=\dfrac{1}{2}at^2+v_0t+C,\\ s(0)=0.\end{cases}$$

由 $s(0)=0$,解出 $C=0$,于是 $s(t)=v_0t+\dfrac{1}{2}at^2$.

在本节例 2 中,如果附加条件曲线通过点(0,0),则所求原函数即为

$$\begin{cases}y(x)=\dfrac{1}{2}bx^2+C,\\ y(0)=0.\end{cases}$$

由 $y(0)=0$,解出 $C=0$,即得 $y=\dfrac{1}{2}bx^2$.

习题 3.1

1. 验证下列各组函数是否为同一函数的原函数：

(1) $F(x)=x^2+2$， $G(x)=x^2+5$；

(2) $F(x)=\sin x+1$， $G(x)=\cos x-1$；

(3) $F(x)=\ln 3x$， $G(x)=\ln x$；

(4) $F(x)=\sin^2 x$， $G(x)=\dfrac{1}{2}\cos 2x+1$.

2. 设曲线 $y=y(x)$ 上任一点(x,y) 的切线斜率为 $3x^2$,且此曲线通过点(0,0),求此曲线方程.

3.2 不定积分的性质及基本积分公式

3.2.1 不定积分的性质

由不定积分的定义,不难推出不定积分有如下性质：

性质 1 $\left(\int f(x)\mathrm{d}x\right)'=f(x)$， $\mathrm{d}\int f(x)\mathrm{d}x=f(x)\mathrm{d}x$；

性质 2 $\int f'(x)\mathrm{d}x=f(x)+C$， $\int \mathrm{d}f(x)=f(x)+C$；

性质 3 $\int[f(x)+g(x)]\mathrm{d}x=\int f(x)\mathrm{d}x+\int g(x)\mathrm{d}x$；

性质 4 $\int kf(x)\mathrm{d}x=k\int f(x)\mathrm{d}x(k\neq 0)$.

性质 1、性质 2 表明了不定积分与微分（或导数）在相差一个常数的意义下互为逆运算.

性质 3、性质 4 表明了不定积分运算具有线性性质，且两个性质可以写成

$$\int[\alpha f(x)+\beta g(x)]\mathrm{d}x=\alpha\int f(x)\mathrm{d}x+\beta\int g(x)\mathrm{d}x.$$

证明请读者自己给出.

3.2.2 基本积分表

由于求不定积分的运算是求微分（或导数）的逆运算，所以由基本导数公式容易得出基本积分公式.

基本导数公式：

(1) $(C)'=0$；

(2) $(x)'=1$；

(3) $(x^{\alpha})'=\alpha x^{\alpha-1}$；

(4) $(\ln|x|)'=\dfrac{1}{x}$；

(5) $(\mathrm{e}^{x})'=\mathrm{e}^{x}$；

(6) $(a^{x})'=a^{x}\ln a$；

(7) $(\sin x)'=\cos x$；

(8) $(\cos x)'=-\sin x$；

(9) $(\tan x)'=\sec^{2}x$；

(10) $(\cot x)'=-\csc^{2}x$；

(11) $(\arcsin x)'=\dfrac{1}{\sqrt{1-x^{2}}}$；

(12) $(\arctan x)'=\dfrac{1}{1+x^{2}}$；

基本积分公式：

(1) $\int 0\mathrm{d}x=C$；

(2) $\int 1\mathrm{d}x=x+C$；

(3) $\int x^{\alpha}\mathrm{d}x=\dfrac{x^{\alpha+1}}{\alpha+1}+C \quad (\alpha\neq-1)$；

(4) $\int\dfrac{1}{x}\mathrm{d}x=\ln|x|+C$；

(5) $\int\mathrm{e}^{x}\mathrm{d}x=\mathrm{e}^{x}+C$；

(6) $\int a^{x}\mathrm{d}x=\dfrac{a^{x}}{\ln a}+C$；

(7) $\int\cos x\mathrm{d}x=\sin x+C$；

(8) $\int\sin x\mathrm{d}x=-\cos x+C$；

(9) $\int\sec^{2}x\mathrm{d}x=\tan x+C$；

(10) $\int\csc^{2}x\mathrm{d}x=-\cot x+C$；

(11) $\int\dfrac{\mathrm{d}x}{\sqrt{1-x^{2}}}=\arcsin x+C$；

(12) $\int\dfrac{\mathrm{d}x}{1+x^{2}}=\arctan x+C$.

以上基本公式是求不定积分的基础,务必牢牢记住.

习题 3.2

1. 证明不定积分的性质 1 至性质 4.

2. 求下列不定积分：

(1) $\int \frac{1}{x^2}dx$；　　(2) $\int \frac{1}{\sqrt{x}}dx$；

(3) $\int (x^2+1)^2 dx$；　　(4) $\int \frac{(1-x)^2}{\sqrt{x}}dx$；

(5) $\int \frac{x^2}{1+x^2}dx$；　　(6) $\int \left(\frac{3}{1+x^2}-\frac{2}{\sqrt{1-x^2}}\right)dx$；

(7) $\int \cos^2\frac{x}{2}dx$.

3.3 基本积分法

3.3.1 直接积分法

直接利用基本积分公式与积分的线性运算性质来计算积分的方法称为直接积分法.

例 1 计算下列积分：

(1) $\int x\sqrt{x}dx$；　　(2) $\int 3^x dx$；　　(3) $\int \frac{dx}{\sqrt{x}}$.

解 (1) $\int x\sqrt{x}dx = \int x^{\frac{3}{2}}dx = \frac{x^{\frac{3}{2}+1}}{\frac{3}{2}+1}+C = \frac{2}{5}x^{\frac{5}{2}}+C.$

(2) $\int 3^x dx = \frac{3^x}{\ln 3}+C.$

(3) $\int \frac{dx}{\sqrt{x}} = \int x^{-\frac{1}{2}}dx = \frac{x^{-\frac{1}{2}+1}}{-\frac{1}{2}+1}+C = 2x^{\frac{1}{2}}+C.$

例 2 计算下列积分：

(1) $\int \left(3\cos x+1-3x^2+\frac{1}{x}-\frac{1}{1+x^2}\right)dx$；

(2) $\int \left(2\sin x+\frac{1}{\sqrt{1-x^2}}-5e^x\right)dx$；

(3) $\int \tan^2 x \mathrm{d}x$.

解　(1) $\int\left(3\cos x + 1 - 3x^2 + \dfrac{1}{x} - \dfrac{1}{1+x^2}\right)\mathrm{d}x$

$$= 3\int \cos x \mathrm{d}x + \int \mathrm{d}x - 3\int x^2 \mathrm{d}x + \int \frac{1}{x}\mathrm{d}x - \int \frac{1}{1+x^2}\mathrm{d}x$$

$$= 3\sin x + x - x^3 + \ln|x| - \arctan x + C.$$

(2) $\int\left(2\sin x + \dfrac{1}{\sqrt{1-x^2}} - 5\mathrm{e}^x\right)\mathrm{d}x$

$$= 2\int \sin x \mathrm{d}x + \int \frac{1}{\sqrt{1-x^2}}\mathrm{d}x - 5\int \mathrm{e}^x \mathrm{d}x$$

$$= -2\cos x + \arcsin x - 5\mathrm{e}^x + C.$$

(3) $\int \tan^2 x \mathrm{d}x = \int (\sec^2 x - 1)\mathrm{d}x = \int \sec^2 x \mathrm{d}x - \int \mathrm{d}x = \tan x - x + C.$

思考：此例的结果中本来分别有5个、3个、2个积分常数，但为什么只要在最后写一个积分常数就可以了呢？

例3　计算下列积分：

(1) $\int \dfrac{1+x+x^2}{x(1+x^2)}\mathrm{d}x$；　(2) $\int\left(\sin\dfrac{x}{2} + \cos\dfrac{x}{2}\right)^2 \mathrm{d}x$；　(3) $\int \dfrac{\mathrm{d}x}{x^2(1+x^2)}$.

解　(1) $\int \dfrac{1+x+x^2}{x(1+x^2)}\mathrm{d}x = \int \dfrac{x+(1+x^2)}{x(1+x^2)}\mathrm{d}x = \int \dfrac{\mathrm{d}x}{1+x^2} + \int \dfrac{1}{x}\mathrm{d}x$

$$= \arctan x + \ln|x| + C.$$

(2) $\int\left(\sin\dfrac{x}{2} + \cos\dfrac{x}{2}\right)^2 \mathrm{d}x = \int\left(\sin^2\dfrac{x}{2} + 2\sin\dfrac{x}{2}\cos\dfrac{x}{2} + \cos^2\dfrac{x}{2}\right)\mathrm{d}x$

$$= \int (1+\sin x)\mathrm{d}x = x - \cos x + C.$$

(3) $\int \dfrac{\mathrm{d}x}{x^2(1+x^2)} = \int \dfrac{1+x^2-x^2}{x^2(1+x^2)}\mathrm{d}x = \int \dfrac{1}{x^2}\mathrm{d}x - \int \dfrac{1}{1+x^2}\mathrm{d}x = -\dfrac{1}{x} - \arctan x + C.$

3.3.2　第一换元法（凑微分法）

设 $F(u)$ 与 $u = \varphi(x)$ 均为可微函数，$F'(u) = f(u)$. 由一阶微分形式不变性可知

$$\mathrm{d}F[\varphi(x)] = f[\varphi(x)]\mathrm{d}\varphi(x).$$

利用微分与积分的互逆关系，将此性质转换为积分法则，即为第一换元法，亦称凑微分法.

定理1　设 $f(u),\varphi(x),\varphi'(x)$ 均连续，且 $F'(u) = f(u)$，则

$$\int f[\varphi(x)]\varphi'(x)\mathrm{d}x \xlongequal{u=\varphi(x)} \int f(u)\mathrm{d}u = F(u) + C \xlongequal{\varphi(x)=u} F[\varphi(x)] + C.$$

证 由 $F'(u)=f(u)$，有

$$\mathrm{d}F(u)=f(u)\mathrm{d}u,$$

由一阶微分形式不变性得

$$\mathrm{d}F[\varphi(x)]=f[\varphi(x)]\mathrm{d}\varphi(x)=f[\varphi(x)]\varphi'(x)\mathrm{d}x.$$

故
$$\int f[\varphi(x)]\varphi'(x)\mathrm{d}x=F[\varphi(x)]+C.$$

由定理 1 知，当 $\int f[\varphi(x)]\varphi'(x)\mathrm{d}x$ 不容易计算时，可通过将 $\varphi'(x)$ 放在微分号后边而凑成新积分变元 u 的微分 $\mathrm{d}u=\mathrm{d}\varphi(x)$，得到积分 $\int f(u)\mathrm{d}u$，且此积分容易积出(这亦是选择 $u=\varphi(x)$ 的关键)，故又称此方法为凑微分法.

例 4 求不定积分 $\int\cos 3x\mathrm{d}x$.

解 我们知道，在基本积分公式表中有与它最接近的公式，即

$$\int\cos x\mathrm{d}x=\sin x+C.$$

而
$$\int\cos 3x\cdot(3x)'\mathrm{d}x=\int\cos 3x\mathrm{d}(3x)\xlongequal{u=3x}\int\cos u\mathrm{d}u=\sin u+C_1=\sin 3x+C_1.$$

因
$$\int\cos 3x\cdot(3x)'\mathrm{d}x=3\int\cos 3x\mathrm{d}x,$$

故
$$\int\cos 3x\mathrm{d}x=\frac{1}{3}\sin 3x+C.$$

即
$$\int\cos 3x\mathrm{d}x=\frac{1}{3}\int\cos 3x\mathrm{d}(3x)\xlongequal{u=3x}\frac{1}{3}\int\cos u\mathrm{d}u=\frac{1}{3}\sin u+C=\frac{1}{3}\sin 3x+C.$$

本例说明使用凑微分法可以扩大已有的基本积分公式表的使用范围. 例如：基本积分公式 $\int\cos x\mathrm{d}x=\sin x+C$ 可看成 $\int\cos\square\mathrm{d}\square=\sin\square+C$；类似地，$\int x^{\alpha}\mathrm{d}x=\frac{x^{\alpha+1}}{\alpha+1}+C$ 可看成 $\int\square^{\alpha}\mathrm{d}\square=\frac{\square^{\alpha+1}}{\alpha+1}+C$，只要三个“□”完全一样. 其中“□”可以是 x，也可以是 x 的可导函数.

例 5 计算下列不定积分：

(1) $\int\sqrt{\mathrm{e}^{x}}\mathrm{d}x$； (2) $\int\frac{\mathrm{d}x}{4+x^{2}}$.

解 (1) $\sqrt{\mathrm{e}^{x}}\mathrm{d}x=\int\mathrm{e}^{\frac{x}{2}}\mathrm{d}x=2\int\mathrm{e}^{\frac{x}{2}}\mathrm{d}\,\frac{x}{2}\xlongequal{\frac{x}{2}=u}2\int\mathrm{e}^{u}\mathrm{d}u=2\mathrm{e}^{u}+C=2\mathrm{e}^{\frac{x}{2}}+C.$

(2) $\int\frac{\mathrm{d}x}{4+x^{2}}=\frac{1}{2}\int\frac{\mathrm{d}\left(\frac{x}{2}\right)}{1+\left(\frac{x}{2}\right)^{2}}\xlongequal{\frac{x}{2}=u}\frac{1}{2}\int\frac{\mathrm{d}u}{1+u^{2}}=\frac{1}{2}\arctan u+C=\frac{1}{2}\arctan\frac{x}{2}+C.$

由例 5 知，$u=\varphi(x)$ 的选择没有一定规律可遵循，只能根据具体的被积函数形式，灵活运用基本积分公式和微分运算. 下面是常用的凑微分公式.

① $f(ax+b)\mathrm{d}x=\frac{1}{a}f(ax+b)\mathrm{d}(ax+b)$；

② $f(\sin x)\cos x\mathrm{d}x=f(\sin x)\mathrm{d}\sin x$；

③ $f(\cos x)\sin x\mathrm{d}x=-f(\cos x)\mathrm{d}\cos x$；

④ $f(\mathrm{e}^x)\mathrm{e}^x\mathrm{d}x=f(\mathrm{e}^x)\mathrm{d}\mathrm{e}^x$；

⑤ $f(\ln x)\frac{\mathrm{d}x}{x}=f(\ln x)\mathrm{d}\ln x$；

⑥ $f(\tan x)\sec^2 x\mathrm{d}x=f(\tan x)\mathrm{d}\tan x$；

⑦ $x^{k-1}f(x^k)\mathrm{d}x=\frac{1}{k}f(x^k)\mathrm{d}(x^k)$，特别地，有

$$f(x^2)x\mathrm{d}x=\frac{1}{2}f(x^2)\mathrm{d}(x^2) \text{ 和 } \frac{f(\sqrt{x})}{\sqrt{x}}\mathrm{d}x=2f(\sqrt{x})\mathrm{d}\sqrt{x} \text{ 等；}$$

⑧ $\frac{f(\arcsin x)}{\sqrt{1-x^2}}\mathrm{d}x=f(\arcsin x)\mathrm{d}\arcsin x$；

⑨ $\frac{f(\arctan x)}{1+x^2}\mathrm{d}x=f(\arctan x)\mathrm{d}\arctan x$；

⑩ $\frac{f(\tan x)}{\cos^2 x}\mathrm{d}x=f(\tan x)\mathrm{d}\tan x$.

读者在熟悉了凑微分规则后，解题时可以不写出代换过程 $u=\varphi(x)$，而是在凑微分后直接积分.

例 6 求下列不定积分：

(1) $\int\frac{\mathrm{e}^x}{1+\mathrm{e}^{2x}}\mathrm{d}x$； (2) $\int\tan x\mathrm{d}x$； (3) $\int\frac{x^2}{1+x}\mathrm{d}x$； (4) $\int\frac{\mathrm{d}x}{x\ln x}$.

解 (1) $\int\frac{\mathrm{e}^x}{1+\mathrm{e}^{2x}}\mathrm{d}x=\int\frac{\mathrm{d}\mathrm{e}^x}{1+(\mathrm{e}^x)^2}=\arctan\mathrm{e}^x+C$.

(2) $\int\tan x\mathrm{d}x=\int\frac{\sin x}{\cos x}\mathrm{d}x=-\int\frac{\mathrm{d}\cos x}{\cos x}=-\ln|\cos x|+C$.

(3)
$$\begin{aligned}\int\frac{x^2}{1+x}\mathrm{d}x&=\int\frac{x^2-1+1}{x+1}\mathrm{d}x=\int(x-1)\mathrm{d}x+\int\frac{1}{1+x}\mathrm{d}x\\&=\frac{1}{2}(x-1)^2+\ln|1+x|+C.\end{aligned}$$

(4) $\int\frac{\mathrm{d}x}{x\ln x}=\int\frac{\mathrm{d}\ln x}{\ln x}=\ln|\ln x|+C$.

有一些积分，需要先对被积分函数进行恒等变形（如三角变换、代数变换等），然后才能确定积分方法.

例 7 求下列不定积分：

(1) $\int \frac{1}{x^2+3x+2}dx$； (2) $\int \sin^2 x dx$； (3) $\int \sin 2x\cos 5x dx$； (4) $\int \csc x dx$.

解 (1) $$\int \frac{1}{x^2+3x+2}dx = \int \frac{dx}{(x+1)(x+2)} = \int \left[\frac{1}{x+1} - \frac{1}{x+2}\right]dx$$

$$= \int \frac{dx}{x+1} - \int \frac{dx}{x+2} = \ln|x+1| - \ln|x+2| + C$$

$$= \ln\left|\frac{x+1}{x+2}\right| + C.$$

(2) $$\int \sin^2 x dx = \int \frac{1-\cos 2x}{2}dx = \int \frac{1}{2}dx - \int \frac{1}{2}\cos 2x dx = \frac{x}{2} - \frac{1}{4}\sin 2x + C.$$

(3) $$\int \sin 2x\cos 5x dx = \frac{1}{2}\left[\int \sin 7x dx - \int \sin 3x dx\right] = -\frac{1}{14}\cos 7x + \frac{1}{6}\cos 3x + C.$$

(4) $$\int \csc x dx = \int \frac{1}{\sin x}dx = \int \frac{dx}{2\sin\frac{x}{2}\cos\frac{x}{2}} = \int \frac{d\left(\frac{x}{2}\right)}{\tan\frac{x}{2}\cos^2\frac{x}{2}}$$

$$= \int \frac{d\left(\tan\frac{x}{2}\right)}{\tan\frac{x}{2}} = \ln\left|\tan\frac{x}{2}\right| + C.$$

此题亦可解为

$$\int \csc x dx = \int \frac{dx}{\sin x} = \int \frac{\sin x dx}{\sin^2 x} = \int \frac{d\cos x}{\cos^2 x - 1} = \frac{1}{2}\int \left[\frac{1}{\cos x - 1} - \frac{1}{\cos x + 1}\right]d\cos x$$

$$= \frac{1}{2}\int \frac{d(\cos x - 1)}{\cos x - 1} - \frac{1}{2}\int \frac{d(\cos x + 1)}{\cos x + 1}$$

$$= \frac{1}{2}\ln|\cos x - 1| - \frac{1}{2}\ln|\cos x + 1| + C = \frac{1}{2}\ln\frac{1-\cos x}{1+\cos x} + C.$$

由此可见，对同一个函数采用不同的积分方法，其原函数在形式上可能相差很大，但经过变形，二者至多相差一个常数. 实际上，就此题而言，$\frac{1}{2}\ln\frac{1-\cos x}{1+\cos x} = \ln\sqrt{\frac{1-\cos x}{1+\cos x}} = \ln\tan\frac{x}{2}$.

例 8 求下列不定积分：

(1) $\int \frac{x+3}{x^2+3x+2}dx$； (2) $\int \frac{x+2}{x^2+2x+2}dx$； (3) $\int \frac{x+1}{x^2+4x+4}dx$.

解 (1) $$\int \frac{x+3}{x^2+3x+2}dx = \int \frac{x+3}{(x+2)(x+1)}dx = \int \left[\frac{2}{x+1} - \frac{1}{x+2}\right]dx$$

$$=\int \frac{2}{x+1}dx-\int \frac{1}{x+2}dx=\ln(x+1)^2-\ln|x+2|+C$$

$$=\ln\frac{(x+1)^2}{|x+2|}+C.$$

(2) $\int \frac{x+2}{x^2+2x+2}dx=\frac{1}{2}\int \frac{d(x^2+2x+2)}{x^2+2x+2}+\int \frac{dx}{x^2+2x+2}$

$$=\frac{1}{2}\ln(x^2+2x+2)+\int \frac{d(x+1)}{(x+1)^2+1}$$

$$=\frac{1}{2}\ln(x^2+2x+2)+\arctan(x+1)+C.$$

(3) $\int \frac{x+1}{x^2+4x+4}dx=\int \frac{x+2-1}{(x+2)^2}dx=\int \frac{1}{x+2}dx-\int \frac{1}{(x+2)^2}dx$

$$=\ln|x+2|+\frac{1}{x+2}+C.$$

一般的,形如$\int \frac{cx+d}{x^2+ax+b}dx$的积分我们均可按本节例8的方法求得.

例9 求下列不定积分:

(1) $\int \frac{\sin^3 x}{\cos^4 x}dx$; (2) $\int \tan^2 x dx$; (3) $\int \frac{\sin x}{1+\cos^2 x}dx$; (4) $\int \frac{dx}{x(1+\ln x)}$.

解 (1) $\int \frac{\sin^3 x}{\cos^4 x}dx=-\int \frac{\sin^2 x}{\cos^4 x}\cdot d\cos x=\int \frac{\cos^2 x-1}{\cos^4 x}d\cos x$

$$=\int \frac{d\cos x}{\cos^2 x}-\int \frac{1}{\cos^4 x}d\cos x=-\frac{1}{\cos x}+\frac{1}{3\cos^3 x}+C.$$

(2) $\int \tan^2 x dx=\int \frac{\sin^2 x}{\cos^2 x}dx=\int \frac{1-\cos^2 x}{\cos^2 x}dx$

$$=\int \frac{dx}{\cos^2 x}-\int 1dx=\tan x-x+C.$$

(3) $\int \frac{\sin x}{1+\cos^2 x}dx=-\int \frac{d\cos x}{1+\cos^2 x}=-\arctan\cos x+C.$

(4) $\int \frac{dx}{x(1+\ln x)}=\int \frac{d(\ln x+1)}{1+\ln x}=\ln|1+\ln x|+C.$

3.3.3 第二换元法

在第一换元法中,我们通过引入中间变量,把被积表达式凑成某个已知函数的微分,从而使不定积分容易算出.第二换元法则是沿着第一换元法相反的路线进行的,即在公式

$$\int f[\varphi(x)]\varphi'(x)dx \xlongequal{\varphi(x)=u} \int f(u)du$$

中,若利用右端积分来计算左端积分,即为第一换元法;若利用左端积分来计算右端积分,

即为第二换元法.

定理 2 设 $f(x), x=\varphi(t)$ 及 $\varphi'(t)$ 连续且 $\varphi'(t)\neq 0$,则

$$\int f(x)\mathrm{d}x=\int f[\varphi(t)]\varphi'(t)\mathrm{d}t=G(t)+C=G[\varphi^{-1}(x)]+C,$$

其中 $t=\varphi^{-1}(x)$ 为 $\varphi(x)$ 的反函数.

此定理的证明略去.

利用第二换元法化简不定积分的关键仍然是选择适当的变换公式 $x=\varphi(t)$. 此方法主要用于求无理函数的不定积分. 由于计算含有根式的积分比较困难,因此我们设法作代换消去根式,使之变成容易计算的积分.

下面通过例子说明第二换元法中常用的方法.

例 10 计算下列不定积分(各式中 $a>0$):

(1) $\int\sqrt{a^2-x^2}\mathrm{d}x$; (2) $\int\dfrac{\mathrm{d}x}{\sqrt{x^2+a^2}}$; (3) $\int\dfrac{\mathrm{d}x}{\sqrt{x^2-a^2}}$.

解 (1) 为了消除根号,可选用代换 $x=a\sin t\left(|t|<\dfrac{\pi}{2}\right)$,则 $\sqrt{a^2-x^2}=\sqrt{a^2-a^2\sin^2 t}=a\cos t$.

$$\int\sqrt{a^2-x^2}\mathrm{d}x\xlongequal{x=a\sin t}\int a\cos t\mathrm{d}(a\sin t)=a^2\int\cos^2 t\mathrm{d}t=a^2\int\frac{1+\cos 2t}{2}\mathrm{d}t$$

$$=\frac{1}{2}a^2\left(t+\frac{1}{2}\sin 2t\right)+C=\frac{1}{2}a^2(t+\sin t\cos t)+C.$$

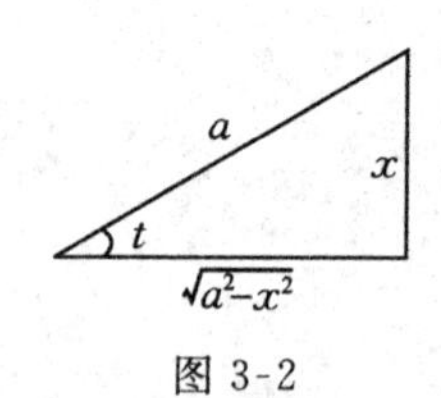

图 3-2

因 $\sin t=\dfrac{x}{a}$,为了还原变量,作辅助直角三角形(见图 3-2),得

$$\cos t=\frac{\sqrt{a^2-x^2}}{a},$$

故
$$\int\sqrt{a^2-x^2}\mathrm{d}x=\frac{1}{2}a^2\arcsin\frac{x}{a}+\frac{x}{2}\sqrt{a^2-x^2}+C.$$

(2) 令 $x=a\tan t\left(|t|<\dfrac{\pi}{2}\right)$,则 $\sqrt{x^2+a^2}=a\sec t, \mathrm{d}x=a\sec^2 t\mathrm{d}t$.

$$\int\frac{\mathrm{d}x}{\sqrt{x^2+a^2}}=\int\frac{a\sec^2 t}{a\sec t}\mathrm{d}t=\int\sec t\mathrm{d}t$$

$$=\frac{1}{2}\ln\left|\frac{1+\sin t}{1-\sin t}\right|+C_1=\ln\left|\frac{1+\sin t}{\cos t}\right|+C_1$$

$$=\ln|\sec t+\tan t|+C_1.$$

因 $\tan t=\dfrac{x}{a}$,为了把 $\sec t$ 换成 x 的函数,作辅助直角三角形(见图 3-3),得

$$\sec t=\frac{\sqrt{a^2+x^2}}{a},$$

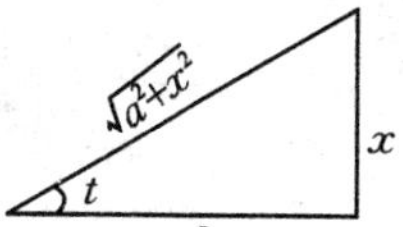

图 3-3

故

$$\int\frac{\mathrm{d}x}{\sqrt{x^2+a^2}}=\ln\left|\frac{x}{a}+\frac{\sqrt{x^2+a^2}}{a}\right|+C_1=\ln|x+\sqrt{x^2+a^2}|+C.$$

(3) 令 $x=a\sec t\left(0\leqslant t\leqslant\frac{\pi}{2}\right)$，则 $\mathrm{d}x=a\sec t\tan t\mathrm{d}t$，$\sqrt{x^2-a^2}=a\tan t$.

$$\int\frac{\mathrm{d}x}{\sqrt{x^2-a^2}}=\int\frac{a\sec t\tan t\mathrm{d}t}{a\tan t}=\int\sec t\mathrm{d}t=\ln|\sec t+\tan t|+C_1.$$

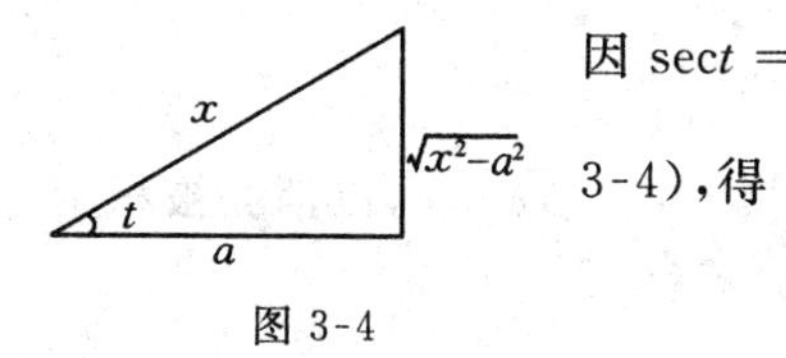

图 3-4

因 $\sec t=\frac{x}{a}$，为了把 $\tan t$ 换成 x 的函数，作辅助直角三角形（见图 3-4），得

$$\tan t=\frac{\sqrt{x^2-a^2}}{a}.$$

故
$$\int\frac{\mathrm{d}x}{\sqrt{x^2-a^2}}=\ln\left|\frac{x}{a}+\frac{\sqrt{x^2-a^2}}{a}\right|+C_1=\ln|x+\sqrt{x^2-a^2}|+C.$$

由例 10 知，当被积函数含有根式 $\sqrt{a^2\pm x^2}$ 或 $\sqrt{x^2\pm a^2}$ 时，可作如下代换：

(1) 含有 $\sqrt{a^2-x^2}$ 时，令 $x=a\sin t$；

(2) 含有 $\sqrt{x^2-a^2}$ 时，令 $x=a\sec t$；

(3) 含有 $\sqrt{x^2+a^2}$ 即 $\sqrt{a^2+x^2}$ 时，令 $x=a\tan t$.

称此三种变换为三角换元法，其实质就是消除根式.

例 11 求下列不定积分：

(1) $\int\frac{\mathrm{d}x}{1+\sqrt{x}}$；　(2) $\int\frac{\mathrm{d}x}{\sqrt{x}+\sqrt[3]{x}}$；　(3) $\int\frac{x}{\sqrt{1+x}}\mathrm{d}x$.

解 (1) 令 $\sqrt{x}=t$，则 $x=t^2$，$\mathrm{d}x=2t\mathrm{d}t$.

$$\begin{aligned}\int\frac{\mathrm{d}x}{1+\sqrt{x}}&=\int\frac{2t\mathrm{d}t}{1+t}=2\int\frac{1+t-1}{1+t}\mathrm{d}t\\&=2\int\left[1-\frac{1}{1+t}\right]\mathrm{d}t=2(t-\ln|1+t|)+C\\&=2[\sqrt{x}-\ln(1+\sqrt{x})]+C.\end{aligned}$$

(2) 令 $x^{\frac{1}{6}}=t$（这样可同时消去两个根式），则 $x=t^6$，$\mathrm{d}x=6t^5\mathrm{d}t$.

$$\int \frac{\mathrm{d}x}{\sqrt{x}+\sqrt[3]{x}} = \int \frac{6t^5}{t^3+t^2}\mathrm{d}t = 6\int \frac{t^3}{t+1}\mathrm{d}t = 6\int \frac{t^3+1-1}{t+1}\mathrm{d}t$$

$$= 6\int (t^2-t+1)\mathrm{d}t - 6\int \frac{\mathrm{d}t}{1+t}$$

$$= 2t^3 - 3t^2 + 6t - 6\ln(1+t) + C$$

$$= 2\sqrt{x} - 3\sqrt[3]{x} + 6\sqrt[6]{x} - 6\ln(1+\sqrt[6]{x}) + C.$$

(3) 令 $\sqrt{1+x}=t$,则 $x=t^2-1,\mathrm{d}x=2t\mathrm{d}t$.

$$\int \frac{x}{\sqrt{1+x}}\mathrm{d}x = \int \frac{(t^2-1)\cdot 2t}{t}\mathrm{d}t = 2\int (t^2-1)\mathrm{d}t = \frac{2}{3}t^3 - 2t + C$$

$$= \frac{2}{3}(1+x)^{\frac{3}{2}} - 2\sqrt{1+x} + C.$$

例 11 说明:若被积函数含有根式 $\sqrt{ax+b}$,则可作代换 $t=\sqrt{ax+b}$,以消去被积函数中的根式.

例 12 计算:

(1) $\int \frac{x}{\sqrt{x^2+2x+2}}\mathrm{d}x$;　　(2) $\int \frac{\mathrm{d}x}{1+2\cos x}$.

解 (1) 注意到 $x^2+2x+2=(x+1)^2+1$,故令 $x+1=t$,则

$$\int \frac{x}{\sqrt{x^2+2x+2}}\mathrm{d}x = \int \frac{t-1}{\sqrt{t^2+1}}\mathrm{d}t$$

$$\xlongequal{t=\tan u} \int \frac{\tan u - 1}{\sec u}\sec^2 u\mathrm{d}u$$

$$= \int \left[\frac{\tan u}{\cos u} - \frac{1}{\cos u}\right]\mathrm{d}u$$

$$= \int \frac{\sin u}{\cos^2 u}\mathrm{d}u - \int \frac{\cos u}{\cos^2 u}\mathrm{d}u$$

$$= -\int \frac{\mathrm{d}(\cos u)}{\cos^2 u} - \int \sec u\mathrm{d}u$$

$$= \sec u - \ln(\sec u + \tan u) + C$$

$$= \sqrt{x^2+2x+2} - \ln(\sqrt{x^2+2x+2}+x+1) + C.$$

(2) 被积函数是三角函数有理式,可作"万能代换",即

$$t = \tan\frac{x}{2} \quad 或 \quad x = 2\arctan t,$$

于是, $\sin x = \frac{2t}{1+t^2}$, $\cos x = \frac{1-t^2}{1+t^2}$, $\tan x = \frac{2t}{1-t^2}$, $\mathrm{d}x = \frac{2\mathrm{d}t}{1+t^2}$.

由此,可使被积函数非三角函数化.

$$\int\frac{\mathrm{d}x}{1+2\cos x}=\int\frac{1}{1+2\cdot\frac{1-t^2}{1+t^2}}\cdot\frac{2\mathrm{d}t}{1+t^2}$$

$$=\int\frac{2\mathrm{d}t}{3-t^2}$$

$$=\frac{1}{\sqrt{3}}\ln\left|\frac{\sqrt{3}+t}{\sqrt{3}-t}\right|+C$$

$$=\frac{1}{\sqrt{3}}\ln\left|\frac{\sqrt{3}+\tan\frac{x}{2}}{\sqrt{3}-\tan\frac{x}{2}}\right|+C.$$

3.3.4　分部积分法

设 u 和 v 是 x 的可微函数，则由微分公式

$$\mathrm{d}(uv)=u\mathrm{d}v+v\mathrm{d}u,$$

得

$$u\mathrm{d}v=\mathrm{d}(uv)-v\mathrm{d}u.$$

由不定积分的定义知，

$$\int u\mathrm{d}v=uv-\int v\mathrm{d}u.$$

此公式称为分部积分公式，它将计算 $\int u\mathrm{d}v$ 的问题变为计算 $\int v\mathrm{d}u$ 的问题. 当 $\int u\mathrm{d}v$ 不易算出，而 $\int v\mathrm{d}u$ 容易算出时，这个公式就有了重大的作用. 这种将计算 $\int u\mathrm{d}v$（不易算出）转化为计算 $\int v\mathrm{d}u$（容易算出）的方法，称为分部积分法.

例 13　求 $\int x\mathrm{e}^x\mathrm{d}x$.

解法一　令 $u=x,\mathrm{d}v=\mathrm{e}^x\mathrm{d}x$，则 $\mathrm{d}u=\mathrm{d}x,v=\mathrm{e}^x$，于是

$$\int x\mathrm{e}^x\mathrm{d}x=\int x\mathrm{d}\mathrm{e}^x=x\mathrm{e}^x-\int\mathrm{e}^x\mathrm{d}x=x\mathrm{e}^x-\mathrm{e}^x+C.$$

解法二　令 $u=\mathrm{e}^x,\mathrm{d}v=x\mathrm{d}x=\mathrm{d}\,\frac{x^2}{2}$，则

$$\int x\mathrm{e}^x\mathrm{d}x=\int\mathrm{e}^x\mathrm{d}\,\frac{x^2}{2}=\frac{x^2}{2}\mathrm{e}^x-\int\frac{x^2}{2}\mathrm{e}^x\mathrm{d}x.$$

此时 $\int\frac{x^2}{2}\mathrm{e}^x\mathrm{d}x$ 比 $\int x\mathrm{e}^x\mathrm{d}x$ 更难计算. 这说明，选择 u、$\mathrm{d}v$ 的方式不对.

由此可见，正确选择 u 与 $\mathrm{d}v$ 是利用分部积分法的关键，如果选择不当，则会使问题变得复杂，甚至仍不可解. 在一般情况下，可以按下面的原则进行选择：

(1) 选择的 $\mathrm{d}v$ 应使其原函数 v 容易求，比如，令 $\mathrm{d}v$ 为 $\sin x\mathrm{d}x$、$\cos x\mathrm{d}x$、$x^n\mathrm{d}x$、$\mathrm{e}^x\mathrm{d}x$ 时，容易求得 v 分别是 $-\cos x$、$\sin x$、$\frac{1}{n+1}x^{n+1}$、e^x；

(2) 选择的 u 应使其导函数 u' 比 u 更简单，比如，令 u 为 x^n、$\ln x$、$\arcsin x$、$\arctan x$ 时，u' 分别是 nx^{n-1}、$\frac{1}{x}$、$\frac{1}{\sqrt{1-x^2}}$、$\frac{1}{1+x^2}$，均比 u 简单.

以下举例说明 u 和 $\mathrm{d}v$ 的选择方法.

例 14 求下列不定积分：

(1) $\int x\arctan x\mathrm{d}x$；　(2) $\int 2x\mathrm{e}^x\mathrm{d}x$；　(3) $\int x\ln x\mathrm{d}x$；　(4) $\int x\sin x\mathrm{d}x$.

解 (1) 当幂函数与反三角函数结合在一起时，将幂函数与 $\mathrm{d}x$ 结合为 $\mathrm{d}v$.

$$\int x\arctan x\mathrm{d}x=\int \arctan x\mathrm{d}\frac{x^2}{2}=\frac{x^2}{2}\arctan x-\int\frac{x^2}{2}\mathrm{d}(\arctan x)=\frac{x^2}{2}\arctan x-\frac{1}{2}\int\frac{x^2}{1+x^2}\mathrm{d}x$$
$$=\frac{x^2}{2}\arctan x-\frac{1}{2}x+\frac{1}{2}\arctan x+C.$$

(2) 当幂函数与指数函数结合在一起时，将指数函数与 $\mathrm{d}x$ 结合为 $\mathrm{d}v$.

$$\int 2x\mathrm{e}^x\mathrm{d}x=\int 2x\mathrm{d}\mathrm{e}^x=2x\mathrm{e}^x-2\int\mathrm{e}^x\mathrm{d}x=2x\mathrm{e}^x-2\mathrm{e}^x+C.$$

(3) 当幂函数与对数函数结合在一起时，将幂函数与 $\mathrm{d}x$ 结合成 $\mathrm{d}v$.

$$\int x\ln x\mathrm{d}x=\int\ln x\mathrm{d}\frac{x^2}{2}=\frac{1}{2}x^2\ln x-\int\frac{x^2}{2}\cdot\frac{1}{x}\mathrm{d}x=\frac{1}{2}x^2\ln x-\frac{1}{4}x^2+C.$$

(4) 当幂函数与三角函数结合在一起时，将三角函数与 $\mathrm{d}x$ 结合成 $\mathrm{d}v$.

$$\int x\sin x\mathrm{d}x=-\int x\mathrm{d}(\cos x)=-x\cos x+\sin x+C.$$

由例 14 可以得出这样的结论，在与 $\mathrm{d}x$ 相结合的选择中，三角函数、指数函数优先于幂函数，而幂函数优先于反三角函数、对数函数.

例 15 求下列不定积分：

(1) $\int\mathrm{e}^x\sin x\mathrm{d}x$；　(2) $\int\mathrm{e}^x\cos x\mathrm{d}x$.

解 (1)

解法一 $\int\mathrm{e}^x\sin x\mathrm{d}x\xlongequal{\mathrm{e}^x\text{与}\mathrm{d}x\text{结合}}\int\sin x\mathrm{d}\mathrm{e}^x$

$$=\mathrm{e}^x\sin x-\int\cos x\mathrm{d}\mathrm{e}^x=\mathrm{e}^x\sin x-\mathrm{e}^x\cos x+\int\mathrm{e}^x\mathrm{d}(\cos x)$$
$$=\mathrm{e}^x(\sin x-\cos x)-\int\mathrm{e}^x\sin x\mathrm{d}x,$$

得　$\int\mathrm{e}^x\sin x\mathrm{d}x=\frac{1}{2}\mathrm{e}^x(\sin x-\cos x)+C$　(注意，不要漏掉 C).

解法二　$\int e^x\sin x dx \xlongequal{\sin x\text{与}dx\text{结合}} -\int e^x d(\cos x) = -e^x\cos x + \int \cos x de^x$

$$= -e^x\cos x + \int e^x\cos x dx = -e^x\cos x + \int e^x d(\sin x)$$

$$= e^x(\sin x - \cos x) - \int e^x \sin x dx,$$

得
$$\int e^x\sin x dx = \frac{1}{2}e^x(\sin x - \cos x) + C.$$

(2) $\int e^x\cos x dx = \int e^x d(\sin x) = e^x\sin x - \int e^x\sin x dx = e^x\sin x + \int e^x d(\cos x)$

$$= e^x(\sin x + \cos x) - \int e^x\cos x dx,$$

得
$$\int e^x\cos x dx = \frac{1}{2}e^x(\sin x + \cos x) + C.$$

例 15 的解题方法是:用两次分部积分后,右端又出现了原积分函数,然后再用解代数方程的方法解得要求的积分.这种方法叫“还原法”.

例 16　计算下列不定积分:

(1) $\int x^3 e^x dx$;　　(2) $\int x^2\sin x dx$;　　(3) $\int x^6(3x-4)^2 dx$;　　(4) $\int \ln x dx$.

解　(1) $\int x^3 e^x dx = \int x^3 de^x = x^3e^x - \int e^x dx^3 = x^3e^x - 3\int x^2 de^x$

$$= x^3e^x - 3x^2e^x + 3\int e^x dx^2 = x^3e^x - 3x^2e^x + 6\int xe^x dx$$

$$= x^3e^x - 3x^2e^x + 6xe^x - 6e^x + C.$$

(2) $\int x^2\sin x dx = -\int x^2 d\cos x = -x^2\cos x + \int \cos x dx^2$

$$= -x^2\cos x + 2\int x\cos x dx = -x^2\cos x + 2\int x d\sin x$$

$$= -x^2\cos x + 2x\sin x - 2\int \sin x dx = -x^2\cos x + 2x\sin x + 2\cos x + C.$$

(3) $\int x^6(3x-4)^2 dx = \int (9x^8 - 24x^7 + 16x^6)dx = x^9 - 3x^8 + \frac{16}{7}x^7 + C.$

(4) $\int \ln x dx = x\ln x - \int x d\ln x = x\ln x - \int 1 dx = x\ln x - x + C.$

特别应该说明的是,某些初等函数的不定积分不能用初等函数表示出来.例如:$\int e^{x^2}dx$, $\int \frac{e^x}{x}dx$, $\int \ln(\sin x)dx$, $\int \frac{dx}{\ln x}$, $\int \frac{\sin x}{x}dx$, $\int \frac{\cos x}{x}dx$, $\int \sin x^2 dx$, $\int \sqrt{1+x^3}dx$, $\int \sqrt{1+x^4}dx$ 等.这些不能用初等函数表示原函数的积分,称为“积不出来”,但它们的原

函数却是存在的.

习题 3.3

1. 应用积分公式和不定积分性质计算下列不定积分:

(1)$\int(x^2+2x+3)\mathrm{d}x$;　(2)$\int\frac{x+1}{\sqrt{x}}\mathrm{d}x$;　(3)$\int(2^x+\sin x)\mathrm{d}x$;

(4)$\int\cot^2 x\mathrm{d}x$;　(5)$\int\frac{2x^2}{1+x^2}\mathrm{d}x$;　(6)$\int\left(\sin\frac{x}{2}+\cos\frac{x}{2}\right)^2\mathrm{d}x$.

2. 计算下列不定积分:

(1)$\int\frac{\mathrm{d}x}{1+9x^2}$;　(2)$\int(1+2x)^5\mathrm{d}x$;　(3)$\int\sin(x+3)\mathrm{d}x$;

(4)$\int\frac{\mathrm{d}x}{\sqrt{16-x^2}}$;　(5)$\int 2x\mathrm{e}^{x^2}\mathrm{d}x$;　(6)$\int\frac{\cos x}{1+\sin x}\mathrm{d}x$;

(7)$\int\frac{\sin x\cos x}{1+\sin^4 x}\mathrm{d}x$;　(8)$\int x(2+x^2)^4\mathrm{d}x$;　(9)$\int\frac{\mathrm{d}x}{x\sqrt{1+\ln x}}$;

(10)$\int\frac{2x+4}{x^2+4x+5}\mathrm{d}x$;　(11)$\int\frac{\sin^3 x}{\cos^2 x}\mathrm{d}x$;　(12)$\int\frac{1+\ln x}{(x\ln x)^2}\mathrm{d}x$.

3. 计算下列不定积分:

(1)$\int x\sqrt{x-1}\mathrm{d}x$;　(2)$\int\frac{x^2}{\sqrt{1-x^2}}\mathrm{d}x$;　(3)$\int\frac{\sqrt{x^2-1}}{x}\mathrm{d}x$;

(4)$\int\frac{\mathrm{d}x}{\sqrt{x^2+2x+2}}$;　(5)$\int\frac{\mathrm{d}x}{\sqrt{1+\mathrm{e}^x}}$.

4. 计算下列不定积分:

(1)$\int\arctan x\mathrm{d}x$;　(2)$\int x\cos x\mathrm{d}x$;　(3)$\int x^2\mathrm{e}^x\mathrm{d}x$;

(4)$\int x^2\cos x\mathrm{d}x$;　(5)$\int x^2\ln x\mathrm{d}x$.

3.4　积分表的使用方法

我们已经看到,积分的计算要比导数的计算更为灵活复杂.因此,为了满足实际需要,先把许多常见的积分计算出来,再按照被积函数的特点,分门别类地编制成积分表,这样,在求积分时,就可根据被积函数的类型或经过简单变形后在表内查得所需结果.

本书附录 B 为积分表,以备查用.以下通过举例来说明积分表的使用方法.

例 1 求下列积分：

(1) $\int \frac{\mathrm{d}x}{x(2x+1)^2}$； (2) $\frac{x^2}{\sqrt{x^2+1}}\mathrm{d}x$； (3) $\int \sqrt{\frac{x-1}{x+2}}\mathrm{d}x$； (4) $\int \frac{\mathrm{d}x}{5-4\sin x}$.

解 (1) 被积函数含有 $ax+b$，在本书附录 B 的积分表(一) 中查得公式 9，其中取 $a=2, b=1$，得

$$\int \frac{\mathrm{d}x}{x(2x+1)^2} = \frac{1}{2x+1} - \ln\left|\frac{2x+1}{x}\right| + C.$$

(2) 被积函数含有 $\sqrt{x^2+1}$，在本书附录 B 的积分表(六) 中查得公式 35，其中取 $a=1$，得

$$\int \frac{x^2}{\sqrt{x^2+1}}\mathrm{d}x = \frac{x}{2}\sqrt{x^2+1} - \frac{1}{2}\ln(x+\sqrt{x^2+1}) + C.$$

(3) 被积函数含有 $\sqrt{\frac{x-a}{x-b}}$，在本书附录 B 的积分表(十) 中查得公式 79，其中取 $a=1, b=-2$，得

$$\int \sqrt{\frac{x-1}{x+2}}\mathrm{d}x = (x+2)\sqrt{\frac{x-1}{x+2}} - 3\ln(\sqrt{|x-1|} + \sqrt{|x+2|}) + C.$$

(4) 被积函数含有三角函数，在本书附录B的积分表(十一) 中查得公式103，其中取 $a=5, b=-4$，得

$$\int \frac{\mathrm{d}x}{5-4\sin x} = \frac{2}{3}\arctan\left[\frac{1}{3}\left(5\tan\frac{x}{2} - 4\right)\right] + C.$$

例 2 求下列积分：

(1) $\int \frac{\mathrm{d}x}{x\sqrt{9x^2+16}}$； (2) $\int x\arctan\left(\frac{1}{3}x+2\right)\mathrm{d}x$.

解 (1) 该积分不能在表中直接查出，需要先进行变换. 令 $3x=t$，则

$$\int \frac{\mathrm{d}x}{x\sqrt{9x^2+16}} = \int \frac{\mathrm{d}t}{t\sqrt{t^2+4^2}}.$$

在本书附录 B 的积分表(六) 中查得公式 37，因此

$$\int \frac{\mathrm{d}x}{x\sqrt{9x^2+16}} = \int \frac{\mathrm{d}t}{t\sqrt{t^2+4^2}} = \frac{1}{4}\ln\frac{\sqrt{t^2+4^2}-4}{|t|} + C$$

$$= \frac{1}{4}\ln\frac{\sqrt{9x^2+16}-4}{|3x|} + C.$$

(2) 同(1)，令 $\frac{1}{3}x+2=t$，则 $x=3t-6$. 于是

$$\int x\arctan\left(\frac{1}{3}x+2\right)\mathrm{d}x = \int (3t-6)\arctan t\,\mathrm{d}(3t-6)$$

$$= 9\int t\arctan t\mathrm{d}t - 18\int \arctan t\mathrm{d}t.$$

对于积分$\int t\arctan t\mathrm{d}t$,查本书附录B的积分表(十二)的公式120,其中取$a=1$,则

$$\int t\arctan t\mathrm{d}t = \frac{1}{2}(1+t^2)\arctan t - \frac{1}{2}t + C_1.$$

对于积分$\int \arctan t\mathrm{d}t$,由积分表(十二)的公式119,其中取$a=1$,得

$$\int \arctan t\mathrm{d}t = t\arctan t - \frac{1}{2}\ln(1+t^2) + C_2.$$

因此

$$\begin{aligned}
\int x\arctan\left(\frac{1}{3}x+2\right)\mathrm{d}x &= 9\int t\arctan t\mathrm{d}t - 18\int \arctan t\mathrm{d}t \\
&= \frac{9}{2}(1+t^2)\arctan t - \frac{9}{2}t - 18t\arctan t + 9\ln(1+t^2) + C_3 \\
&= \frac{9}{2}\left[1+\left(\frac{x+6}{3}\right)^2\right]\arctan\frac{x+6}{3} - \frac{9}{2}\left(\frac{x+6}{3}\right) \\
&\quad - 18\cdot\frac{x+6}{3}\arctan\frac{x+6}{3} + 9\ln\left[1+\left(\frac{x+6}{3}\right)^2\right] + C_3 \\
&= \frac{x^2-27}{2}\arctan\frac{x+6}{3} + 9\ln\left(\frac{x^2+12x+45}{9}\right) - \frac{3}{2}x + C.
\end{aligned}$$

例 3 求下列积分:

(1)$\int\frac{\sqrt{x-1}}{x}\mathrm{d}x$; (2)$\int\sin^4 x\mathrm{d}x$.

解 (1) 由积分表(二)的公式17,这里取$a=1,b=1$,得

$$\int\frac{\sqrt{x-1}}{x}\mathrm{d}x = 2\sqrt{x-1} + \int\frac{\mathrm{d}x}{x\sqrt{x-1}}.$$

等式右端还有一个积分$\int\frac{\mathrm{d}x}{x\sqrt{x-1}}$,再由本书附录B的积分表(二)的公式15,得

$$\int\frac{\mathrm{d}x}{x\sqrt{x-1}} = 2\arctan\sqrt{x-1} + C_1.$$

故

$$\int\frac{\sqrt{x-1}}{x}\mathrm{d}x = 2\sqrt{x-1} + 2\arctan\sqrt{x-1} + C.$$

(2) 查本书附录B的积分表(十一)的公式95,因此

$$\int\sin^4 x\mathrm{d}x = -\frac{1}{4}\sin^3 x\cos x + \frac{3}{4}\int\sin^2 x\mathrm{d}x + C_1.$$

对于$\int \sin^2 x\mathrm{d}x$，查本书附录B的积分表(十一)的公式93，因此

$$\int \sin^2 x\mathrm{d}x = \frac{x}{2} - \frac{1}{4}\sin 2x + C_2.$$

于是

$$\begin{aligned}\int \sin^4 x\mathrm{d}x &= -\frac{1}{4}\sin^3 x\cos x + \frac{3}{4}\left(\frac{x}{2} - \frac{1}{4}\sin 2x\right) + C \\ &= -\frac{1}{4}\sin^3 x\cos x + \frac{3}{8}x - \frac{3}{16}\sin 2x + C.\end{aligned}$$

由以上各例可以看出，利用积分表计算积分可以节省时间，但是也应注意到有些积分可直接查表得到，有些积分则需作简单变换后才能使用积分表，而有时需经过多次查表才能得到最终结果.因此，只有掌握了前面所学的基本积分方法，才能更加灵活有效地使用积分表.而对一些较简单的积分，利用基本积分方法来计算比查表更简便.

例4　计算$\int \sin^7 x\cos^3 x\mathrm{d}x$.

解　查表知，可利用附录B中的公式99，但非常烦琐，故直接计算得

$$\begin{aligned}\int \sin^7 x\cos^3 x\mathrm{d}x &= \int \sin^7 x\cos^2 x\mathrm{d}\sin x = \int \sin^7 x(1-\sin^2 x)\mathrm{d}\sin x \\ &= \int \sin^7 x\mathrm{d}\sin x - \int \sin^9 x\mathrm{d}\sin x \\ &= \frac{1}{8}\sin^8 x - \frac{1}{10}\sin^{10} x + C.\end{aligned}$$

由此例知，求积分时究竟是直接计算，还是查表计算，或是二者结合，应针对具体问题作具体分析，灵活处理，从而找出最合适的方法.

习题 3.4

利用积分表求下列积分：

(1) $\int \frac{\mathrm{d}x}{x^2+2x+10}$；　(2) $\int \frac{\mathrm{d}x}{(x^2+16)^2}$；　(3) $\int \frac{\sqrt{x+1}}{x}\mathrm{d}x$；

(4) $\int \frac{\mathrm{d}x}{x(2x+1)^2}$；　(5) $\int \frac{1}{x(x^2+4)}\mathrm{d}x$；　(6) $\int \frac{\mathrm{d}x}{(x+1)\sqrt{x^2-2x+1}}$；

(7) $\int \frac{\sqrt{x^2-4}}{3x}\mathrm{d}x$；　(8) $\int \sqrt{\frac{x-2}{x+5}}\mathrm{d}x$；　(9) $\int \cos^5 x\mathrm{d}x$；

(10) $\int \frac{1}{2+3\cos x}\mathrm{d}x$.

第 4 章　定积分及其应用

本章讨论定积分，定积分是积分学中最重要的一个概念. 与导数一样，它也是在解决一系列实际问题的过程中逐渐形成的数学概念. 如求平面图形的面积、旋转体的体积，求物体沿直线运动的路程以及变力所做的功、液体的压力等实际问题，这些问题尽管实质不同，但是它们的最终解决，从数学角度看，数学结构是相同的，都归结为求“总和的极限”问题. 下面通过具体实例，引出定积分的概念与运算，并在此基础上进一步讨论定积分的应用.

4.1　定积分的概念

定积分的概念在历史上主要是在对“求曲边梯形的面积”及“求变速直线运动物体所经过的路程”这两类问题的研究中产生的，所以，我们就从这两类问题谈起.

4.1.1　曲边梯形的面积

例 1　设曲边梯形由连续函数 $y=f(x)(f(x)>0)$ 的曲线，x 轴及直线 $x=a, x=b$ 围成（见图 4-1），求它的面积 A.

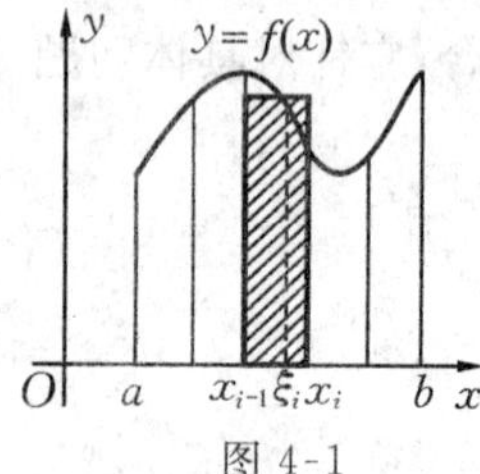

图 4-1

首先把区间 $[a,b]$ 分为 n 份，分点为

$$a=x_0<x_1<x_2<\cdots<x_{n-1}<x_n=b.$$

小区间的长度记为 $\Delta x_i=x_i-x_{i-1}(i=1,2,\cdots,n)$. 过各分点 x_i 作平行于 y 轴的直线，把原来的曲边梯形分成了 n 个小曲边梯形，它们的面积分别记为 $\Delta A_1, \Delta A_2, \cdots, \Delta A_n$（见图 4-1）.

其次，在每一个小区间 $[x_{i-1}, x_i]$ 上任取一点 $\xi_i(x_{i-1}\leqslant\xi_i\leqslant x_i)$，作一个以 $[x_{i-1}, x_i]$ 为底、以 $f(\xi_i)$ 为高的小矩形，该矩形的面积为 $f(\xi_i)\Delta x_i$. 当 Δx_i 很小时，$f(\xi_i)\Delta x_i$ 近似于 ΔA_i，即

$$\Delta A_i\approx f(\xi_i)\Delta x_i\quad(i=1,2,\cdots,n).$$

再次，将 $f(\xi_i)\Delta x_i$ 相加，得到曲边梯形面积 A 的近似值 I：

$$I=f(\xi_1)\Delta x_1+\cdots+f(\xi_n)\Delta x_n=\sum_{i=1}^{n}f(\xi_i)\Delta x_i.$$

显然，若分点数逐渐增加，各个子区间长度 Δx_i 逐渐变小时，$I=\sum\limits_{i=1}^{n}f(\xi_i)\Delta x_i$ 就越接近曲边梯形的面积.

记 $\Delta = \max\limits_{1 \leqslant i \leqslant n}\{\Delta x_i\}$. 若当 $\Delta \to 0$ 时，I 的极限存在，则必有

$$A = \lim_{\Delta \to 0}\sum_{i=1}^{n} f(\xi_i)\Delta x_i.$$

由此，求曲边梯形面积的问题就归结为求上述和式极限. 显然 A 的值与 $[a,b]$ 的划分及 ξ_i 的取法无关.

4.1.2　变速直线运动物体经过的路程

例 2　设物体做直线运动，在任意时刻 t 的速度为 $v(t)$，且 $v(t)$ 为连续函数，求物体在时间段 $[a,b]$ 内所经过的路程 s. 我们用仿例 1 的方式来计算 s.

首先，把所要考虑的时间段 $[a,b]$ 分为 n 份，分点为

$$a = t_0 < t_1 < t_2 < \cdots < t_{n-1} < t_n = b.$$

记 $\Delta t_i = t_i - t_{i-1}(i = 1,2,\cdots,n)$，并设物体在第 i 个时间段 $[t_{i-1},t_i]$ 内所走路程为 $\Delta s_i(i = 1,2,\cdots,n)$.

其次，在时间段 $[t_{i-1},t_i]$ 上任取一个时刻 $\tau_i(t_{i-1} \leqslant \tau_i \leqslant t_i)$，近似地认为物体在 $[t_{i-1},t_i]$ 这段时间内以速度 $v(\tau_i)$ 做匀速运动，即当 Δt_i 很小时，

$$\Delta s_i \approx v(\tau_i)\Delta t_i \quad (i = 1,2,\cdots,n).$$

再次，将 $v(\tau_i)\Delta t_i$ 相加，得到路程 s 的近似值 I：

$$I = \sum_{i=1}^{n} v(\tau_i)\Delta t_i$$

同例 1，若分点数逐渐增加，各个子区间长度 Δt_i 逐渐变小，则 $I = \sum\limits_{i=1}^{n} v(\tau_i)\Delta t_i$ 就越接近物体所经路程的精确值.

记 $\Delta = \max\limits_{1 \leqslant i \leqslant n}\{\Delta t_i\}$. 若当 $\Delta \to 0$ 时，I 的极限存在，则必有

$$s = \lim_{\Delta \to 0}\sum_{i=1}^{n} v(\tau_i)\Delta t_i,$$

这就是我们所要求的路程. 显然 s 的值与 $[a,b]$ 的划分及 τ_i 的取法无关.

上述两个问题，分属不同领域，一个是几何问题，一个是物理问题，但解决问题的思想和方式是相同的，都包含了下面四个步骤：

(1) 分割 —— 把整体问题分成局部问题，即“化整为零”；

(2) 近似代替 —— 局部上“以直代曲”或“以不变代变”，求出局部近似值；

(3) 求和 —— 得到整体的近似值；

(4) 取极限 —— 得到整体的精确值，即“积零为整”.

将这一方法数学化，把它们都归结为对某一函数 $f(x)$ 施以结构相同的数学运算 —— 确定一种特殊和的极限. 在实际中，还有许多问题都需要用此方法来解决，为此，

我们引入定积分的概念.

4.1.3 定积分的定义

定义 设函数 $f(x)$ 在区间$[a,b]$上有界,用分点 $a=x_0<x_1<\cdots<x_n=b$ 把区间$[a,b]$分成 n 个小区间$[x_{i-1},x_i]$,其长度记为 $\Delta x_i=x_i-x_{i-1}(i=1,\cdots,n)$,在每个子区间$[x_{i-1},x_i]$上任取一点 $\xi_i(x_{i-1}\leqslant\xi_i\leqslant x_i)$. 作和数

$$I=\sum_{i=1}^{n}f(\xi_i)\Delta x_i,$$

记 $\Delta=\max\limits_{1\leqslant i\leqslant n}\{\Delta x_i\}$,当 $\Delta\to 0$ 时,如果 I 有极限,且这个极限值与区间的分法及 ξ_i 的取法无关,则称 $f(x)$ 在区间$[a,b]$上可积,并称此极限值为函数 $f(x)$ 在$[a,b]$上的定积分,记为

$$\int_a^b f(x)\mathrm{d}x,$$

即
$$\int_a^b f(x)\mathrm{d}x=\lim_{\Delta\to 0}\sum_{i=1}^{n}f(\xi_i)\Delta x_i,$$

其中,$\int$ 称为积分号($\int$ 系字母 S 的拉长),$f(x)$ 称为被积函数,$f(x)\mathrm{d}x$ 称为积分表达式,x 称为积分变量,a,b 分别称为积分的下限与上限,$[a,b]$ 称为积分区间.

根据这个定义,例 1 中的面积 A 及例 2 中的路程 s 可分别表示为

$$A=\int_a^b f(x)\mathrm{d}x \quad 与 \quad s=\int_a^b v(t)\mathrm{d}t.$$

4.1.4 需要说明的几个问题

(1) 定积分是一种和式的极限,它与函数 $f(x)$ 及积分区间有关,而与积分变量的符号无关,即

$$\int_a^b f(x)\mathrm{d}x=\int_a^b f(y)\mathrm{d}y=\int_a^b f(z)\mathrm{d}z.$$

(2) 在定积分的定义中,积分下限小于积分上限,即 $a<b$. 若 $a>b$,规定

$$\int_b^a f(x)\mathrm{d}x=-\int_a^b f(x)\mathrm{d}x,\quad \int_a^a f(x)\mathrm{d}x=0.$$

(3) 在定积分的定义中,点 x_i、ξ_i 选取的任意性是重要的. 但如果已知 $f(x)$ 在$[a,b]$可积,则在利用$\int_a^b f(x)\mathrm{d}x=\lim\limits_{\Delta\to 0}\sum\limits_{i=1}^{n}f(\xi_i)\Delta x_i$ 计算积分时,可对 x_i、ξ_i 作特殊选择.

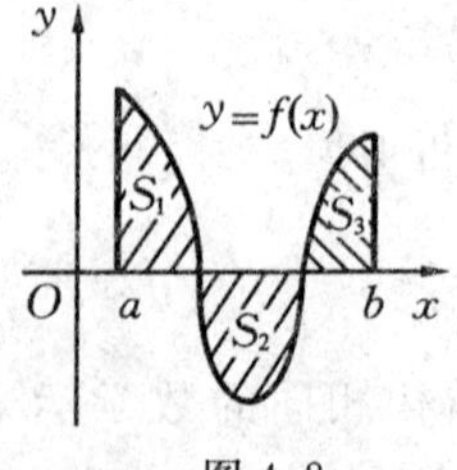

图 4-2

(4) 定积分的几何意义:$\int_a^b f(x)\mathrm{d}x$ 在几何上表示由曲线 $y=f(x)$,直线 $x=a,x=b$,以及 x 轴所围成的各个曲边梯形面积的代数和. 在图 4-2 中,从左往右的三个曲边梯形面积分别为 S_1、S_2、S_3,则

$$\int_a^b f(x)\mathrm{d}x = S_1 - S_2 + S_3.$$

(5) 可积的充分条件. 设函数 $f(x)$ 在$[a,b]$上有定义. 若 $f(x)$ 满足下述条件之一：

(i) $f(x)$ 在$[a,b]$上连续；

(ii) $f(x)$ 在$[a,b]$上有界，且只有有限个间断点；

(iii) $f(x)$ 在$[a,b]$上单调有界，

则 $f(x)$ 在$[a,b]$上是可积的.

顺便指出，这里所说的"可积"也称为黎曼可积，因此，定积分也称黎曼积分.

(6) 若 $f(x)$ 在$[a,b]$上可积，则称$\frac{1}{b-a}\int_a^b f(x)\mathrm{d}x$ 为 $f(x)$ 在区间$[a,b]$上的平均值.

最后，以一个例子结束本节的讨论.

例 3　计算由抛物线 $y=x^2$，直线 $x=1$，x 轴所围图形的面积 A.

解　为了计算简单，我们把区间$[0,1]$ n 等分，以每个小矩形的右端点$\frac{i}{n}(i=1,2,\cdots,n)$ 的值 $f\left(\frac{i}{n}\right)$ 为高，作 n 个小矩形（见图 4-3），并将它们的面积相加，得

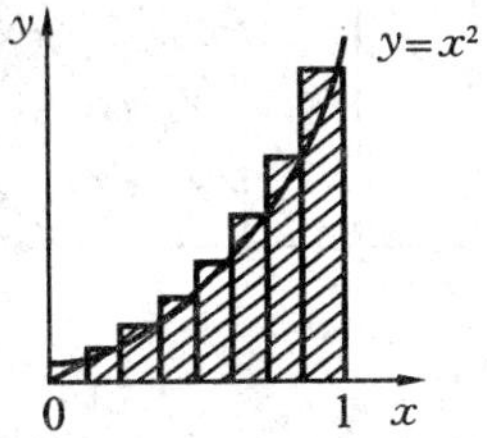

图 4-3

$$\begin{aligned} A_n &= \frac{1}{n}\left[\left(\frac{1}{n}\right)^2 + \left(\frac{2}{n}\right)^2 + \cdots + \left(\frac{n}{n}\right)^2\right] \\ &= \frac{1}{n^3}[1^2 + 2^2 + \cdots + n^2] \\ &= \frac{1}{n^3} \cdot \frac{n(n+1)(2n+1)}{6} \\ &= \frac{1}{6}\left(1+\frac{1}{n}\right)\left(2+\frac{1}{n}\right), \end{aligned}$$

则

$$A = \lim_{n\to\infty} A_n = \lim_{n\to\infty}\frac{1}{6}\left(1+\frac{1}{n}\right)\left(2+\frac{1}{n}\right) = \frac{1}{3}.$$

此曲边三角形的面积为$\frac{1}{3}$.

注意，在上述推导过程中，我们很幸运地碰上并借用了平方数列之和的公式，否则无法计算出极限值.

习题 4.1

1. 叙述定积分的定义、计算定积分的步骤以及每一步的几何意义.

2. 用定积分的几何意义说明

$$\int_a^b 1\mathrm{d}x = b - a \quad (a < b).$$

3. 用定积分的定义计算$\int_a^b x\,\mathrm{d}x(a<b)$.

4.2 微积分学基本定理

已经讲述的定积分的定义,似乎给出了一个可以求定积分的步骤和方法,但操作起来令人颇感烦琐,甚至无法实现.这使得我们迫切需要寻找求定积分的简单方法.

4.2.1 积分上限函数

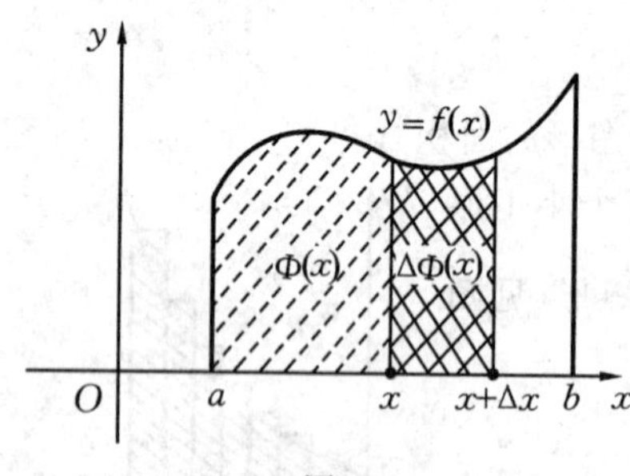

图 4-4

现以求曲边梯形的面积为例.

设 $f(x)$ 在$[a,b]$上连续,$\Phi(x)$ 为阴影部分曲边梯形的面积,是 x 的函数,称为面积函数.给 x 一增量 Δx,相应地 $\Phi(x)$ 有增量 $\Delta\Phi(x)$(图 4-4 中带交叉斜线部分).如果 $\Phi(x)$ 可导,当 $|\Delta x|$ 很小时,由微分的定义知

$$\Delta\Phi(x)\approx \mathrm{d}\Phi(x)=\Phi'(x)\Delta x.$$

另一方面,由定积分的定义,当 $|\Delta x|$ 很小时,又有

$$\Delta\Phi(x)\approx f(x)\Delta x(\text{用高为 } f(x) \text{ 的矩形面积近似代替 } \Delta\Phi(x)).$$

由此猜想,是否有

$$\Phi'(x)=f(x)\quad \text{或}\quad \int f(x)\mathrm{d}x=\Phi(x)+C.$$

要证明该猜想,首先需要知道 $\Phi(x)$ 的表达式.由于 $\Phi(x)$ 为曲边梯形的面积,因此很自然地将 $\Phi(x)$ 表示成 $\Phi(x)=\int_a^x f(t)\mathrm{d}t$,并称之为积分上限的函数或变上限定积分.

定理 1 设 $f(x)$ 在区间$[a,b]$上连续,则变上限定积分 $\Phi(x)=\int_a^x f(t)\mathrm{d}t,x\in[a,b]$,是 $f(x)$ 在该区间上的原函数,即

$$\Phi'(x)=\frac{\mathrm{d}}{\mathrm{d}x}\int_a^x f(t)\mathrm{d}t=f(x).$$

证 因为 $f(x)$ 在以 $x,x+\Delta x$ 为端点的闭区间上连续,所以在该区间上,$f(x)$ 必有最大值 M 及最小值 m,且

$$m\Delta x\leqslant\Delta\Phi(x)\leqslant M\Delta x,$$

即

$$m\leqslant\frac{\Delta\Phi(x)}{\Delta x}\leqslant M\quad(\Delta x>0),$$

或

$$m\geqslant\frac{\Delta\Phi(x)}{\Delta x}\geqslant M\quad(\Delta x<0).$$

由于
$$\lim_{\Delta x\to 0}M=\lim_{\Delta x\to 0}m=f(x),$$
因此，由夹挤准则，有
$$\lim_{\Delta x\to 0}\frac{\Delta\Phi(x)}{\Delta x}=f(x),$$
即
$$\Phi'(x)=f(x).$$

定理1建立了不定积分与定积分之间的联系．同时，也指出了若$f(x)$在区间$[a,b]$上连续，则$\Phi(x)=\int_a^x f(t)\mathrm{d}t$就是$f(x)$在$[a,b]$上的一个原函数．这样，亦证明了原函数存在定理．

例1　计算下列各题：

(1) $\frac{\mathrm{d}}{\mathrm{d}x}\int_a^x \mathrm{e}^{-t^2}\mathrm{d}t$；　(2) $\frac{\mathrm{d}}{\mathrm{d}x}\int_x^1 \frac{\cos t}{t}\mathrm{d}t$；　(3) $\frac{\mathrm{d}}{\mathrm{d}x}\int_1^{x^3} \frac{\sin t^2}{t}\mathrm{d}t$；

(4) $\frac{\mathrm{d}}{\mathrm{d}x}\int_{x^2}^1 \cos t^2\mathrm{d}t$；　(5) $\frac{\mathrm{d}}{\mathrm{d}x}\int_{\varphi(x)}^{\psi(x)} f(t)\mathrm{d}t$，$\psi(x)$，$\varphi(x)$为可微函数，$f(x)$为连续函数．

解　(1) 由定理1，$\frac{\mathrm{d}}{\mathrm{d}x}\int_a^x \mathrm{e}^{-t^2}\mathrm{d}t=\mathrm{e}^{-x^2}$．

(2) $\frac{\mathrm{d}}{\mathrm{d}x}\int_x^1 \frac{\cos t}{t}\mathrm{d}t=\frac{\mathrm{d}}{\mathrm{d}x}\left[-\int_1^x \frac{\cos t}{t}\mathrm{d}t\right]=-\frac{\cos x}{x}$．

(3) 这里$\int_0^{x^3} \frac{\sin t^2}{t}\mathrm{d}t$为$x^3$的函数，而$x^3$又是$x$的函数，所以$\int_1^{x^3} \frac{\sin t^2}{t}\mathrm{d}t$是$x$的复合函数．由复合函数求导法则，得
$$\frac{\mathrm{d}}{\mathrm{d}x}\int_1^{x^3} \frac{\sin t^2}{t}\mathrm{d}t=\frac{\sin(x^3)^2}{x^3}\cdot(x^3)'=\frac{3\sin x^6}{x}.$$

(4) $\frac{\mathrm{d}}{\mathrm{d}x}\left(\int_{x^2}^1 \cos t^2\mathrm{d}t\right)=\frac{\mathrm{d}}{\mathrm{d}x}\left[-\int_1^{x^2}\cos t^2\mathrm{d}t\right]=-\cos(x^2)^2\cdot(x^2)'=-2x\cos x^4$．

(5) $\frac{\mathrm{d}}{\mathrm{d}x}\int_{\varphi(x)}^{\psi(x)} f(t)\mathrm{d}t=f[\psi(x)]\cdot\psi'(x)-f[\varphi(x)]\varphi'(x)$（此式为一般求导公式）．

例2　计算下列各题：

(1) $\lim\limits_{x\to 0}\frac{\int_0^{x^2}\sin t^2\mathrm{d}t}{x^6}$；　(2) $\lim\limits_{x\to 0}\frac{\int_{x^2}^0 \mathrm{e}^{-t^2}\mathrm{d}t}{x^2}$．

解　(1) 此题为“$\frac{0}{0}$”型，应用罗必塔法则，有
$$\lim_{x\to 0}\frac{\int_0^{x^2}\sin t^2\mathrm{d}t}{x^6}=\lim_{x\to 0}\frac{\sin x^4\cdot 2x}{6x^5}=\lim_{x\to 0}\frac{\sin x^4}{x^4}\cdot\frac{1}{3}=\frac{1}{3}.$$

(2) $\lim\limits_{x\to 0}\dfrac{\int_{x^2}^{0}\mathrm{e}^{-t^2}\mathrm{d}t}{x^2}=\lim\limits_{x\to 0}\dfrac{\mathrm{e}^{-x^4}\cdot(-2x)}{2x}=-1.$

4.2.2 牛顿-莱布尼兹公式

定理 2(微积分学基本定理) 设 $f(x)$ 在区间$[a,b]$上连续,$F(x)$ 为 $f(x)$ 的一个原函数,则

$$\int_a^b f(x)\mathrm{d}x = F(b)-F(a).$$

证 根据定理 1 可知

$$G(x)=\int_a^x f(t)\mathrm{d}t$$

亦是 $f(x)$ 的一个原函数,而同一个函数的任意两个原函数只能相差一个常数,故

$$G(x)=F(x)+C \quad (C\text{ 为常数}).$$

令 $x=a$,得 $G(a)=\int_a^a f(t)\mathrm{d}t=0=F(a)+C$,即 $-F(a)=C$.

于是 $$G(x)=F(x)-F(a).$$

再令 $x=b$,得 $$F(b)-F(a)=\int_a^b f(x)\mathrm{d}x.$$

得证.

公式$\int_a^b f(x)\mathrm{d}x=F(b)-F(a)$ 称为牛顿-莱布尼兹公式(简称 N-L 公式).通常记为

$$F(b)-F(a)=F(x)\Big|_a^b.$$

因此公式可写成

$$\int_a^b f(x)\mathrm{d}x=F(x)\Big|_a^b=F(b)-F(a).$$

这个公式告诉我们,计算函数 $f(x)$ 在$[a,b]$上的定积分时,只需找到 $f(x)$ 的一个原函数 $F(x)$,再由 N-L 公式,得

$$\int_a^b f(x)\mathrm{d}x=F(b)-F(a).$$

换言之,只要找到 $f(x)$ 的原函数,$\int_a^b f(x)\mathrm{d}x$ 的计算就变得十分简单.

例 3 $\int_0^1 x^2\mathrm{d}x=\dfrac{x^3}{3}\Big|_0^1=\dfrac{1}{3}.$

牛顿-莱布尼兹公式给定积分提供了一个有效而又简便的计算方法,使我们把繁重的定积分计算化简为函数值的计算,沟通了不定积分与定积分的联系.

牛顿-莱布尼兹公式的诞生,是微积分学发展史上的最重要事件之一,是微积分学作

为一门科学诞生的标志.

习题 4.2

1. 计算下列各题:

(1) $\dfrac{\mathrm{d}}{\mathrm{d}x}\displaystyle\int_1^x \frac{\mathrm{e}^t}{t}\mathrm{d}t$;　　(2) $\dfrac{\mathrm{d}}{\mathrm{d}x}\displaystyle\int_x^1 \frac{t}{\sin t}\mathrm{d}t$;

(3) $\dfrac{\mathrm{d}}{\mathrm{d}x}\displaystyle\int_x^{x^2} \tan t\,\mathrm{d}t$;　　(4) $\dfrac{\mathrm{d}}{\mathrm{d}x}\displaystyle\int_1^5 \frac{\sin t}{t}\mathrm{d}t$.

2. 求下列极限:

(1) $\displaystyle\lim_{x\to 0}\frac{\int_0^x \sin t^3\,\mathrm{d}t}{x^4}$;　　(2) $\displaystyle\lim_{x\to 0}\frac{\int_0^{x^2}\sqrt{1+t^3}\,\mathrm{d}t}{x^2}$;　　(3) $\displaystyle\lim_{x\to 0}\frac{\int_{x^2}^0 \cos t^2\,\mathrm{d}t}{2x}$.

3. 计算下列定积分:

(1) $\displaystyle\int_0^{\frac{\pi}{2}} \sin x\,\mathrm{d}x$;　　(2) $\displaystyle\int_0^1 \mathrm{e}^{2x}\,\mathrm{d}x$;

(3) $\displaystyle\int_0^{\frac{\pi}{4}} \frac{\mathrm{d}x}{1+x^2}$;　　(4) $\displaystyle\int_0^{2\pi} |\sin x|\,\mathrm{d}x$.

4. $f(x)=\begin{cases} x^2 & x\in[0,1) \\ x & x\in[1,2]\end{cases}$,求 $\Phi(x)=\displaystyle\int_0^x f(t)\mathrm{d}t$ 在$[0,2]$上的表达式.

4.3　定积分的性质

为了计算以及应用的方便,下面介绍定积分的性质.借助于定积分的定义、几何解释以及 N-L 公式,下述性质是容易证明的(我们把证明留给大家).了解这些性质,对于定积分的计算与应用极为重要.性质中所涉及的函数,在相应的区间上均为可积函数.

性质 1　$\displaystyle\int_a^b \mathrm{d}x = b-a$　(此时被积函数 $f=1$).

性质 2(线性性质)　设 α,β 为常数,则

$$\int_a^b [\alpha f(x)+\beta g(x)]\mathrm{d}x = \alpha\int_a^b f(x)\mathrm{d}x + \beta\int_a^b g(x)\mathrm{d}x.$$

性质 3(可加性)　不论 a、b、c 位置如何排列,有

$$\int_a^b f(x)\mathrm{d}x = \int_a^c f(x)\mathrm{d}x + \int_c^b f(x)\mathrm{d}x.$$

性质 4(比较性质)　若 $f(x)\leqslant g(x)$,$x\in[a,b]$,则

$$\int_a^b f(x)\mathrm{d}x \leqslant \int_a^b g(x)\mathrm{d}x.$$

由此知：若 $f(x)\geqslant 0$，$\int_a^b f(x)\mathrm{d}x\geqslant 0$.

性质 5(积分中值定理)　设 $f(x)$ 在区间$[a,b]$上连续，则在$[a,b]$上至少有一点 ξ，使

$$\int_a^b f(x)\mathrm{d}x=f(\xi)(b-a).$$

性质 6　如果在$[-a,a]$上 $f(x)$ 连续且 $f(x)=f(-x)$，则

$$\int_{-a}^a f(x)\mathrm{d}x=2\int_0^a f(x)\mathrm{d}x.$$

性质 7　如果在$[-a,a]$上 $f(x)$ 连续且 $f(x)=-f(-x)$，则

$$\int_{-a}^a f(x)\mathrm{d}x=0.$$

利用 N-L 公式及积分性质，我们就可以解决许多定积分的问题了.

例 1　求函数 $f(x)=\sin x$ 在$[0,\pi]$上的平均值 μ.

解　$\mu=\dfrac{1}{\pi-0}\displaystyle\int_0^\pi \sin x\mathrm{d}x=\dfrac{1}{\pi}[-\cos x]\Big|_0^\pi=\dfrac{1}{\pi}\cos x\Big|_\pi^0=\dfrac{2}{\pi}.$

例 2　比较积分 $\int_1^2 \ln x\mathrm{d}x$ 与 $\int_1^2(\ln x)^2\mathrm{d}x$ 的大小.

解　在 $1<x<2$ 中，因 $0<\ln x<1$，故 $\ln x>(\ln x)^2$. 因此 $\int_1^2 \ln x\mathrm{d}x>\int_1^2 \ln^2 x\mathrm{d}x$.

例 3　计算下列定积分：

(1) $\int_{-1}^1 |x|\mathrm{d}x$；　(2) $\int_0^2 \max(1,x^2)\mathrm{d}x$.

解　(1) $\displaystyle\int_{-1}^1 |x|\mathrm{d}x=\int_{-1}^0(-x)\mathrm{d}x+\int_0^1 x\mathrm{d}x=-\frac{1}{2}x^2\Big|_{-1}^0+\frac{1}{2}x^2\Big|_0^1=\frac{1}{2}+\frac{1}{2}=1.$

(2) $\displaystyle\int_0^2 \max(1,x^2)\mathrm{d}x=\int_0^1 1\mathrm{d}x+\int_1^2 x^2\mathrm{d}x=1+\frac{1}{3}x^3\Big|_1^2=\frac{10}{3}.$

此二题均对函数进行了分段处理. 注意这种求定积分的方法是根据被积函数表达式的要求做出的.

习题 4.3

1. 不计算积分，试确定它的符号：

(1) $\int_1^2 x^2\mathrm{d}x$；　(2) $\int_0^\pi x^2\sin x\mathrm{d}x$；　(3) $\int_2^1 x^4\ln x\mathrm{d}x$.

2. 比较积分的大小：

(1) $\int_0^1 x\mathrm{d}x$ 与 $\int_0^1 \ln(1+x)\mathrm{d}x$；　(2) $\int_1^2 x^2\mathrm{d}x$ 与 $\int_1^2 x^3\mathrm{d}x$；　(3) $\int_0^1 \sin x\mathrm{d}x$ 与 $\int_0^1 \sin^2 x\mathrm{d}x$.

3. 求下列函数在指定区间的平均值：

(1) $f(x)=\sqrt{x}$，　$[1,9]$；　　(2) $f(x)=\dfrac{1}{1+x^2}$，　$[0,1]$；

(3) $f(x)=\cos x$，　$[0,\pi]$.

4. 计算下列定积分：

(1) $\int_{-1}^{1} x\cos x\mathrm{d}x$；　　(2) $\int_{0}^{2}\min\{1,x^2\}$；　　(3) $\int_{-\pi}^{\pi}\sin 2x\cdot\sin 3x\mathrm{d}x$.

4.4　定积分的计算

由于微积分学基本定理揭示了定积分与不定积分之间的关系，因此，定积分的计算归结为求不定积分. 本节主要介绍计算定积分的两个基本方法.

4.4.1　定积分的换元积分法

定理 1　设函数 $f(x)$ 在区间 $[a,b]$ 上连续，作变换 $x=x(t)$，且满足

(1) 当 $t=\alpha$ 时，$x(\alpha)=a$，当 $t=\beta$ 时，$x(\beta)=b$；

(2) 当 t 在 $[\alpha,\beta]$ 上变化时，$x=x(t)$ 之值在 $[a,b]$ 上变化；

(3) $x'(t)$ 在 $[\alpha,\beta]$ 上连续，

则有换元积分公式

$$\int_{a}^{b} f(x)\mathrm{d}x=\int_{\alpha}^{\beta} f[x(t)]x'(t)\mathrm{d}t.$$

证　因为 $f(x)$ 在区间 $[a,b]$ 上连续，所以它可积. 设 $F(x)$ 是 $f(x)$ 的一个原函数，即

$$F'(x)=f(x).$$

由复合函数求导法则知

$$F'[x(t)]=F'(x)\cdot x'(t)=f[x(t)]\cdot x'(t),$$

即 $F[x(t)]$ 为 $f[x(t)]x'(t)$ 的一个原函数. 因此

$$\int_{\alpha}^{\beta} f[x(t)]\cdot x'(t)\mathrm{d}t=F[x(t)]\Big|_{\alpha}^{\beta}=F[x(\beta)]-F[x(\alpha)]=F(b)-F(a)=\int_{a}^{b} f(x)\mathrm{d}x.$$

此定理表明，利用换元法计算定积分，只需随着积分变量的替换相应地改变定积分的上下限，并在求出原函数后直接代入积分限计算.

注意：用换元法求不定积分时，还需用 $t=x^{-1}(x)$ 代回原来的变量 x，这是定积分换元法与不定积分换元法的不同之处. 显然，定积分换元法要简单许多.

例 1　求 $\int_{0}^{3}\sqrt{9-x^2}\mathrm{d}x$.

解　令 $x=3\sin t$　$\left(0\leqslant t\leqslant\dfrac{\pi}{2}\right)$，则 $\mathrm{d}x=3\cos t\mathrm{d}t$.

当 $x=0$ 时,$t=0$;当 $x=3$ 时,$t=\frac{\pi}{2}$. 于是

$$\int_0^3 \sqrt{9-x^2}\,dx=\int_0^{\frac{\pi}{2}} 3\cos t\cdot 3\cos t\,dt=\frac{9}{2}\int_0^{\frac{\pi}{2}}(1+\cos 2t)\,dt$$

$$=\frac{9}{2}\left[t+\frac{1}{2}\sin 2t\right]\Big|_0^{\frac{\pi}{2}}=\frac{9}{4}\pi.$$

定积分换元法的特点是:

(1) 所作代换与相应的不定积分的代换完全一样;

(2) 换元必换限,不必再代回.

例 2 求$\int_0^1 e^{x+2}\,dx$.

解 令 $x+2=t$,则 $dx=dt$. 当 $x=0$ 时,$t=2$;$x=1$ 时,$t=3$. 故

$$\int_0^1 e^{x+2}\,dx=\int_2^3 e^t\,dt=e^t\,\big|_2^3=e^3-e^2.$$

此题亦可直接用凑微分法求解:

$$\int_0^1 e^{x+2}\,dx=\int_0^1 e^{x+2}\,d(x+2)=e^{x+2}\,\big|_0^1=e^3-e^2.$$

因此,做题时,如果能用凑微分法,则可以直接计算.不换字母,自然不换积分限.

例 3 求出下列定积分:

(1)$\int_0^2 \frac{dx}{4+x^2}$; (2)$\int_0^{\frac{1}{2}} \frac{dx}{1+4x^2}$; (3)$\int_0^2 \sqrt{e^x}\,dx$; (4)$\int_0^4 \frac{\sqrt{x}}{1+\sqrt{x}}dx$.

解 (1)$\int_0^2 \frac{dx}{4+x^2} \xlongequal{令\ x=2t} \int_0^1 \frac{2dt}{4+4t^2}=\frac{1}{2}\int_0^1 \frac{dt}{1+t^2}=\frac{1}{2}\arctan t\Big|_0^1=\frac{\pi}{8}.$

(2)$\int_0^{\frac{1}{2}} \frac{dx}{1+4x^2}=\frac{1}{2}\int_0^{\frac{1}{2}} \frac{d(2x)}{1+(2x)^2}=\frac{1}{2}\arctan 2x\Big|_0^{\frac{1}{2}}=\frac{\pi}{8}.$

(3)$\int_0^2 \sqrt{e^x}\,dx=\int_0^2 e^{\frac{x}{2}}\,dx=2\int_0^2 e^{\frac{x}{2}}\,d\frac{x}{2}=2e^{\frac{x}{2}}\Big|_0^2=2(e-1).$

(4) $\int_0^4 \frac{\sqrt{x}}{1+\sqrt{x}}dx \xlongequal{令\sqrt{x}=t} \int_0^2 \frac{t}{1+t}\cdot 2t\,dt=2\int_0^2 \frac{t^2}{1+t}dt$

$$=2\int_0^2\left[\frac{t^2-1}{t+1}+\frac{1}{t+1}\right]dt=2\int_0^2\left[(t-1)+\frac{1}{t+1}\right]dt$$

$$=2\left[\frac{t^2}{2}-t+\ln(1+t)\right]\Big|_0^2=2\ln 3.$$

4.4.2 定积分的分部积分法

定理 2 设函数 $u=u(x)$ 及 $v=v(x)$ 在区间$[a,b]$上具有连续导数,则有分部积分

公式，即

$$\int_a^b u(x)v'(x)\mathrm{d}x=\int_a^b u(x)\mathrm{d}v(x)=u(x)v(x)\Big|_a^b-\int_a^b v(x)\mathrm{d}u(x).$$

证 由 $uv'+u'v=(uv)'$，两边关于 x 求积分得

$$\int_a^b uv'\mathrm{d}x+\int_a^b u'v\mathrm{d}x=\int_a^b (uv)'\mathrm{d}x=uv\Big|_a^b,$$

即

$$\int_a^b u\mathrm{d}v=uv\Big|_a^b-\int_a^b v\mathrm{d}u.$$

定积分的分部积分公式就是由不定积分的分部积分公式的每一项都带上积分限所得.以前所讨论的不定积分的分部积分公式所解决的积分类型及相应求法均可移植至定积分.

例 4 求$\int_1^{\mathrm{e}}\ln x\mathrm{d}x$.

解 $\int_1^{\mathrm{e}}\ln x\mathrm{d}x=x\ln x\Big|_1^{\mathrm{e}}-\int_1^{\mathrm{e}}x\cdot\frac{1}{x}\mathrm{d}x=\mathrm{e}-\int_1^{\mathrm{e}}\mathrm{d}x=\mathrm{e}-\mathrm{e}+1=1.$

例 5 求$\int_0^1 x\mathrm{e}^x\mathrm{d}x$.

解 $\int_0^1 x\mathrm{e}^x\mathrm{d}x=\int_0^1 x\mathrm{d}\mathrm{e}^x=x\mathrm{e}^x\Big|_0^1-\int_0^1\mathrm{e}^x\mathrm{d}x=\mathrm{e}-\mathrm{e}^x\Big|_0^1=1.$

例 6 求$\int_0^1\arctan x\mathrm{d}x$.

解
$$\int_0^1\arctan x\mathrm{d}x=x\arctan x\Big|_0^1-\int_0^1\frac{x}{1+x^2}\mathrm{d}x=\frac{\pi}{4}-\frac{1}{2}\int_0^1\frac{\mathrm{d}(x^2+1)}{1+x^2}$$
$$=\frac{\pi}{4}-\frac{1}{2}\ln(1+x^2)\Big|_0^1=\frac{\pi}{4}-\frac{1}{2}\ln 2.$$

最后，我们以一组例子来结束定积分计算的讨论.

例 7 求$\int_0^{\frac{\pi}{2}}\frac{\sin x}{\sin x+\cos x}\mathrm{d}x$.

解 令 $t=\frac{\pi}{2}-x$，则$\int_0^{\frac{\pi}{2}}\frac{\sin x}{\sin x+\cos x}\mathrm{d}x=\int_0^{\frac{\pi}{2}}\frac{\cos x}{\sin x+\cos x}\mathrm{d}x$. 因此

$$\int_0^{\frac{\pi}{2}}\frac{\sin x}{\sin x+\cos x}\mathrm{d}x=\frac{1}{2}\left[\int_0^{\frac{\pi}{2}}\frac{\sin x}{\sin x+\cos x}\mathrm{d}x+\int_0^{\frac{\pi}{2}}\frac{\cos x}{\sin x+\cos x}\mathrm{d}x\right]$$
$$=\frac{1}{2}\int_0^{\frac{\pi}{2}}\frac{\sin x+\cos x}{\sin x+\cos x}\mathrm{d}x=\frac{\pi}{4}.$$

例 8 $I_n=\int_0^{\frac{\pi}{2}}\sin^n x\mathrm{d}x$ （n 为非负整数）.

解 显然 $I_0=\int_0^{\frac{\pi}{2}}\mathrm{d}x=\frac{\pi}{2}$，$I_1=\int_0^{\frac{\pi}{2}}\sin x\mathrm{d}x=\cos x\Big|_{\frac{\pi}{2}}^0=1.$

当 $n \geqslant 2$ 时,用分部积分法得

$$I_n = \int_0^{\frac{\pi}{2}} \sin^{n-1} x \sin x \mathrm{d}x = -\int_0^{\frac{\pi}{2}} \sin^{n-1} x \mathrm{d}\cos x = -\sin^{n-1} x \cos x \Big|_0^{\frac{\pi}{2}} + \int_0^{\frac{\pi}{2}} \cos x \mathrm{d}\sin^{n-1} x$$

$$= (n-1)\int_0^{\frac{\pi}{2}} \sin^{n-2} x \cos^2 x \mathrm{d}x = (n-1)\int_0^{\frac{\pi}{2}} \sin^{n-2} x [1-\sin^2 x] \mathrm{d}x$$

$$= (n-1)\int_0^{\frac{\pi}{2}} \sin^{n-2} x \mathrm{d}x - (n-1)\int_0^{\frac{\pi}{2}} \sin^n x \mathrm{d}x$$

$$= (n-1) I_{n-2} - (n-1) I_n.$$

移项整理得递推公式

$$I_n = \frac{n-1}{n} I_{n-2} \quad (n \geqslant 2),$$

从而

$$I_n = \frac{n-1}{n} I_{n-2} = \frac{n-1}{n} \cdot \frac{n-3}{n-2} I_{n-4} = \cdots.$$

分别令 $n = 2m$ 与 $n = 2m+1$(m 为自然数),得

$$I_{2m} = \frac{2m-1}{2m} \cdot \frac{2m-3}{2m-2} \cdot \cdots \cdot \frac{3}{4} \cdot \frac{1}{2} I_0 = \frac{2m-1}{2m} \cdot \frac{2m-3}{2m-2} \cdot \cdots \cdot \frac{3}{4} \cdot \frac{1}{2} \cdot \frac{\pi}{2},$$

$$I_{2m+1} = \frac{2m}{2m+1} \cdot \frac{2m-2}{2m-1} \cdot \cdots \cdot \frac{4}{5} \cdot \frac{2}{3} I_1 = \frac{2m}{2m+1} \cdot \frac{2m-2}{2m-1} \cdot \cdots \cdot \frac{4}{5} \cdot \frac{2}{3}.$$

由于

$$\int_0^{\frac{\pi}{2}} \cos^n x \mathrm{d}x \xlongequal{\text{令 } x = \frac{\pi}{2} - t} \int_{\frac{\pi}{2}}^0 \cos^n \left(\frac{\pi}{2} - t\right) \mathrm{d}\left(\frac{\pi}{2} - t\right) = \int_0^{\frac{\pi}{2}} \sin^n x \mathrm{d}x,$$

故此结果亦可用于计算 $\int_0^{\frac{\pi}{2}} \cos^n x \mathrm{d}x$.

由此公式易知

$$\int_0^{\frac{\pi}{2}} \sin^2 x \mathrm{d}x = \int_0^{\frac{\pi}{2}} \cos^2 x \mathrm{d}x = \frac{\pi}{4},$$

$$\int_0^{\frac{\pi}{2}} \sin^3 x \mathrm{d}x = \int_0^{\frac{\pi}{2}} \cos^3 x \mathrm{d}x = \frac{2}{3},$$

$$\int_0^{\frac{\pi}{2}} \sin^4 x \mathrm{d}x = \int_0^{\frac{\pi}{2}} \cos^4 x \mathrm{d}x = \frac{3}{16}\pi,$$

$$\int_0^{\frac{\pi}{2}} \sin^5 x \mathrm{d}x = \int_0^{\frac{\pi}{2}} \cos^5 x \mathrm{d}x = \frac{8}{15}.$$

习题 4.4

1. 计算下列定积分：

(1) $\int_1^3 x^3 \mathrm{d}x$；　(2) $\int_{-1}^1 \mathrm{e}^{-x} \mathrm{d}x$；　(3) $\int_{-1}^2 \frac{x}{x+3}\mathrm{d}x$；

(4) $\int_0^\pi \sin x \mathrm{d}x$；　(5) $\int_0^1 \frac{\mathrm{d}x}{1+x^2}$；　(6) $\int_1^4 \sqrt{x}\mathrm{d}x$.

2. 计算下列定积分：

(1) $\int_{-2}^1 \frac{\mathrm{d}x}{(11+5x)^3}$；　(2) $\int_1^{\mathrm{e}} \frac{1+\ln x}{x}\mathrm{d}x$；　(3) $\int_0^1 \frac{1}{1+\mathrm{e}^x}\mathrm{d}x$；

(4) $\int_{-2}^0 \frac{\mathrm{d}x}{x^2+2x+2}$；　(5) $\int_0^1 (\mathrm{e}^x-1)^4 \mathrm{e}^x \mathrm{d}x$；　(6) $\int_0^a x^2 \sqrt{a^2-x^2}\mathrm{d}x$.

3. 计算下列定积分：

(1) $\int_0^1 x\arctan x \mathrm{d}x$；　(2) $\int_1^{\mathrm{e}} x\ln x \mathrm{d}x$；　(3) $\int_0^\pi x^2 \sin x \mathrm{d}x$；

(4) $\int_0^1 x\mathrm{e}^{-x} \mathrm{d}x$；　(5) $\int_0^{\mathrm{e}-1} \ln(1+x)\mathrm{d}x$；　(6) $\int_1^2 x^{-2}\mathrm{e}^{\frac{1}{x}}\mathrm{d}x$.

4.5 广义积分

在前面的讨论中，定积分$\int_a^b f(x)\mathrm{d}x$ 的下限 a 及上限 b 都是有限数，即区间$[a,b]$ 是有限的. 下面，我们将有限区间$[a,b]$ 推广到无穷区间上，并称此类积分为无穷区间的广义积分. 同广义积分相对应，我们将前面所讨论的积分称为常义积分.

定义 设 $f(x)$ 在$[a,+\infty)$ 上有定义，且对任意的 $b>a$，$f(x)$ 在有限区间$[a,b]$ 上都是可积的，则 $\lim\limits_{b\to+\infty}\int_a^b f(x)\mathrm{d}x$ 称为 $f(x)$ 在区间$[a,+\infty)$ 上的广义积分，记为

$$\int_a^{+\infty} f(x)\mathrm{d}x = \lim_{b\to+\infty}\int_a^b f(x)\mathrm{d}x.$$

这时，若极限存在，则称$\int_a^{+\infty} f(x)\mathrm{d}x$ 是收敛的，且等于极限值；否则称$\int_a^{+\infty} f(x)\mathrm{d}x$ 为发散的(此时$\int_a^{+\infty} f(x)\mathrm{d}x$ 只是一个符号，而不代表任何数值).

同理，我们可以定义函数 $f(x)$ 在区间$(-\infty,b]$ 上的广义积分，即

$$\int_{-\infty}^b f(x)\mathrm{d}x = \lim_{a\to-\infty}\int_a^b f(x)\mathrm{d}x.$$

函数在$(-\infty,+\infty)$上的广义积分则可定义为

$$\int_{-\infty}^{+\infty} f(x)\mathrm{d}x = \int_{-\infty}^{c} f(x)\mathrm{d}x + \int_{c}^{+\infty} f(x)\mathrm{d}x = \lim_{a\to-\infty}\int_{a}^{c} f(x)\mathrm{d}x + \lim_{b\to+\infty}\int_{c}^{b} f(x)\mathrm{d}x,$$

其中c为任意实数，并且当等式右边的两个广义积分都收敛时，$\int_{-\infty}^{+\infty} f(x)\mathrm{d}x$才收敛.

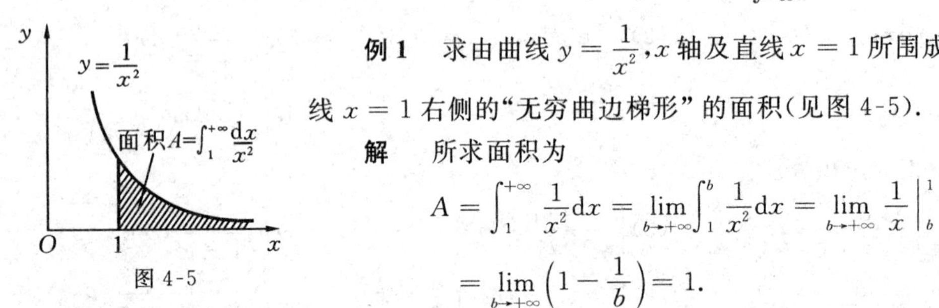

图 4-5

例 1 求由曲线$y=\frac{1}{x^2}$，x轴及直线$x=1$所围成的位于直线$x=1$右侧的“无穷曲边梯形”的面积(见图 4-5).

解 所求面积为

$$A=\int_1^{+\infty}\frac{1}{x^2}\mathrm{d}x=\lim_{b\to+\infty}\int_1^b\frac{1}{x^2}\mathrm{d}x=\lim_{b\to+\infty}\frac{1}{x}\Big|_b^1$$

$$=\lim_{b\to+\infty}\left(1-\frac{1}{b}\right)=1.$$

上述解法在熟练之后可简写成

$$A=\int_1^{+\infty}\frac{1}{x^2}\mathrm{d}x=-\frac{1}{x}\Big|_1^{+\infty}=1.$$

例 2 求$\int_0^{+\infty}\frac{1}{1+x^2}\mathrm{d}x$.

解 $\int_0^{+\infty}\frac{1}{1+x^2}\mathrm{d}x=\arctan x\Big|_0^{+\infty}=\frac{\pi}{2}.$

例 3 求$\int_{-\infty}^{+\infty}\frac{\mathrm{d}x}{1+x^2}$.

解 $\int_{-\infty}^{+\infty}\frac{\mathrm{d}x}{1+x^2}=\int_0^{+\infty}\frac{1}{1+x^2}\mathrm{d}x+\int_{-\infty}^{0}\frac{1}{1+x^2}\mathrm{d}x=\arctan x\Big|_0^{+\infty}+\arctan x\Big|_{-\infty}^{0}$

$$=\frac{\pi}{2}+\frac{\pi}{2}=\pi.$$

例 4 讨论广义积分$\int_1^{+\infty}\frac{\mathrm{d}x}{x^\alpha}$的敛散性(其中$\alpha$为常数且$\alpha>0$).

解 当$\alpha=1$时，

$$\int_1^{+\infty}\frac{\mathrm{d}x}{x}=\lim_{b\to+\infty}\int_1^b\frac{\mathrm{d}x}{x}=\lim_{b\to+\infty}\left[\ln x\Big|_1^b\right]=\lim_{b\to+\infty}\ln b=+\infty.$$

当$\alpha\neq1$时，

$$\int_1^{+\infty}\frac{\mathrm{d}x}{x^\alpha}=\lim_{b\to+\infty}\int_1^b\frac{\mathrm{d}x}{x^\alpha}=\lim_{b\to+\infty}\frac{x^{-\alpha+1}}{-\alpha+1}\Big|_1^b=\lim_{b\to+\infty}\frac{b^{1-\alpha}-1}{1-\alpha}$$

$$=\begin{cases}\dfrac{1}{\alpha-1}, & \text{当 }\alpha>1\text{ 时},\\ +\infty, & \text{当 }\alpha<1\text{ 时}.\end{cases}$$

因此，当 $\alpha > 1$ 时，该积分收敛，且收敛于 $\frac{1}{\alpha - 1}$；当 $\alpha \leqslant 1$ 时，该积分发散.

例 5 求 $\int_{-\infty}^{+\infty} \mathrm{e}^x \mathrm{d}x$.

解

$$\int_{-\infty}^{+\infty} \mathrm{e}^x \mathrm{d}x = \int_{-\infty}^{a} \mathrm{e}^x \mathrm{d}x + \int_{a}^{+\infty} \mathrm{e}^x \mathrm{d}x,$$

因

$$\int_{a}^{+\infty} \mathrm{e}^x \mathrm{d}x = \mathrm{e}^x \Big|_{a}^{+\infty} = +\infty,$$

所以 $\int_{-\infty}^{+\infty} \mathrm{e}^x \mathrm{d}x$ 发散.

习题 4.5

求下列广义积分之值：

(1) $\int_{-\infty}^{+\infty} \frac{1}{x^2 + 2x + 2} \mathrm{d}x$； (2) $\int_{\mathrm{e}}^{+\infty} \frac{\mathrm{d}x}{x(\ln x)^2}$；

(3) $\int_{1}^{+\infty} \frac{\mathrm{d}x}{x^2}$； (4) $\int_{0}^{+\infty} \mathrm{e}^{-x} \mathrm{d}x$.

4.6 定积分的应用

定积分是在研究许多具体问题的过程中形成的数学概念. 因此，它有多方面的应用，只要是最后能归结为“求总和的极限”的问题，都可以用定积分来计算.

本节将采用“微元法”来讨论定积分在几何学与物理学中的应用. 首先介绍定积分的微元法.

4.6.1 定积分的微元法

首先要明确，定积分所要解决的是在给定区间上求某个不均匀分布的整体量的问题. 由定积分的定义知，这个整体量必须在所讨论区间上具有可加性. 通过前面所讨论的求曲边梯形的面积和求变速直线运动的路程这两个实际问题，可以归纳出这类问题的具体解法：首先是通过分割区间把整体问题化为局部问题，在局部上用均匀的量代替不均匀的量而求出局部近似值；然后，把这些值加起来得到整体量的一个近似值；局部被分得越小，这种近似程度越好，当我们无限细分时，取极限就得到了整体量的精确值. 这就是用定积分来解决实际问题的基本思想，即“分割 → 近似代替 → 求和 → 取极限”. 在这种方法中，选择适当的量（实际上是一个函数）写出局部量的近似式是解决问题的关键.

下面将以上步骤简化为两步进行：

第一步，建立微分表达式，任取一小区间$[x,x+\mathrm{d}x]$，写出所求量A在这个小区间上的局部量的近似值

$$\Delta A \approx \mathrm{d}A = f(x)\mathrm{d}x;$$

第二步，在区间$[a,b]$上将$\mathrm{d}A$“相加”，即求$\mathrm{d}A$从a到b的积分，得

$$A = \int_a^b \mathrm{d}A = \int_a^b f(x)\mathrm{d}x.$$

这种方法称为微元分析法，简称微元法，并称$\mathrm{d}A = f(x)\mathrm{d}x$为所求量$A$的微元.

4.6.2 定积分的几何应用

1. 平面图形的面积

由定积分的几何意义知，由$y = f(x)$($f(x)$是区间$[a,b]$上的非负连续函数)，直线$x = a, x = b$以及x轴所围成的曲边梯形(见图4-6)的面积

$$A = \int_a^b f(x)\mathrm{d}x.$$

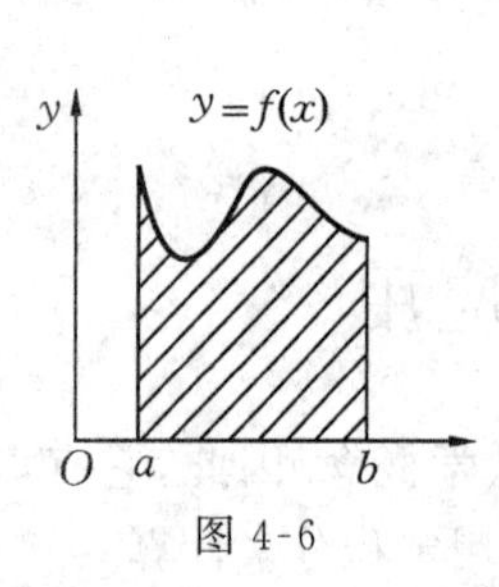

图 4-6

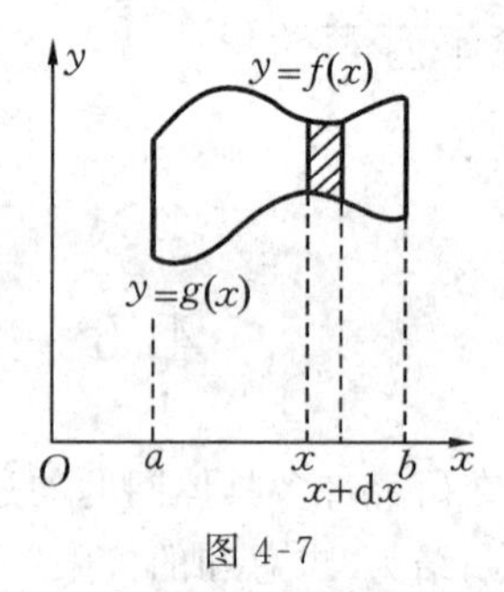

图 4-7

一般的，设$y = f(x), y = g(x)$在区间$[a,b]$上连续，且在$[a,b]$上恒有$g(x) \leqslant f(x)$. 由曲线$y = f(x), y = g(x)$及直线$x = a, x = b$所围成的平面图形如图4-7所示. 在$[a,b]$上任取一小区间$[x,x+\mathrm{d}x]$，该小区间所对应的图形可近似于高为$f(x)-g(x)$、底为$\mathrm{d}x$的小矩形，因而面积微元为

$$\mathrm{d}A = [f(x) - g(x)]\mathrm{d}x,$$

故该平面图形的面积

$$A = \int_a^b [f(x) - g(x)]\mathrm{d}x.$$

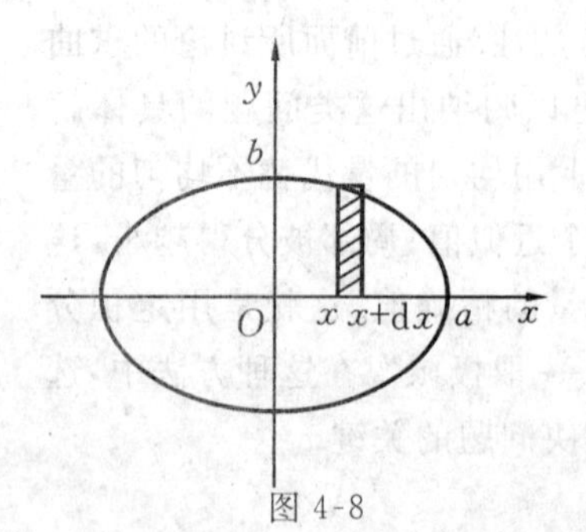

图 4-8

例 1 求椭圆$\frac{x^2}{a^2} + \frac{y^2}{b^2} = 1$所围面积$A$(其中$a,b > 0$).

解 由对称性，只需计算该椭圆在第 Ⅰ 象限的面积(见图4-8).

$$\frac{1}{4}A = \int_0^a \frac{b}{a}\sqrt{a^2 - x^2}\mathrm{d}x.$$

令 $x=a\sin t$，则 $\mathrm{d}x=a\cos t\mathrm{d}t$，且 $x=0$ 时，$t=0$，$x=a$ 时 $t=\frac{\pi}{2}$，于是

$$\begin{aligned}\frac{1}{4}A&=\frac{b}{a}\int_0^{\frac{\pi}{2}}\sqrt{a^2-a^2\sin^2 t}\cdot a\cos t\mathrm{d}t\\&=ab\int_0^{\frac{\pi}{2}}\cos^2 t\mathrm{d}t=\frac{1}{2}ab\int_0^{\frac{\pi}{2}}(1+\cos 2t)\mathrm{d}t\\&=\frac{1}{2}ab\left(t+\frac{1}{2}\sin 2t\right)\Big|_0^{\frac{\pi}{2}}=\frac{1}{4}\pi ab.\end{aligned}$$

故
$$A=\pi ab.$$

特别的，当 $a=b$ 时，$A=\pi a^2$（圆的面积公式）.（注：在上述积分计算中，可直接用公式得 $\int_0^{\frac{\pi}{2}}\cos^2 t\mathrm{d}t=\frac{1}{2}\cdot\frac{\pi}{2}=\frac{\pi}{4}$.）

例 2　计算两条抛物线 $y^2=x$ 与 $x^2=y$ 所围成的图形面积 A.

解　解联立方程

$$\begin{cases}x^2=y,\\y^2=x,\end{cases}$$

得两抛物线交点(0,0)，(1,1)（见图 4-9）. 于是

$$\begin{aligned}\int_0^1(\sqrt{x}-x^2)\mathrm{d}x&=\int_0^1\sqrt{x}\mathrm{d}x-\int_0^1 x^2\mathrm{d}x=\frac{2}{3}x^{\frac{3}{2}}\Big|_0^1-\frac{1}{3}x^3\Big|_0^1\\&=\frac{2}{3}-\frac{1}{3}=\frac{1}{3}.\end{aligned}$$

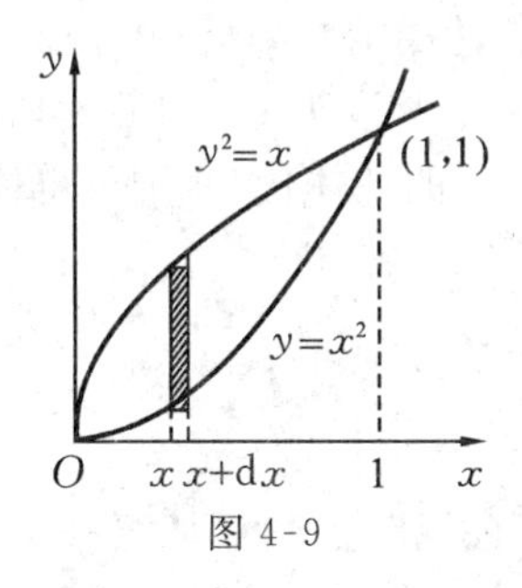

图 4-9

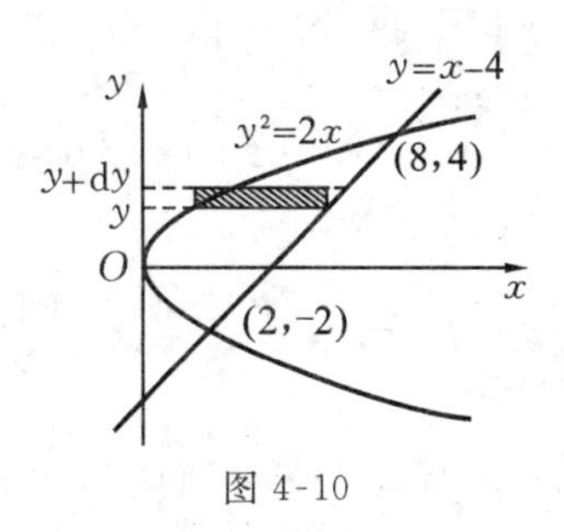

图 4-10

例 3　计算由抛物线 $y^2=2x$ 同直线 $y=x-4$ 所围成的图形面积 A（见图 4-10）.

解法一　解联立方程

$$\begin{cases}y^2=2x,\\y=x-4,\end{cases}$$

得交点(2，－2)，(8,4). 于是

$$A=\int_0^2[\sqrt{2x}-(-\sqrt{2x})]\mathrm{d}x+\int_2^8[\sqrt{2x}-(x-4)]\mathrm{d}x\quad（为什么？）$$

$$=\int_0^2 2\sqrt{2}x^{\frac{1}{2}}\mathrm{d}x+\int_2^8[4+\sqrt{2}x^{\frac{1}{2}}-x]\mathrm{d}x$$

$$=2\sqrt{2}\cdot\frac{x^{\frac{1}{2}+1}}{1+\frac{1}{2}}\Bigg|_0^2+24+\sqrt{2}\cdot\frac{x^{1+\frac{1}{2}}}{1+\frac{1}{2}}\Bigg|_2^8-\frac{1}{2}x^2\Bigg|_2^8$$

$$=\frac{16}{3}+24+\frac{64}{3}-\frac{8}{3}-32+2=18.$$

解法二 解联立方程

$$\begin{cases}y^2=2x,\\ y=x-4\end{cases}$$

得交点$(2,-2)$,$(8,4)$.

为简化计算,我们将图形看成由曲线$x=\frac{1}{2}y^2$同直线$x=y+4$所围成,并且面积微元$\mathrm{d}A=\left[(y+4)-\frac{1}{2}y^2\right]\mathrm{d}y$,于是

$$A=\int_{-2}^4\left[(y+4)-\frac{1}{2}y^2\right]\mathrm{d}y=\left[\frac{1}{2}y^2+4y-\frac{1}{6}y^3\right]\Bigg|_{-2}^4=18.$$

由此可知,恰当地选择积分变量,可使计算简便.

2. 平行截面面积为已知的立体的体积

设所考虑的立体被一曲面和垂直于x轴的两个平面$x=a$及$x=b$所包围,并设垂直于x轴的平面同该立体相交的截面面积是已知的连续函数$A(x)$,且有$a\leqslant x\leqslant b$(见图4-11).

为求它的体积,我们采用微元法.首先建立微分表达式:在$[a,b]$中任取一小区间$[x,x+\mathrm{d}x]$,将立体中相应的一个厚度为$\mathrm{d}x$的薄片体积近似地用一个底面积为$A(x)$、高为$\mathrm{d}x$的柱体代替,则可得体积微元

$$\mathrm{d}V=A(x)\mathrm{d}x,$$

于是,所求体积

$$V=\int_a^b A(x)\mathrm{d}x.$$

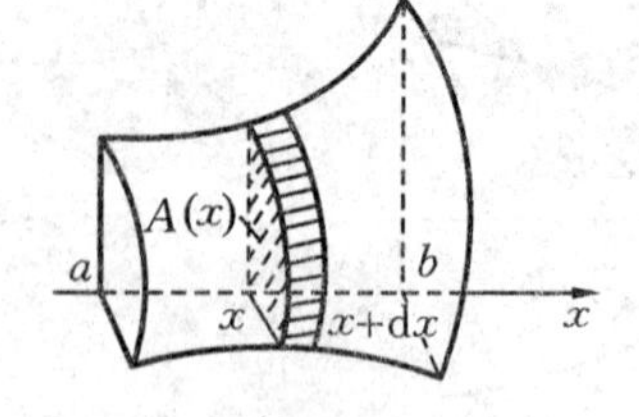

图4-11

我国古代数学家祖暅(公元5世纪后期至公元6世纪初期大数学家祖冲之之子),在计算体积时,曾经提出一个原理——“幂势即同则积不容异”。这里“幂”指截面面积,“势”则为高,意思是两个几何立体,如果在等高处截面面积相等,若高度相同,则其体积亦相同.这个原理与公式$V=\int_a^b A(x)\mathrm{d}x$完全一致.

例4 有一立体,底面是长轴为$2a$、短轴为$2b$的椭圆,而垂直于长轴的截面都是等边三角形,求其体积.

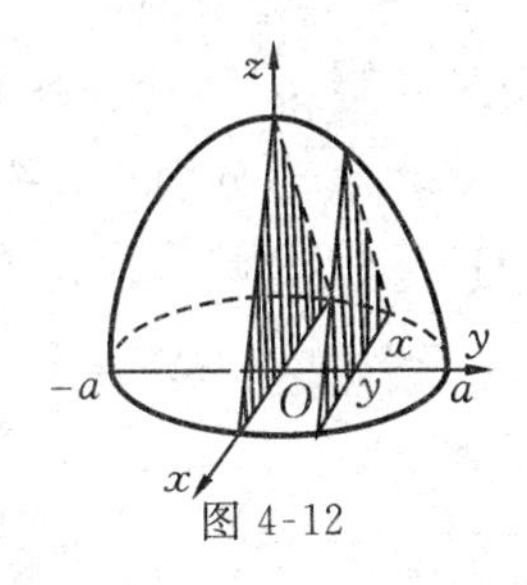

图 4-12

解 如图 4-12 所示，长轴上 y 处的阴影部分是边长为 $2x$ 的等边三角形，其中 $x=\frac{b}{a}\sqrt{a^2-y^2}$. 因此，该等边三角形的面积为

$$\frac{1}{2}\cdot 2x\cdot\sin\frac{\pi}{3}\cdot 2x=\sqrt{3}x^2=\sqrt{3}\,\frac{b^2}{a^2}(a^2-y^2).$$

于是，所求体积

$$V=\int_{-a}^{a}\sqrt{3}\,\frac{b^2}{a^2}(a^2-y^2)\mathrm{d}y=2\sqrt{3}\,\frac{b^2}{a^2}\int_0^a(a^2-y^2)\mathrm{d}y=\frac{4\sqrt{3}}{3}ab^2.$$

3. 旋转体的体积

由连续曲线 $y=f(x)$ 与直线 $y=0,x=a,x=b$ 所围成的曲边梯形绕 x 轴旋转一周所围成的立体称为旋转体(见图 4-13). 由旋转体的定义知，用任何一垂直于 x 轴的平面截此立体，截面均为以 $|f(x)|$ 为半径的圆，其截面积为

$$A(x)=\pi f^2(x).$$

由此知旋转体的体积为

$$V=\int_a^b\pi f^2(x)\mathrm{d}x.$$

例 5 求如图 4-14 所示的椭圆 $\frac{x^2}{a^2}+\frac{y^2}{b^2}=1$ 绕 x 轴旋转而成的椭球体体积.

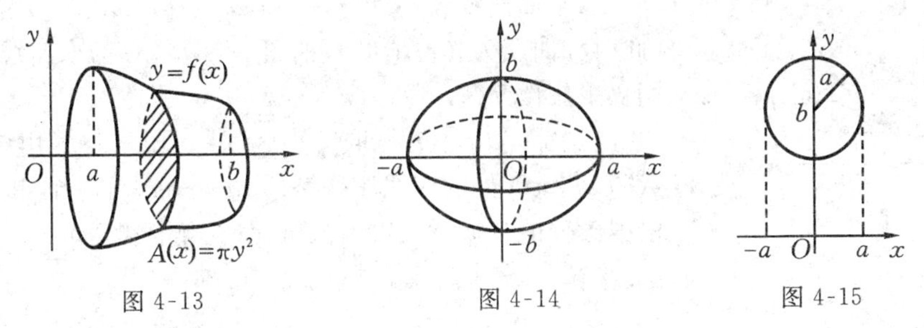

图 4-13　　图 4-14　　图 4-15

解 上半椭圆方程为

$$y=\frac{b}{a}\sqrt{a^2-x^2}\quad(-a\leqslant x\leqslant a).$$

故

$$\begin{aligned}V_x&=\int_{-a}^{a}\pi y^2\mathrm{d}x=\int_{-a}^{a}\pi\frac{b^2}{a^2}(a^2-x^2)\mathrm{d}x\\&=\frac{\pi b^2}{a^2}\int_{-a}^{a}(a^2-x^2)\mathrm{d}x\\&=\frac{\pi b^2}{a^2}\left[a^2x-\frac{1}{3}x^3\right]\Big|_{-a}^{+a}=\frac{4}{3}\pi ab^2.\end{aligned}$$

想一想：该椭圆绕 y 轴旋转而成的椭球体体积 V_y 如何计算？体积应是多少？

例 6 求由圆 $x^2+(y-b)^2=a^2(b>a>0)$(见图 4-15) 绕 x 轴旋转而成的圆环体体积.

解 圆环体体积 V 等于由上半圆周 $y_2=b+\sqrt{a^2-x^2}$ 和下半圆周 $y_1=b-\sqrt{a^2-x^2}$ 分别与直线 $x=-a,x=a,y=0$ 所围成的曲边梯形绕 x 轴旋转所产生的旋转体体积之差,即

$$
\begin{aligned}
V&=\int_{-a}^{+a}\pi[y_2^2-y_1^2]\mathrm{d}x\\
&=2\pi\int_0^a[(b+\sqrt{a^2-x^2})^2-(b-\sqrt{a^2-x^2})^2]\mathrm{d}x\\
&=8\pi b\int_0^a\sqrt{a^2-x^2}\,\mathrm{d}x\\
&\xlongequal{\text{令 } x=a\sin t}8\pi b\int_0^{\frac{\pi}{2}}\sqrt{a^2-a^2\sin^2 t}\,\mathrm{d}(a\sin t)=8a^2b\pi\int_0^{\frac{\pi}{2}}\cos^2 t\mathrm{d}t\\
&=8a^2b\pi\cdot\frac{1}{2}\cdot\frac{\pi}{2}\\
&=2a^2b\pi^2.
\end{aligned}
$$

注 可直接利用定积分的几何意义得$\int_0^a\sqrt{a^2-x^2}\,\mathrm{d}x=\frac{\pi a^2}{4}$.

4. 平面曲线的弧长

(1) 直角坐标下的弧长公式.

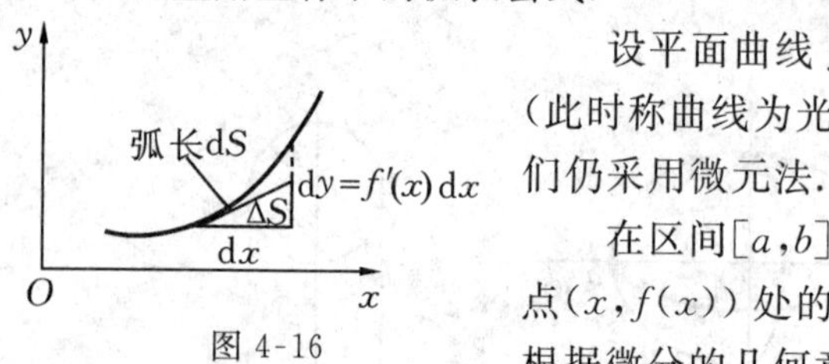

图 4-16

设平面曲线 $y=f(x)(a\leqslant x\leqslant b)$ 具有一阶连续导数(此时称曲线为光滑曲线),如图 4-16 所示. 为求曲线弧长,我们仍采用微元法.

在区间$[a,b]$上任取一小区间$[x,x+\mathrm{d}x]$,用该曲线在点$(x,f(x))$处的切线段代替$[x,x+\mathrm{d}x]$上一段弧的长度,根据微分的几何意义得弧长微元(或弧长微分)

$$\mathrm{d}S=\sqrt{(\mathrm{d}x)^2+(\mathrm{d}y)^2}=\sqrt{1+y'^2}\,\mathrm{d}x.$$

于是,得弧长公式

$$S=\int_a^b\sqrt{1+y'^2}\,\mathrm{d}x.$$

例 7 计算半径为 R 的圆的周长.

解 设圆的方程为 $x^2+y^2=R^2$,如图 4-17 所示. 先求上半圆的周长,这时 $y=\sqrt{R^2-x^2}$. 由弧长公式得

$$
\begin{aligned}
\frac{1}{2}S&=\int_{-R}^{R}\sqrt{1+y'^2}\,\mathrm{d}x=2\int_0^R\sqrt{1+\left(\frac{x}{\sqrt{R^2-x^2}}\right)^2}\,\mathrm{d}x\\
&=2\int_0^R\frac{R}{\sqrt{R^2-x^2}}\mathrm{d}x=2R\cdot\arcsin\frac{x}{R}\Big|_0^R=R\pi,
\end{aligned}
$$

故

$$S=2\pi R.$$

例 8　求悬链线 $y=\frac{1}{2}(e^x+e^{-x})$ 从 $x=0$ 到 $x=a(a>0)$ 的弧长.

解　悬链线如图 4-18 所示，它描述两根杆之间悬线的形态. 因

$$y'=\frac{1}{2}(e^x-e^{-x}),$$

故

$$S=\int_0^a\sqrt{1+y'^2}\,dx=\int_0^a\sqrt{1+\frac{1}{4}(e^x-e^{-x})^2}\,dx$$

$$=\frac{1}{2}\int_0^a(e^x+e^{-x})\,dx=\frac{1}{2}(e^x-e^{-x})\Big|_0^a$$

$$=\frac{1}{2}(e^a-e^{-a}).$$

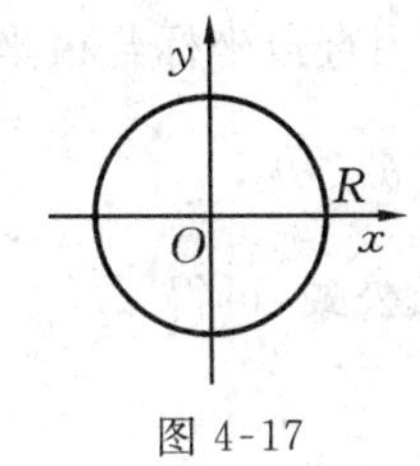

图 4-17

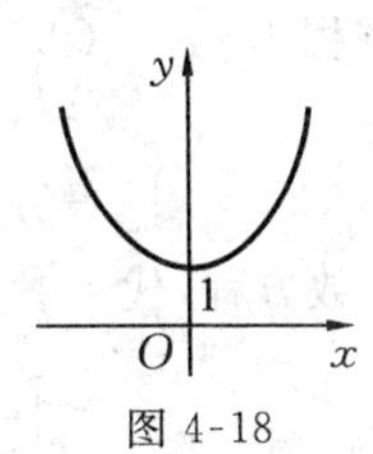

图 4-18

(2) 参数方程下的弧长公式.

设曲线的参数方程为

$$\begin{cases}x=x(t),\\ y=y(t),\end{cases}\quad \alpha\leqslant t\leqslant\beta,$$

$x(t),y(t)$ 在$[\alpha,\beta]$上有连续的一阶导数. 选积分变量 $t(\alpha\leqslant t\leqslant\beta)$，建立微分表达式. 在$[\alpha,\beta]$上任意取一小区间$[t,t+dt]$，则弧长微元

$$dS=\sqrt{(dx)^2+(dy)^2}=\sqrt{[x'(t)dt]^2+[y'(t)dt]^2}$$

$$=\sqrt{[x'(t)]^2+[y'(t)]^2}\,dt.$$

于是

$$S=\int_\alpha^\beta\sqrt{[x'(t)]^2+[y'(t)]^2}\,dt.$$

这是曲线弧长的一般公式.

注意：直角坐标系下函数 $y=f(x)$ 也可看成参数方程

$$\begin{cases}x=x,\\ y=f(x),\end{cases}\quad a\leqslant x\leqslant b.$$

例 9　求星形线 $x=a\cos^3t,y=a\sin^3t$（见图 4-19）的弧长.

解　由对称性，只需求它在第一象限内的弧长，然后乘以 4 即可. 此时 t 的变化范围

是从 0 到$\frac{\pi}{2}$.

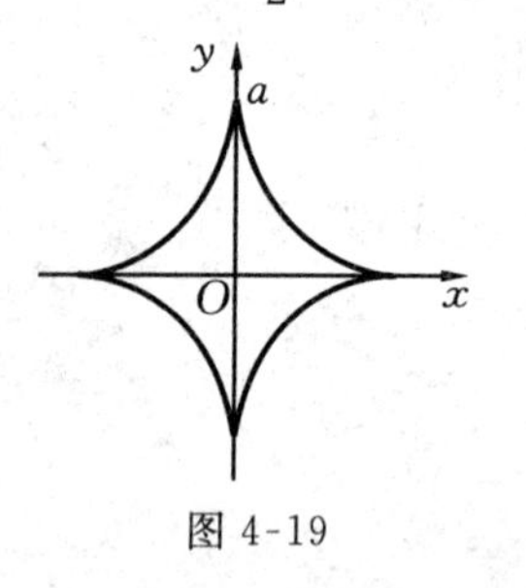

图 4-19

$$
\begin{aligned}
S &= 4\int_0^{\frac{\pi}{2}} \sqrt{[x'(t)]^2+[y'(t)]^2}\,\mathrm{d}t \\
&= 4\int_0^{\frac{\pi}{2}} \sqrt{(-3a\cos^2 t\sin t)^2+(3a\sin^2 t\cos t)^2}\,\mathrm{d}t \\
&= 12a\int_0^{\frac{\pi}{2}} \sqrt{\cos^2 t\sin^2 t(\cos^2 t+\sin^2 t)}\,\mathrm{d}t \\
&= 12a\int_0^{\frac{\pi}{2}} \sin t\cos t\,\mathrm{d}t = 6a\sin^2 t\Big|_0^{\frac{\pi}{2}} = 6a.
\end{aligned}
$$

*(3) 极坐标下的弧长公式.

设曲线极坐标方程为 $r=r(\theta)$,$\theta_1<\theta<\theta_2$. 利用直角坐标与极坐标的关系,得

$$
\begin{cases} x = r(\theta)\cos\theta, \\ y = r(\theta)\sin\theta, \end{cases} \quad \theta_1<\theta<\theta_2,
$$

这是以 θ 为参数的参数方程,代入参数方程下的弧长公式,可得

$$
S = \int_{\theta_1}^{\theta_2} \sqrt{r^2(\theta)+[r'(\theta)]^2}\,\mathrm{d}\theta.
$$

例 10 某公司设计的蚊香依螺线 $r=a\theta$ 盘绕,共 3.5 圈,每圈间隔 15 mm. 求蚊香的全长.

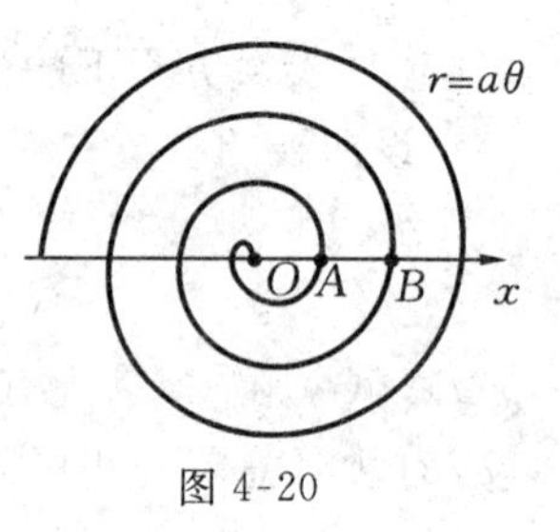

图 4-20

解 由螺线方程 $r=a\theta$ 知,A,B 两点的极坐标分别为$(2\pi, 2\pi a)$与$(4\pi, 4\pi a)$(见图 4-20). 故 $|AB| = 4\pi a - 2\pi a = 2\pi a = 15$,得 $a=\frac{15}{2\pi}$.

因此螺线方程为 $$r=\frac{15}{2\pi}\theta.$$

因蚊香共有 3.5 圈,故 θ 的变化范围为$[0,7\pi]$. 于是蚊香全长

$$
\begin{aligned}
S &= \int_0^{7\pi} \sqrt{r^2+r'_2}\,\mathrm{d}\theta = \int_0^{7\pi} \sqrt{a^2\theta^2+a^2}\,\mathrm{d}\theta = a\int_0^{7\pi} \sqrt{1+\theta^2}\,\mathrm{d}\theta \\
&= \frac{15}{2\pi}\int_0^{7\pi} \sqrt{1+\theta^2}\,\mathrm{d}\theta = \frac{15}{2\pi}\cdot\left[\frac{1}{2}(\theta\sqrt{1+\theta^2}+\ln(\theta+\sqrt{1+\theta^2}))\right]\Big|_0^{7\pi} \\
&= \frac{15}{4\pi}[7\pi\sqrt{1+49\pi^2}+\ln(7\pi+\sqrt{1+49\pi^2})]\ \mathrm{mm} \\
&= 582.4\ \mathrm{mm}.
\end{aligned}
$$

$\left(注:\int\sqrt{1+\theta^2}\,\mathrm{d}\theta = \frac{\theta}{2}\sqrt{1+\theta^2}+\frac{1}{2}\ln(\theta+\sqrt{\theta^2+1})+C.\right)$

4.6.3 定积分的物理应用

1. 功

设物体在变力 $f(x)$ 的作用下沿 x 轴从 a 点移动到 b 点，且力的方向与位移方向一致，当 $f(x)$ 在 $[a,b]$ 上连续变化时，求 $f(x)$ 对物体所做的功 W.

利用微元法. 在位移区间 $[a,b]$ 内任取一小区间 $[x,\mathrm{d}x+x]$，则力 $f(x)$ 在该区间上所做的功为

$$\mathrm{d}W=f(x)\mathrm{d}x,$$

由此

$$W=\int_a^b f(x)\mathrm{d}x.$$

例 11 一个半径为 5 m 的半球形水池中盛满了水，求将全部池水抽到离它顶部 6 m 的高处，所需做功为多少？

解 建立坐标系如图 4-21 所示.

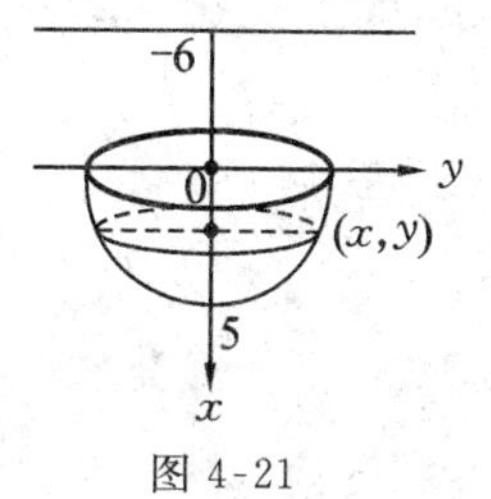

图 4-21

在深度为 x 处取一薄水层，厚度为 $\mathrm{d}x$，水的密度为 ρ，薄水层重量为 $\rho g\pi y^2\mathrm{d}x$，这里 $y=\sqrt{5^2-x^2}$. 将其抽到顶部上方 6 m 处所做的功为

$$\mathrm{d}W=\rho g\pi(25-x^2)(x+6)\mathrm{d}x,$$

故

$$\begin{aligned}W&=\int_0^5\rho g\pi(25-x^2)(x+6)\mathrm{d}x\\&=\rho g\pi\int_0^5(150+25x-6x^2-x^3)\mathrm{d}x\\&=656\ 250\pi g\ \mathrm{N}\cdot\mathrm{m}.\end{aligned}$$

2. 液体的静压力

设一平面薄板 D 垂直地浸没在密度为 ρ 的均质液体中. 现求液体对 D 一侧的静压力 $\boldsymbol{F}$.

由物理学知：在液体中的同一深度，各个方向的压强是相等的，且压强随液体深度的增加而增加，压强 = 深度 × 液体密度 × g.

在 D 所在平面上建立坐标系，使 x 轴朝下，y 轴在液面上（见图 4-22）.

D 由连续曲线 $y=f(x)$，$y=g(x)$，$x=a$，$x=b$ 围成且 $f(x)\geqslant g(x)$.

在区间 $[a,b]$ 上任取一微小区间 $[x,x+\mathrm{d}x]$，则所对应的平面薄板微元的面积近似于 $[f(x)-g(x)]\mathrm{d}x$. 由此，压力元素为

$$\mathrm{d}F=x[f(x)-g(x)]\rho g\mathrm{d}x,$$

从而

$$F=\int_a^b x[f(x)-g(x)]\rho g\mathrm{d}x.$$

例 12 假设直立的水闸形状为一正梯形，其高为 100 m，上底宽 200 m，下底宽 100 m，求水深 50 m 时水闸所受的静压力.

解 建立坐标系如图 4-23 所示，水的密度为 1，BC 所在的直线方程为 $y=-\frac{1}{2}x+75$.

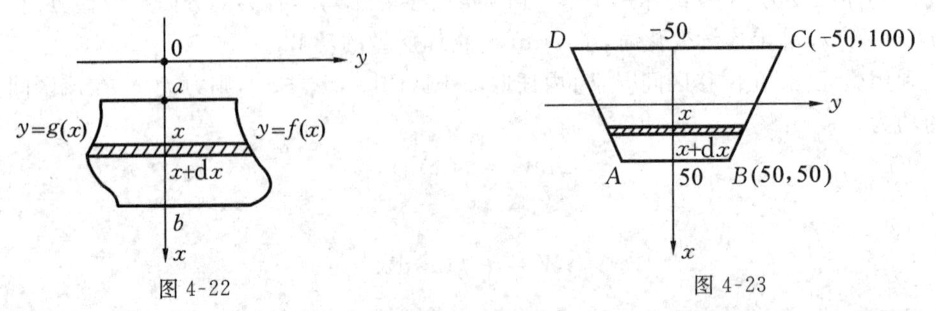

图 4-22　　图 4-23

在[0,50]上任取一微小区间$[x,x+\mathrm{d}x]$，则对应的窄条面积近似于 $2yx$，因此，压力元素

$$\mathrm{d}F=2xy\,\mathrm{d}x$$

于是

$$\begin{aligned}F&=2\int_0^{50}xy\,\mathrm{d}x=\int_0^{50}x(150-x)\,\mathrm{d}x\\&=150\cdot\frac{x^2}{2}\Big|_0^{50}-\frac{1}{3}x^3\Big|_0^{50}\\&=\frac{437\ 500}{3}\ \mathrm{N}.\end{aligned}$$

例 13 一铅直倒立的等腰三角形水闸，其底为 a，高为 b，且底与水面齐. 求(1) 水闸所受压力；(2) 作一水平线，把水闸分成上、下两部分，使此两部分所受压力相等.

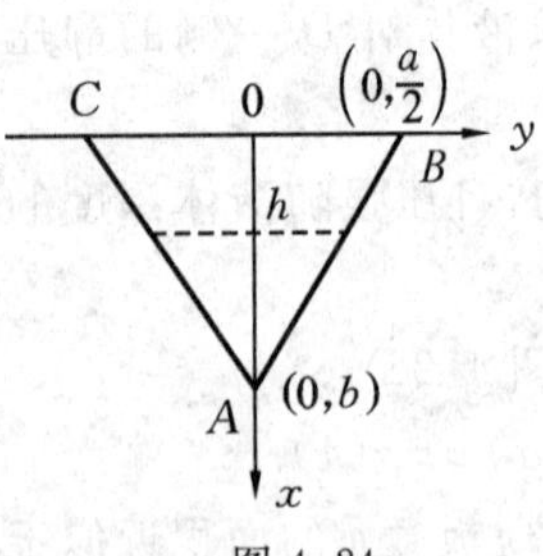

解 建立坐标系如图 4-24 所示，AB 所在的直线方程为 $y=\frac{a}{2b}(b-x)$. 于是

(1)
$$\begin{aligned}F&=2\int_0^b xy\,\mathrm{d}x=2\int_0^b x\frac{a}{2b}(b-x)\,\mathrm{d}x\\&=\frac{a}{b}\int_0^b(bx-x^2)\,\mathrm{d}x=\frac{ab^2}{6}.\end{aligned}$$

图 4-24

(2) 设水平线 $x=h$，则

$$F=2\int_0^h xy\,\mathrm{d}x=\frac{1}{12}ab,$$

即

$$2\int_0^h \frac{a}{2b}x(b-x)\mathrm{d}x = \frac{a}{b}\int_0^h (bx-x^2)\mathrm{d}x = \frac{a}{b}\left[\frac{bh^2}{2}-\frac{h^3}{3}\right]=\frac{ab^2}{12}.$$

解得 $h=\dfrac{b}{2}$,即水平线为 $x=\dfrac{b}{2}$.

3. 引力

设有两个质点,质量分别为 m_1 和 m_2,根据万有引力定律,这两个质点间的引力

$$F = G\frac{m_1 m_2}{r^2},$$

其中 G 为引力常数,r 为两个质点间的距离.

现用定积分计算一质点与一有限长细杆间的引力.

例 14 有一质量为 m 的质点以及一线密度为常数 ρ、长度为 l 的细杆,质点与杆在一条直线上,且与杆的近端距离为 a,求杆与质点间的引力 F.

解 建立坐标系如图 4-25 所示.

在杆上任取一微小区间 $[x,x+\mathrm{d}x]$,其质量为 $\rho\mathrm{d}x$,将其视为质量集中于 x 点的质点,则它与已知质点的距离为 $a+x$. 因此引力元素

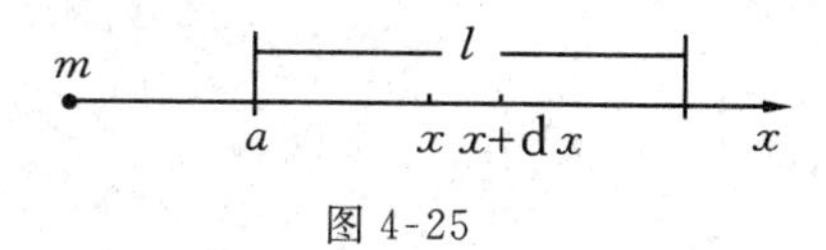

图 4-25

$$\mathrm{d}F = G\frac{m\rho\mathrm{d}x}{(a+x)^2},$$

于是
$$F=\int_0^l G\frac{m\rho}{(a+x)^2}\mathrm{d}x = Gm\rho\left[\frac{1}{a+x}\right]\Bigg|_l^0 = \frac{Gm\rho l}{a(a+l)}.$$

习题 4.6

1. 求由下列各曲线围成的面积:

(1) $y=\mathrm{e}^x, y=\mathrm{e}^{-x}$ 与直线 $x=1$;

(2) $y=3-x^2$ 与 $y=2x$;

(3) $y=\dfrac{1}{2}x^2$ 与 $x^2+y^2=8$(两部分都要计算).

2. 求下列已知曲线所围成的图形按指定轴旋转所产生的旋转体体积:

(1) $y^2=x, x^2=y$, 绕 y 轴;

(2) $x=0, y=0$ 与 $x+y=1$, 绕 x 轴;

(3) $y=x^2, x=0$ 与 $y=8$, 绕 y 轴.

3. 求下列已知曲线的弧长:

(1) $y=\ln x, \sqrt{3}\leqslant x\leqslant\sqrt{8}$;

(2) $y=\frac{2}{3}x^{\frac{3}{2}}, 0\leqslant x\leqslant 8$;

(3) $x=a(t-\sin t), y=a(1-\cos t), a>0, 0\leqslant t\leqslant 2\pi$.

4. 以 2 m/s 的速率铅直上举一重为 1 kg 的容器,水以 0.5 kg/s 的速率从容器中流出,若容器与水的初重为 20 kg,把容器举到 10 m 高需做多少功?

5. 将一弹簧从其自然长度拉长 1 m 需做功 98 N·m,若将此弹簧从自然长度拉长 2 m(假定依然在弹性限度内),需做功多少?

6. 一底为 8 m、高为 6 m 的等腰三角形,铅直沉没在水中,顶在上,底在下,而顶离水面 3 m. 试求其一侧上水的静压力($g=10\ \mathrm{m/s^2}$).

7. 一直径为 6 m 的圆形水闸,当水满到半圆时闸门所受静压力为多大($g=10\ \mathrm{m/s^2}$)?

第5章　微分方程与差分方程

微分方程研究的对象是函数.许多实际问题所表现出来的量的关系往往不能找到反映某个变化过程或某一系统的函数关系,却能够根据问题的性质及给出条件列出一个含有未知函数导数(或微分)的关系式,这就是我们要介绍的微分方程.它是微积分的自然发展,是数学联系实际最紧密的重要分支之一.本章将介绍微分方程的基本概念,讨论几种常见微分方程的解法以及它们在实际问题中的应用,最后介绍差分方程.

5.1　微分方程的基本概念

在初等数学中,我们曾讨论过一些方程,如

$$ax^2+bx+c=0,\quad 2^{x+2}+5^x-13x=0.$$

第一个方程只含有未知量 x 的代数运算,称为代数方程;第二个方程含有未知量 x 的超越运算,称为超越方程.它们有一个共同点,即未知量 x 均为数值.在本书中我们又遇到了另一类方程,如

$$x^2-y^2=1,\quad \frac{\mathrm{d}y}{\mathrm{d}x}=x^2.$$

这里作为未知量的 y 已经不是数值,而是关于 x 的函数 $y=y(x)$,我们称这类方程为函数方程.但这两个方程亦有区别,后者含有未知函数的导数(或微分)运算,这种特殊的函数方程,就是微分方程.

定义　含有未知函数的导数(或微分)的方程,称为微分方程.其中,若未知函数是一元函数,则称为常微分方程;若未知函数为多元函数,则称为偏微分方程.

本书仅讨论常微分方程.下面通过具体例子来说明有关微分方程的基本概念.

例1　求过点(1,2)的一条平面曲线,该曲线上任一点 (x,y) 处的切线斜率为 $2x$.

解　设所求曲线为 $y=y(x)$,由导数的几何意义知

$$\frac{\mathrm{d}y}{\mathrm{d}x}=2x,$$

即

$$\mathrm{d}y=2x\mathrm{d}x.$$

两边积分得

$$y=x^2+C\quad (C\text{为任意常数}).$$

由已知,曲线过点(1,2),即 $y(1)=2$,将其代入上式,定出 $C=1$,故所求曲线为 $y=x^2+1$.

例2　设函数 $y=y(x)$ 二阶连续可微,且 $y''(x)=6x, y(0)=0, y'(0)=0$,求此函数.

解　由 $y''=6x$,两边积分得

$$y' = 3x^2 + C_1,$$

再积分得

$$y = x^3 + C_1 x + C_2.$$

又因为 $y(0) = 0, y'(0) = 0$,将其代入上式定出 $C_1 = 0, C_2 = 0$,故所求函数为

$$y = x^3.$$

微分方程中所含未知函数的最高阶导数或微分的阶数称为该微分方程的阶.

若微分方程中未知函数及其微商都是一次的,且不含有这些变量的乘积项,则称该微分方程为线性微分方程,否则称为非线性微分方程.

满足微分方程的函数 $y = y(x)$ 称为微分方程的解;如果微分方程的解中所含相互独立的任意常数的个数与微分方程的阶数相等,则称这样的解为该方程的通解(常数相互独立,是指它们不能通过运算合并成一个);确定了任意常数的解称为该方程的特解.

任意的微分方程的一个解,都对应于平面上的一条曲线,称之为该方程的积分曲线;而通解则对应于平面上的无穷多条积分曲线,称之为该方程的积分曲线族.

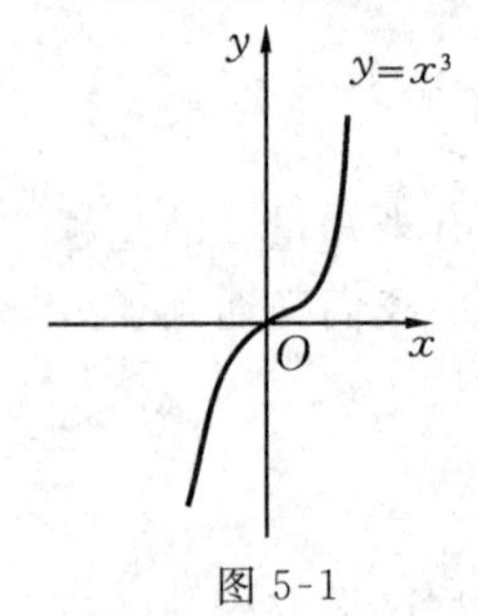

图 5-1

反映曲线在某一点特定状态或某一实际问题初始状态的条件称为初始条件,由初始条件和微分方程构成的问题称为初值问题.

下面以例 2 来说明这些概念.

$y'' = 6x$ 为二阶微分方程,它是线性的,其解为 $y = x^3 + C_1 x + C_2$,这是该方程的通解,而 $y = x^3$ 是它的一个特解,其积分曲线如图 5-1 所示. $y(0) = 0, y'(0) = 0$,即为其初始条件,而 $\begin{cases} y'' = 6x, \\ y(0) = 0, y'(0) = 0 \end{cases}$ 构成了一个初值问题.

习题 5.1

1. 指出下列微分方程的阶数、线性与非线性:

(1) $x\dfrac{dy}{dx} + y = \sin x$;　　(2) $y'' + 2y = e^x$;　　(3) $\dfrac{d^2x}{dy^2} + x^2 y = 0$.

2. 检验下列各题中所给函数是否为相应微分方程的解:

(1) $\dfrac{dy}{dx} + y = x$,　$y = e^x + x - 1$;

(2) $\dfrac{d^2y}{dx^2} + 4y = 0$,　$y = \cos 2x + \sin 2x$;

(3) $x\,dx + y\,dy = 0$,　$x^2 + y^2 = 1$.

3. 验证:$y = C_1 e^{2x} + C_2 e^{-5x}$ 是 $y'' + 3y' - 10y = 0$ 的通解,其中 C_1、C_2 为任意常数,并求满足初值条件 $\left.\dfrac{dy}{dx}\right|_{x=0} = 4, y|_{x=0} = 6$ 的特解.

5.2　一阶微分方程

一阶微分方程的一般形式为

$$F(x, y, y') = 0.$$

我们主要讨论如下形式的微分方程：

$$y' = f(x, y).$$

5.2.1　变量可分离的方程

形如

$$\frac{\mathrm{d}y}{\mathrm{d}x} = f(x)g(y)$$

的微分方程称为变量可分离的方程，其中 $f(x), g(y)$ 为连续函数.

此类方程的具体解法如下：

(1) 化为变量分离形式，即

$$\frac{\mathrm{d}y}{g(y)} = f(x)\mathrm{d}x;$$

(2) 两边积分，即

$$\int \frac{\mathrm{d}y}{g(y)} = \int f(x)\mathrm{d}x + C.$$

注意：两不定积分均为一个原函数，不加常数.

例 1　解方程 $\frac{\mathrm{d}y}{\mathrm{d}x} = ay$.

解　先分离变量，有

$$\frac{\mathrm{d}y}{y} = a\mathrm{d}x,$$

两边积分得

$$\ln|y| = ax + C_1,$$

即

$$|y| = \mathrm{e}^{ax+C_1},$$

故

$$y = C\mathrm{e}^{ax} \quad (C\text{ 为任意常数}).$$

例 2　解方程 $y' = \mathrm{e}^{x-y}$.

解　原方程可写成

$$\frac{\mathrm{d}y}{\mathrm{d}x} = \frac{\mathrm{e}^x}{\mathrm{e}^y},$$

分离变量得

$$\mathrm{e}^y\mathrm{d}y = \mathrm{e}^x\mathrm{d}x,$$

两边积分得

$$\mathrm{e}^y = \mathrm{e}^x + C.$$

例 3　求初值问题

$$\begin{cases} y\mathrm{d}x + x\mathrm{d}y = 0, \\ y(1) = 1 \end{cases}$$

的解.

解 化为变量分离形式,得

$$\frac{\mathrm{d}y}{y}=-\frac{\mathrm{d}x}{x},$$

两边积分得
$$\ln|y|=-\ln|x|+C_1,$$
即
$$xy=C\quad(C\text{ 为任意常数}).$$

由 $y(1)=1$ 定出 $C=1$,故所求解为 $xy=1$.

5.2.2 齐次方程

形如 $y'=f\left(\frac{y}{x}\right)$的微分方程称为齐次方程.

此类方程的具体解法如下:

(1) 令$\frac{y}{x}=u$,即 $y=ux$;

(2) 对 $y=ux$ 求导得$\frac{\mathrm{d}y}{\mathrm{d}x}=u+x\frac{\mathrm{d}u}{\mathrm{d}x}$;

(3) 将上式代回原方程得

$$u+x\frac{\mathrm{d}u}{\mathrm{d}x}=f(u),$$

即
$$\frac{\mathrm{d}u}{f(u)-u}=\frac{\mathrm{d}x}{x}\quad(\text{变量可分离的方程});$$

(4) 求出通解后,将 $u=\frac{y}{x}$ 代回.

例 4 解方程$\frac{\mathrm{d}y}{\mathrm{d}x}=\frac{y^2}{xy-x^2}$.

解 原方程化为

$$\frac{\mathrm{d}y}{\mathrm{d}x}=\frac{\left(\frac{y}{x}\right)^2}{\frac{y}{x}-1},$$

令 $y=ux$,得

$$u+x\frac{\mathrm{d}u}{\mathrm{d}x}=\frac{u^2}{u-1},$$

即
$$x\frac{\mathrm{d}u}{\mathrm{d}x}=\frac{u}{u-1}.$$

于是
$$\frac{\mathrm{d}x}{x}=\left(1-\frac{1}{u}\right)\mathrm{d}u.$$

两边积分得
$$\ln x = u - \ln u + C_1,$$
整理得
$$xu = e^{u+C_1}.$$
将 $u=\dfrac{y}{x}$ 代入得
$$y = Ce^{\frac{y}{x}}.$$

例 5　解方程　$(x-y)dx+(x+y)dy=0$.

解　原方程化为

$$\frac{dy}{dx}=\frac{y-x}{y+x}=\frac{\dfrac{y}{x}-1}{\dfrac{y}{x}+1}.$$

令 $\dfrac{y}{x}=u$,则
$$u+x\frac{du}{dx}=\frac{u-1}{u+1},$$
分离变量,有
$$\frac{u+1}{u^2+1}du=-\frac{dx}{x}.$$
两边积分,有
$$\int\frac{u+1}{u^2+1}du=-\int\frac{dx}{x},$$
因
$$\int\frac{u+1}{u^2+1}du=\int\frac{u}{u^2+1}du+\int\frac{du}{u^2+1},$$
故积分得
$$\frac{1}{2}\ln(1+u^2)+\arctan u=-\ln x+C_1.$$
将 $u=\dfrac{y}{x}$ 代入得
$$\frac{1}{2}\ln\left(1+\frac{y^2}{x^2}\right)+\arctan\frac{y}{x}+\frac{1}{2}\ln x^2=C_1,$$
于是
$$\ln(x^2+y^2)+2\arctan\frac{y}{x}=C_2,$$
即
$$x^2+y^2=Ce^{-2\arctan\frac{y}{x}}.$$

5.2.3　一阶线性微分方程

形如 $y'+p(x)y=q(x)$ 的微分方程称为一阶线性微分方程. 当 $q(x)\equiv 0$ 时,称之为一阶线性齐次微分方程;当 $q(x)\not\equiv 0$ 时,称之为一阶线性非齐次微分方程.

首先讨论一阶线性齐次微分方程 $y'+p(x)y=0$ 的情形. 这是一个变量可分离的方程,解之得

$$\frac{dy}{dx}=-p(x)y,$$

即
$$\frac{\mathrm{d}y}{y}=-p(x)\mathrm{d}x,$$
积分得
$$\ln y=-\int p(x)\mathrm{d}x+C_1,$$
故
$$y=C\mathrm{e}^{-\int p(x)\mathrm{d}x}$$
为一阶线性齐次微分方程的通解.

下面求解一阶线性非齐次微分方程
$$y'+p(x)y=q(x).$$

我们采用常数变易法来求此方程的解.所谓常数变易法就是把非齐次方程所对应的齐次方程的通解中的常数 C 变成变量 $C(x)$,然后将其代入原方程定出 $C(x)$,即得所求.

令 $y=C(x)\mathrm{e}^{-\int p(x)\mathrm{d}x}$,代入原方程得
$$\left[C(x)\mathrm{e}^{-\int p(x)\mathrm{d}x}\right]'+p(x)\left[C(x)\mathrm{e}^{-\int p(x)\mathrm{d}x}\right]=q(x),$$
即
$$C'(x)\mathrm{e}^{-\int p(x)\mathrm{d}x}-C(x)p(x)\mathrm{e}^{-\int p(x)\mathrm{d}x}+C(x)p(x)\mathrm{e}^{-\int p(x)\mathrm{d}x}=q(x).$$
于是
$$C'(x)=q(x)\mathrm{e}^{\int p(x)\mathrm{d}x},$$
因此
$$C(x)=\int q(x)\mathrm{e}^{\int p(x)\mathrm{d}x}\mathrm{d}x+C.$$

从而得到一阶线性非齐次微分方程
$$y'+p(x)y=q(x)$$
的通解为
$$y=\mathrm{e}^{-\int p(x)\mathrm{d}x}\left[\int q(x)\mathrm{e}^{\int p(x)\mathrm{d}x}\mathrm{d}x+C\right].$$

例 6 解方程$(x^2+1)y'+2xy=4x^2$.

解法一 原方程化为
$$y'+\frac{2x}{1+x^2}y=\frac{4x^2}{1+x^2}.$$
于是
$$p(x)=\frac{2x}{1+x^2},\quad q(x)=\frac{4x^2}{1+x^2}.$$

由解的公式得
$$\begin{aligned}y&=\mathrm{e}^{-\int\frac{2x}{1+x^2}\mathrm{d}x}\left(\int\frac{4x^2}{1+x^2}\mathrm{e}^{\int\frac{2x}{1+x^2}\mathrm{d}x}\mathrm{d}x+C\right)\\&=\mathrm{e}^{-\ln(1+x^2)}\left(\int\frac{4x^2}{1+x^2}\mathrm{e}^{\ln(1+x^2)}\mathrm{d}x+C\right)\\&=\frac{1}{1+x^2}\left(\int 4x^2\mathrm{d}x+C\right)\\&=\frac{4x^3}{3(1+x^2)}+\frac{C}{(1+x^2)}.\end{aligned}$$

解法二　有时直接使用公式会比较麻烦，这时我们经常使用常数变易法来求一阶线性方程的解.

先求齐次方程的通解

$$(x^2+1)y'+2xy=0,$$

$$\frac{\mathrm{d}y}{\mathrm{d}x}=-\frac{2xy}{1+x^2},$$

$$\int\frac{\mathrm{d}y}{-y}=\int\frac{2x}{1+x^2}\mathrm{d}x=\int\frac{\mathrm{d}(x^2+1)}{1+x^2},$$

$$\ln\frac{1}{y}=\ln(1+x^2)+C_1,$$

$$y=\frac{C}{1+x^2}.$$

再令 $y=\frac{C(x)}{1+x^2}$，代入原方程得

$$C'(x)=4x^2,$$

于是

$$C(x)=\frac{4}{3}x^3+C_1,$$

故

$$y=\frac{4x^3+3C_1}{3(1+x^2)}=\frac{4x^3+C}{3(1+x^2)}$$

为所求的通解.

5.2.4　贝努利方程

形如$\frac{\mathrm{d}y}{\mathrm{d}x}+p(x)y=q(x)y^n\ (n\neq 0,1)$的方程称为贝努利方程.

将此方程变形如下：

$$\frac{1}{y^n}\cdot\frac{\mathrm{d}y}{\mathrm{d}x}+p(x)y^{1-n}=q(x),$$

$$\frac{1}{1-n}\cdot\frac{\mathrm{d}y^{1-n}}{\mathrm{d}x}+p(x)y^{1-n}=q(x).$$

令 $z=y^{1-n}$，则得线性方程

$$\frac{\mathrm{d}z}{\mathrm{d}x}+(1-n)p(x)z=(1-n)q(x),$$

解之得贝努利方程的通解为

$$y^{1-n}=\mathrm{e}^{-\int(1-n)p(x)\mathrm{d}x}\left[\int(1-n)q(x)\mathrm{e}^{\int(1-n)p(x)\mathrm{d}x}\mathrm{d}x+C\right].$$

例 7　解方程 $y'-\frac{6}{x}y=-xy^2$.

解　这是一个 $n=2$ 的贝努利方程.

令 $z=y^{1-2}=y^{-1}$,则 $\frac{dz}{dx}=-y^{-2}\frac{dy}{dx}$,代入原方程得

$$\frac{dz}{dx}+\frac{6}{x}z=x.$$

其通解为

$$\begin{aligned} z &= e^{-\int\frac{6}{x}dx}\left(\int xe^{\int\frac{6}{x}dx}dx+C\right) \\ &= \frac{1}{x^6}\left(\int x^7 dx+C\right)=\frac{1}{x^6}\left(\frac{x^8}{8}+C\right) \\ &= \frac{x^2}{8}+\frac{C}{x^6}, \end{aligned}$$

即
$$\frac{1}{y}=\frac{x^2}{8}+\frac{C}{x^6}\quad 或 \quad \frac{x^6}{y}=\frac{x^8}{8}+C.$$

此题亦可直接求解,即

$$\begin{aligned} \frac{1}{y} &= e^{-\int(1-2)\left(-\frac{6}{x}\right)dx}\left(\int(1-2)(-x)e^{\int(1-2)\left(-\frac{6}{x}\right)dx}dx+C\right) \\ &= e^{-\int-\frac{6}{x}dx}\left(xe^{\int\frac{6}{x}dx}dx+C\right)=\frac{x^2}{8}+\frac{C}{x^6}. \end{aligned}$$

习题 5.2

1. 求下列微分方程的通解:

(1) $(1+y^2)dx=xdy$;　　(2) $e^y(1+y')=1$;

(3) $e^{2x}ydy-(y+1)dx=0$.

2. 求下列微分方程的通解:

(1) $x\frac{dy}{dx}=y(\ln y-\ln x)$;　　(2) $(xe^{\frac{y}{x}}+y)dx=xdy$.

3. 解下列初值问题:

(1) $(1+e^x)yy'=e^y$, $y(0)=0$;

(2) $xy'-y=x\tan\frac{y}{x}$, $y(1)=\frac{\pi}{2}$.

4. 解下列微分方程:

(1) $y'-2xy=e^{x^2}\cos x$;　　(2) $y'-y\tan x=\sec x$, $y(0)=0$;

(3) $y'+y\sin x=\sin^3 x$;　　(4) $y'-\frac{1}{x}y=-xy^3$.

5.3 可降阶的二阶微分方程

二阶微分方程的一般形式为

$$F(x,y,y',y'')=0.$$

本节主要讨论几种可降阶的二阶微分方程.

5.3.1 $y''=f(x)$（$f(x)$ 为连续函数）

对方程

$$y''=f(x)$$

两边积分得

$$y'=\int f(x)\mathrm{d}x+C_1,$$

两边再积分得

$$y=\int\left[\int f(x)\mathrm{d}x\right]\mathrm{d}x+C_1x+C_2,$$

此即为原方程的通解.

例 1 解方程 $y''=\sin x$.

解 对 $y''=\sin x$ 两边积分得

$$y'=-\cos x+C_1,$$

两边再积分得

$$y=-\sin x+C_1x+C_2.$$

5.3.2 $y''=f(x,y')$（方程不含未知函数 y）

令 $y'=p(x)$，则 $y''=\frac{\mathrm{d}p}{\mathrm{d}x}$，方程 $y''=f(x,y')$ 可化为一阶方程

$$\frac{\mathrm{d}p}{\mathrm{d}x}=f(x,p),$$

再按一阶方程求解.

例 2 解方程 $y''=y'+2x$.

解 令 $y'=p$，则 $y''=\frac{\mathrm{d}p}{\mathrm{d}x}$. 原方程化为

$$\frac{\mathrm{d}p}{\mathrm{d}x}=p+2x,$$

即

$$\frac{\mathrm{d}p}{\mathrm{d}x}-p=2x.$$

于是

$$\begin{aligned}p&=\mathrm{e}^{\int\mathrm{d}x}\left(\int 2x\mathrm{e}^{-\int\mathrm{d}x}\mathrm{d}x+C_1\right)\\&=\mathrm{e}^{x}\left(\int 2x\mathrm{e}^{-x}\mathrm{d}x+C_1\right)\end{aligned}$$

$$= e^{x}\left(\int(-2x)de^{-x}+C_1\right)$$
$$= e^{x}\left(-2xe^{-x}+2\int e^{-x}dx+C_1\right)$$
$$= e^{x}(-2xe^{-x}-2e^{-x}+C_2)$$
$$= C_2e^{x}-(2x+2),$$

即
$$\frac{dy}{dx}=C_2e^{x}-(2x+2).$$

解得
$$y=\int[C_2e^{x}-(2x+2)]dx=C_2e^{x}-x^2-2x+C.$$

5.3.3 $y''=f(y,y')$(方程不含自变量 x)

令 $y'=p(y)$,则 $y''=\frac{dp}{dx}=\frac{dp}{dy}\cdot\frac{dy}{dx}=p\frac{dp}{dy}$,方程 $y''=f(y,y')$ 化为

$$p\frac{dp}{dy}=f(y,p),\quad 即\quad \frac{dp}{dy}=\frac{1}{p}f(y,p).$$

再按一阶方程求解.

例 3 解方程 $yy''+y'^2=0$

解 令 $y'=p$,则 $y''=p\frac{dp}{dy}$.原方程化为

$$yp\frac{dp}{dy}+p^2=0,\quad 即\quad p\left(y\frac{dp}{dy}+p\right)=0.$$

若 $p=0$,即$\frac{dy}{dx}=0$,解得 $y=C$.

若 $p\neq 0$,则

$$y\frac{dp}{dy}+p=0.$$

解得
$$\ln p=-\ln y+C',$$
$$p=\frac{C_1}{y}.$$

由
$$\frac{dy}{dx}=\frac{C_1}{y},$$

得
$$ydy=C_1dx,$$

解得
$$\frac{1}{2}y^2=C_1x+C_2.$$

由于 $y=C$ 已含在此解之中,故原方程的解为

$$\frac{1}{2}y^2=C_1x+C_2\quad 或\quad y^2=C_1x+C_2(为什么?).$$

习题 5.3

1. 求下列微分方程的通解或在给定的初值条件下的特解：

(1) $y''=x+\cos x$；　　(2) $xy''+y'=4x$；

(3) $y''=2yy'$；　　(4) $yy''-y'(y'-1)=0$；

(5) $y''-xy'^2=0, y|_{x=0}=0, y'|_{x=0}=-1$；

(6) $(y-1)y''=2(y')^2, y|_{x=1}=2, y'|_{x=1}=-1$.

5.4　二阶常系数线性微分方程

二阶常系数线性微分方程的一般形式为

$$y''+ay'+by=f(x),$$

其中 a、b 为常数.

本节将通过一定的代数方法来讨论该方程在特殊情况下的解法.

5.4.1　齐次方程

首先讨论 $y''+ay'+by=0$，其中 a、b 为常数.

我们推测，该方程有形如 $y=e^{\lambda x}$ 的指数解，λ 为待定参数，将 $y=e^{\lambda x}$ 代入方程进行试探得

$$(\lambda^2+a\lambda+b)e^{\lambda x}=0.$$

由于 $e^{\lambda x}\neq 0$，故 $y=e^{\lambda x}$ 是方程 $y''+ay'+by=0$ 的解的充要条件为 λ 是二次方程 $\lambda^2+a\lambda+b=0$ 的根.

称 $\lambda^2+a\lambda+b=0$ 为 $y''+ay'+by=0$ 的特征方程，其二根 λ_1,λ_2 称为特征根. 下面分三种情形给出 $y''+ay'+by=0$ 的解.

Ⅰ. λ_1、λ_2 为相异实根，则方程的通解为

$$y=C_1e^{\lambda_1 x}+C_2e^{\lambda_2 x}.$$

Ⅱ. λ_1、λ_2 为相等实根，则方程的通解为

$$y=(C_1+C_2x)e^{\lambda x}, \lambda=\lambda_1=\lambda_2.$$

Ⅲ. λ_1、λ_2 为共轭复根，记作 $\lambda_{1,2}=\alpha\pm i\beta$，则方程的通解为

$$y=e^{\alpha x}(C_1\cos\beta x+C_2\sin\beta x).$$

例 1　求下列微分方程的通解：

(1) $y''-y'-2y=0$；　(2) $y''+2y'+y=0$；　(3) $y''-2y'+5y=0$.

解　(1) 特征方程为 $\lambda^2-\lambda-2=0$，解之得 $\lambda_1=-1, \lambda_2=2$，则 $y=C_1e^{-x}+C_2e^{2x}$.

(2) 特征方程为 $\lambda^2+2\lambda+1=0$,解之得 $\lambda_1=\lambda_2=-1$,则 $y=(C_1+C_2x)\mathrm{e}^{-x}$.

(3) 特征方程为 $\lambda^2-2\lambda+5=0$,解之得 $\lambda_{1,2}=1\pm \mathrm{i}2$,则 $y=\mathrm{e}^x(C_1\cos 2x+C_2\sin 2x)$.

例 2 已知特征方程,写出对应的齐次线性方程.

(1)$9\lambda^2-6\lambda+1=0$; (2)$(\lambda+1)(\lambda-2)=0$; (3)$\lambda^2=0$.

解 (1)$9\lambda^2-6\lambda+1=0$ 对应的齐次线性微分方程为 $9y''-6y'+y=0$.

(2)$(\lambda+1)(\lambda-2)=0$,即 $\lambda^2-\lambda-2=0$,故 $y''-y'-2y=0$.

(3)$\lambda^2=0$,故 $y''=0$.

例 3 已知特征根,写出对应的齐次线性微分方程及通解.

(1)$\lambda_1=1,\lambda_2=2$; (2)$\lambda_1=1,\lambda_2=1$; (3)$\lambda_1=3+\mathrm{i}2,\lambda_2=3-\mathrm{i}2$.

解 (1) 由 $\lambda_1=1,\lambda_2=2$ 知特征方程为

$$(\lambda-1)(\lambda-2)=\lambda^2-3\lambda+2=0,$$

由此得相对应的齐次线性微分方程为 $y''-3y'+2y=0$,通解为 $y=C_1\mathrm{e}^x+C_2\mathrm{e}^{2x}$.

(2) 由 $\lambda_{1,2}=1$ 知特征方程为

$$(\lambda-1)(\lambda-1)=0,\quad 即\quad \lambda^2-2\lambda+1=0,$$

由此得相对应的齐次线性微分方程为 $y''-2y'+y=0$,通解为 $y=(C_1+C_2x)\mathrm{e}^x$.

(3) 由 $\lambda_{1,2}=3\pm\mathrm{i}2$ 知特征方程为

$$[\lambda-(3+\mathrm{i}2)][\lambda-(3-\mathrm{i}2)]=\lambda^2-6\lambda+13=0,$$

由此得相对应的齐次线性微分方程为 $y''-6y'+13y=0$,通解为 $y=\mathrm{e}^{3x}(C_1\cos 2x+C_2\sin 2x)$.

5.4.2 非齐次方程

现在讨论 $y''+ay'+by=f(x)$ 的求解问题.

一般来说,此类方程的解法为:先求出其相对应的齐次方程 $y''+ay'+by=0$ 的通解,再用常数变易法求出方程 $y''+ay'+by=f(x)$ 的一个特解,即非齐次线性方程的通解 = 对应的齐次线性方程的通解 + 非齐次线性方程的一个特解. 在下列情形下,特解亦可用待定系数法求得.

1. $f(x)=\mathrm{e}^{\alpha x}p(x)$

$f(x)=\mathrm{e}^{\alpha x}p(x)$,$\alpha$ 为常数,$p(x)$ 为多项式. 此时方程的一个特解 y^* 具有如下形式,即

$$y^*=x^kQ(x)\mathrm{e}^{\alpha x},$$

其中 $Q(x)$ 是与 $p(x)$ 同次的系数待定的多项式. k 由下列情形决定:

(1) 当 α 是方程 $r^2+ar+b=0$ 的单根时,$k=1$;

(2) 当 α 是方程 $r^2+ar+b=0$ 的重根时,$k=2$;

(3) 当 α 不是方程 $r^2+ar+b=0$ 的根时,$k=0$.

例 4　求下列微分方程的通解：

(1) $y''+4y'+3y=x-2$；　(2) $y''-5y'+6y=xe^{2x}$；　(3) $y''-2y'+y=(x+1)e^{x}$.

解　(1) 对应的齐次方程的特征方程为

$$r^2+4r+3=0,$$

则特征根 $r_1=-3,r_2=-1$，此时 $f(x)=(x-2)e^{0x}$，即 $\alpha=0$ 不是特征方程的根，故设特解 $y^*=ax+b$，将其代入方程得

$$4a+3(ax+b)=x-2,$$

即

$$3ax+4a+3b=x-2.$$

比较系数得

$$3a=1,\quad 4a+3b=-2,$$

解之得

$$a=\frac{1}{3},\quad b=-\frac{10}{9},\quad y^*=\frac{1}{3}x-\frac{10}{9}.$$

故原方程的通解为

$$y=C_1e^{-3x}+C_2e^{-x}+\frac{1}{3}x-\frac{10}{9}.$$

(2) 特征方程为 $r^2-5r+6=0$，解得特征根 $r_1=2,r_2=3$，此时 $f(x)=xe^{2x}$，即 $\alpha=2$ 是特征方程的单根. 故设特解

$$y^*=x(ax+b)e^{2x},$$

将其代入方程并整理得

$$-2ax+2a-b=x.$$

比较系数得

$$-2a=1,\quad 2a-b=0,$$

故

$$a=-\frac{1}{2},\quad b=-1,$$

$$y^*=x\left(-\frac{1}{2}x-1\right)e^{2x}=-\frac{1}{2}x(x+2)e^{2x}.$$

从而此方程的通解为

$$y=C_1e^{2x}+C_2e^{3x}-\frac{1}{2}x(x+2)e^{2x}.$$

(3) 特征方程为 $r^2-2r+1=0$，特征根为 $r_{1,2}=1$，此时 $f(x)=(x+1)e^{x}$，即 $\alpha=1$ 是特征方程的重根. 故设特解

$$y^*=x^2(ax+b)e^{x},$$

将其代入方程，并整理得

$$6ax+2b=x+1.$$

比较系数得

$$a=\frac{1}{6},\quad b=\frac{1}{2},\quad y^*=x^2\left(\frac{1}{6}x+\frac{1}{2}\right)e^x,$$

故原方程的通解为

$$y=(C_1+C_2x)e^x+\frac{1}{6}x^2(x+3)e^x.$$

2. $f(x)=e^{\alpha x}p(x)\cos\beta x$ 或 $f(x)=e^{\alpha x}p(x)\sin\beta x$

$f(x)=e^{\alpha x}p(x)\cos\beta x$ 或 $f(x)=e^{\alpha x}p(x)\sin\beta x$，$\alpha,\beta$ 为常数，$p(x)$ 为多项式，此时方程的一特解 y^* 具有如下形式，即

$$y^*=x^k e^{\alpha x}(Q_1(x)\cos\beta x+Q_2(x)\sin\beta x),$$

其中 $Q_1(x),Q_2(x)$ 是与 $p(x)$ 同次但系数待定的多项式. k 由下列情形决定：

(1) 当 $\alpha+i\beta$ 不是对应齐次方程特征根时，$k=0$；

(2) 当 $\alpha+i\beta$ 是对应齐次方程特征根时，$k=1$.

例 5 求下列微分方程的解：

(1) $y''-2y'+2y=e^x\sin x$；　　(2) $y''+4y'+4y=\cos 2x$.

解 (1) 对应的特征方程为 $r^2-2r+2=0$，解之得 $r_{1,2}=1\pm i$.

$f(x)=e^x\sin x$，此时 $\alpha+i\beta=1+i$ 是该齐次方程的特征根，$p(x)$ 为零次多项式，故设

$$y^*=xe^x(A\cos x+B\sin x),$$

代入方程，化简后得

$$2B\cos x-2A\sin x=\sin x.$$

比较系数得

$$A=-\frac{1}{2},\quad B=0,\quad y^*=xe^x\left[-\frac{1}{2}\cos x\right].$$

故原方程的通解为

$$y=e^x[C_1\cos x+C_2\sin x]-\frac{1}{2}xe^x\cos x.$$

(2) 对应的特征方程为 $r^2+4r+4=0$，解之得 $r_{1,2}=-2$.

$f(x)=\cos 2x$，此时 $\alpha+i\beta=0+i2$ 不是特征根，$p(x)$ 为零次多项式，故设

$$y^*=A\cos 2x+B\sin 2x,$$

代入方程化简后得

$$8B\cos 2x-8A\sin 2x=\cos 2x.$$

比较系数得

$$A=0,\quad B=\frac{1}{8},\quad y^*=\frac{1}{8}\sin 2x.$$

故原方程的通解为

$$y=(C_1+C_2x)e^{-2x}+\frac{1}{8}\sin 2x.$$

例 6　写出方程 $y''-y=xe^x+\sin 2x$ 的一个特解形式.

解　$y''-y=xe^x+\sin 2x$ 的一个特解可由方程

$$y''-y=xe^x \tag{5-1}$$

和

$$y''-y=\sin 2x \tag{5-2}$$

的特解相加得到.

方程(5-1),(5-2) 的特征方程均为 $r^2-1=0$,特征根为 $r_1=-1,r_2=1$.

方程(5-1),(5-2) 的特解形式分别为

$$y_1{}^*=x(ax+b)e^x,\quad y_2{}^*=A\cos 2x+B\sin 2x.$$

由此,原方程的特解形式为

$$y^*=y_1{}^*+y_2{}^*=x(ax+b)e^x+A\cos 2x+B\sin 2x.$$

习题 5.4

1. 求下列微分方程的通解:

(1) $y''-4y'=0$;　(2) $y''-4y'+4y=0$;　(3) $y''+4y'+5y=0$.

2. 已知特征根,写出对应的齐次线性微分方程及其通解:

(1) $\lambda_1=2,\lambda_2=3$;　(2) $\lambda_1=\lambda_2=3$;　(3) $\lambda_1=1+i2,\lambda_2=1-i2$.

3. 求下列微分方程的通解:

(1) $2y''+y'-y=2e^x$;　(2) $2y''+5y'=5x^2-2x-1$;

(3) $y''+3y'+2y=3xe^{-x}$;　(4) $y''-2y'+5y=e^x\cos 2x$;

(5) $y''+y=\cos x$;　(6) $y''-y=\sin x$.

4. 求下列初值问题的解:

(1) $y''+25y=0,\ y(0)=2,\ y'(0)=5$;

(2) $4y''+4y'+y=0,\ y(0)=2,\ y'(0)=0$;

(3) $y''-y=4xe^x,\ y(0)=0,\ y'(0)=1$;

(4) $y''+y+\sin 2x=0,\ y(\pi)=1,\ y'(\pi)=1$.

5.5　微分方程的应用

微分方程是一种重要的数学模型,通过建立微分方程,确定定解条件、求解及对解的分析可以揭示许多自然界和科学技术中的规律. 应用微分方程解决具体问题的主要步骤是:

(1) 分析问题、建立方程,并给出合理的定解条件;

(2) 求出微分方程组的通解及满足定解条件的特解;

(3) 对所求得的解进行分析、讨论，得出客观规律.

本节将通过一些具体实例来介绍微分方程在解决实际问题中的应用.

例 1 设有一质点 M 在 ox 轴上做直线运动，从时刻 $t=0$ 开始，它位于 $x=\mathrm{e}^2$ 处，以后质点的速度与它的坐标成比例(比例系数为1)，求它的位置与时间的关系. 当 $t=10$ 时，质点位于何处?

解 设 t 时质点的位置 $x=x(t)$，依题意有

$$\frac{\mathrm{d}x}{\mathrm{d}t}=x,$$

分离变量且积分，得

$$x=C\mathrm{e}^t.$$

将 $t=0$ 时 $x=\mathrm{e}^2$ 代入上式，得 $C=\mathrm{e}^2$. 所以，质点 M 的位置和时间的关系为

$$x=\mathrm{e}^{t+2}.$$

因此，当 $t=10$ 时，$x=\mathrm{e}^{10+2}=\mathrm{e}^{12}$.

例 2 摩托艇以 10 km/h 的速度在静水上运动，全速时停止了发动机，过了 $t=20$ s 后，艇的速度减至 $v_1=6$ km/h. 试确定发动机停止 2 min 后艇的速度，假定水的阻力与艇的速度成正比.

解 设摩托艇的速度为 v，阻力为 $\boldsymbol{F}$，则有

$$\boldsymbol{F}=kv \quad (k \text{ 为比例系数}).$$

由牛顿第二定律，得

$$m\frac{\mathrm{d}v}{\mathrm{d}t}=-kv$$

或

$$\frac{\mathrm{d}v}{\mathrm{d}t}=av \quad \left(a=-\frac{k}{m}\right),$$

分离变量且积分，得

$$v=C\mathrm{e}^{at}.$$

将当 $t=0$ s 时，$v=10$ km/h 代入，得 $C=10$，则

$$v=10\mathrm{e}^{at}.$$

将当 $t=20$ s 时，$v=6$ km/h 代入，得 $a=\frac{1}{20}\ln\frac{3}{5}$，则

$$v=10\mathrm{e}^{\frac{t}{20}\ln\frac{3}{5}}=10\cdot\left(\frac{3}{5}\right)^{\frac{t}{20}}.$$

所以，当 $t=120$ s 时，有

$$v=10\cdot\left(\frac{3}{5}\right)^{\frac{120}{20}}\approx 0.466\ 56\ \mathrm{km/h},$$

即发动机停止两分钟后，摩托艇的速度约为每小时 0.466 56 km.

例 3 求一曲线,使其切线在纵轴上的截距等于切点的横坐标.

解 设(x,y)为曲线上任意一点,于是曲线在(x,y)处的切线方程为

$$Y-y=y'(X-x),$$

其中(X,Y)表示切线上任意点的坐标.由题意$(0,x)$在切线上,因此将$X=0,Y=x$代入上式,得所求曲线的微分方程

$$x-y=-y'x,$$

即

$$y'-\frac{y}{x}=-1,$$

其通解为

$$\begin{aligned}y&=e^{\int\frac{1}{x}dx}\left(-\int e^{-\int\frac{1}{x}dx}dx+C\right)\\&=Cx-x\ln x,\end{aligned}$$

此即所求曲线的方程.

例 4 在制造探照灯的反射镜面时,总是要求将点光源射出的光线平行地反射出去,以保证探照灯有良好的方向性,试求反射镜面的几何形状.

解 设光源在坐标原点,如图 5-2 所示,并取x轴平行于光的反射方向.如果所求的曲面由曲线$y=f(x)$绕x轴旋转而成,则求反射镜面的问题就相当于求曲线$y=f(x)$的问题.

过曲线$y=f(x)(f(x)>0)$上点$M(x,y)$作切线MT,则由光的反射定律(入射角等于反射角),得到图中α_1及α_2的关系式

$$\frac{\pi}{2}-\alpha_1=\frac{\pi}{2}-\alpha_2,$$

即

$$\alpha_1=\alpha_2.$$

由图像可看出

$$\alpha_3=\alpha_1+\alpha_2=2\alpha_2,$$

故得

$$\tan\alpha_3=\tan2\alpha_2=\frac{2\tan\alpha_2}{1-\tan^2\alpha_2}.$$

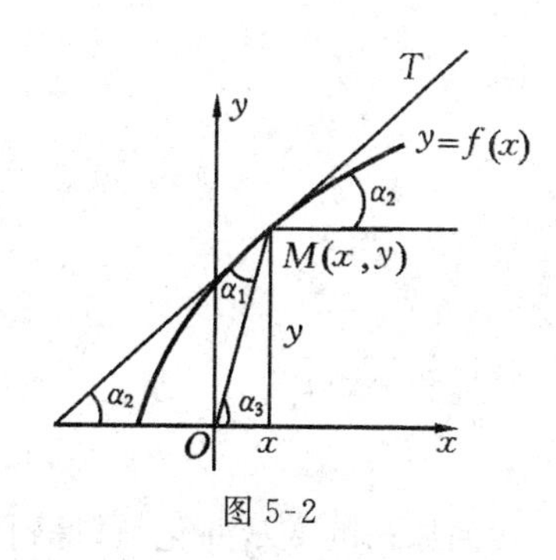

图 5-2

但是

$$\tan\alpha_2=\frac{dy}{dx},\quad\tan\alpha_3=\frac{y}{x},$$

便有

$$\frac{y}{x}=\frac{2\frac{\mathrm{d}y}{\mathrm{d}x}}{1-\left(\frac{\mathrm{d}y}{\mathrm{d}x}\right)^{2}},$$

解关于$\frac{\mathrm{d}y}{\mathrm{d}x}$的方程，得

$$\frac{\mathrm{d}y}{\mathrm{d}x}=-\frac{x}{y}\pm\sqrt{1+\left(\frac{x}{y}\right)^{2}}.$$

假设 $0<\alpha_3<\frac{\pi}{2}$，即 $0<\alpha_2<\frac{\pi}{4}$，则有

$$0<\frac{\mathrm{d}y}{\mathrm{d}x}=\tan\alpha_2<1.$$

因此，在上式中，只取根号前的正号，这样就得到曲线 $y=f(x)$ 应满足的微分方程

$$\frac{\mathrm{d}y}{\mathrm{d}x}=-\frac{x}{y}+\sqrt{1+\left(\frac{x}{y}\right)^{2}},$$

即

$$\frac{\mathrm{d}x}{\mathrm{d}y}=\frac{1}{-\frac{x}{y}+\sqrt{1+\left(\frac{x}{y}\right)^{2}}}.$$

这是齐次方程，令

$$z=\frac{x}{y},\quad x=yz,$$

有

$$\frac{\mathrm{d}x}{\mathrm{d}y}=z+y\frac{\mathrm{d}z}{\mathrm{d}y},$$

因而

$$z+y\frac{\mathrm{d}z}{\mathrm{d}y}=\frac{1}{-z+\sqrt{1+z^{2}}},$$

即

$$z+y\frac{\mathrm{d}z}{\mathrm{d}y}=z+\sqrt{1+z^{2}},$$

于是

$$\frac{\mathrm{d}z}{\sqrt{1+z^{2}}}=\frac{\mathrm{d}y}{y},$$

两边积分，得

$$\ln(z+\sqrt{1+z^{2}})=\ln|y|+C_1,$$

代回原来的变量并化简，得到

$$x+\sqrt{x^{2}+y^{2}}=\pm\mathrm{e}^{C_1}y^{2}=\frac{y^{2}}{C},$$

于是

$$\sqrt{x^2+y^2}=-x+\frac{y^2}{C},$$

即

$$y^2=C(C+2x).$$

这是抛物线族,因此,反射镜为旋转抛物面.

例 5　在上半平面求一条向下凸的曲线 L,其上任一点 $P(x,y)$ 处的曲率等于此曲线在该点法线段 PQ 长度的倒数(Q 是法线与 x 轴的交点),且曲线在点(1,1) 处的切线与 x 轴平行(见图 5-3).

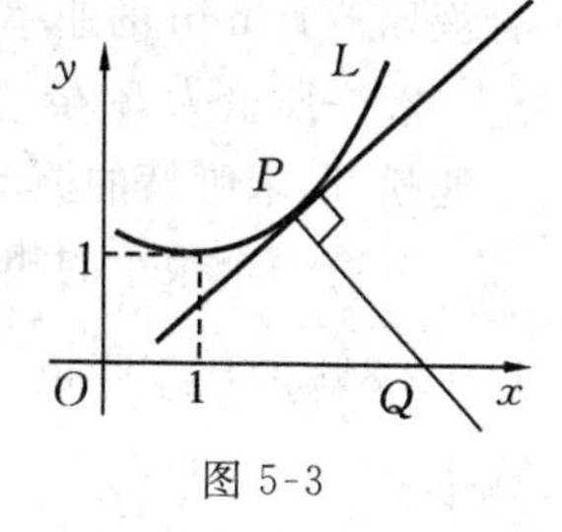

图 5-3

解　设曲线方程为 $y=y(x)$,依题意知 $y>0,y''>0$. 曲线在点 P 的法线为

$$-y'(Y-y)=X-x,$$

故它与 x 轴的交点 Q 的坐标为$(x+yy',0)$. 由于

$$|PQ|=\sqrt{(yy')^2+y^2}=y(1+y'^2)^{\frac{1}{2}},$$

曲线在点 P 的曲率为

$$\left|\frac{y''}{(\sqrt{1+y'^2})^3}\right|=\frac{y''}{(1+y'^2)^{\frac{3}{2}}},$$

故

$$\frac{y''}{(1+y'^2)^{\frac{3}{2}}}=\frac{1}{y(1+y'^2)^{\frac{1}{2}}},$$

即

$$yy''=1+y'^2.$$

由曲线过点(1,1) 且该点的切线平行于 x 轴,得方程 $yy''=1+y'^2$ 的初始条件 $y(1)=1,y'(1)=0$.

方程 $yy''=1+y'^2$ 是不显含 x 的可降阶的二阶微分方程,令 $y'=P(y)$,则 $y''=P\cdot\frac{\mathrm{d}P}{\mathrm{d}y}$,代入方程 $yy''=1+y'^2$,得

$$yP\frac{\mathrm{d}P}{\mathrm{d}y}=1+P^2,$$

即

$$\frac{P\mathrm{d}P}{1+P^2}=\frac{\mathrm{d}y}{y}.$$

两边取积分,得

$$(1+P^2)^{\frac{1}{2}}=C_1y.$$

代入初始值 $y|_{x=1}=1,P(y)|_{x=1}=y'|_{x=1}=0$,得 $C_1=1$,因此

$$y=\sqrt{1+P^2},\quad 即\quad y'=\pm\sqrt{y^2-1}.$$

分离变量后取积分得

$$\ln(y+\sqrt{y^2-1})=\pm(x+C_2),$$

即

$$y=\frac{1}{2}(\mathrm{e}^{(x+C_2)}+\mathrm{e}^{-(x+C_2)}).$$

代入初始值 $y|_{x=1}=1$,得 $C_2=-1$.于是所求曲线方程为

$$y=\frac{1}{2}(e^{x-1}+e^{-(x-1)}).$$

习题 5.5

1.[溶液混合问题]一容器内盛有 50 L 的盐水溶液,其中含有 10 g 的盐.现将 2 g/L 的盐溶液以 5 L/min 的速率注入容器,并不断进行搅拌,使混合液迅速达到均匀,同时混合液以 3 L/min 的速率流出容器.问在任一时刻 t 容器内含盐量是多少?

2.一质量为 P kg的物体挂在弹簧下,把弹簧拉长 a cm,再用手把弹簧拉长 A cm后无初速松开,求弹簧的振动规律.

3.有一个很小的相对独立的村庄,总人口为 1 800 人.设该村庄最初有 5 人患流感,且以 12.8% 的比率蔓延,那么10天内将有多少人被感染?经过多长时间村中将有$\frac{1}{3}$的人被感染?

4.有一质量为1 g的质点受力作用做直线运动,这力自时刻 $t=0$ 开始,以后和时间成正比,且和质点运动速度成反比,比例系数为20.在 $t=10$ s时,速度为 50 cm/s,问从运动开始经 1 min 后的速度是多少?

5.求一曲线,使在其上每一点的法线与横轴之交点到该点的距离等于该点到坐标原点的距离.

6.假定任何物体在空气中的冷却速度与物体和空气的温差成正比.如果空气温度等于 20 ℃ 时,一个物体在 20 min 内由 100 ℃ 冷至 60 ℃,那么在多长时间内这个物体的温度达到 30 ℃?

7.在电阻为 R、自感系数为 L 和电压为 U 的电路中,电流强度 I 满足方程

$$L\frac{dI}{dt}+RI=U$$

(其中 $V=E\sin at$,L,R,E 是固定值,a 为常数),求解此方程.

*5.6 差分方程

微分方程研究的自变量是连续变量,但现实世界中许多现象涉及的自变量是离散的,例如许多实验的数据也只是在一系列离散的时间点测定的,又如产品的数量单位只能取自然数来计量.当自变量是离散地变化时,我们便可用差分方程来研究该自变量的变化规律.另外,绝大多数的微分方程初值问题,因无法求出精确解而转为求数值解.我们知道运用计算机求其数值解时,也需将连续变量离散化,此时原微分方程便化为差分方程.

5.6.1　差分方程的基本概念

设函数 $y=f(x)$，当自变量 x 以相等间隔取一系列离散值 $x,x+1,x+2,\cdots$ 时，记

$$y_x=f(x),\quad y_{x+1}=f(x+1),\quad y_{x+2}=f(x+2),\cdots,$$

称差式 $y_{x+1}-y_x$ 为函数 $y=f(x)$ 在 x 的**一阶差分**，记为 Δy_x，即

$$\Delta y_x=y_{x+1}-y_x,$$

称一阶差分的差分为 $y=f(x)$ 的**二阶差分**，记为 $\Delta^2 y_x$，即

$$\begin{aligned}\Delta^2 y_x&=\Delta(\Delta y_x)=\Delta y_{x+1}-\Delta y_x=(y_{x+2}-y_{x+1})-(y_{x+1}-y_x)\\&=y_{x+2}-2y_{x+1}+y_x.\end{aligned}$$

类似地有 $y=f(x)$ 的 n 阶差分 $\Delta^n y_x=\Delta(\Delta^{n-1}y_x)$，$n\geqslant 2$ 的差分称为**高阶差分**.

由定义可知差分具有下列性质：

(1)$\Delta(C)=0$，C 为任意常数；

(2)$\Delta(Cy_x)=C\Delta y_x$，C 为任意常数；

(3)$\Delta(y_x+z_x)=\Delta y_x+\Delta z_x$.

请读者自己证明.

例 1　设 $y=x^2+x+1$，求 $\Delta y_x,\Delta^2 y_x,\Delta^3 y_x$.

解

$$\begin{aligned}\Delta y_x&=\Delta(x^2)+\Delta(x)+\Delta(1)\\&=[(x+1)^2-x^2]+(x+1-x)+(1-1)=2x+2;\end{aligned}$$

$$\Delta^2 y_x=\Delta(\Delta y_x)=2\Delta(x)+\Delta(2)=2;$$

$$\Delta^3 y_x=\Delta(\Delta^2 y_x)=0.$$

由此可见，多项式的差分仍是多项式，阶数高于多项式次数的差分为零.

例 2　设 $y=3^x$，求 $\Delta^2 y_x$.

解

$$\Delta y_x=y_{x+1}-y_x=3^{x+1}-3^x=2\times 3^x;$$

$$\Delta^2 y_x=\Delta(\Delta y_x)=2\Delta(3^x)=4\times 3^x.$$

由此可见，指数函数的差分仍是指数函数.

在许多经济问题中，常需要从含有未知函数 y_x 的差分等式中去确定这个未知函数，为此引出差分方程的概念.

含有未知函数 y_x 的差分，或含有未知函数 y_x 在 x 的两个或两个以上不同间隔处的值 $y_x,y_{x+1},\cdots$ 的方程称为**差分方程**.

差分方程中所出现差分的最高阶数，或方程中未知函数下标的最大值与最小值的差，称为**差分方程的阶**.

例如，$\Delta^2 y_x-3y_x=2$ 是一个二阶差分方程，$y_{x+5}+y_{x+4}-2y_{x+2}=3^x$ 是一个三阶差分方程.

差分方程的解是指代入方程后能使方程成为恒等式的函数. 与微分方程相似，如果差

分方程的解中含有相互独立的任意常数的个数与差分方程的阶数相同,这样的解称为**通解**;确定了任意常数的解称为**特解**;而确定任意常数的条件称为**初始条件**,初始条件的个数等于差分方程的阶数.

本书只讨论一阶常系数线性差分方程.

5.6.2 一阶常系数线性差分方程

形如
$$y_{x+1}-ay_x=f(x) \tag{5-3}$$
的差分方程,称为**一阶常系数线性差分方程**,其中 a 是不等于 0 的常数,$f(x)$ 为已知函数.

若 $f(x)\equiv 0$,则方程(5-3) 称为一阶常系数齐次线性差分方程;若 $f(x)\not\equiv 0$,则方程(5-3) 称为一阶常系数非齐次线性差分方程.若将非齐次方程中的 $f(x)$ 换成 0,所得到的方程
$$y_{x+1}-ay_x=0$$
称为该非齐次差分方程对应的齐次方程.

如同常微分方程一样,一阶差分方程的通解结构理论如下:非齐次差分方程的通解等于其对应的齐次方程的通解加上非齐次线性差分方程的一个特解.

首先介绍一阶常系数齐次线性差分方程
$$y_{x+1}-ay_x=0 \tag{5-4}$$
的解法.

由于指数函数的差分仍是指数函数,所以可猜测方程(5-4) 有形如 $y=r^x(r\neq 0)$ 的解.将其代入方程(5-4) 得
$$r^{x+1}-ar^x=r^x(r-a)=0.$$
由于 $r\neq 0$,故若 $r-a=0$,则 $y_x=a^x$ 就是该齐次差分方程的一个解.再由差分的性质知,对任意常数 C,Ca^x 也是方程的解,从而 $y=Ca^x$ 便是该齐次方程的通解.

方程 $r-a=0$ 称为方程(5-4) 的**特征方程**,其根 $r=a$ 称为**特征根**,由特征根便可确定方程(5-4) 的通解为 $y=Ca^x$(C 为任意常数).

例 3 求差分方程 $y_{x+1}-3y_x=0$ 的通解并写出满足初始条件 $y_0=5$ 的特解.

解 由特征方程 $r-3=0$,求得特征根 $r=3$.于是原方程的通解为
$$y_x=C\times 3^x \quad (C\text{ 为任意常数}).$$
由于 $y_0=5$,故 $5=C\times 3^0$,于是求得 $C=5$.因此所求的特解为
$$y_x=5\times 3^x.$$

现在介绍一阶常系数非齐次线性差分方程的解法.

根据非齐次线性差分方程的通解结构理论,欲求方程(5-3) 的通解,需先求出它的一个特解 y_x^*.如果 $f(x)=b^xP_m(x)(b\neq 0,P_m(x)$ 为 m 次多项式),则可使用待定系数法来确定特解 y_x^* 的形式,可以证明此时方程(5-3) 的特解形式是

$$y_x^* = \begin{cases} b^x Q_m(x), & b \text{ 不是特征根}, \\ x b^x Q_m(x), & b \text{ 是特征根}. \end{cases}$$

其中 $Q_m(x)$ 为 m 次多项式,有 $m+1$ 个待定系数.

例 4　求差分方程 $y_{x+1} - 2y_x = -8$ 的通解.

解　原方程对应的齐次方程的特征方程为 $r-2=0$,故特征根为 $r=2$,因此对应的齐次方程的通解为 $y = C \times 2^x$(C 为任意常数).

由于 $f(x) = -8$,即 $P_0(x) = -8, b = 1 \neq r$,故可设 $y_x^* = A$,将其代入原方程得

$$A - 2A = -8,$$

于是 $A = 8$,因此原方程的通解为

$$y = C \times 2^x + 8.$$

例 5　求差分方程 $y_{x+1} - y_x = 2x$ 的通解.

解　特征根 $r = 1$,故其对应的齐次方程的通解为 $y = C$(C 为任意常数).

由于 $f(x) = 2x$,即 $P_1(x) = 2x, b = 1 = r$,故令 $y_x^* = x(Ax+B)$,将 y^* 代入原方程得

$$(x+1)(Ax+A+B) - x(Ax+B) = 2x,$$

即

$$2Ax + A + B = 2x,$$

故 $A = 1, B = -1$. 于是 $y_x^* = x(x-1)$,原方程的通解为

$$y = C + x(x-1).$$

例 6　求差分方程 $y_{x+1} + 2y_x = 2^x$ 的通解.

解　特征根 $r = -2$,其对应的齐次方程的通解为 $y = C \times (-2)^x$(C 为任意常数).

由于 $f(x) = 2^x$,即 $P_0(x) = 1, b = 2 \neq r$,故令 $y_x^* = A \times 2^x$,并将其代入原方程得

$$A \times 2^{x+1} + 2A \times 2^x = 2^x,$$

求得 $A = \dfrac{1}{4}$,从而 $y_x^* = \dfrac{1}{4} \times 2^x$. 于是原方程的通解为

$$y_x = C \times (-2)^x + \frac{1}{4} \times 2^x.$$

例 7　求差分方程 $y_{x+1} - 3y_x = x \times 3^x$ 的通解.

解　特征根 $r = 3$,其对应的齐次方程的通解为 $y = C \times 3^x$(C 为任意常数).

由于 $f(x) = x \times 3^x$,即 $P_1(x) = x, b = 3 = r$,故令 $y_x^* = x(Ax+B) \times 3^x$,并将其代入原方程得

$$(x+1)[A(x+1)+B] \times 3^{x+1} - 3x(Ax+B) \times 3^x = x \times 3^x,$$

即

$$6Ax + 3A + 3B = x.$$

解得 $A = \dfrac{1}{6}, B = -\dfrac{1}{6}$,于是 $y_x^* = \dfrac{x}{6}(x-1) \times 3^x$. 因此原方程的通解为

$$y = C \times 3^x + \frac{x}{6}(x-1) \times 3^x.$$

注意:若 $f(x)$ 是由几种形如 $b^x P_m(x)$ 的多项式构成的线性组合,其特解也可由它们相应的特解形式组合而成.

例 8 求差分方程 $y_{x+1} - y_x = x \times 3^x + \frac{1}{3}$ 的通解.

解 特征根 $r = 1$,其对应的齐次方程的通解为 $y = C$(C 为任意常数).

设 $f_1(x) = x \times 3^x, f_2(x) = \frac{1}{3}$,则 $f(x) = f_1(x) + f_2(x)$.

对于 $f_1(x) = x \times 3^x$,即 $P_1(x) = x, b = 3 \neq r$,可令 $y_x^* = (Ax+B) \times 3^x$;而对于 $f_2(x) = \frac{1}{3}$,即 $P_0(x) = \frac{1}{3}, b = 1 = r$,可令 $y_x^* = kx$. 于是原方程的特解可设为

$$y_x^* = (Ax+B) \times 3^x + kx.$$

将 y_x^* 代入原方程得

$$3^{x+1}(Ax+A+B) + k(x+1) - 3^x(Ax+B) - kx = x \times 3^x + \frac{1}{3},$$

即
$$(2Ax+3A+2B) \times 3^x + k = x \times 3^x + \frac{1}{3}.$$

解得
$$A = \frac{1}{2}, \quad B = -\frac{3}{4}, \quad k = \frac{1}{3}.$$

于是
$$y_x^* = \left(\frac{1}{2}x - \frac{3}{4}\right) \times 3^x + \frac{1}{3}x,$$

原方程的通解为

$$y = C + \left(\frac{1}{2}x - \frac{3}{4}\right) \times 3^x + \frac{1}{3}x.$$

差分方程在自然科学和工程技术领域中有着广泛的应用. 下面仅讨论它们在经济管理中的几个应用实例.

例 9 在农业生产中,种植要先于产出和产品出售一个适当的时期. 已知 t 时期该产品的价格 P_t 决定着生产者在下一时期愿意提供市场的产量 S_{t+1},还决定着本期该产品的需求量 D_t,即有 $D_t = a - bP_t, S_t = -c + dP_{t-1}$($a$、$b$、$c$、$d$ 均为正的常数). 若假定每一个时期的价格总是确定产品在市场售完的水平上,即 $S_t = D_t$,求价格随时间变化的规律.

解 依题意得

$$-c + dP_{t-1} = a - bP_t,$$

即
$$bP_t + dP_{t-1} = a + c. \tag{5-5}$$

其特征根为 $r = -\frac{d}{b}$. 由于 $r \neq 1$,故令 $P_t^* = A$,并将其代入方程得 $P_t^* = \frac{a+c}{b+d}$,于是差

分方程(5-5) 的通解为

$$P_t = \frac{a+c}{b+d} + C\left(-\frac{d}{b}\right)^t.$$

注:当 $t=0$ 时,$P_t = P_0$,则可求得特解

$$P_t = \frac{a+c}{b+d} + \left(P_0 - \frac{a+c}{b+d}\right)\left(-\frac{d}{b}\right)^t.$$

例 10 某人从银行贷款 P_0 元,年利率是 P,这笔贷款要在 m 年内按月等额归还,试问每月应偿还多少?

解 设每月应偿还 a 元,$y_0 = P_0$.

第 1 个月后还需偿还的贷款为

$$y_1 = P_0 - a + P_0 \cdot \frac{P}{12} = \left(1+\frac{P}{12}\right)y_0 - a,$$

第 2 个月后还需偿还的贷款为

$$y_2 = y_1 - a + y_1 \cdot \frac{P}{12} = \left(1+\frac{P}{12}\right)y_1 - a,$$

$$\vdots$$

第 $n+1$ 个月后还需偿还的贷款为

$$y_{n+1} = \left(1+\frac{P}{12}\right)y_n - a,$$

$$\vdots$$

由于计划在 m 年内还清,故 $y_{12m} = 0$. 现解差分方程

$$y_{n+1} = \left(1+\frac{P}{12}\right)y_n - a.$$

其特征根为 $r = \left(1+\frac{P}{12}\right) \neq 1$,故设特解 $y_n^* = A$,代入上述差分方程解得 $A = \frac{12a}{P}$,于是得通解

$$y_n = C\left(1+\frac{P}{12}\right)^n + \frac{12}{P}a.$$

由于 $y_0 = P_0$,故 $C = P_0 - \frac{12}{P}a$,于是

$$y_n = \left(P_0 - \frac{12}{P}a\right)\left(1+\frac{P}{12}\right)^n + \frac{12}{P}a.$$

又由于 $y_{12m} = 0$,故

$$0 = \left(P_0 - \frac{12}{P}a\right)\left(1+\frac{P}{12}\right)^{12m} + \frac{12}{P}a,$$

解得

$$a=\frac{P_0P}{12}\cdot\frac{\left(1+\frac{P}{12}\right)^{12m}}{\left(1+\frac{P}{12}\right)^{12m}-1}.$$

这便是 m 年内每月应还贷款的数目.

习题 5.6

1. 计算下列各题：

(1) $y_n=n^2+2n+3$，求 $\Delta y_n,\Delta^2 y_n$；

(2) $y_n=n+3$，求 $\Delta y_n,\Delta^2 y_n$；

(3) $y_n=5^n$，求 $\Delta y_n,\Delta^2 y_n$.

2. 写出下列差分方程的阶数类型：

(1) $y_{n+1}-3y_n=7n^2+5$；　(2) $y_{n+2}-3y_n=1+n$；　(3) $y_{n+1}-2y_n^2=n$.

3. 解下列差分方程：

(1) $y_{n+1}-8y_n=0,y_0=6$；　(2) $y_{n+1}-3y_n=n\cdot 3^n,y_0=1$.

4. 求下列差分方程的通解，并写出满足对应初始条件的特解：

(1) $y_{x+1}-5y_x=3\quad\left(y_0=\frac{7}{3}\right)$；

(2) $y_{x+1}+y_x=2^x\quad(y_0=2)$；

(3) $y_{x+1}+4y_x=2x^2+x-1\quad(y_0=1)$；

(4) $y_{x+2}+3y_{x+1}-\frac{7}{4}y_x=9\quad(y_0=6,y_1=3)$；

(5) $y_{x+2}-4y_{x+1}+16y_x=0\quad(y_0=0,y_1=1)$；

(6) $y_{x+2}-2y_{x+1}+2y_x=0\quad(y_0=2,y_1=2)$.

5. 若某同学大学四年每年贷款 1 000 元，计划毕业后用 5 年偿还，平均每月应还款多少(贷款年利率为 6%)?

第 6 章　空间解析几何与向量代数

平面解析几何通过平面直角坐标系把平面上的点与一对有次序的数对应起来，把平面上的图像和方程对应起来，从而可以用代数方法来研究几何问题. 空间解析几何也是按照类似的方法建立起来的.

本章首先建立空间直角坐标系，引入在工程技术领域有着广泛应用的向量，并介绍向量的一些运算，然后介绍空间曲面和空间曲线的部分内容，并以向量为工具来讨论空间的平面和直线，最后介绍二次曲面.

6.1　空间直角坐标系

6.1.1　空间点的直角坐标

为了建立空间的点与数、图像与方程的联系，我们引入空间直角坐标系.

过空间一个定点 O 作三条相互垂直的数轴，分别称为 x 轴(横轴)、y 轴(纵轴)和 z 轴(竖轴). 这三条数轴都以 O 为原点且有相同的长度单位，它们的正方向符合右手法则，即以右手握住 z 轴，当右手的四个手指从 x 轴的正向转过 $\frac{\pi}{2}$ 角度后向 y 轴的正向时，竖起的拇指的指向就是 z 轴的正向(见图 6-1). 这样三条坐标轴就组成了空间直角坐标系，称为 $Oxyz$ 直角坐标系，点 O 称为该坐标系的原点.

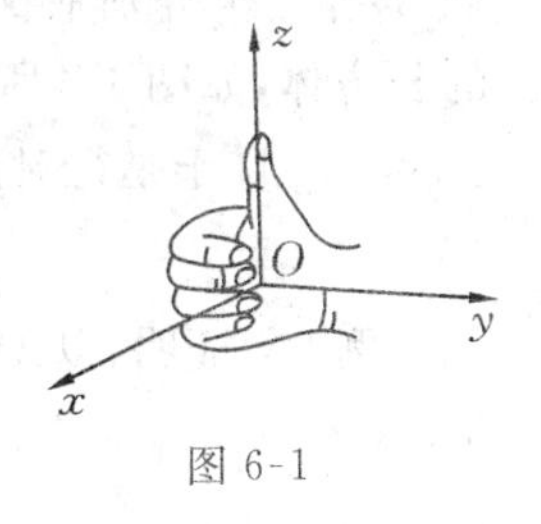

图 6-1

设 M 是空间的一点，过 M 作三个平面分别垂直于 x 轴、y 轴和 z 轴，并交 x 轴、y 轴、z 轴于 P、Q、R 三点. 点 P、Q、R 分别称为点 M 在 x 轴、y 轴和 z 轴上的投影. 设这三个投影在 x 轴、y 轴和 z 轴上的坐标依次为 x、y 和 z，于是空间一点 M 唯一地确定了一个有序数组 (x,y,z). 反过来，对给定的有序数组 (x,y,z)，可以在 x 轴上取坐标为 x 的点 P，在 y 轴上取坐标为 y 的点 Q，在 z 轴上取坐标为 z 的点 R，过点 P、Q、R 分别作垂直于 x 轴、y 轴、z 轴的三个平面，这三个平面的交点 M 就是由有序数组 (x,y,z) 确定的唯一的点(见图 6-2). 这样，空间的点与有序数组 (x,y,z) 之间就建立了一一对应的关系. 数组 (x,y,z) 称为点 M 的坐标，依次称 x、y 和 z 为点 M 的横坐标、纵坐标和竖坐标，并可把点 M 记为 $M(x,y,z)$.

三条坐标轴中每两条可以确定一个平面，称为坐标面，由 x 轴和 y 轴确定的坐标面简称 Oxy 面，类似地还有 Oyz 面和 Ozx 面. 这三个坐标面把空间分为八个部分，每一部分叫作一个卦限. 如图 6-3 所示，八个卦限分别用罗马数字 Ⅰ，Ⅱ，…，Ⅷ 表示. 第 Ⅰ、Ⅱ、Ⅲ、Ⅳ 卦限均在 Oxy 面的上方，按逆时针方向排定，其中在 Oxy 面上方、Oyz 面前方、Ozx 面右方的是第一卦限；第 Ⅴ、Ⅵ、Ⅶ、Ⅷ 卦限依次分别在第 Ⅰ 至第 Ⅳ 卦限的下方.

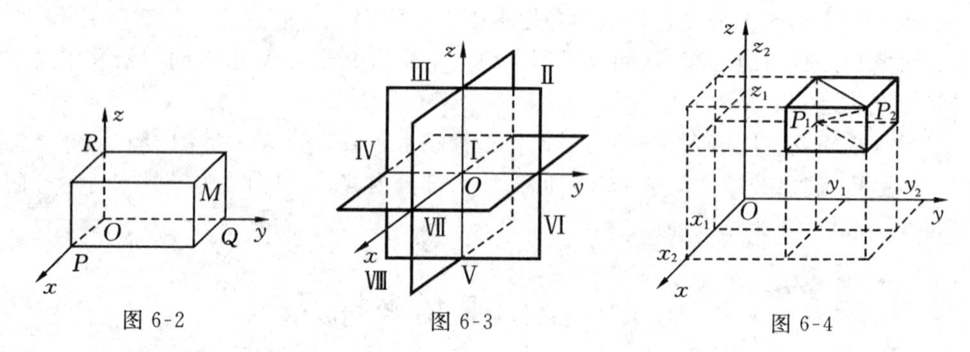

图 6-2　　图 6-3　　图 6-4

6.1.2　空间两点的距离

设 $P_1(x_1, y_1, z_1)$、$P_2(x_2, y_2, z_2)$ 是空间两点，为了表示 P_1 和 P_2 之间的距离，过 P_1 和 P_2 各作三个分别垂直于 x 轴、y 轴和 z 轴的平面. 这六个平面围成一个以 P_1P_2 为对角线的长方体，如图 6-4 所示，从图中易见该长方体各棱的长度分别为 $|x_2 - x_1|$、$|y_2 - y_1|$、$|z_2 - z_1|$. 于是得对角线 P_1P_2 的长度，亦即空间两点 P_1、P_2 的距离公式为

$$|P_1P_2| = \sqrt{(x_2 - x_1)^2 + (y_2 - y_1)^2 + (z_2 - z_1)^2}.$$

例 1　证明：以 $M_1(4,3,1)$，$M_2(7,1,2)$，$M_3(5,2,3)$ 为顶点的三角形是一个等腰三角形.

证　因为

$$|M_1M_2|^2 = (7-4)^2 + (1-3)^2 + (2-1)^2 = 14,$$

$$|M_2M_3|^2 = (5-7)^2 + (2-1)^2 + (3-2)^2 = 6,$$

$$|M_3M_1|^2 = (5-4)^2 + (2-3)^2 + (3-1)^2 = 6,$$

有 $|M_1M_3| = |M_2M_3|$，故 $\triangle M_1M_2M_3$ 是等腰三角形.

例 2　在 z 轴上求与两点 $A(-4,1,7)$ 和 $B(3,5,-2)$ 等距离的点.

解　因为所求的点在 z 轴上，所以设该点为 $M(0,0,z)$，依题意有

$$|MA| = |MB|,$$

即

$$\sqrt{(0+4)^2 + (0-1)^2 + (z-7)^2} = \sqrt{(3-0)^2 + (5-0)^2 + (-2-z)^2},$$

解得

$$z = \frac{14}{9}.$$

所以，所求的点为 $M\left(0,0,\frac{14}{9}\right)$.

习题 6.1

1. 在空间直角坐标系中，指出下列各点在哪个卦限：

$A(1,-2,3)$；$B(2,3,-4)$；$C(2,-3,-4)$；$D(-2,-3,1)$.

2. 求点$(2,-4,-5)$关于：(1) 各坐标面；(2) 各坐标轴；(3) 坐标原点的对称点的坐标.

3. 求点$A(2,-1,3)$和$B(-3,2,5)$之间的距离.

4. 求点$M(4,-3,5)$到各坐标轴的距离.

5. 在Oyz平面上，求与点$A(3,1,2)$、$B(4,-2,-2)$和$C(0,5,1)$等距离的点.

6. 试证以点$A(4,1,9)$、$B(10,-1,6)$、$C(2,3,4)$为顶点的三角形是等腰直角三角形.

6.2　向量与向量的表示

6.2.1　向量及其几何表示

日常生活中我们遇到的量可以分为两类：一类量用一个数值便可以完全表示，像面积、温度、时间和质量等都属于这一类，这一类量称为纯量(或标量)；另一类量除了要用一个数以外，还要指明它的方向才能够完全表示，像速度、加速度、力等都属于这一类，这一类量称为向量(或矢量).

向量通常用黑斜体字母来表示，如 $\boldsymbol{s}$，$\boldsymbol{v}$，$\boldsymbol{a}$，$\boldsymbol{F}$，也可以用上方加有箭头的字母来表示，如$\vec{s}$，$\vec{a}$，$\vec{v}$，$\vec{F}$. 从定义可知，向量的两个要素是大小和方向. 由于具有这两个要素的最简单的几何图形是有向线段，故在数学中往往用一个有方向的线段来表示向量. 如果线段的起点是M_0，终点是M，那么这个有向线段可以记为$\overrightarrow{M_0M}$，它代表一个确定的向量，线段的长度表示向量的大小，线段的方向表示向量的方向. 为了叙述和使用的方便，在以后的讨论中，我们对向量和表示它的有向线段不加区分，例如把有向线段$\overrightarrow{AB}$说成向量$\overrightarrow{AB}$或把向量$\vec{a}$看成有向线段.

定义　如果向量 $\boldsymbol{a}$ 和 $\boldsymbol{b}$ 的大小相同，方向一致，就称 $\boldsymbol{a}$ 和 $\boldsymbol{b}$ 相等，并记作 $\boldsymbol{a}=\boldsymbol{b}$.

这个定义是说，如果两个有向线段的大小和方向是相同的，则不论它们起点是否相同，都认为它们表示同一个向量. 这样理解的向量叫作自由向量，除了另有说明外，本书中研究的均为自由向量.

这样，就可以定义向量 $\boldsymbol{a}$ 和 $\boldsymbol{b}$ 之间的夹角. 将 $\boldsymbol{a}$ 和 $\boldsymbol{b}$ 平移使它们的起点重合后，它们所在的射线之间的夹角 $\theta(0\leqslant\theta\leqslant\pi)$ 称为 $\boldsymbol{a}$ 与 $\boldsymbol{b}$ 的夹角(见图 6-5)，通常把 $\boldsymbol{a}$ 与 $\boldsymbol{b}$ 的夹角记为$(\boldsymbol{a},\boldsymbol{b})$.

6.2.2 向量的坐标表示

为了建立向量与数之间的联系,我们把向量放在空间直角坐标系中加以考虑.在空间直角坐标系 $Oxyz$ 中,设有向线段$\overrightarrow{M_0M}$代表向量 $\boldsymbol{a}$,它的起点为 $M_0(x_0,y_0,z_0)$,终点为 $M(x,y,z)$.我们把 $x-x_0$,$y-y_0$,$z-z_0$ 分别称为有向线段$\overrightarrow{M_0M}$在 x 轴、y 轴、z 轴上的投影,并记

$$x-x_0=a_x,\quad y-y_0=a_y,\quad z-z_0=a_z.$$

于是有向线段$\overrightarrow{M_0M}$对应了一个有序数组(a_x,a_y,a_z)(见图 6-6).

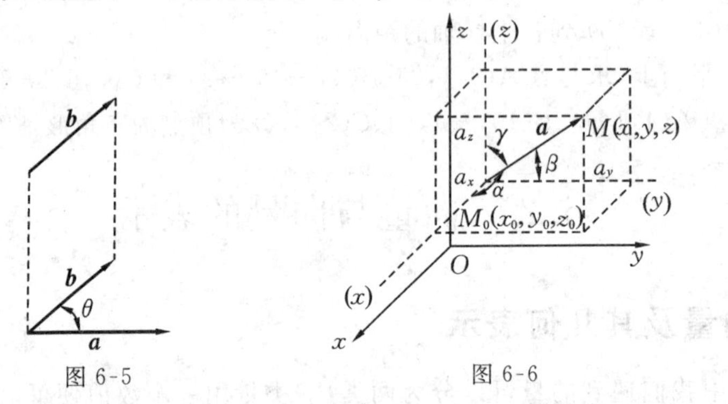

图 6-5　　　　图 6-6

反过来,这个有序数组(a_x,a_y,a_z)完全反映了有向线段$\overrightarrow{M_0M}$的长度和方向,从图 6-6 容易看到,$x-x_0=a_x$,$y-y_0=a_y$,$z-z_0=a_z$,故$\overrightarrow{M_0M}$的长度

$$|\overrightarrow{M_0M}|=\sqrt{a_x^2+a_y^2+a_z^2}. \tag{6-1}$$

其次,$\overrightarrow{M_0M}$的方向可用$\overrightarrow{M_0M}$与 x 轴、y 轴、z 轴的正向所成的夹角 α、β、γ 来刻画,而 α、β、γ 由下述关系式确定:

$$\cos\alpha=\frac{a_x}{\sqrt{a_x^2+a_y^2+a_z^2}},\quad \cos\beta=\frac{a_y}{\sqrt{a_x^2+a_y^2+a_z^2}},\quad \cos\gamma=\frac{a_z}{\sqrt{a_x^2+a_y^2+a_z^2}}. \tag{6-2}$$

因此,这个有序数组(a_x,a_y,a_z)不但确定了$\overrightarrow{M_0M}$的长度,而且确定了$\overrightarrow{M_0M}$的方向,即有序数组(a_x,a_y,a_z)确定了有向线段$\overrightarrow{M_0M}$所表示的(自由)向量 $\boldsymbol{a}$ 的全部特征.

由上面的分析可以看出,在空间直角坐标系 $Oxyz$ 中,一个向量对应了唯一的有序数组(a_x,a_y,a_z);反过来,对给定的有序数组(a_x,a_y,a_z),由式(6-1)和式(6-2)就唯一确定了一个长度为$\sqrt{a_x^2+a_y^2+a_z^2}$并与 x 轴、y 轴、z 轴正向的夹角分别为 α、β、γ 的向量.因此,有序数组和向量是一一对应的.于是,任何向量 $\boldsymbol{a}$ 均可唯一地记作

$$\boldsymbol{a}=\{a_x,a_y,a_z\}, \tag{6-3}$$

式(6-3)称为向量 $\boldsymbol{a}$ 的坐标表达式,a_x,a_y,a_z 称为向量 $\boldsymbol{a}$ 的坐标(或分量),有时也称为向量 $\boldsymbol{a}$ 在坐标轴上的投影.这样从上面的说明中可以看到,以 $M_0(x_0,y_0,z_0)$ 为起点、$M(x,y,z)$ 为终点的向量的坐标表达式为

$$\overrightarrow{M_0M}=\{x-x_0,y-y_0,z-z_0\}. \tag{6-4}$$

特别地，在解析几何中还把以原点 O 为起点、点 $P(x,y,z)$ 为终点的向量$\overrightarrow{OP}$ 称为点 P 的向径或矢径，并记作 $\boldsymbol{r}$，即 $\boldsymbol{r}=\{x,y,z\}$.

6.2.3　向量的模与方向角

向量 $\boldsymbol{a}$ 的长度也称为 $\boldsymbol{a}$ 的模，记作 $|\boldsymbol{a}|$，当向量 $\boldsymbol{a}$ 以坐标形式给出时，即 $\boldsymbol{a}=\{a_x,a_y,a_z\}$，由式(6-1) 可得

$$|\boldsymbol{a}|=\sqrt{a_x^2+a_y^2+a_z^2}. \tag{6-5}$$

特别地，模为 1 的向量叫作单位向量(或简称为幺矢).

非零向量 $\boldsymbol{a}=\{a_x,a_y,a_z\}$ 与 x 轴、y 轴、z 轴的正向所成的夹角 α、β、γ 称为 $\boldsymbol{a}$ 的方向角，方向角的余弦 $\cos\alpha,\cos\beta,\cos\gamma$ 叫作 $\boldsymbol{a}$ 的方向余弦，由式(6-2) 可得向量 $\boldsymbol{a}=\{a_x,a_y,a_z\}$ 的方向余弦为

$$\cos\alpha=\frac{a_x}{|\boldsymbol{a}|},\quad \cos\beta=\frac{a_y}{|\boldsymbol{a}|},\quad \cos\gamma=\frac{a_z}{|\boldsymbol{a}|}. \tag{6-6}$$

其中 $|\boldsymbol{a}|$ 为向量 $\boldsymbol{a}$ 的模，$|\boldsymbol{a}|=\sqrt{a_x^2+a_y^2+a_z^2}$.

方向余弦满足如下的关系式：

$$\cos^2\alpha+\cos^2\beta+\cos^2\gamma=1. \tag{6-7}$$

模为零的向量叫作零向量，记为 $\boldsymbol{O}$，它的坐标表达式为 $\boldsymbol{O}=\{0,0,0\}$. 规定零向量的方向是任意的.

向量 $\boldsymbol{a}$ 以坐标表达式(6-3) 给出后，由式(6-5) 和式(6-6) 就确定了它的模与方向角(即大小与方向)；反之，当 $\boldsymbol{a}$ 的模与方向角已知时，由式(6-6) 可以获得它的坐标表达式(6-3)，即

$$a_x=|\boldsymbol{a}|\cos\alpha,\quad a_y=|\boldsymbol{a}|\cos\beta,\quad a_z=|\boldsymbol{a}|\cos\gamma. \tag{6-8}$$

例 1　(1) 设 $A\left(0,-\frac{\sqrt{2}}{2},1\right)$，$B\left(1,\frac{\sqrt{2}}{2},3\right)$ 是空间的两点，向量 $\boldsymbol{a}=\overrightarrow{AB}$，写出 $\boldsymbol{a}$ 的坐标表达式以及它的模与方向角；

(2) 设一物体运动速度 $\boldsymbol{v}$ 的大小为 5，方向指向 Oxy 面的上方，并与 x 轴、y 轴的正向的夹角分别为 $\frac{\pi}{3}$、$\frac{\pi}{4}$，试写出 $\boldsymbol{v}$ 的坐标表达式.

解　(1) $\boldsymbol{a}=\left\{1-0,\frac{\sqrt{2}}{2}-\left(-\frac{\sqrt{2}}{2}\right),3-1\right\}=\{1,\sqrt{2},2\}$，由式(6-5) 及式(6-6) 得

$$|\boldsymbol{a}|=\sqrt{1^2+(\sqrt{2})^2+2^2}=\sqrt{7},$$

$$\cos\alpha=\frac{1}{\sqrt{7}}=\frac{\sqrt{7}}{7},\quad \cos\beta=\frac{\sqrt{2}}{\sqrt{7}}=\frac{\sqrt{14}}{7},\quad \cos\gamma=\frac{2}{\sqrt{7}}=\frac{2\sqrt{7}}{7},$$

即方向角为

$$\alpha = \arccos\frac{\sqrt{7}}{7}, \quad \beta = \arccos\frac{\sqrt{14}}{7}, \quad \gamma = \arccos\frac{2\sqrt{7}}{7}.$$

(2) 已知 $|\boldsymbol{v}| = 5, \alpha = \frac{\pi}{3}, \beta = \frac{\pi}{4}$,由关系式(6-7)得

$$\cos^2\gamma = 1 - \frac{1}{4} - \frac{1}{2} = \frac{1}{4},$$

又因为 $\boldsymbol{v}$ 的方向指向 Oxy 面的上方,所以 $\cos\gamma = \frac{1}{2}$.

于是由式(6-8)得

$$v_x = 5 \times \cos\frac{\pi}{3} = \frac{5}{2}, \quad v_y = 5 \times \cos\frac{\pi}{4} = \frac{5\sqrt{2}}{2}, \quad v_z = 5 \times \frac{1}{2} = \frac{5}{2},$$

即

$$\boldsymbol{v} = \left\{\frac{5}{2}, \frac{5\sqrt{2}}{2}, \frac{5}{2}\right\}.$$

习题 6.2

1. 已知点 $M_1(0,1,2)$ 和 $M_2(1,-1,0)$,试用坐标表达式表示向量 $\overrightarrow{M_1M_2}$.

2. 已知点 $M_1(4,\sqrt{2},1)$ 和 $M_2(3,0,2)$,计算向量 $\overrightarrow{M_1M_2}$ 的模、方向余弦和方向角.

3. 设向量的方向余弦分别满足:(1) $\cos\alpha = 0$;(2) $\cos\beta = 1$;(3) $\cos\alpha = \cos\beta = 0$. 问这些向量与坐标轴或坐标面的关系如何?

4. 设点 A 位于第 Ⅰ 卦限,其向径的模 $|\overrightarrow{OA}| = 6$,且向径 $\overrightarrow{OA}$ 与 x 轴、y 轴的夹角依次为 $\frac{\pi}{3}$ 和 $\frac{\pi}{4}$,求点 A 的坐标.

6.3 向量的加法与数乘运算

在实际问题中,向量与向量之间常发生一定的联系,并可能产生出另一个向量,把这种联系抽象成数学形式,就是向量的运算.在本节中我们先定义向量的加法运算以及向量与数的乘法运算,这两种运算统称为向量的线性运算.

6.3.1 向量的加法

从力学中我们知道,两个力、两个速度均能合成,得到合力、合速度,而且合力、合速度都符合平行四边形法则.由此实际背景出发,我们如下定义向量的加法.

设有向量 $\boldsymbol{a}$ 与 $\boldsymbol{b}$,任取一点 A,作 $\overrightarrow{AB} = \boldsymbol{a}, \overrightarrow{AD} = \boldsymbol{b}$,以 CD、BC 为对边的平行四边形 $ABCD$ 的对角线 AC,则向量 $\overrightarrow{AC}$ 称为向量 $\boldsymbol{a}$ 与 $\boldsymbol{b}$ 的和,记为 $\boldsymbol{a} + \boldsymbol{b}$(见图 6-7).

以上规则叫作向量相加的平行四边形法则,但此法则对两个平行向量的加法失效,故

我们再给出一个蕴含了平行四边形法则的加法定义：

设有两个向量 $\boldsymbol{a}$ 与 $\boldsymbol{b}$，任取一点 A，作 $\overrightarrow{AB}=\boldsymbol{a}$，再以点 B 为起点，作 $\overrightarrow{BC}=\boldsymbol{b}$，连接 AC，则向量 $\overrightarrow{AC}$ 称为向量 $\boldsymbol{a}$ 与 $\boldsymbol{b}$ 的和，记作 $\boldsymbol{a}+\boldsymbol{b}$（见图 6-8）.

这一规则叫作向量相加的三角形法则.

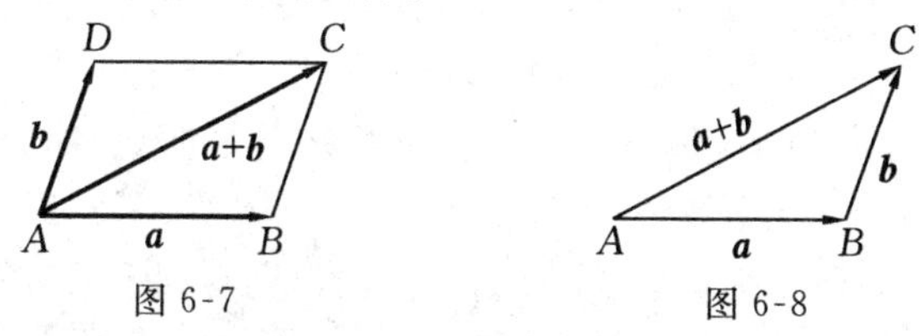

图 6-7　　图 6-8

例 1　证明：对角线相互平分的四边形是平行四边形.

证　设四边形 $ABCD$ 的两条对角线相交于点 E，如图 6-9 所示，由于

$$\overrightarrow{AE}=\overrightarrow{EC},\quad \overrightarrow{BE}=\overrightarrow{ED},$$

故

$$\overrightarrow{AE}+\overrightarrow{ED}=\overrightarrow{BE}+\overrightarrow{EC},$$

即

$$\overrightarrow{AD}=\overrightarrow{BC}.$$

这说明线段 AD 与 BC 平行且长度相等，因此四边形 $ABCD$ 是平行四边形.

下面给出向量加法的坐标表达式.

如图 6-10 所示，令 $\boldsymbol{a}=\overrightarrow{OA}=\{a_x,a_y,a_z\}$，$\boldsymbol{b}=\overrightarrow{AB}=\{b_x,b_y,b_z\}$，且设点 B 的坐标是 (x,y,z)，按三角形法则可得 $\boldsymbol{a}+\boldsymbol{b}=\overrightarrow{OB}=\{x,y,z\}$，因为点 A 的坐标是 (a_x,a_y,a_z)，点 B 的坐标是 (x,y,z)，所以 $\overrightarrow{AB}=\{x-a_x,y-a_y,z-a_z\}$. 由于向量 $\overrightarrow{AB}$ 的坐标是唯一确定的，故有

$$b_x=x-a_x,\quad b_y=y-a_y,\quad b_z=z-a_z,$$

即

$$x=a_x+b_x,\quad y=a_y+b_y,\quad z=a_z+b_z,$$

于是得

$$\boldsymbol{a}+\boldsymbol{b}=\{a_x+b_x,a_y+b_y,a_z+b_z\}. \tag{6-9}$$

式(6-9) 就是向量加法的坐标表达式，即两向量和的坐标是两向量对应坐标之和.

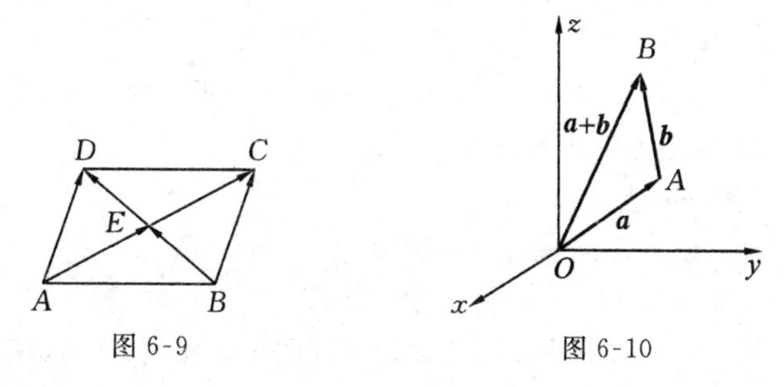

图 6-9　　图 6-10

6.3.2　向量与数的乘法（数乘）

对任意的实数 λ 和向量 $\boldsymbol{a}$，定义 λ 与 $\boldsymbol{a}$ 的乘积（简称数乘）是一个向量，记为 $\lambda\boldsymbol{a}$. 它的模

与方向规定如下.

(1) $|\lambda \boldsymbol{a}| = |\lambda| \cdot |\boldsymbol{a}|$.

(2) 当 $\lambda > 0$ 时,$\lambda\boldsymbol{a}$ 与 $\boldsymbol{a}$ 同方向;当 $\lambda < 0$ 时,$\lambda\boldsymbol{a}$ 与 $\boldsymbol{a}$ 反方向;当 $\lambda = 0$ 时,$\lambda\boldsymbol{a} = \boldsymbol{O}$.

设 $\boldsymbol{a} = \{a_x, a_y, a_z\}$,由数乘的定义,不难证明

$$\lambda\boldsymbol{a} = \{\lambda a_x, \lambda a_y, \lambda a_z\}. \tag{6-10}$$

式(6-10)说明,向量与数的乘积的三个坐标投影分别是向量的三个坐标投影与该数之积.

容易验证,若 $\boldsymbol{a}$、$\boldsymbol{b}$、$\boldsymbol{c}$ 是任意向量,λ,μ 是任意实数,则有如下的运算规律:

$$\boldsymbol{a} + \boldsymbol{b} = \boldsymbol{b} + \boldsymbol{a} \quad (\text{加法交换律});$$

$$\boldsymbol{a} + (\boldsymbol{b} + \boldsymbol{c}) = (\boldsymbol{a} + \boldsymbol{b}) + \boldsymbol{c} \quad (\text{加法结合律});$$

$$\lambda(\boldsymbol{a} + \boldsymbol{b}) = \lambda\boldsymbol{a} + \lambda\boldsymbol{b} \quad (\text{数乘分配律});$$

$$\lambda(\mu\boldsymbol{a}) = (\lambda\mu)\boldsymbol{a} \quad (\text{数乘结合律}).$$

对于向量 $\boldsymbol{b}$,用 $-\boldsymbol{b}$ 表示 $(-1)\boldsymbol{b}$,并称它为 $\boldsymbol{b}$ 的反向量(或负向量),用 $\boldsymbol{a}-\boldsymbol{b}$ 表示 $\boldsymbol{a}+(-\boldsymbol{b})$,也称为 $\boldsymbol{a}$ 减 $\boldsymbol{b}$ 的差. 在几何上,$\boldsymbol{a}+\boldsymbol{b}$、$\boldsymbol{a}-\boldsymbol{b}$ 分别是以 $\boldsymbol{a}$ 与 $\boldsymbol{b}$ 为邻边的平行四边形的两条对角线向量(见图 6-11).

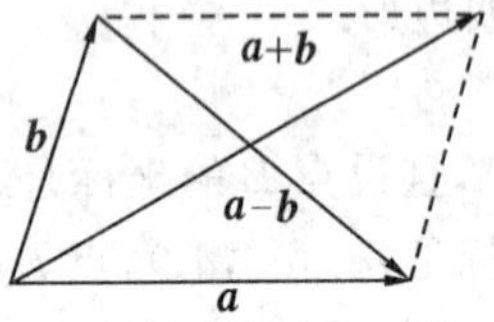

图 6-11

对于非零向量 $\boldsymbol{a}$,取 $\lambda = \dfrac{1}{|\boldsymbol{a}|}$,则 $\lambda\boldsymbol{a} = \dfrac{\boldsymbol{a}}{|\boldsymbol{a}|}$,是与 $\boldsymbol{a}$ 同方向的单位向量,记作 $\boldsymbol{e}_a$,即 $\boldsymbol{e}_a = \dfrac{\boldsymbol{a}}{|\boldsymbol{a}|}$.

如果向量 $\boldsymbol{a}$ 与 $\boldsymbol{b}$ 的夹角等于 0 或 π,则称向量 $\boldsymbol{a}$ 与 $\boldsymbol{b}$ 共线(或称 $\boldsymbol{a}$ 与 $\boldsymbol{b}$ 平行),记作 $\boldsymbol{a} /\!/ \boldsymbol{b}$. 由于零向量的方向是任意的,故可认为零向量与任何向量平行,即 $\boldsymbol{O} /\!/ \boldsymbol{a}$.

定理 设 $\boldsymbol{a}$、$\boldsymbol{b}$ 是向量,且 $\boldsymbol{a} \neq \boldsymbol{O}$,则 $\boldsymbol{a} /\!/ \boldsymbol{b}$ 的充要条件为存在实数 λ,使得 $\boldsymbol{b} = \lambda\boldsymbol{a}$.

如果 $\boldsymbol{a} = \{a_x, a_y, a_z\}$,$\boldsymbol{b} = \{b_x, b_y, b_z\}$,那么 $\boldsymbol{b} = \lambda\boldsymbol{a}$ 等价于

$$b_x = \lambda a_x, \quad b_y = \lambda a_y, \quad b_z = \lambda a_z,$$

即

$$\frac{b_x}{a_x} = \frac{b_y}{a_y} = \frac{b_z}{a_z} = \lambda.$$

若 a_x,a_y,a_z 中某个为零,则上式中相应的分子理解为零. 故上述定理也可表述为:

设 $\boldsymbol{a} \neq \boldsymbol{O}$,$\boldsymbol{a} /\!/ \boldsymbol{b}$ 的充要条件是对应坐标成比例.

最后,给出向量的分解表达式.

记 $\boldsymbol{i}$、$\boldsymbol{j}$、$\boldsymbol{k}$ 分别是点 $(1,0,0)$、$(0,1,0)$、$(0,0,1)$ 的向径,即

$$\boldsymbol{i} = \{1,0,0\}, \quad \boldsymbol{j} = \{0,1,0\}, \quad \boldsymbol{k} = \{0,0,1\}.$$

易见 $\boldsymbol{i}$、$\boldsymbol{j}$、$\boldsymbol{k}$ 分别为与 x 轴、y 轴、z 轴正向同方向的单位向量(称为 $Oxyz$ 坐标系下的基本单位向量),于是,任何向量 $\boldsymbol{a} = \{a_x, a_y, a_z\}$ 就有如下的分解表达式:

$$\begin{aligned}\boldsymbol{a} &= \{a_x, a_y, a_z\} = \{a_x, 0, 0\} + \{0, a_y, 0\} + \{0, 0, a_z\} \\ &= a_x\{1,0,0\} + a_y\{0,1,0\} + a_z\{0,0,1\},\end{aligned}$$

即
$$\boldsymbol{a}=a_x\boldsymbol{i}+a_y\boldsymbol{j}+a_z\boldsymbol{k}.$$
式 $\boldsymbol{a}=a_x\boldsymbol{i}+a_y\boldsymbol{j}+a_z\boldsymbol{k}$ 就叫作向量 $\boldsymbol{a}$ 按基本单位向量的分解表达式，其中向量 $a_x\boldsymbol{i}$、$a_y\boldsymbol{j}$、$a_z\boldsymbol{k}$ 分别叫作向量 $\boldsymbol{a}$ 在 x 轴、y 轴、z 轴上的分向量.

向量的分解表达式表明，任何向量 $\boldsymbol{a}$ 都可表示为 $\boldsymbol{i}$、$\boldsymbol{j}$、$\boldsymbol{k}$ 的线性组合. 组合系数 a_x、a_y、a_z 就是该向量的坐标投影.

例 2　设向量 $\boldsymbol{a}$ 的起点为 $A(4,0,5)$，终点为 $B(7,1,3)$，写出 $\boldsymbol{e}_a$ 关于基本单位向量的分解式.

解
$$\boldsymbol{a}=\overrightarrow{AB}=\{7-4,1-0,3-5\}=\{3,1,-2\},$$
$$|\boldsymbol{a}|=\sqrt{3^2+1^2+(-2)^2}=\sqrt{14},$$
于是
$$\boldsymbol{e}_a=\frac{\boldsymbol{a}}{|\boldsymbol{a}|}=\left\{\frac{3}{\sqrt{14}},\frac{1}{\sqrt{14}},\frac{-2}{\sqrt{14}}\right\},$$
即
$$\boldsymbol{e}_a=\frac{3}{\sqrt{14}}\boldsymbol{i}+\frac{1}{\sqrt{14}}\boldsymbol{j}-\frac{2}{\sqrt{14}}\boldsymbol{k}.$$

习题 6.3

1. 用向量法证明：三角形两边中点的连线平行于第三边，且长度等于第三边长度的一半.
2. 求平行于向量 $\boldsymbol{a}=\{6,7,-6\}$ 的单位向量.
3. 设 $\boldsymbol{a}=3\boldsymbol{i}+5\boldsymbol{j}+8\boldsymbol{k}$，$\boldsymbol{b}=2\boldsymbol{i}-4\boldsymbol{j}-7\boldsymbol{k}$，$\boldsymbol{c}=5\boldsymbol{i}+\boldsymbol{j}-4\boldsymbol{k}$，求向量 $\boldsymbol{d}=4\boldsymbol{a}+3\boldsymbol{b}-\boldsymbol{c}$ 在 x 轴及 y 轴上的分向量.
4. 试确定 m 和 n 的值，使向量 $\boldsymbol{a}=-2\boldsymbol{i}+3\boldsymbol{j}+n\boldsymbol{k}$ 和 $\boldsymbol{b}=m\boldsymbol{i}-6\boldsymbol{j}+2\boldsymbol{k}$ 平行.
5. 已知点 $A(-1,2,-4)$，$B(6,-2,z)$，$|\overrightarrow{AB}|=9$，求 z 的值.
6. 分别求与向量 $\boldsymbol{a}=\{-2,-1,2\}$ 及 $\boldsymbol{b}=\{2,-3,-6\}$ 方向一致的单位向量.

6.4　向量的乘法运算

6.4.1　向量的数量积(点积、内积)

如图 6-12 所示，如果某物体在常力 $\boldsymbol{F}$ 的作用下沿直线从点 M_0 移动至点 M，用 $\boldsymbol{s}$ 表示物体的位移 $\overrightarrow{M_0M}$，那么力 $\boldsymbol{F}$ 所做的功是 $W=|\boldsymbol{F}|\cdot|\boldsymbol{s}|\cos\theta$，其中 θ 是 $\boldsymbol{F}$ 与 $\boldsymbol{s}$ 的夹角. 从此实际背景出发，我们来定义向量的一种乘法运算.

设 $\boldsymbol{a}$ 与 $\boldsymbol{b}$ 是两个向量，$\theta=(\boldsymbol{a},\boldsymbol{b})$，规定向量 $\boldsymbol{a}$ 与 $\boldsymbol{b}$ 的数量积(记作 $\boldsymbol{a}\cdot\boldsymbol{b}$) 是由下式确定的一个数：
$$\boldsymbol{a}\cdot\boldsymbol{b}=|\boldsymbol{a}|\cdot|\boldsymbol{b}|\cos\theta. \tag{6-11}$$

向量的数量积也叫点积或内积，按数量积的定义，力 $\boldsymbol{F}$ 所做的功就可以表示为

$$W=\boldsymbol{F}\cdot\boldsymbol{s}.$$

显然，对任何向量 $\boldsymbol{a}$，有 $\boldsymbol{a}\cdot\boldsymbol{O}=\boldsymbol{O}\cdot\boldsymbol{a}=0$.

下面推导数量积的坐标表达式.

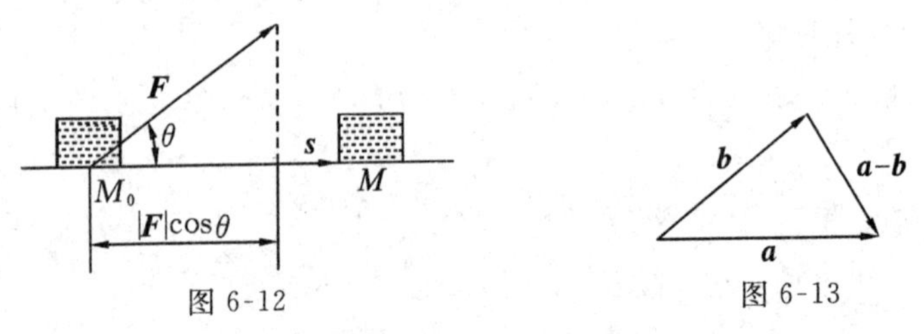

图 6-12　　图 6-13

如果把 $\boldsymbol{a}$、$\boldsymbol{b}$ 看成三角形的两个边，那么 $\boldsymbol{a}-\boldsymbol{b}$ 就是第三边(见图 6-13). 根据余弦定理，得

$$|\boldsymbol{a}|\cdot|\boldsymbol{b}|\cos\theta=\frac{1}{2}(|\boldsymbol{a}|^2+|\boldsymbol{b}|^2-|\boldsymbol{a}-\boldsymbol{b}|^2).$$

设 $\boldsymbol{a}=\{a_x,a_y,a_z\}$，$\boldsymbol{b}=\{b_x,b_y,b_z\}$，则上式可写成

$$\begin{aligned}|\boldsymbol{a}|\cdot|\boldsymbol{b}|\cos\theta&=\frac{1}{2}\{(a_x^2+a_y^2+a_z^2)+(b_x^2+b_y^2+b_z^2)-[(a_x-b_x)^2+(a_y-b_y)^2+(a_z-b_z)^2]\}\\&=a_xb_x+a_yb_y+a_zb_z,\end{aligned}$$

于是得到

$$\boldsymbol{a}\cdot\boldsymbol{b}=\{a_x,a_y,a_z\}\cdot\{b_x,b_y,b_z\}=a_xb_x+a_yb_y+a_zb_z. \tag{6-12}$$

式(6-12)是两向量之数量积的坐标表达式，即两向量的数量积等于两向量对应坐标的乘积之和.

容易验证，如果 $\boldsymbol{a}$、$\boldsymbol{b}$、$\boldsymbol{c}$ 分别是任意向量，λ，μ 是任意实数，那么

$$\boldsymbol{a}\cdot\boldsymbol{a}=|\boldsymbol{a}|^2,$$

$$\boldsymbol{a}\cdot\boldsymbol{b}=\boldsymbol{b}\cdot\boldsymbol{a}\quad\text{(交换律)},$$

$$\boldsymbol{a}\cdot(\boldsymbol{b}+\boldsymbol{c})=\boldsymbol{a}\cdot\boldsymbol{b}+\boldsymbol{a}\cdot\boldsymbol{c}\quad\text{(分配律)},$$

$$(\lambda\boldsymbol{a})\cdot(\mu\boldsymbol{b})=\lambda\mu(\boldsymbol{a}\cdot\boldsymbol{b})\quad\text{(数乘分配律)}.$$

由式(6-11)还可以推知，向量 $\boldsymbol{a}$ 与 $\boldsymbol{b}$ 的夹角满足公式

$$\cos\theta=\frac{\boldsymbol{a}\cdot\boldsymbol{b}}{|\boldsymbol{a}|\cdot|\boldsymbol{b}|}\quad(0\leqslant\theta\leqslant\pi). \tag{6-13}$$

若 $\boldsymbol{a}=\{a_x,a_y,a_z\}$，$\boldsymbol{b}=\{b_x,b_y,b_z\}$，则

$$\cos\theta=\frac{a_xb_x+a_yb_y+a_zb_z}{\sqrt{a_x^2+a_y^2+a_z^2}\sqrt{b_x^2+b_y^2+b_z^2}}. \tag{6-14}$$

如果向量 $\boldsymbol{a}$ 与 $\boldsymbol{b}$ 的夹角 $\theta=\frac{\pi}{2}$，则称 $\boldsymbol{a}$ 与 $\boldsymbol{b}$ 正交(或垂直)，记作 $\boldsymbol{a}\perp\boldsymbol{b}$. 由于 $\boldsymbol{O}$ 的方向可以看成是任意的，因此可以认为任何向量 $\boldsymbol{a}$ 与 $\boldsymbol{O}$ 正交，即 $\boldsymbol{O}\perp\boldsymbol{a}$.

向量的数量积常用来判定两个向量是否垂直，这就是下面的定理.

定理　$\boldsymbol{a}\perp\boldsymbol{b}$ 的充要条件是 $\boldsymbol{a}\cdot\boldsymbol{b}=0$.

证 当 $\boldsymbol{a}$ 与 $\boldsymbol{b}$ 有一个为 $\boldsymbol{O}$,结论显然成立.不妨设 $\boldsymbol{a}$ 与 $\boldsymbol{b}$ 均不为 $\boldsymbol{O}$,按定义,$\boldsymbol{a}\perp\boldsymbol{b}$ 的充要条件是它们的夹角 $\theta=\frac{\pi}{2}$,即 $\boldsymbol{a}\cdot\boldsymbol{b}=|\boldsymbol{a}|\cdot|\boldsymbol{b}|\cos\theta=0$,证毕.

如果 $\boldsymbol{a},\boldsymbol{b}$ 以坐标形式表示,则上述定理可表述为:

设 $\boldsymbol{a}=\{a_x,a_y,a_z\}$,$\boldsymbol{b}=\{b_x,b_y,b_z\}$,则

$$\boldsymbol{a}\perp\boldsymbol{b}\Leftrightarrow a_xb_x+a_yb_y+a_zb_z=0.$$

例 1 已知点 $M(1,1,1)$,$A(2,2,1)$ 和 $B(2,1,2)$,求 $\angle AMB$.

解 $\angle AMB$ 可以看成向量$\overrightarrow{MA}$ 与$\overrightarrow{MB}$ 的夹角,而

$$\overrightarrow{MA}=\{2-1,2-1,1-1\}=\{1,1,0\},$$

$$\overrightarrow{MB}=\{2-1,1-1,2-1\}=\{1,0,1\},$$

故

$$\overrightarrow{MA}\cdot\overrightarrow{MB}=1\times1+1\times0+0\times1=1,$$

$$|\overrightarrow{MA}|=\sqrt{1^2+1^2+0^2}=\sqrt{2},$$

$$|\overrightarrow{MB}|=\sqrt{1^2+0^2+1^2}=\sqrt{2},$$

故

$$\cos\angle AMB=\frac{\overrightarrow{MA}\cdot\overrightarrow{MB}}{|\overrightarrow{MA}|\cdot|\overrightarrow{MB}|}=\frac{1}{2},$$

所以

$$\angle AMB=\frac{\pi}{3}.$$

6.4.2 向量的向量积(叉积、外积)

如图 6-14 所示,设 O 是一机械杠杆的支点,力 $\boldsymbol{F}$ 作用在杠杆上的点 P 处,$\boldsymbol{F}$ 与$\overrightarrow{OP}$ 的夹角为 θ.力学中规定,力 $\boldsymbol{F}$ 对支点 O 的力矩$\overrightarrow{OM}$ 是一个向量,它的大小等于力的大小与支点到力线的距离之积,即

$$|\overrightarrow{OM}|=|\boldsymbol{F}|\cdot|\overrightarrow{OQ}|=|\boldsymbol{F}_M|\cdot|\overrightarrow{OP}|\sin\theta,$$

它的方向垂直于$\overrightarrow{OP}$ 与 $\boldsymbol{F}$ 确定的平面,并且$\overrightarrow{OP}$、$\boldsymbol{F}$、$\overrightarrow{OM}$ 三者的方向符合右手法则(有序向量组 $\boldsymbol{a},\boldsymbol{b},\boldsymbol{c}$ 符合右手法则,是指当右手的四指从 $\boldsymbol{a}$ 以不超过 π 的转角转向 $\boldsymbol{b}$ 时,竖起的拇指的指向是 $\boldsymbol{c}$ 的方向,如图 6-15 所示).从此实际背景出发,我们定义向量的另一种乘积,即两个向量的向量积.

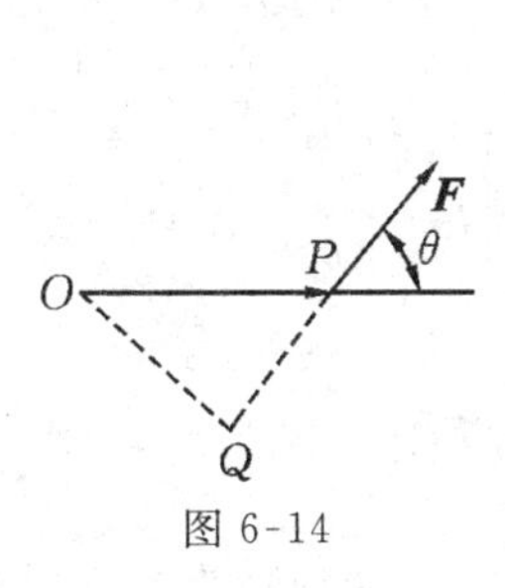

图 6-14

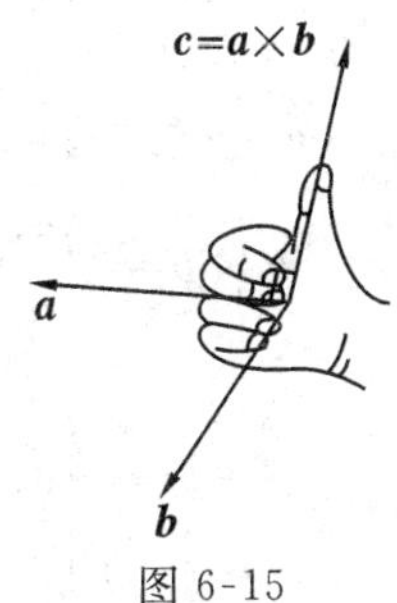

图 6-15

设 $\boldsymbol{a}$、$\boldsymbol{b}$ 是两个向量，规定 $\boldsymbol{a}$ 与 $\boldsymbol{b}$ 的向量积是一个向量，记作 $\boldsymbol{a}\times\boldsymbol{b}$，它的模与方向分别为：

(1) $|\boldsymbol{a}\times\boldsymbol{b}|=|\boldsymbol{a}|\cdot|\boldsymbol{b}|\sin\theta\quad(\theta=(\boldsymbol{a},\boldsymbol{b}))$；

(2) $\boldsymbol{a}\times\boldsymbol{b}$ 同时垂直于 $\boldsymbol{a}$ 和 $\boldsymbol{b}$，并且 $\boldsymbol{a}$、$\boldsymbol{b}$、$\boldsymbol{a}\times\boldsymbol{b}$ 符合右手法则.

向量的向量积也叫作叉积或外积. 有了这一概念，力矩就可表示为 $\overrightarrow{OM}=\overrightarrow{OP}\times\boldsymbol{F}$.

从定义容易看出，对任意的向量 $\boldsymbol{a}$, $\boldsymbol{b}$，有

$$\boldsymbol{O}\times\boldsymbol{a}=\boldsymbol{a}\times\boldsymbol{O}=\boldsymbol{O},$$

$$\boldsymbol{a}\times\boldsymbol{a}=\boldsymbol{O},$$

$$\boldsymbol{a}\times\boldsymbol{b}=-\boldsymbol{b}\times\boldsymbol{a}\quad(\text{反交换律}).$$

此外，还可以证明向量积有如下的运算律：对任意的向量 $\boldsymbol{a}$、$\boldsymbol{b}$、$\boldsymbol{c}$ 及任意的实数 λ，有

$$(\boldsymbol{a}+\boldsymbol{b})\times\boldsymbol{c}=\boldsymbol{a}\times\boldsymbol{c}+\boldsymbol{b}\times\boldsymbol{c}\quad(\text{分配律});$$

$$(\lambda\boldsymbol{a})\times\boldsymbol{b}=\boldsymbol{a}\times(\lambda\boldsymbol{b})=\lambda(\boldsymbol{a}\times\boldsymbol{b}).$$

前面曾给出了两个向量平行的一个充要条件，下面给出另一个充要条件.

例 2 设 $\boldsymbol{a}$, $\boldsymbol{b}$ 是两个向量，证明

$$\boldsymbol{a}\parallel\boldsymbol{b}\Leftrightarrow\boldsymbol{a}\times\boldsymbol{b}=\boldsymbol{O}.$$

证 设 $\boldsymbol{a}$、$\boldsymbol{b}$ 均为非零向量(不然，命题不证自明)，因为 $\boldsymbol{a}\times\boldsymbol{b}=\boldsymbol{O}$ 等价于 $|\boldsymbol{a}\times\boldsymbol{b}|=0$，即

$$|\boldsymbol{a}|\cdot|\boldsymbol{b}|\sin\theta=0.$$

又 $|\boldsymbol{a}|$、$|\boldsymbol{b}|$ 均不为零，故上式等价于 $\sin\theta=0$，即 $\theta=0$ 或 $\theta=\pi$，也即 $\boldsymbol{a}\parallel\boldsymbol{b}$，证毕.

下面推导向量积的分解表达式.

设 $\boldsymbol{a}=a_x\boldsymbol{i}+a_y\boldsymbol{j}+a_z\boldsymbol{k}$, $\boldsymbol{b}=b_x\boldsymbol{i}+b_y\boldsymbol{j}+b_z\boldsymbol{k}$，按向量积的运算律，有

$$\begin{aligned}\boldsymbol{a}\times\boldsymbol{b}&=(a_x\boldsymbol{i}+a_y\boldsymbol{j}+a_z\boldsymbol{k})\times(b_x\boldsymbol{i}+b_y\boldsymbol{j}+b_z\boldsymbol{k})\\&=a_xb_x(\boldsymbol{i}\times\boldsymbol{i})+a_xb_y(\boldsymbol{i}\times\boldsymbol{j})+a_xb_z(\boldsymbol{i}\times\boldsymbol{k})+a_yb_x(\boldsymbol{j}\times\boldsymbol{i})+a_yb_y(\boldsymbol{j}\times\boldsymbol{j})\\&\quad+a_yb_z(\boldsymbol{j}\times\boldsymbol{k})+a_zb_x(\boldsymbol{k}\times\boldsymbol{i})+a_zb_y(\boldsymbol{k}\times\boldsymbol{j})+a_zb_z(\boldsymbol{k}\times\boldsymbol{k}),\end{aligned}$$

由于

$$\boldsymbol{i}\times\boldsymbol{j}=\boldsymbol{k},\quad\boldsymbol{k}\times\boldsymbol{j}=-\boldsymbol{i},\quad\boldsymbol{k}\times\boldsymbol{i}=\boldsymbol{j},$$

故整理得

$$\boldsymbol{a}\times\boldsymbol{b}=(a_yb_z-a_zb_y)\boldsymbol{i}+(a_zb_x-a_xb_z)\boldsymbol{j}+(a_xb_y-a_yb_x)\boldsymbol{k}.\tag{6-15}$$

为了便于记忆，把上式改写成行列式的形式，即

$$\begin{aligned}\boldsymbol{a}\times\boldsymbol{b}&=\begin{vmatrix}a_y&a_z\\b_y&b_z\end{vmatrix}\boldsymbol{i}+\begin{vmatrix}a_z&a_x\\b_z&b_x\end{vmatrix}\boldsymbol{j}+\begin{vmatrix}a_x&a_y\\b_x&b_y\end{vmatrix}\boldsymbol{k}\\&=\begin{vmatrix}\boldsymbol{i}&\boldsymbol{j}&\boldsymbol{k}\\a_x&a_y&a_z\\b_x&b_y&b_z\end{vmatrix}.\end{aligned}\tag{6-16}$$

例 3 求垂直于向量 $\boldsymbol{a}=\{2,2,1\}$ 和 $\boldsymbol{b}=\{4,5,3\}$ 的单位向量.

解　$\boldsymbol{a}\times\boldsymbol{b}$ 是垂直于 $\boldsymbol{a}$ 和 $\boldsymbol{b}$ 的，而

$$\boldsymbol{a}\times\boldsymbol{b}=\begin{vmatrix}\boldsymbol{i} & \boldsymbol{j} & \boldsymbol{k}\\ 2 & 2 & 1\\ 4 & 5 & 3\end{vmatrix}=\boldsymbol{i}-2\boldsymbol{j}+2\boldsymbol{k},$$

$$|\boldsymbol{a}\times\boldsymbol{b}|=\sqrt{1^2+(-2)^2+2^2}=3.$$

于是

$$\pm\frac{\boldsymbol{a}\times\boldsymbol{b}}{|\boldsymbol{a}\times\boldsymbol{b}|}=\pm\left[\frac{1}{3}\boldsymbol{i}-\frac{2}{3}\boldsymbol{j}+\frac{2}{3}\boldsymbol{k}\right]$$

就是所求的两个单位向量.

例 4　已知点 $A(2,3,-1)$、$B(4,0,-2)$、$C(5,-1,3)$，求 $\triangle ABC$ 的面积.

解　根据向量的定义可知 $\triangle ABC$ 的面积.

$$S_{\triangle ABC}=\frac{1}{2}|\overrightarrow{AB}|\cdot|\overrightarrow{AC}|\sin\angle A=\frac{1}{2}|\overrightarrow{AB}\times\overrightarrow{AC}|.$$

由于 $\overrightarrow{AB}=\{2,-3,-1\}$，$\overrightarrow{AC}=\{3,-4,4\}$，因此

$$\overrightarrow{AB}\times\overrightarrow{AC}=\begin{vmatrix}\boldsymbol{i} & \boldsymbol{j} & \boldsymbol{k}\\ 2 & -3 & -1\\ 3 & -4 & 4\end{vmatrix}=-16\boldsymbol{i}-11\boldsymbol{j}+\boldsymbol{k},$$

于是

$$S_{\triangle ABC}=\frac{1}{2}|\overrightarrow{AB}\times\overrightarrow{AC}|=\frac{1}{2}\sqrt{(-16)^2+(-11)^2+1^2}=\frac{3}{2}\sqrt{42}.$$

最后，介绍向量的混合积的概念.

设 $\boldsymbol{a}$、$\boldsymbol{b}$、$\boldsymbol{c}$ 是三个向量，先作向量积 $\boldsymbol{a}\times\boldsymbol{b}$，再作 $\boldsymbol{a}\times\boldsymbol{b}$ 与 $\boldsymbol{c}$ 的数量积得到的数 $(\boldsymbol{a}\times\boldsymbol{b})\cdot\boldsymbol{c}$ 叫作向量 $\boldsymbol{a}$、$\boldsymbol{b}$、$\boldsymbol{c}$ 的混合积，记作 $[\boldsymbol{a},\boldsymbol{b},\boldsymbol{c}]$.

习题 6.4

1. 已知向量 $\boldsymbol{a}=\{3,2,-1\}$，$\boldsymbol{b}=\{1,-1,2\}$，求：

(1) $\boldsymbol{a}\cdot\boldsymbol{b}$；(2) $5\boldsymbol{a}\cdot 3\boldsymbol{b}$；(3) $\boldsymbol{a}\times\boldsymbol{b}$；(4) $2\boldsymbol{a}\times 7\boldsymbol{b}$.

2. 设 $\boldsymbol{a}=\{1,2,-1\}$，$\boldsymbol{b}=\{-1,1,0\}$，求 $\boldsymbol{a}$、$\boldsymbol{b}$ 的夹角的余弦.

3. 证明向量 $\boldsymbol{a}=\{2,-1,1\}$ 和 $\boldsymbol{b}=\{4,9,1\}$ 相互垂直.

4. 已知点 $A(1,-1,2)$，$B(5,-6,2)$，$C(1,3,-1)$，求：

(1) 同时与 $\overrightarrow{AB}$ 及 $\overrightarrow{AC}$ 垂直的单位向量；

(2) $\triangle ABC$ 的面积.

5. 设 $\boldsymbol{a}=\{3,5,-2\}$，$\boldsymbol{b}=\{2,1,4\}$，问 λ 与 μ 有怎样的关系，能使得 $\lambda\boldsymbol{a}+\mu\boldsymbol{b}$ 与 z 轴垂直？

6.5 平　面

本章从这一节起讨论空间的几何图像及其方程，这些几何图像包括平面、曲面、直线及曲线. 我们先以曲面为例来说明何谓几何图形的方程.

对于空间中的一张曲面 S，在 $Oxyz$ 坐标系取定以后，曲面上的点 $M(x,y,z)$ 的坐标 x,y,z 必然满足一定的条件，这个条件一般可以写成一个三元方程 $F(x,y,z)=0$. 如果曲面 S 与方程 $F(x,y,z)=0$ 之间存在这样的关系：

(1) 若点 $M(x,y,z)$ 在曲面 S 上，则 M 的坐标 x,y,z 就适合三元方程 $F(x,y,z)=0$；

(2) 若一组数 x,y,z 适合方程 $F(x,y,z)=0$，则点 $M(x,y,z)$ 就在曲面 S 上.

那么 $F(x,y,z)=0$ 就叫作曲面 S 的方程，而曲面 S 叫作方程 $F(x,y,z)=0$ 的图像.

在这一节里，我们以向量为工具，在空间直角坐标系中讨论最简单而又十分重要的曲面 —— 平面.

6.5.1 平面的点法式方程

垂直于平面的非零向量叫作该平面的法向量(简称法向)，一般记作 $\boldsymbol{n}$. 因为过空间的一个已知点，可以作且只能作一平面 $\sum$ 垂直于已知直线，所以当平面 $\sum$ 上的一点 $M_0(x_0,y_0,z_0)$ 及其法向量 $\boldsymbol{n}=\{A,B,C\}$ 为已知时，平面 $\sum$ 的位置就完全确定了.

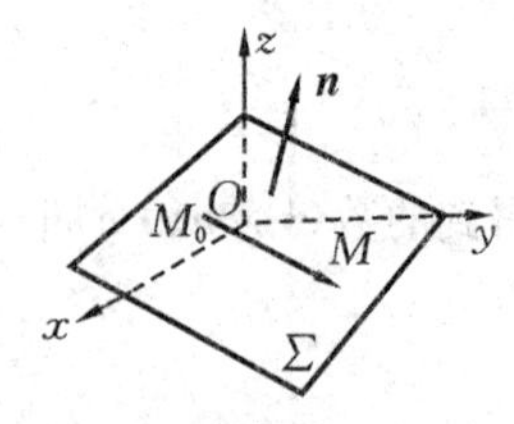

图 6-16

设 $M(x,y,z)$ 是平面 $\sum$ 上的任一点，则 $\overrightarrow{M_0M}\perp\boldsymbol{n}$，即 $\overrightarrow{M_0M}\cdot\boldsymbol{n}=0$(见图 6-16). 由于 $\boldsymbol{n}=\{A,B,C\}$，$\overrightarrow{M_0M}=\{x-x_0,y-y_0,z-z_0\}$，故有

$$A(x-x_0)+B(y-y_0)+C(z-z_0)=0,\qquad(6\text{-}17)$$

而当点 $M(x,y,z)$ 不在平面 $\sum$ 上时，向量 $\overrightarrow{M_0M}$ 不垂直于 $\boldsymbol{n}$，因此 M 的坐标 x,y,z 不满足方程(6-17). 所以方程(6-17)就是平面 $\sum$ 的方程. 因为方程(6-17)由平面 $\sum$ 上的已知点 $M_0(x_0,y_0,z_0)$ 和它的法向量 $\boldsymbol{n}=\{A,B,C\}$ 确定，故把方程(6-17)称作平面的点法式方程.

例 1　求过点$(2,-3,0)$且以 $\boldsymbol{n}=\{1,-2,3\}$ 为法向量的平面方程.

解　由点法式方程(6-17)，得所求平面的方程是

$$1(x-2)-2(y+3)+3(z-0)=0,$$

即

$$x-2y+3z-8=0.$$

例 2　求过三点 $M_1(2,-1,4)$，$M_2(-1,3,-2)$ 和 $M_3(0,2,3)$ 的平面方程.

解　先求平面的法向量$\boldsymbol{n}$，由于$\boldsymbol{n} \perp \overrightarrow{M_1M_2}$，$\boldsymbol{n} \perp \overrightarrow{M_1M_3}$，故可取$\boldsymbol{n} = \overrightarrow{M_1M_2} \times \overrightarrow{M_1M_3}$，而$\overrightarrow{M_1M_2} = \{-3,4,-6\}$，$\overrightarrow{M_1M_3} = \{-2,3,-1\}$，故

$$\boldsymbol{n} = \overrightarrow{M_1M_2} \times \overrightarrow{M_1M_3} = \begin{vmatrix} \boldsymbol{i} & \boldsymbol{j} & \boldsymbol{k} \\ -3 & 4 & -6 \\ -2 & 3 & -1 \end{vmatrix} = \{14,9,-1\}.$$

根据点法式方程(6-17)，得所求平面的方程为

$$14(x-2)+9(y+1)-(z-4)=0,$$

即
$$14x+9y-z-15=0.$$

6.5.2　平面的一般方程

在点法式方程(6-17)中若把$-(Ax_0+By_0+Cz_0)$记为D，则方程(6-17)就成为三元一次方程

$$Ax+By+Cz+D=0. \tag{6-18}$$

反之，对给定的三元一次方程(6-18)(其中A、B、C不同时为零)，设x_0、y_0、z_0是满足方程(6-18)的一组数，即$Ax_0+By_0+Cz_0+D=0$，把它与方程(6-18)相减就得到

$$A(x-x_0)+B(y-y_0)+C(z-z_0)=0.$$

由此可见，方程(6-18)是过某点$M_0(x_0,y_0,z_0)$并以$\boldsymbol{n}=\{A,B,C\}$为法向量的平面方程，我们把方程(6-18)称为平面的一般方程.

对于一些特殊的三元一次方程，读者要熟悉它们所表示的平面的特点，例如：

当$D=0$时，$Ax+By+Cz=0$表示过原点的平面；

当$C=0$时，方程$Ax+By+D=0$表示平行于z轴的平面；

当$B=C=0$时，$Ax+D=0$表示垂直于x轴的平面.

例3　求过x轴和点$M_0(4,-3,1)$的平面方程.

解　由于平面过x轴，即过原点且平行于x轴，故设平面方程为

$$By+Cz=0,$$

利用过点$M_0(4,-3,1)$的条件，得

$$-3B+C=0,$$

即
$$C=3B.$$

故所求平面的方程为
$$y+3z=0.$$

当然，本题也可以通过点$(0,0,0)$、$(1,0,0)$及$(4,-3,1)$得到平面方程.

例4　求过点$(a,0,0)$、$(0,b,0)$、$(0,0,c)$的平面方程(a、b、c均不为零).

解　把$(a,0,0)$、$(0,b,0)$、$(0,0,c)$分别代入平面的一般方程得

$$Aa + D = 0,\quad 即\quad A = -\frac{D}{a};$$

$$Bb + D = 0,\quad 即\quad B = -\frac{D}{b};$$

$$Cc + D = 0,\quad 即\quad C = -\frac{D}{c}.$$

将它们代入平面方程就有

$$\frac{x}{a} + \frac{y}{b} + \frac{z}{c} = 1.$$

此方程称为平面的截距式方程，a、b、c 依次称为平面在 x、y、z 轴上的截距.

6.5.3 平面间的平行与垂直关系

由于两个平面互相垂直或平行相当于它们的法向量垂直或平行，故由向量垂直或平行的充要条件即可推得：

设平面 $\sum_1$ 和 $\sum_2$ 的法向量分别为 $\boldsymbol{n}_1 = \{A_1, B_1, C_1\}$ 和 $\boldsymbol{n}_2 = \{A_2, B_2, C_2\}$，则

$$\begin{aligned} &\textstyle\sum_1 \text{ 和 } \sum_2 \text{ 互相垂直} \Leftrightarrow A_1A_2 + B_1B_2 + C_1C_2 = 0; \\ &\textstyle\sum_1 \text{ 和 } \sum_2 \text{ 互相平行} \Leftrightarrow \dfrac{A_1}{A_2} = \dfrac{B_1}{B_2} = \dfrac{C_1}{C_2}. \end{aligned} \tag{6-19}$$

例 5 求过点 $Q(3, -2, 9)$、$R(-6, 0, -4)$ 且与平面 $2x - y + 4z - 8 = 0$ 垂直的平面方程.

解 设所求方程为 $Ax + By + Cz + D = 0.$

将 Q、R 的坐标代入，有

$$3A - 2B + 9C + D = 0,$$
$$-6A - 4C + D = 0,$$

由于该平面与已知平面垂直，得

$$2A - B + 4C = 0,$$

将上列三式按 A、B、C 解出，得

$$A = \frac{D}{2},\quad B = -D,\quad C = -\frac{D}{2},$$

代入并消去 D，从而得到所求平面方程为

$$x - 2y - z + 2 = 0.$$

例 6 求过点 $M_0(3, -2, 9)$ 且与平面 $2x - y + z - 8 = 0$ 平行的平面方程.

解 不妨设所求平面的法向量 $\boldsymbol{n} = \{2k, -k, k\}$（$k$ 为不等于 0 的常数）.

特别取 $k = 1$，可得所求平面方程为

$$2(x-3)-(y+2)+(z-9)=0.$$

习题 6.5

1. 求过点$(3,0,-1)$且与平面$3x-7y+5z-12=0$平行的平面方程.

2. 求过点$M_0(2,9,-6)$且与连接坐标原点及点M_0的线段OM_0垂直的平面方程.

3. 求过点$(1,1,-1)$、$(-2,-2,2)$和$(1,-1,2)$的平面方程.

4. 一平面过点$(1,0,-1)$且平行于向量$\boldsymbol{a}=\{2,1,1\}$和$\boldsymbol{b}=\{1,-1,0\}$，试求该平面方程.

5. 分别按下列条件求平面方程：

(1) 平行于Ozx面且经过点$(2,-5,3)$；

(2) 过z轴和点$(-3,1,-2)$；

(3) 平行于x轴且经过点$(4,0,-2)$和$(5,1,7)$.

6.6　直　　线

6.6.1　直线的参数方程与对称式方程

平行于直线的非零向量称作该直线的方向向量(或简称直线的方向)，一般记为$\boldsymbol{s}$. 由于过空间一点可作且只能作一条直线与已知直线平行，故当直线l上的一点$M_0(x_0,y_0,z_0)$及其方向向量$\boldsymbol{s}=\{m,n,p\}$为已知时，(m,n,p)称为直线l的一组方向数，直线l的位置就完全确定了. 下面我们来建立直线l的方程.

因为空间一点$M(x,y,z)$在直线l上的充分必要条件是向量$\overrightarrow{M_0M}\parallel\boldsymbol{s}$，即$\overrightarrow{M_0M}=t\boldsymbol{s}(t\in\mathbf{R})$. 现$\overrightarrow{M_0M}=\{x-x_0,y-y_0,z-z_0\}$，$t\boldsymbol{s}=\{tm,tn,tp\}$，从而有$x-x_0=tm$，$y-y_0=tn$，$z-z_0=tp$，即得过点$M_0(x_0,y_0,z_0)$且以$\boldsymbol{s}=\{m,n,p\}$为方向向量的直线$l$的方程为

$$\begin{cases}x=x_0+tm,\\ y=y_0+tn,\\ z=z_0+tp,\end{cases}\tag{6-20}$$

或者

$$\frac{x-x_0}{m}=\frac{y-y_0}{n}=\frac{z-z_0}{p}.\tag{6-21}$$

方程组(6-20)叫作直线的参数方程(其中t为参数)，方程组(6-21)叫作直线的对称式方程或点向式方程.

例 1 求过点$(1,-1,2)$且与平面$x+2y-z=0$垂直的直线方程.

解 由于所求直线与平面$x+2y-z=0$垂直,故可取平面的法向量作为直线的方向向量,即取$\boldsymbol{s}=\boldsymbol{n}=\{1,2,-1\}$,故得所求直线的参数方程为

$$\begin{cases}x=1+t,\\ y=-1+2t,\\ z=2-t,\end{cases}$$

或对称式方程

$$\frac{x-1}{1}=\frac{y+1}{2}=\frac{z-2}{-1}.$$

6.6.2 直线的一般方程

直线l可以看作是互不平行的两个平面$\sum_1$:$A_1x+B_1y+C_1z+D_1=0$与$\sum_2$:$A_2x+B_2y+C_2z+D_2=0$的交线.如果空间一点$M(x,y,z)$在直线l上,那么当且仅当它的坐标x,y,z同时满足$\sum_1$与$\sum_2$的方程,由此得下列形式的直线方程:

$$\begin{cases}A_1x+B_1y+C_1z+D_1=0,\\ A_2x+B_2y+C_2z+D_2=0,\end{cases} \tag{6-22}$$

该方程称为直线的一般方程,其中$\dfrac{A_1}{A_2}=\dfrac{B_1}{B_2}=\dfrac{C_1}{C_2}$不成立.

例 2 用对称式方程及参数方程表示直线

$$\begin{cases}x+y+z+1=0,\\ 2x-y+3z+4=0.\end{cases}$$

解 先找出该直线上的一点(x_0,y_0,z_0).例如,可以取$x_0=1$,代入方程得

$$\begin{cases}y+z=-2,\\ y-3z=6,\end{cases}$$

解之得

$$y_0=0,\quad z_0=-2,$$

即$(1,0,-2)$是该直线上的一点.

下面再找出该直线的方向向量$\boldsymbol{s}$.由于两平面的交线与这两个平面的法线向量$\boldsymbol{n}_1=\{1,1,1\}$,$\boldsymbol{n}_2=\{2,-1,3\}$都垂直,所以可取

$$\boldsymbol{s}=\boldsymbol{n}_1\times\boldsymbol{n}_2=\begin{vmatrix}\boldsymbol{i}&\boldsymbol{j}&\boldsymbol{k}\\ 1&1&1\\ 2&-1&3\end{vmatrix}=\{4,-1,-3\},$$

因此,所给直线的对称式方程为

$$\frac{x-1}{4}=\frac{y}{-1}=\frac{z+2}{-3},$$

参数方程为

$$\begin{cases} x = 1 + 4t, \\ y = -t, \\ z = -2 - 3t. \end{cases}$$

6.6.3　直线间及直线与平面间的垂直和平行关系

设直线 l_1、l_2 的方向向量分别为 $\boldsymbol{s}_1 = \{m_1, n_1, p_1\}$、$\boldsymbol{s}_2 = \{m_2, n_2, p_2\}$，从两个向量垂直或平行的充要条件易知：

$$l_1 \text{ 与 } l_2 \text{ 互相垂直} \Leftrightarrow m_1 m_2 + n_1 n_2 + p_1 p_2 = 0;$$

$$l_1 \parallel l_2 \Leftrightarrow \frac{m_1}{m_2} = \frac{n_1}{n_2} = \frac{p_1}{p_2}.$$

例 3　求过点$(2, -3, 4)$且垂直于两条直线

$$\frac{x}{1} = \frac{y}{-1} = \frac{z+5}{2} \quad \text{和} \quad \frac{x-8}{3} = \frac{y+4}{-2} = \frac{z-2}{1}$$

的直线方程.

解　设所求直线的方向数为(p, m, n). 由于所求直线与已知两条直线分别垂直，从而

$$\begin{cases} p - m + 2n = 0, \\ 3p - 2m + n = 0, \end{cases}$$

解得

$$p = 3n, \quad m = 5n.$$

故可取$\{3, 5, 1\}$为所求的直线的方向数.

又因为直线过点$(2, -3, 4)$，故所求直线方程为

$$\frac{x-2}{3} = \frac{y+3}{5} = \frac{z-4}{1}.$$

如果直线 l 的方向向量为 $\boldsymbol{s} = \{m, n, p\}$，平面 $\sum$ 的法向量为 $\boldsymbol{n} = \{A, B, C\}$，容易推得

$$l \text{ 与 } \sum \text{ 垂直} \Leftrightarrow \frac{A}{m} = \frac{B}{n} = \frac{C}{p};$$

$$l \text{ 与 } \sum \text{ 平行} \Leftrightarrow Am + Bn + Cp = 0.$$

习题 6.6

1. 求满足下列各条件的直线方程：

(1) 过原点且方向数为$\{1, -1, 1\}$；

(2) 过两点$(2, 5, 8)$，$(-1, 6, 3)$；

(3) 过点$(2,-8,3)$且垂直于平面$x+2y-3z-1=0$.

2. 一直线过点$(-1,2,5)$且平行于直线$\frac{x}{1}=\frac{y-1}{2}=\frac{z+1}{-1}$,求其方程.

3. 把直线$\begin{cases}3x-4y+5z+6=0,\\2x-5y+z-1=0\end{cases}$化成对称式.

4. 求k的值,使得直线$\frac{x-3}{2k}=\frac{y+1}{k+1}=\frac{z-3}{5}$与$\frac{x-1}{3}=\frac{y+5}{1}=\frac{x+2}{k-2}$垂直.

5. 一直线过点$(-1,2,5)$且平行于直线$\begin{cases}2x-3y+6z-4=0,\\4x-y+5z+2=0,\end{cases}$求其方程.

6. 求经过点$(2,0,-1)$且与直线$\begin{cases}2x-3y+z-6=0,\\4x-2y+3z+9=0\end{cases}$平行的直线方程.

7. 试确定下列各组中的直线与平面间的关系:

(1) $\frac{x+3}{-2}=\frac{x+4}{-7}=\frac{z}{3}$与$4x-2y-2z=3$;

(2) $\frac{x}{3}=\frac{y}{-2}=\frac{z}{7}$与$3x-2y+7z=8$;

(3) $\frac{x-2}{3}=\frac{y+2}{1}=\frac{z-3}{-4}$与$x+y+z=3$.

8. 求过点$(0,2,4)$且与两平面$x+2z=1$和$y-3z=2$平行的直线方程.

9. 求过点$(3,1,-2)$且通过直线$\frac{x-4}{5}=\frac{y+3}{2}=\frac{z}{1}$的平面方程.

10. 求过点$(2,0,-3)$且与直线$\begin{cases}x-2y+4z-7=0\\3x+5y-2z+1=0\end{cases}$垂直的平面方程.

6.7 曲　　面

我们对曲面的讨论只限于一些常见的曲面,并围绕以下两个基本问题进行:

(1) 根据曲面上动点的几何特征来建立曲面的一般方程$F(x,y,z)=0$;

(2) 根据方程$F(x,y,z)=0$的特点,讨论该方程所表示的曲面的形状,这方面的讨论仅限于二次曲面.

在本节中,我们先研究常见曲面——柱面与旋转曲面的方程.

6.7.1 柱面

平行于定直线L并沿定曲线C移动的直线所形成的曲面叫柱面(见图6-17),定曲线C叫作柱面的准线,动直线叫作柱面的母线.

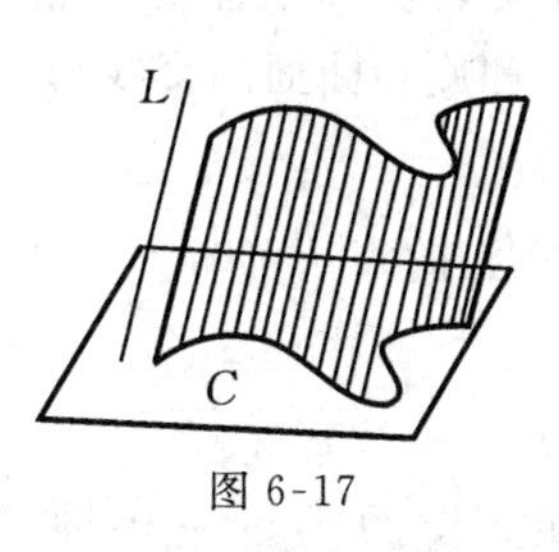

图 6-17

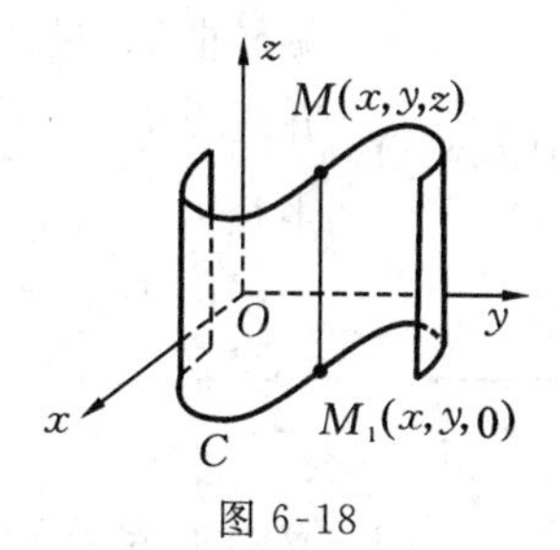

图 6-18

设柱面Σ的母线平行于 z 轴，准线 C 是 Oxy 平面上的一条曲线，其方程为 $F(x,y)=0$. 在空间直角坐标系中，因为这个方程不含竖坐标 z，故如果空间的点 $M(x,y,z)$ 的横坐标 x 和纵坐标 y 满足方程 $F(x,y)=0$，则说明点 $M_1(x,y,0)$ 在准线 C 上，于是推得点 $M(x,y,z)$ 就在过点 M_1 的母线上，即在点 M 的柱面Σ上(见图 6-18). 反之，对柱面Σ上的任一点 $M(x,y,z)$，因为它在 Oxy 平面上的垂足 $M_1(x,y,0)$ 在准线 C 上，故点 M 的横坐标 x 和纵坐标 y 满足方程 $F(x,y)=0$，因此柱面Σ的方程是

$$F(x,y)=0. \tag{6-23}$$

一般的，只含 x、y 而缺 z 的方程 $F(x,y)=0$ 在空间直角坐标系中表示母线平行于 z 轴的柱面，其准线为 Oxy 面上的曲线 $F(x,y)=0, z=0$.

类似地，只含 x、z 而缺 y 的方程 $G(x,z)=0$ 和只含 y、z 而缺 x 的方程 $H(y,z)=0$ 分别表示母线平行于 y 轴和 x 轴的柱面.

例如，$\frac{x^2}{a^2}+\frac{y^2}{b^2}=1$ 表示母线平行于 z 轴的椭圆柱面(见图 6-19)，$x^2=2pz$ 表示母线平行于 y 轴的抛物柱面(见图 6-20).

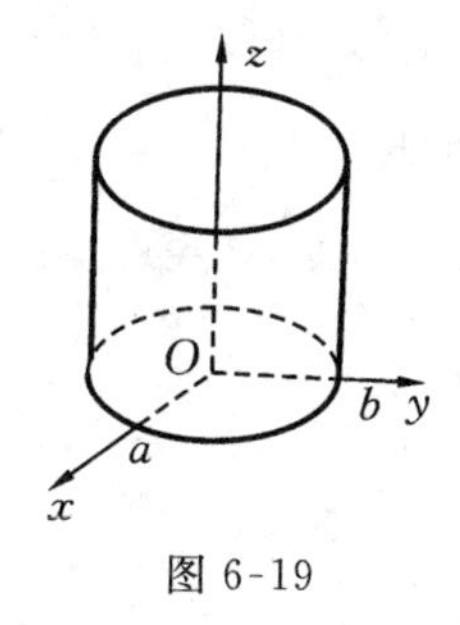

图 6-19

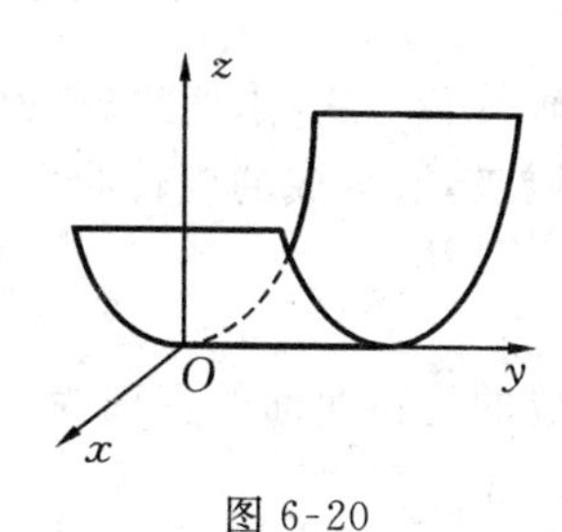

图 6-20

6.7.2 旋转曲面

平面上的曲线 C 绕该平面上的一条定直线 l 旋转而形成的曲面叫作旋转曲面，该平面上的曲线 C 叫作旋转曲面的母线，定直线 l 叫作旋转曲面的轴.

设 C 为 Oyz 面上的已知曲线，其方程为 $f(y,z)=0$，曲线 C 围绕 z 轴旋转一周得一

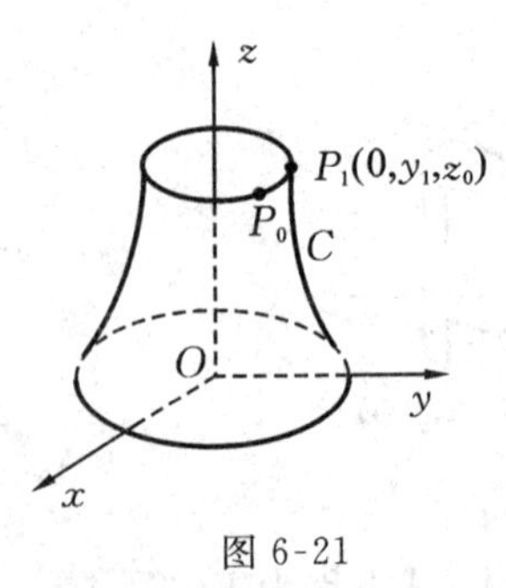

图 6-21

旋转曲面(见图 6-21).在此旋转曲面上任取一点 $P_0(x_0,y_0,z_0)$ 并过点 P_0 作平面 $z=z_0$,它和旋转曲面的交线为一圆周,圆周的半径 $R=\sqrt{x_0^2+y_0^2}$.

因为点 P_0 是由曲线 C 上的点 $P_1(0,y_1,z_0)$ 旋转而得,故 $|y_1|=R$,即

$$y_1=\pm R=\pm\sqrt{x_0^2+y_0^2}.$$

又因为点 $P_1(0,y_1,z_0)$ 满足方程 $f(y,z)=0$,即 $f(y_1,z_0)=0$,因此得

$$f(\pm\sqrt{x_0^2+y_0^2},z_0)=0.$$

由此可知,旋转曲面上的任一点 $M(x,y,z)$ 适合方程

$$f(\pm\sqrt{x^2+y^2},z)=0. \tag{6-24}$$

显然,若点 $M(x,y,z)$ 不在此旋转曲面上,则其坐标 x、y、z 不满足式(6-24),所以式(6-24)是此旋转曲面的方程.

因此,一般的,若在曲线 C 的方程 $f(y,z)=0$ 中保持 z 不变,而将 y 改写成 $\pm\sqrt{x^2+y^2}$,就得到曲线 C 绕 z 轴旋转而成的曲面的方程

$$f(\pm\sqrt{x^2+y^2},z)=0.$$

若在 $f(y,z)=0$ 中保持 y 不变,而将 z 改写成 $\pm\sqrt{x^2+z^2}$,就得到曲线 C 绕 y 轴旋转而成的曲面的方程

$$f(y,\pm\sqrt{x^2+z^2})=0.$$

例 1 将 Oxz 坐标面上的双曲线

$$\frac{x^2}{a^2}-\frac{z^2}{c^2}=1$$

分别绕 x 轴和 z 轴旋转一周,求所生成的旋转曲面的方程.

解 绕 x 轴旋转所生成的旋转曲面的方程为

$$\frac{x^2}{a^2}-\frac{y^2+z^2}{c^2}=1.$$

绕 z 轴旋转所生成的旋转曲面的方程为

$$\frac{x^2+y^2}{a^2}-\frac{z^2}{c^2}=1.$$

这两种曲面都叫作旋转双曲面.

习题 6.7

1. 将 Oxz 坐标面上的抛物线 $z^2=5x$ 绕 x 轴旋转一周,求所生成的旋转曲面的方程.

2. 将 Oxz 坐标面上的圆 $x^2+z^2=1$ 绕 z 轴旋转一周，求所生成的旋转曲面的方程.

3. 将 Oxy 坐标面上的双曲线 $4x^2-9y^2=36$ 分别绕 x 轴及 y 轴旋转一周，求所生成的旋转曲面的方程.

4. 画出下列各方程所表示的曲面：

(1) $-\frac{x^2}{2}+\frac{y^2}{9}=1$；　(2) $\frac{x^2}{9}+\frac{z^2}{4}=1$；

(3) $y^2-z=0$；　(4) $z=2-x^2$.

6.8　曲　　线

6.8.1　曲线的一般方程

空间曲线 Γ 可以看成是两个曲面 Σ_1 与 Σ_2 的交线(见图6-22). 设 Σ_1 与 Σ_2 的方程分别是

$$F(x,y,z)=0 \quad 与 \quad G(x,y,z)=0,$$

则曲线 Γ 上的点的坐标应同时满足这两个方程，即满足方程组

$$\begin{cases} F(x,y,z)=0, \\ G(x,y,z)=0. \end{cases} \tag{6-25}$$

反之，若点 $M(x,y,z)$ 的坐标满足方程组(6-25)，则说明点 M 既在 Σ_1 上又在 Σ_2 上，即 M 是交线 Γ 上的一点，因此曲线 Γ 可以用方程组(6-25)来表示，并称其为曲线 Γ 的一般方程.

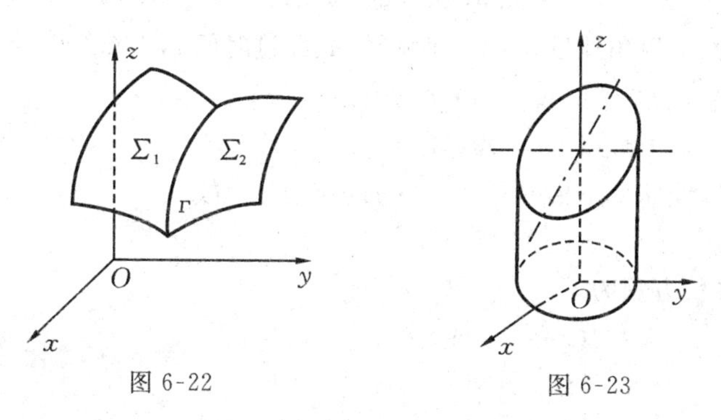

图 6-22　　图 6-23

例如，方程组 $\begin{cases} x^2+y^2=1, \\ 2x+3y+3z=6 \end{cases}$ 表示柱面 $x^2+y^2=1$ 与平面 $2x+3y+3z=6$ 的交线(见图 6-23).

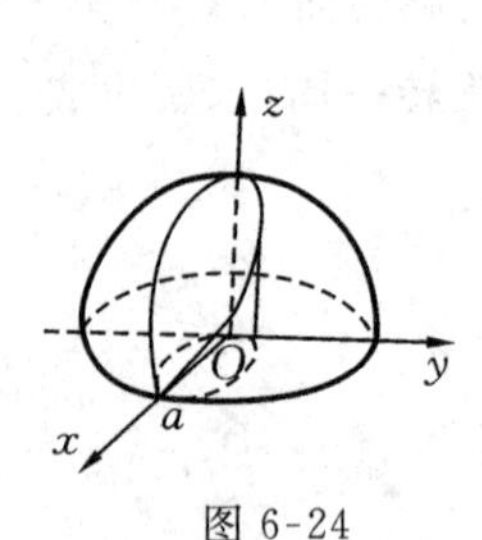

图 6-24

例 1 方程$\begin{cases} z=\sqrt{a^2-x^2-y^2}, \\ \left(x-\dfrac{a}{2}\right)^2+y^2=\left(\dfrac{a}{2}\right)^2 \end{cases}$表示怎样的曲线?

解 方程组中第一个方程表示中心在原点、半径为a的上半球面;第二个方程表示母线平行于z轴,准线是Oxy面上以点$\left(\dfrac{a}{2},0\right)$为圆点、$\dfrac{a}{2}$为半径的圆周的柱面,方程组表示这两个曲面的交线(见图 6-24).

6.8.2 曲线的参数方程

空间曲线也可以用参数方程来表示,即把曲线上动点的坐标x,y,z分别表示成参数t的函数

$$\begin{cases} x=x(t), \\ y=y(t), \\ z=z(t). \end{cases} \tag{6-26}$$

当给定$t=t_1$时,由式(6-26)就得到曲线上的一个点$(x(t_1),y(t_1),z(t_1))$;随着t的变动,就可得到曲线上的全部点.方程组(6-26)叫作曲线的参数方程.

例 2 如果空间一点M在圆柱面$x^2+y^2=a^2$上以角速率ω绕z轴旋转,同时又以速率v沿平行于z轴的正方向上升(其中ω,v都是常数),那么点M的轨迹曲线叫螺旋线,试建立其参数方程.

解 取时间t为参数,设当$t=0$时,动点位于点$A(a,0,0)$处,经过时间t,动点运动到点$M(x,y,z)$(见图 6-25).设点M在Oxy面上的投影为M',则M'的坐标为$(x,y,0)$.由于动点在圆柱面上以角速度ω绕z轴旋转,故经过时间t,$\angle AOM'=\omega t$,从而

$$x=|OM'|\cos\angle AOM'=a\cos\omega t,$$
$$y=|OM'|\sin\angle AOM'=a\sin\omega t.$$

又因为动点同时以线速率v沿平行于z轴的正向上升,故

$$z=M'M=vt.$$

因此,螺旋线的参数方程为

$$\begin{cases} x=a\cos\omega t, \\ y=a\sin\omega t, \\ z=vt. \end{cases}$$

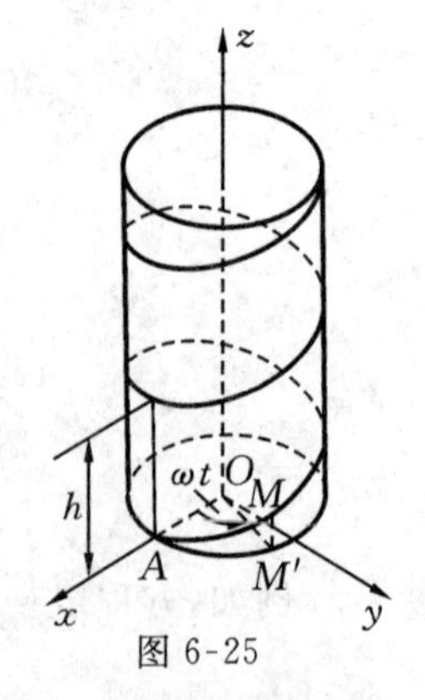

图 6-25

习题 6.8

1. 画出下列曲线在第Ⅰ卦限内的图像：

(1) $\begin{cases} x = 1, \\ y = 2; \end{cases}$　　(2) $\begin{cases} z = \sqrt{4 - x^2 - y^2}, \\ x - y = 0; \end{cases}$

(3) $\begin{cases} x^2 + y^2 = a^2, \\ x^2 + z^2 = a^2. \end{cases}$

2. 分别求母线平行于 x 轴或 y 轴而且通过曲线 $\begin{cases} 2x^2 + y^2 + z^2 = 16, \\ x^2 - y^2 + z^2 = 0 \end{cases}$ 的柱面方程.

3. 将下列曲线的一般方程化为参数方程：

(1) $\begin{cases} x^2 + y^2 + z^2 = 9, \\ x = y; \end{cases}$

(2) $\begin{cases} (x-1)^2 + y^2 + (z+1)^2 = 4, \\ z = 0. \end{cases}$

6.9　二次曲面

下面介绍几种常见的二次曲面的标准方程.

6.9.1　椭球面

由方程

$$\frac{x^2}{a^2} + \frac{y^2}{b^2} + \frac{z^2}{c^2} = 1 \tag{6-27}$$

所表示的曲面称为椭球面. 由该方程可知，

$$|x| \leqslant a, \quad |y| \leqslant b, \quad |z| \leqslant c,$$

因此这个曲面被围在一个以原点为中心的长方体内.

为了更清楚地认识曲面的形状，常用的一个方法是截痕法. 这个方法是用平行于坐标面的平面去截割曲面，视其截痕（即交线）的形状，然后加以综合，确定曲面的全貌.

椭球面与三个坐标面的截线分别为

$$\begin{cases} \dfrac{x^2}{a^2} + \dfrac{y^2}{b^2} = 1, \\ z = 0, \end{cases} \quad \begin{cases} \dfrac{y^2}{b^2} + \dfrac{z^2}{c^2} = 1, \\ x = 0, \end{cases} \quad \begin{cases} \dfrac{z^2}{c^2} + \dfrac{x^2}{a^2} = 1, \\ y = 0, \end{cases}$$

它们都是椭圆.

再看该曲面与平行于 Oxy 面的平面 $z=z_1(|z_1|<c)$ 的交线

$$\begin{cases}\dfrac{x^2}{\dfrac{a^2}{c^2}(c^2-z_1^2)}+\dfrac{y^2}{\dfrac{b^2}{c^2}(c^2-z_1^2)}=1,\\ z=z_1,\end{cases}$$

这是平面 $z=z_1$ 内的椭圆,它的两个半轴分别等于 $\dfrac{a}{c}\sqrt{c^2-z_1^2}$ 与 $\dfrac{b}{c}\sqrt{c^2-z_1^2}$. 当 z_1 变动时,这些椭圆的中心都在 z 轴上. 当 $|z_1|$ 由 0 逐渐增大到 c 时,椭圆球面由大到小,最后缩成一点.

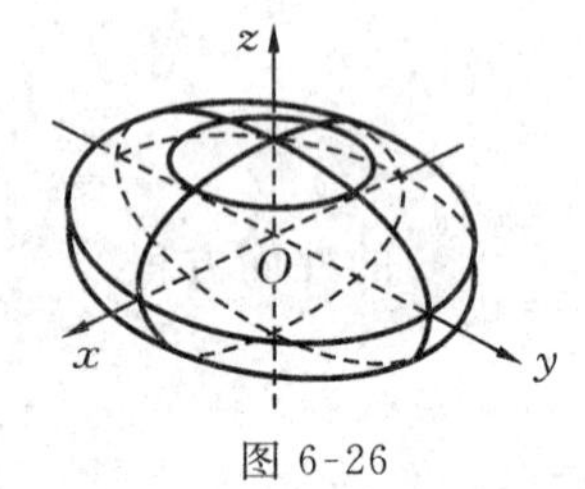

图 6-26

用平面 $y=y_1(|y_1|\leqslant b)$ 或 $x=x_1(|x_1|\leqslant a)$ 截椭球面,可得到类似的结果.

综合上面的讨论,可知式(6-27)表示的椭球面形状如图 6-26 所示.

6.9.2 抛物面

由方程

$$\frac{x^2}{2p}+\frac{y^2}{2q}=z \quad (p \text{ 与 } q \text{ 同号})$$

所表示的曲面叫作椭圆抛物面. 读者可以用截痕法对它进行讨论. 当 $p>0, q>0$ 时,它的形状如图 6-27 所示.

由方程

$$\frac{x^2}{2p}-\frac{y^2}{2q}=z \quad (p \text{ 与 } q \text{ 同号}) \tag{6-28}$$

所表示的曲面叫作双曲抛物面或鞍形曲面. 读者可用截痕法对它进行讨论. 当 $p>0, q>0$ 时,它的形状如图 6-28 所示.

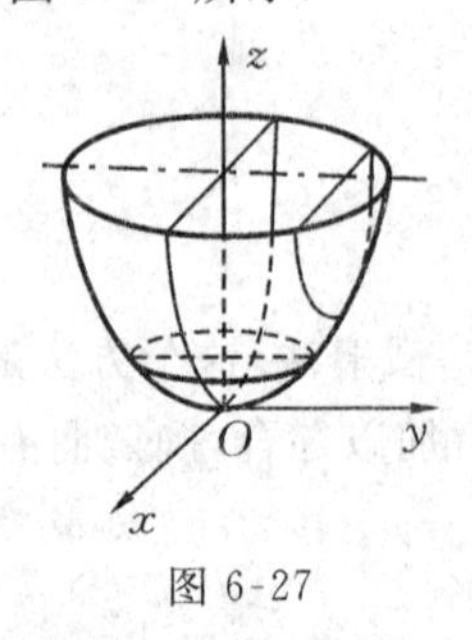

图 6-27

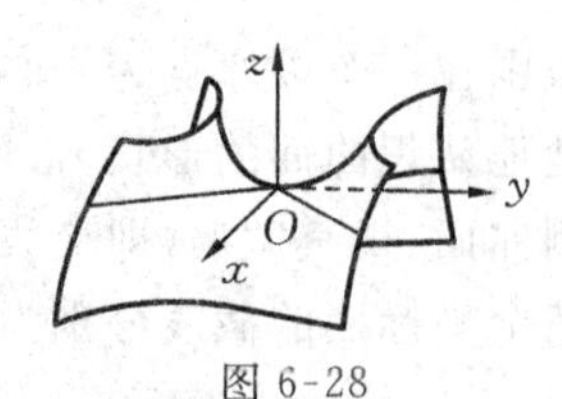

图 6-28

6.9.3 双曲面

由方程

$$\frac{x^2}{a^2}+\frac{y^2}{b^2}-\frac{z^2}{c^2}=1$$

所表示的曲面叫作单叶双曲面，它的形状如图 6-29 所示.

由方程

$$\frac{x^2}{a^2}-\frac{y^2}{b^2}+\frac{z^2}{c^2}=-1$$

所表示的曲面叫作双叶双曲面，它的形状如图 6-30 所示.

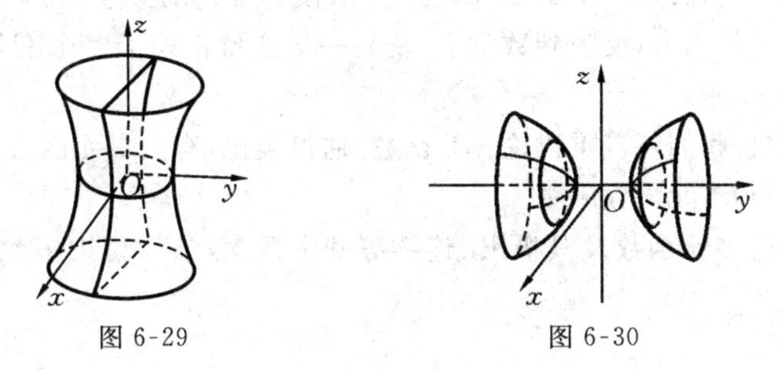

图 6-29　　图 6-30

习题 6.9

1. 画出下列方程所表示的曲面：

(1) $\frac{x^2}{9}+\frac{y^2}{4}+z^2=1$；　(2) $\frac{z}{3}=\frac{x^2}{4}+\frac{y^2}{9}$；　(3) $16x^2+4y^2-z^2=64$.

第7章　多元函数微分学

在前几章,我们主要研究的是一元函数及其微积分.这种函数的显著特征是函数关系建立在两个变量之间,其中一个变量(因变量)依赖于另一个变量(自变量).然而,很多实际问题涉及多方面的因素,反映到数学上,就是一个变量依赖于多个变量,这就是要研究的多元函数.

对于多元函数,我们将着重讨论二元函数.通过类比,有关二元函数的概念、结论与方法,可自然地推广到多元函数中去.

本章将先描述多元函数及其极限、连续等基本概念,然后讨论多元函数微分法及其应用.

7.1　多元函数

7.1.1　多元函数的概念

与一元函数一样,多元函数的概念也是从多个变量相互关联地变化这一普遍存在的事实中抽象出来的.请看下面几个例子.

例1　半径为r、高为h的圆柱体体积V由公式

$$V=\pi r^2 h \tag{7-1}$$

表示.当r与h在$(0,+\infty)$内任意取定一组数值时,体积V也就由式(7-1)确定了.

例2　一定质量的理想气体的体积V、压强p和热力学温度T之间存在关系式

$$V=RT/p,$$

其中R是某个常数.对任给$T>0,p>0,V$的对应值也随之确定.

例3　某种商品的市场需求量Q往往依赖于购买者的平均收入I与该商品的价格P,即

$$Q=f(I,P).$$

若f取最简单的形式,即

$$Q=aI-bP, \tag{7-2}$$

其中a、$b>0$,为常数,对任给$I>0,P>0$,需求量Q的对应值也随之确定.

以上例子的具体含义不同,但有一明显的共同点:当一对变量(r,h)、(T,p)、(I,P)在其变化范围内取定一组值时,按照某种确定的对应关系,就可以求得另一个变量的一个

相应值.二元函数的一般概念正是这样抽象出来的.

定义1 设在某一问题中有三个变量 x、y 和 z,其中 x、y 的变化范围为平面点集 D.如果 D 中的每一点 (x,y),按照某种对应法则 f,都可唯一确定变量 z 的一个相应值,则称变量 z 是变量 x 与 y 的二元函数,记为

$$z = f(x,y), \quad (x,y) \in D.$$

称 x 与 y 为自变量,z 为因变量或函数,x、y 的变化范围 D 称为函数的定义域.

类似地,还可定义三元函数 $u = f(x,y,z)$ 以及三元以上的函数.

函数 $z = f(x,y)$ 中的对应法则 f,实际上还表示一种运算.把 $x = x_0, y = y_0$ 代入 $z = f(x,y)$ 中可得函数值 z_0,即

$$z_0 = f(x_0, y_0).$$

例如,将 $x = 1, y = 2$ 代入函数 $z = f(x,y) = \dfrac{x}{x^2 + y^2}$ 中,函数值

$$f(1,2) = \frac{1}{1^2 + 2^2} = \frac{1}{5}.$$

与一元函数一样,二元函数的定义域也可根据实际问题来确定,一般用二元不等式来表示.例如在例1中,圆柱体体积 V 是半径 r 与高 h 的函数,定义域 $D = \{(r,h) \mid r > 0, h > 0\}$.若考虑由某一公式表示的函数 $z = f(x,y)$,如不特别声明,则认为其定义域是使 $f(x,y)$ 有意义的 x、y 的全体.二元函数的定义域在几何上通常表示 Oxy 面上的一个平面区域,可用平面上的图形来表示.围成平面区域的曲线称为该区域的边界.如果平面区域含边界,则称此平面区域为闭区域,不含边界的平面区域称为开区域.如果区域延伸到无穷远处,则称为无界区域,否则称为有界区域.有界区域总可以包含在一个以原点为圆心的相当大的圆域内.

例4 求 $z = \ln(x + y)$ 的定义域.

解 为使函数有意义,要求 $x + y > 0$,于是定义域

$$D = \{(x,y) \mid x + y > 0\},$$

它是直线 $x + y = 0$ 上方的无界开区域(不包括直线 $x + y = 0$)(见图7-1).

例5 求 $z = \sqrt{1 - x^2 - y^2}$ 的定义域.

解 要使函数有意义,需 $1 - x^2 - y^2 \geqslant 0$,于是定义域

$$D = \{(x,y) \mid x^2 + y^2 \leqslant 1\},$$

它是 Oxy 面上以坐标原点为圆心、以1为半径且含圆周的闭区域(见图7-2).

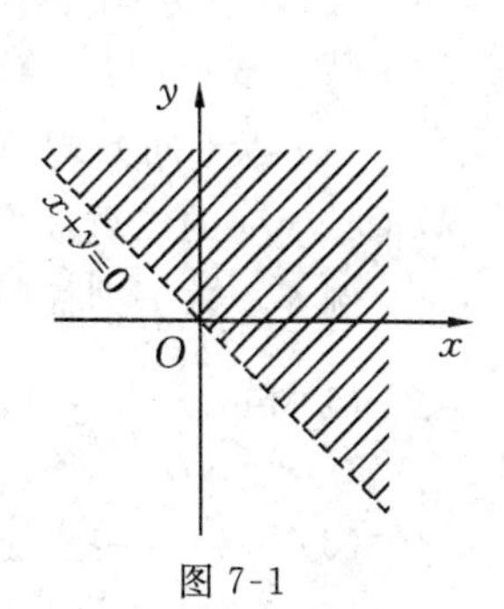

图7-1

一元函数 $y = f(x)$ 通常表示 Oxy 面上的一条曲线.设二元函数 $z = f(x,y)$ 的定义域为 D,对于任意取定的 $M(x,y) \in D$,其对应的函数值 $z = f(x,y)$,这样,以 x 为横坐标、y 为纵坐标、z

为竖坐标,在空间直角坐标系内就确定了一点 $P(x,y,z)$. 当 (x,y) 取遍 D 上的一切点时,便得到一个空间点集 $\{(x,y,z) \mid z=f(x,y),(x,y)\in D\}$,这个点集称为二元函数的图像,它通常是一个曲面(见图 7-3).

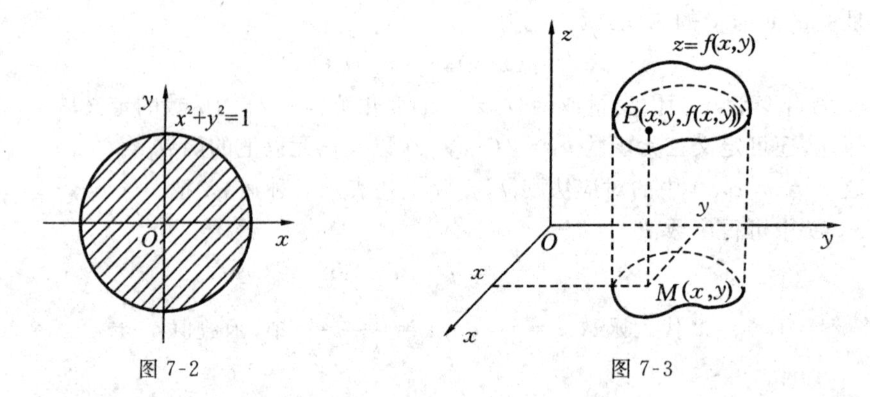

图 7-2　　　　图 7-3

7.1.2　极限与连续

二元函数 $z=f(x,y)$ 的极限与连续的定义,可仿照一元函数 $y=f(x)$ 的极限与连续的定义给出,但是其计算要比一元函数的情形复杂得多.

定义 2　设函数 $z=f(x,y)$ 在点 $M_0(x_0,y_0)$ 的附近有定义(在点 M_0 处可以没有定义). 如果当点 $M(x,y)$ 以任何方式无限趋于点 $M_0(x_0,y_0)$ 时,函数 $z=f(x,y)$ 总是趋于一个确定的常数 A,则称当 $M(x,y)$ 趋于 $M_0(x_0,y_0)$ 时,函数 $f(x,y)$ 以 A 为极限,记为

$$\lim_{\substack{x\to x_0\\ y\to y_0}} f(x,y)=A \quad 或 \quad \lim_{M\to M_0} f(x,y)=A.$$

为了区别于一元函数的极限,我们将二元函数的极限称为二重极限.

由二重极限的定义不难看出,所谓二重极限存在,是指 $M(x,y)$ 以任何方式趋于 $M_0(x_0,y_0)$ 时,相应的函数值都无限接近于同一个常数 A. 因此,如果 $M(x,y)$ 以某一特殊方式,例如沿着一条给定的直线或给定的曲线趋于 $M_0(x_0,y_0)$ 时,即使函数值无限接近于某一常数,也不能由此断定函数在 $M_0(x_0,y_0)$ 的二重极限存在. 但反过来,如果 $M(x,y)$ 以不同方式趋于 $M_0(x_0,y_0)$ 时,函数趋于不同的值,那么就可以断定该函数在 $M_0(x_0,y_0)$ 的二重极限不存在.

例 6　求下列极限:

(1) $\lim\limits_{\substack{x\to 0\\ y\to 0}}(x^2+y^2)\sin\dfrac{1}{x^2+y^2}$;　　(2) $\lim\limits_{\substack{x\to 0\\ y\to 2}}\dfrac{\sin(xy)}{x}$;

(3) $\lim\limits_{\substack{x\to 0\\ y\to 0}}\dfrac{xy}{3-\sqrt{xy+9}}$;　　(4) $\lim\limits_{\substack{x\to 0\\ y\to 0}}\dfrac{xy}{\sqrt{x^2+y^2}}$.

解 (1) 因 $\left|\sin\frac{1}{x^2+y^2}\right| \leqslant 1$，又 $\lim\limits_{\substack{x\to 0\\ y\to 0}}(x^2+y^2)=0$，所以

$$\lim_{\substack{x\to 0\\ y\to 0}}(x^2+y^2)\sin\frac{1}{x^2+y^2}=0.$$

(2) $\lim\limits_{\substack{x\to 0\\ y\to 2}}\frac{\sin(xy)}{x}=\lim\limits_{\substack{x\to 0\\ y\to 2}}\frac{\sin(xy)}{xy}\cdot y=1\times 2=2.$

(3) $\lim\limits_{\substack{x\to 0\\ y\to 0}}\frac{xy}{3-\sqrt{xy+9}}=\lim\limits_{\substack{x\to 0\\ y\to 0}}\frac{xy(3+\sqrt{xy+9})}{9-xy-9}=-\lim\limits_{\substack{x\to 0\\ y\to 0}}(3+\sqrt{xy+9})=-6.$

(4) 因 $\left|\frac{y}{\sqrt{x^2+y^2}}\right| \leqslant 1$，又 $x\to 0$，所以 $\lim\limits_{\substack{x\to 0\\ y\to 0}}\frac{xy}{\sqrt{x^2+y^2}}=0.$

* **例 7** 设 $f(x,y)=\frac{xy}{x^2+y^2}$，试证极限 $\lim\limits_{\substack{x\to 0\\ y\to 0}}f(x,y)$ 不存在.

解 当 $M(x,y)$ 沿着直线 $y=kx$ 趋于点 $(0,0)$ 时，有

$$\lim_{\substack{x\to 0\\ y=kx\to 0}}\frac{xy}{x^2+y^2}=\lim_{x\to 0}\frac{kx^2}{x^2+k^2x^2}=\frac{k}{1+k^2}.$$

显然该极限是随着 k 的变化而变化的，因而二重极限 $\lim\limits_{\substack{x\to 0\\ y\to 0}}f(x,y)$ 不存在.

* **例 8** 设

$$f(x,y)=\begin{cases}1, & xy=0,\\ 0, & \text{其他}.\end{cases}$$

求 $\lim\limits_{\substack{x\to 0\\ y\to 0}}f(x,y)$.

解 由该函数的定义知，对应于 x 轴和 y 轴上的点，函数值为 1，其余点上的函数值为 0. 所以，当点 (x,y) 沿坐标轴 $y=0$ 趋于点 $(0,0)$ 时，

$$\lim_{\substack{x\to 0\\ y=0}}f(x,y)=1,$$

当点 (x,y) 沿其他直线，如沿 $y=x$ 趋于点 $(0,0)$ 时

$$\lim_{\substack{x\to 0\\ y=x\to 0}}f(x,y)=0.$$

因此 $\lim\limits_{\substack{x\to 0\\ y\to 0}}f(x,y)$ 不存在.

定义 3 设函数 $z=f(x,y)$ 在点 $M_0(x_0,y_0)$ 及其附近有定义. 如果点 $M(x,y)$ 趋于点 $M_0(x_0,y_0)$ 时 $f(x,y)$ 的极限存在，并且

$$\lim_{\substack{x\to x_0\\ y\to y_0}}f(x,y)=f(x_0,y_0),$$

则称函数 $z=f(x,y)$ 在点 $M_0(x_0,y_0)$ 处连续.

如果 $z=f(x,y)$ 在定义域 D 内每一点都连续，则称 $z=f(x,y)$ 在 D 内连续.

如同一元函数一样，二元函数也有以下重要结论：

同一区域上连续函数的和、差与积是连续函数；连续函数的复合函数是连续函数；初等函数在其有定义的区域内是连续的；有界闭区域 D 上的连续函数，在 D 上必有最大值与最小值.

习题 7.1

1. 若 $f(x,y)=\dfrac{4xy}{x^2+y^2}$，求 $f\left(xy,\dfrac{x}{y}\right)$.

2. 已知函数

$$f(x,y)=x^2+y^2-xy\tan\frac{x}{y},$$

试求 $f(tx,ty)$.

3. 已知函数 $f(u,v)=u^v$，试求 $f(xy,x+y)$.

*4. 已知函数

$$f(xy,e^{x-y})=4xye^{x-y},$$

试求 $f(x,y)$.

5. 求下列各函数的定义域：

(1) $f(x,y)=\arcsin(x^2+y^2)$；

(2) $f(x,y)=\ln(y-x)+\arcsin\dfrac{y}{x}$；

(3) $f(x,y)=\dfrac{1}{\sqrt{x+y}}+\dfrac{1}{\sqrt{x-y}}$；

(4) $f(x,y)=\sqrt{x-\sqrt{y}}$；

(5) $f(x,y)=\ln(y-x)+\dfrac{\sqrt{x}}{\sqrt{1-x^2-y^2}}$；

(6) $f(x,y,z)=\sqrt{R^2-x^2-y^2-z^2}+\dfrac{1}{\sqrt{x^2+y^2+z^2-r^2}}\quad(R>r>0)$.

*6. 求下列极限：

(1) $\lim\limits_{\substack{x\to0\\y\to1}}\dfrac{1-xy}{x^2+y^2}$；

(2) $\lim\limits_{\substack{x\to1\\y\to0}}\dfrac{\ln(x+e^y)}{\sqrt{x^2+y^2}}$；

(3) $\lim\limits_{\substack{x\to0\\y\to0}}\dfrac{2-\sqrt{xy+4}}{xy}$；

(4) $\lim\limits_{\substack{x\to+\infty\\y\to+\infty}}\dfrac{1}{x^2+y^2}$.

*7. 证明极限 $\lim\limits_{\substack{x\to0\\y\to0}}\dfrac{x+y}{x-y}$ 不存在.

7.2 偏导数

7.2.1 偏导数

与一元函数 $y=f(x)$ 一样，二元函数 $z=f(x,y)$ 也有变化率的问题. 设(x_0,y_0)为二元函数 $z=f(x,y)$ 定义域内的某一点. 如果固定 $y=y_0$，而给 x_0 一增量 Δx，则函数产生相应的增量

$$f(x_0+\Delta x,y_0)-f(x_0,y_0).$$

因为这一增量仅是由一个自变量的变化而产生的，称它为函数 $z=f(x,y)$ 在点(x_0,y_0)处的偏增量. 显然，它可看成一元函数 $f(x,y_0)$ 在 $x=x_0$ 处的增量. 如果函数 $f(x,y_0)$ 在 $x=x_0$ 的导数存在，则称此导数为二元函数 $z=f(x,y)$ 在(x_0,y_0)处对 x 的偏导数，具体定义如下.

定义 1 设函数 $z=f(x,y)$ 在点 $M_0(x_0,y_0)$ 及其附近有定义. 若关于 x 的函数 $f(x,y_0)$ 在 x_0 可导，即极限

$$\lim_{\Delta x\to 0}\frac{f(x_0+\Delta x,y_0)-f(x_0,y_0)}{\Delta x}$$

存在，则称其导数为 $f(x,y)$ 在点(x_0,y_0)处对 x 的偏导数，记为 $f_x(x_0,y_0)$，即

$$f_x(x_0,y_0)=\frac{\mathrm{d}}{\mathrm{d}x}f(x,y_0)\bigg|_{x=x_0}=\lim_{\Delta x\to 0}\frac{f(x_0+\Delta x,y_0)-f(x_0,y_0)}{\Delta x}.$$

对 y 的偏导数 $f_y(x_0,y_0)$ 可类似地定义为

$$f_y(x_0,y_0)=\frac{\mathrm{d}}{\mathrm{d}y}f(x_0,y)\bigg|_{y=y_0}=\lim_{\Delta y\to 0}\frac{f(x_0,y_0+\Delta y)-f(x_0,y_0)}{\Delta y}.$$

如果 $z=f(x,y)$ 在定义域 D 内每一点 $M(x,y)$ 的偏导数 $f_x(x,y)$ 都存在，则 $f_x(x,y)$ 是 D 上的二元函数，又称为偏导(函)数，对这个函数可以使用以下记号：

$$f_x,\quad z_x,\quad \frac{\partial f}{\partial x}\quad \text{或}\quad \frac{\partial z}{\partial x}.$$

这里用 ∂ 代替 d，以区别于一元函数的导数. 记号 $\frac{\partial f}{\partial x}$ 可读作“偏 f 偏 x”. 这里偏 x 的意思是指函数 $f(x,y)$ 当 y 为常数保持不变时对 x 求导数.

既然偏导数实质上是一元函数的导数，自然可利用一元函数求导的一些基本法则求多元函数的偏导数.

例 1 设 $z=xy$，求 $\frac{\partial z}{\partial x},\frac{\partial z}{\partial y}$.

解 将 y 视为常数，可得 $\frac{\partial z}{\partial x}=y$；同理，将 x 视为常数，可得 $\frac{\partial z}{\partial y}=x$.

例 2 设 $f(x,y)=e^{xy}$，求 $f_x(1,2)$，$f_y(1,2)$.

解法一 将 $y=2$ 代入得 $f(x,2)=e^{2x}$，于是

$$f_x(1,2)=(e^{2x})'\big|_{x=1}=2e^2;$$

同理，将 $x=1$ 代入得 $f(1,y)=e^y$，于是

$$f_y(1,2)=(e^y)'\big|_{y=2}=e^2.$$

解法二 将 y 视为常数，可得

$$f_x(x,y)=ye^{xy},$$

将 $x=1,y=2$ 代入，得

$$f_x(1,2)=2e^2;$$

同理，将 x 视为常数，可得

$$f_y(x,y)=xe^{xy},$$

将 $x=1,y=2$ 代入，得

$$f_y(1,2)=e^2.$$

例 3 设 $z=\cos\dfrac{x}{y}$，求 z 在点$(\pi,2)$处的偏导数.

解 因为

$$\frac{\partial z}{\partial x}=-\left(\sin\frac{x}{y}\right)\left(\frac{1}{y}\right)=-\frac{1}{y}\sin\frac{x}{y},\quad \frac{\partial z}{\partial y}=-\left(\sin\frac{x}{y}\right)\left(-\frac{x}{y^2}\right)=\frac{x}{y^2}\sin\frac{x}{y},$$

所以
$$\left.\frac{\partial z}{\partial x}\right|_{(\pi,2)}=-\frac{1}{2},\quad \left.\frac{\partial z}{\partial y}\right|_{(\pi,2)}=\frac{\pi}{4}.$$

例 4 求 $z=x^y(x>0)$ 的偏导数.

解 $z_x=yx^{y-1}$，$z_y=x^y\ln x$.

例 5 设 $z=(x+y)^{xy}(x+y>0)$，求 z_x，z_y.

解 先取函数的对数，得

$$\ln z=xy\ln(x+y).$$

等式两边对 x 求偏导，整理得

$$z_x=(x+y)^{xy}\left[y\ln(x+y)+\frac{xy}{x+y}\right];$$

同理可得
$$z_y=(x+y)^{xy}\left[x\ln(x+y)+\frac{xy}{x+y}\right].$$

类似地，我们可以求三元函数的偏导数.

例 6 求 $f(x,y,z)=x\sin y+y\sin z+z\sin x$ 的各偏导数.

解 $\dfrac{\partial f}{\partial x}=\sin y+z\cos x$，$\dfrac{\partial f}{\partial y}=\sin z+x\cos y$，$\dfrac{\partial f}{\partial z}=\sin x+y\cos z$.

例 7 已知理想气体的状态方程为

$$pV = RT,$$

其中 R 为常量. 求证：

$$\frac{\partial p}{\partial V} \cdot \frac{\partial V}{\partial T} \cdot \frac{\partial T}{\partial p} = -1.$$

证　因为

$$p = R\frac{T}{V},\quad \frac{\partial p}{\partial V} = -\frac{RT}{V^2};$$

$$V = \frac{RT}{p},\quad \frac{\partial V}{\partial T} = \frac{R}{p};$$

$$T = \frac{pV}{R},\quad \frac{\partial T}{\partial p} = \frac{V}{R}.$$

所以

$$\frac{\partial p}{\partial V} \cdot \frac{\partial V}{\partial T} \cdot \frac{\partial T}{\partial p} = -\frac{RT}{V^2} \cdot \frac{R}{p} \cdot \frac{V}{R} = -\frac{RT}{pV} = -1.$$

例 7 的结论表明，偏导数的记号是一个整体，不能将 $\frac{\partial p}{\partial V}$ 看作“∂p”与“∂V”的商.

7.2.2　高阶偏导数

从以上各例看到，二元函数 $z = f(x,y)$ 的偏导函数 $\frac{\partial f}{\partial x}$、$\frac{\partial f}{\partial y}$ 一般仍是 x、y 的二元函数. 若 $\frac{\partial f}{\partial x}$、$\frac{\partial f}{\partial y}$ 又存在偏导数，则称之为 $z = f(x,y)$ 的二阶偏导(函) 数，它们是：

$$\frac{\partial}{\partial x}\left(\frac{\partial f}{\partial x}\right) = \frac{\partial^2 f}{\partial x^2} = f_{xx} = z_{xx},$$

$$\frac{\partial}{\partial y}\left(\frac{\partial f}{\partial x}\right) = \frac{\partial^2 f}{\partial x \partial y} = f_{xy} = z_{xy},$$

$$\frac{\partial}{\partial x}\left(\frac{\partial f}{\partial y}\right) = \frac{\partial^2 f}{\partial y \partial x} = f_{yx} = z_{yx},$$

$$\frac{\partial}{\partial y}\left(\frac{\partial f}{\partial y}\right) = \frac{\partial^2 f}{\partial y^2} = f_{yy} = z_{yy},$$

其中 f_{xy} 与 f_{yx} 称为二阶混合偏导数.

类似地，可定义三阶，四阶，…，n 阶偏导数. 二阶及二阶以上的偏导数称为高阶偏导数.

例 8　求 $z = x^2 y$ 的二阶偏导数.

解

$$\frac{\partial z}{\partial x} = 2xy,\quad \frac{\partial z}{\partial y} = x^2,$$

$$\frac{\partial^2 z}{\partial x^2} = 2y,\quad \frac{\partial^2 z}{\partial x \partial y} = 2x,$$

$$\frac{\partial^2 z}{\partial y \partial x} = 2x, \quad \frac{\partial^2 z}{\partial y^2} = 0.$$

从例8可以看到，二阶偏导数可通过逐次求导得出，无须新的计算方法. 另外，z_{xy} 与 z_{yx} 相等，这不是偶然的，有下述定理.

定理 若 $z = f(x,y)$ 的两个混合偏导数在点(x,y)处连续，则在该点有

$$z_{xy} = z_{yx}.$$

对于更高阶的混合偏导数，在偏导数连续的条件下也与求导的次序无关，证明从略.

例 9 求 $f(x,y) = xe^x \sin y$ 的二阶偏导数.

解

$$f_x = e^x \sin y + xe^x \sin y = (x+1)e^x \sin y,$$

$$f_y = xe^x \cos y,$$

$$f_{xx} = e^x \sin y + (x+1)e^x \sin y = (x+2)e^x \sin y,$$

$$f_{xy} = (x+1)e^x \cos y,$$

$$f_{yx} = e^x \cos y + xe^x \cos y = (x+1)e^x \cos y,$$

$$f_{yy} = -xe^x \sin y.$$

例 10 设 $u = \dfrac{1}{\sqrt{x^2+y^2+z^2}}$，证明：

$$u_{xx} + u_{yy} + u_{zz} = 0.$$

证 令 $r = \sqrt{x^2+y^2+z^2}$，则 $u = \dfrac{1}{r}, r_x = \dfrac{x}{r}$. 于是

$$u_x = -\frac{r_x}{r^2} = -\frac{x}{r^3}, \quad u_{xx} = -\frac{1}{r^3} + \frac{3x}{r^4} r_x = -\frac{1}{r^3} + \frac{3x^2}{r^5}.$$

由函数关于自变量的对称性(即函数表达式中任意两个自变量对调后，函数不变)，得

$$u_{yy} = -\frac{1}{r^3} + \frac{3y^2}{r^5}, \quad u_{zz} = -\frac{1}{r^3} + \frac{3z^2}{r^5}.$$

因此

$$u_{xx} + u_{yy} + u_{zz} = -\frac{3}{r^3} + \frac{3(x^2+y^2+z^2)}{r^5} = -\frac{3}{r^3} + \frac{3r^2}{r^5} = 0.$$

本例中的方程称为拉普拉斯(Laplace)方程，它是工程中常用的一种方程.

7.2.3 复合函数的偏导数

设 $z = f(u,v)$，如果变量 u 与 v 又都是变量 x 与 y 的二元函数，即 $u = u(x,y), v = v(x,y)$，那么 $z = f(u,v) = f(u(x,y), v(x,y))$ 称为 x 与 y 的二元复合函数，u 与 v 称为中间变量.

如果 $z = f(u,v)$ 在(u,v)处有连续的偏导数，且 $u(x,y)$ 与 $v(x,y)$ 在(x,y)处也有连续的偏导数，则二元复合函数 $z = f(u(x,y), v(x,y))$ 在(x,y)处有连续的偏导数，并

且可用下面的公式计算：

$$\begin{cases}\dfrac{\partial z}{\partial x}=\dfrac{\partial z}{\partial u}\cdot\dfrac{\partial u}{\partial x}+\dfrac{\partial z}{\partial v}\cdot\dfrac{\partial v}{\partial x},\\ \dfrac{\partial z}{\partial y}=\dfrac{\partial z}{\partial u}\cdot\dfrac{\partial u}{\partial y}+\dfrac{\partial z}{\partial v}\cdot\dfrac{\partial v}{\partial y}.\end{cases}\tag{7-3}$$

式(7-3)是二元复合函数 $z=f(u(x,y),v(x,y))$ 求偏导数的链式法则.上述公式中含有多项,为避免遗漏,我们常将函数关系用图表示出来.例如,求 z 对 x 的偏导数时,注意到 z 对 x 的"两条路",即 z 到 u、u 到 x 和 z 到 v、v 到 x(见图7-4),则 z 对 x 的偏导数应由两项组成:z 对 u 的偏导数乘以 u 对 x 的偏导数,再加上 z 对 v 的偏导数乘以 v 对 x 的偏导数.

例 11　设 $z=\dfrac{u}{v},u=x^2+y^2,v=x^2-y^2$,求 $\dfrac{\partial z}{\partial x},\dfrac{\partial z}{\partial y}$.

解　此函数具有图7-4所示的函数关系,因为

$$\frac{\partial z}{\partial u}=\frac{1}{v},\quad \frac{\partial z}{\partial v}=-\frac{u}{v^2},$$

$$\frac{\partial u}{\partial x}=2x,\quad \frac{\partial u}{\partial y}=2y,\quad \frac{\partial v}{\partial x}=2x,\quad \frac{\partial v}{\partial y}=-2y,$$

所以

$$\frac{\partial z}{\partial x}=\frac{1}{v}2x+\left(-\frac{u}{v^2}\right)2x=\frac{2x}{x^2-y^2}-\frac{(x^2+y^2)2x}{(x^2-y^2)^2}=-\frac{4xy^2}{(x^2-y^2)^2},$$

$$\frac{\partial z}{\partial y}=\frac{1}{v}2y+\left(-\frac{u}{v^2}\right)(-2y)=\frac{2y}{x^2-y^2}+\frac{(x^2+y^2)2y}{(x^2-y^2)^2}=\frac{4x^2y}{(x^2-y^2)^2}.$$

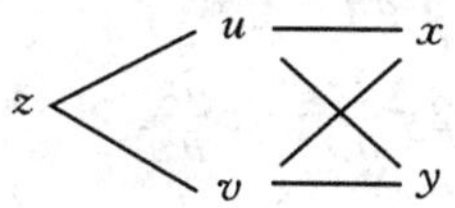

图 7-4

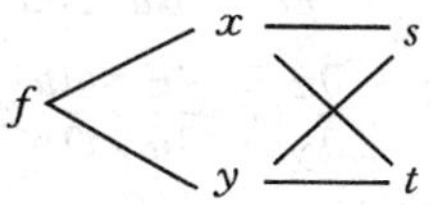

图 7-5

例 12　设 $f(x,y)=\mathrm{e}^x\sin y,x=2st,y=t+s^2$,求 $\dfrac{\partial f}{\partial t},\dfrac{\partial f}{\partial s}$.

解　为求偏导数,先画出函数关系图(见图7-5).

因

$$\frac{\partial f}{\partial x}=\mathrm{e}^x\sin y,\quad \frac{\partial f}{\partial y}=\mathrm{e}^x\cos y,$$

$$\frac{\partial x}{\partial s}=2t,\quad \frac{\partial x}{\partial t}=2s,\quad \frac{\partial y}{\partial s}=2s,\quad \frac{\partial y}{\partial t}=1,$$

所以

$$\frac{\partial f}{\partial t}=\mathrm{e}^x\sin y\cdot 2s+\mathrm{e}^x\cos y\cdot 1=\mathrm{e}^{2st}[2s\sin(t+s^2)+\cos(t+s^2)],$$

$$\frac{\partial f}{\partial s}=\mathrm{e}^x\sin y\cdot 2t+\mathrm{e}^x\cos y\cdot 2s=2\mathrm{e}^{2st}[t\sin(t+s^2)+s\cos(t+s^2)].$$

例 13　求 $z=(1+x^2+y^2)^{xy}$ 的偏导数.

解 上述函数可看成由函数 $z=u^v, u=1+x^2+y^2, v=xy$ 复合而成的二元复合函数,具有图 7-5 所示的函数关系.

因
$$\frac{\partial z}{\partial u}=vu^{v-1},\quad \frac{\partial z}{\partial v}=u^v\ln u,$$
$$\frac{\partial u}{\partial x}=2x,\quad \frac{\partial u}{\partial y}=2y,\quad \frac{\partial v}{\partial x}=y,\quad \frac{\partial v}{\partial y}=x,$$

所以
$$\frac{\partial z}{\partial x}=vu^{v-1}2x+u^v(\ln u)y$$
$$=(1+x^2+y^2)^{xy}\left[\frac{2x^2y}{1+x^2+y^2}+y\ln(1+x^2+y^2)\right],$$
$$\frac{\partial z}{\partial y}=vu^{v-1}2y+u^v(\ln u)x$$
$$=(1+x^2+y^2)^{xy}\left[\frac{2xy^2}{1+x^2+y^2}+x\ln(1+x^2+y^2)\right].$$

注:本例也可按本节例 5 的做法,即先取对数再求偏导数,当然例 5 也可用本例的方法求偏导数.读者不妨试一试.

* **例 14** 设 $z=f(x^2-y^2,xy)$,求 $\frac{\partial z}{\partial x},\frac{\partial z}{\partial y}$.

解 这是一个抽象函数的问题,解题时一定要先设中间变量.令 $u=x^2-y^2, v=xy$,则 $z=f(u,v)$.因此
$$\frac{\partial z}{\partial x}=\frac{\partial z}{\partial u}\cdot\frac{\partial u}{\partial x}+\frac{\partial z}{\partial v}\cdot\frac{\partial v}{\partial x}=2x\frac{\partial z}{\partial u}+y\frac{\partial z}{\partial v},$$
$$\frac{\partial z}{\partial y}=\frac{\partial z}{\partial u}\cdot\frac{\partial u}{\partial y}+\frac{\partial z}{\partial v}\cdot\frac{\partial v}{\partial y}=-2y\frac{\partial z}{\partial u}+x\frac{\partial z}{\partial v}.$$

特别地,若函数 $z=f(u,v), u=u(x), v=v(x)$,则 $z=f(u,v)=f(u(x),v(x))$ 仅是 x 的一元复合函数,此时的函数关系如图 7-6 所示,链式法则成为以下形式:

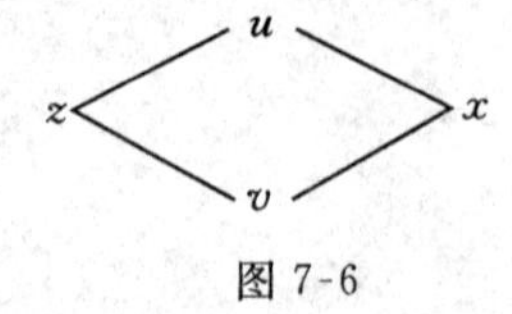

图 7-6

$$\frac{\mathrm{d}z}{\mathrm{d}x}=\frac{\partial z}{\partial u}\cdot\frac{\mathrm{d}u}{\mathrm{d}x}+\frac{\partial z}{\partial v}\cdot\frac{\mathrm{d}v}{\mathrm{d}x},$$

式中的导数 $\frac{\mathrm{d}z}{\mathrm{d}x}$ 称为全导数.

例 15 设 $z=uv, u=\ln x, v=\mathrm{e}^x$,求 $\frac{\mathrm{d}z}{\mathrm{d}x}$.

解 因为
$$\frac{\partial z}{\partial u}=v,\frac{\partial z}{\partial v}=u,\frac{\mathrm{d}u}{\mathrm{d}x}=\frac{1}{x},\frac{\mathrm{d}v}{\mathrm{d}x}=\mathrm{e}^x,$$

所以
$$\frac{\mathrm{d}z}{\mathrm{d}x}=v\frac{1}{x}+u\mathrm{e}^x=\mathrm{e}^x(\frac{1}{x}+\ln x).$$

7.2.4　隐函数的偏导数

以上我们讨论了对 $z=f(x,y)$ 这类显函数求偏导数的问题. 如果 $z=f(x,y)$ 由方程 $F(x,y,z)=0$ 确定，即

$$F(x,y,f(x,y))\equiv 0,$$

则不解出 $f(x,y)$ 也能求出偏导数. 这时的函数关系如图 7-7 所示. 利用链式法则，在方程两边分别对 x 与 y 求偏导数，就有

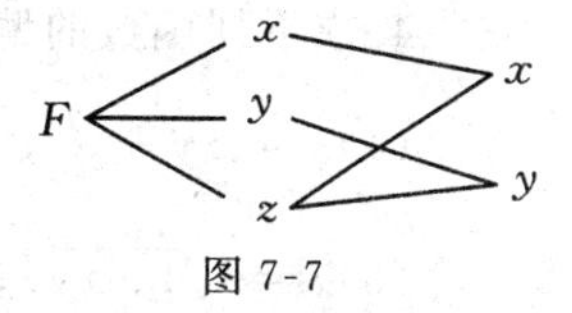

图 7-7

$$\frac{\partial F}{\partial x}+\frac{\partial F}{\partial z}\cdot\frac{\partial z}{\partial x}=0,\quad \frac{\partial F}{\partial y}+\frac{\partial F}{\partial z}\cdot\frac{\partial z}{\partial y}=0.$$

当 $\frac{\partial F}{\partial z}\neq 0$ 时，得到

$$\frac{\partial z}{\partial x}=-\frac{\frac{\partial F}{\partial x}}{\frac{\partial F}{\partial z}}=-\frac{F_x}{F_z},\quad \frac{\partial z}{\partial y}=-\frac{\frac{\partial F}{\partial y}}{\frac{\partial F}{\partial z}}=-\frac{F_y}{F_z}. \tag{7-4}$$

式(7-4)便是求由方程 $F(x,y,z)=0$ 所确定的函数 $z=f(x,y)$ 的偏导数公式.

例 16　求由方程 $e^z=xyz$ 确定的函数 $z=z(x,y)$ 的导数.

解　设 $F(x,y,z)=e^z-xyz$. 因为

$$F_x=-yz,\quad F_y=-xz,\quad F_z=e^z-xy,$$

所以

$$\frac{\partial z}{\partial x}=-\frac{F_x}{F_z}=\frac{yz}{e^z-xy},$$

$$\frac{\partial z}{\partial y}=-\frac{F_y}{F_z}=\frac{xz}{e^z-xy}.$$

例 17　求由方程 $x+y+z+\ln(x^2+y^2+z^2)=3$ 所确定的函数 $z=f(x,y)$ 的偏导数.

解　设 $F(x,y,z)=x+y+z+\ln(x^2+y^2+z^2)-3$.

$$F_x=1+\frac{2x}{x^2+y^2+z^2},\quad F_y=1+\frac{2y}{x^2+y^2+z^2},\quad F_z=1+\frac{2z}{x^2+y^2+z^2},$$

所以

$$\frac{\partial z}{\partial x}=-\frac{F_x}{F_z}=-\frac{x^2+y^2+z^2+2x}{x^2+y^2+z^2+2z},$$

$$\frac{\partial z}{\partial y}=-\frac{F_y}{F_z}=-\frac{x^2+y^2+z^2+2y}{x^2+y^2+z^2+2z}.$$

习题 7.2

1. 设 $z=\ln(x+\ln y)$，求 $z_x(1,e)$，$z_y(1,e)$.

2. 设 $f(x,y)=x+(y-1)\arcsin\sqrt{\dfrac{x}{y}}$，求 $f_x(x,1)$.

3. 设 $f(x,y)=\begin{cases}\dfrac{\sin(x^2y)}{xy}, & xy\neq 0,\\ x, & xy=0,\end{cases}$ 求 $f'_x(0,1)$.

4. 求下列函数的偏导数：

(1) $z=xy+\dfrac{x}{y}$； (2) $z=\sin\dfrac{x}{y}+x\mathrm{e}^{-xy}$；

(3) $z=\sqrt{\ln(xy)}$； (4) $z=\sin(xy)+\cos^2(xy)$；

(5) $u=(xy)^z$； (6) $u=\arctan(x-y)^z$；

(7) $z=x^{\sin y}$.

5. 设 $z=\ln(\sqrt{x}+\sqrt{y})$，证明：$x\dfrac{\partial z}{\partial x}+y\dfrac{\partial z}{\partial y}=\dfrac{1}{2}$.

6. 求下列函数的 z_{xx}, z_{yy}, z_{xy}：

(1) $z=x^4+y^4-4x^2y^2$； (2) $z=\ln\sqrt{x^2+y^2}$； (3) $z=y^x$.

7. 验证 $r=\sqrt{x^2+y^2+z^2}$ 满足 $r_{xx}+r_{yy}+r_{zz}=\dfrac{2}{r}$.

8. 设 $z=u^2+v^2$，而 $u=x+y, v=x-y$，求 $\dfrac{\partial z}{\partial x},\dfrac{\partial z}{\partial y}$.

9. 设 $z=\arctan\dfrac{x}{y}$，而 $x=u+v, y=u-v$，验证：

$$\frac{\partial z}{\partial u}+\frac{\partial z}{\partial v}=\frac{u-v}{u^2+v^2}.$$

10. 求下列各函数的全导数：

(1) $z=x+4\sqrt{xy}-3y, x=t^2, y=\dfrac{1}{t}$； (2) $z=\arctan(xy), y=\mathrm{e}^x$；

(3) $u=\dfrac{\mathrm{e}^{ax}(y-z)}{a^2+1}, y=a\sin x, z=\cos x$（$a$ 为常数）.

*11. 求下列函数的一阶偏导数（其中 f 具有一阶连续偏导数）：

(1) $z=f(x^2-y^2,\mathrm{e}^{xy})$； (2) $u=f\left(\dfrac{x}{y},\dfrac{y}{z}\right)$；

(3) $u=f(x,xy,xyz)$.

12. 求下列方程所确定的隐函数的偏导数：

(1) $\dfrac{x}{z}=\ln\dfrac{z}{y}$； (2) $\mathrm{e}^z-xyz=0$；

(3) $xy+z=\mathrm{e}^{x+z}$； (4) $y=x^y$.

7.3　全微分及其应用

7.3.1　全微分的概念

设函数 $z=f(x,y)$ 在点 $P(x_0,y_0)$ 及其附近有定义，称

$$f(x_0+\Delta x,y_0+\Delta y)-f(x_0,y_0)$$

为函数在点 P 相应于自变量的增量 Δx、Δy 的全增量，记作 Δz，即

$$\Delta z=f(x_0+\Delta x,y_0+\Delta y)-f(x_0,y_0).$$

一般来说，计算全增量 Δz 比较复杂. 与一元函数一样，我们希望用自变量的增量 Δx、Δy 的线性函数来近似地代替函数的全增量 Δz.

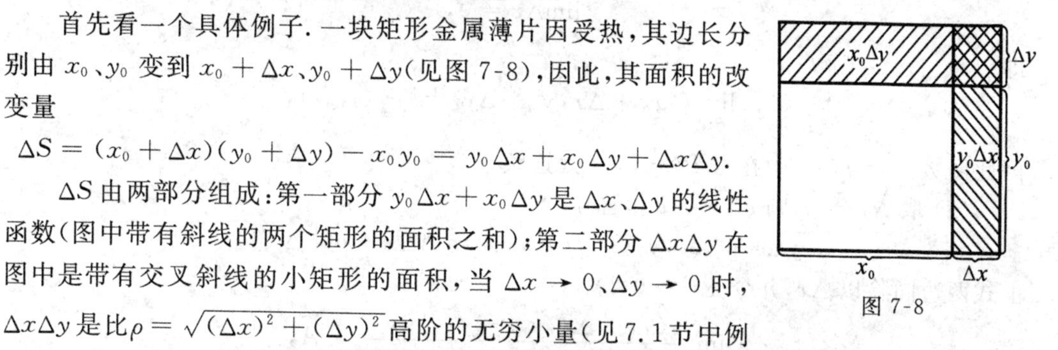

图 7-8

首先看一个具体例子. 一块矩形金属薄片因受热，其边长分别由 x_0、y_0 变到 $x_0+\Delta x$、$y_0+\Delta y$(见图 7-8)，因此，其面积的改变量

$$\Delta S=(x_0+\Delta x)(y_0+\Delta y)-x_0y_0=y_0\Delta x+x_0\Delta y+\Delta x\Delta y.$$

ΔS 由两部分组成：第一部分 $y_0\Delta x+x_0\Delta y$ 是 Δx、Δy 的线性函数(图中带有斜线的两个矩形的面积之和)；第二部分 $\Delta x\Delta y$ 在图中是带有交叉斜线的小矩形的面积，当 $\Delta x\to 0$、$\Delta y\to 0$ 时，$\Delta x\Delta y$ 是比 $\rho=\sqrt{(\Delta x)^2+(\Delta y)^2}$ 高阶的无穷小量(见 7.1 节中例 6(4)). 由此可见，如果边长的改变量很微小，面积的改变量 ΔS 可近似地用第一部分 $y_0\Delta x+x_0\Delta y$ 来代替.

上述例子引出如下一般性问题：给定函数 $z=f(x,y)$，当 x、y 分别获得增量 Δx、Δy(Δx 与 Δy 可正可负)时，z 相应的全增量 Δz 能否写成

$$\Delta z=A\Delta x+B\Delta y+o(\rho),\tag{7-5}$$

(其中 A、B 与 Δx、Δy 无关)?若式(7-5)成立，则有近似公式

$$\Delta z\approx A\Delta x+B\Delta y.$$

此公式右端正是 Δx、Δy 的线性函数，这对于 Δz 的计算与估计都是有利的. 因此引入全微分的概念.

定义　设函数 $z=f(x,y)$ 在点 $P(x_0,y_0)$ 及其附近有定义. 如果函数 $z=f(x,y)$ 在点 $P(x_0,y_0)$ 处的全增量

$$\Delta z=f(x_0+\Delta x,y_0+\Delta y)-f(x_0,y_0)$$

可表示为

$$\Delta z=A\Delta x+B\Delta y+o(\rho),\tag{7-6}$$

其中 A、B 不依赖于 Δx、Δy，而仅与 x_0、y_0 有关，$\rho=\sqrt{(\Delta x)^2+(\Delta y)^2}$，则称函数 $z=f(x,y)$

在点 $P(x_0,y_0)$ 处可微,并称 $A\Delta x+B\Delta y$ 为函数 $z=f(x,y)$ 在点 $P(x_0,y_0)$ 处的全微分,记作 $\mathrm{d}z$,即 $\mathrm{d}z=A\Delta x+B\Delta y$.

7.3.2 可微的必要与充分条件

下面讨论函数 $z=f(x,y)$ 在点 $P(x_0,y_0)$ 处可微分的必要与充分条件.

定理1(必要条件) 如果函数 $z=f(x,y)$ 在点 $P(x_0,y_0)$ 处可微,则:

(1) $f(x,y)$ 在点 $P(x_0,y_0)$ 处连续;

(2) $f(x,y)$ 在点 $P(x_0,y_0)$ 处可偏导,且有 $A=f_x(x_0,y_0)$,$B=f_y(x_0,y_0)$,即 $z=f(x,y)$ 在点 $P(x_0,y_0)$ 处的全微分为

$$\mathrm{d}z=f_x(x_0,y_0)\Delta x+f_y(x_0,y_0)\Delta y. \tag{7-7}$$

证 (1) 由式(7-6)可得

$$\lim_{\rho\to 0}\Delta z=0,$$

即

$$\lim_{\substack{\Delta x\to 0\\ \Delta y\to 0}}f(x_0+\Delta x,y_0+\Delta y)=f(x_0,y_0),$$

因此函数 $z=f(x,y)$ 在点 $P(x_0,y_0)$ 处连续.

(2) 取 $\Delta y=0$,则 $\rho=|\Delta x|$,且

$$f(x_0+\Delta x,y_0)-f(x_0,y_0)=A\Delta x+o(|\Delta x|),$$

上式两边同除以 Δx,并令 $\Delta x\to 0$,得

$$\lim_{\Delta x\to 0}\frac{f(x_0+\Delta x,y_0)-f(x_0,y_0)}{\Delta x}=A,$$

从而偏导数 $f_x(x_0,y_0)$ 存在,且等于 A. 同理可证 $f_y(x_0,y_0)=B$,所以式(7-7)成立.

例1 证明函数 $f(x,y)=\begin{cases}\dfrac{xy}{\sqrt{x^2+y^2}}, & (x,y)\neq(0,0),\\ 0, & (x,y)=(0,0)\end{cases}$ 在点(0,0)处连续、偏导数存在,但不可微.

证 由7.1节例6(4)得 $\lim\limits_{\substack{x\to 0\\ y\to 0}}\dfrac{xy}{\sqrt{x^2+y^2}}=0=f(0,0)$,所以 $f(x,y)$ 在点(0,0)处连续;又 $f_x(0,0)=\lim\limits_{\Delta x\to 0}\dfrac{f(0+\Delta x,0)-f(0,0)}{\Delta x}=0$,同理 $f_y(0,0)=0$,即两个偏导数均存在且等于0. 所以

$$\Delta z-[f_x(0,0)\Delta x+f_y(0,0)\Delta y]=\frac{\Delta x\Delta y}{\sqrt{(\Delta x)^2+(\Delta y)^2}},$$

且

$$\lim_{\rho\to 0}\frac{\dfrac{\Delta x\Delta y}{\sqrt{(\Delta x)^2+(\Delta y)^2}}}{\rho}=\lim_{\substack{\Delta x\to 0\\ \Delta y\to 0}}\frac{\Delta x\Delta y}{(\Delta x)^2+(\Delta y)^2}.$$

当点$(0+\Delta x,0+\Delta y)$沿着直线$y=x$趋于点$(0,0)$时，有

$$\lim_{\rho\to 0}\frac{\dfrac{\Delta x\Delta y}{\sqrt{(\Delta x)^2+(\Delta y)^2}}}{\rho}=\lim_{\substack{\Delta x\to 0\\ \Delta y=\Delta x}}\frac{\Delta x\Delta y}{(\Delta x)^2+(\Delta y)^2}=\lim_{\Delta x\to 0}\frac{(\Delta x)^2}{2(\Delta x)^2}=\frac{1}{2}.$$

这表示当$\rho\to 0$时，

$$\Delta z-[f_x(0,0)\Delta x+f_y(0,0)\Delta y]$$

并不是比ρ高阶的无穷小量，因此函数在$(0,0)$处的全微分并不存在，即函数在点$(0,0)$处是不可微的.

我们知道，一元函数在某点的导数存在是可微的充分必要条件，但对于二元函数$z=f(x,y)$来说，情形就不同了. 由定理1及此处的例1可知，偏导数存在是可微的必要条件而不是充分条件. 当函数在$P(x_0,y_0)$处的各偏导数都存在时，虽然能在形式上写出$f_x(x_0,y_0)\Delta x+f_y(x_0,y_0)\Delta y$，但它与$\Delta z$之差并不一定是比$\rho$高阶的无穷小量，因此它不一定是函数的全微分.

如果再假设函数的各偏导数在点$P(x_0,y_0)$处连续，则可以证明函数在点$P(x_0,y_0)$处是可微的，即有如下定理.

定理2(充分条件) 如果函数$z=f(x,y)$的偏导数$\dfrac{\partial z}{\partial x},\dfrac{\partial z}{\partial y}$在点$P(x_0,y_0)$处连续，则函数在该点是可微的.

证明从略.

以上关于二元函数全微分的定义及微分的必要条件和充分条件，可以完全类似地推广到三元和三元以上的多元函数.

7.3.3 全微分的计算

习惯上，我们将自变量的增量$\Delta x,\Delta y$分别记作$\mathrm{d}x,\mathrm{d}y$，并分别称为自变量x,y的微分. 这样，函数$z=f(x,y)$的全微分就可以写为

$$\mathrm{d}z=\frac{\partial z}{\partial x}\mathrm{d}x+\frac{\partial z}{\partial y}\mathrm{d}y.$$

如果三元函数$u=u(x,y,z)$可微，则

$$\mathrm{d}u=\frac{\partial u}{\partial x}\mathrm{d}x+\frac{\partial u}{\partial y}\mathrm{d}y+\frac{\partial u}{\partial z}\mathrm{d}z.$$

例2 求函数$z=\mathrm{e}^{xy}$在点$(2,1)$处的全微分.

解 因为$\dfrac{\partial z}{\partial x}=y\mathrm{e}^{xy}$与$\dfrac{\partial z}{\partial y}=x\mathrm{e}^{xy}$是连续函数，且

$$\left.\frac{\partial z}{\partial x}\right|_{\substack{x=2\\ y=1}}=\mathrm{e}^2,\quad \left.\frac{\partial z}{\partial y}\right|_{\substack{x=2\\ y=1}}=2\mathrm{e}^2,$$

所以,函数在点(2,1)处的全微分 $\mathrm{d}z\Big|_{\substack{x=2\\y=1}}=\mathrm{e}^2\mathrm{d}x+2\mathrm{e}^2\mathrm{d}y$.

例 3　求函数 $u=x+\sin\dfrac{y}{2}+\mathrm{e}^{yz}$ 的全微分.

解　因为 $\dfrac{\partial u}{\partial x}=1,\dfrac{\partial u}{\partial y}=\dfrac{1}{2}\cos\dfrac{y}{2}+z\mathrm{e}^{yz},\dfrac{\partial u}{\partial z}=y\mathrm{e}^{yz}$ 都是连续函数,所以

$$\mathrm{d}u=\mathrm{d}x+\left(\frac{1}{2}\cos\frac{y}{2}+z\mathrm{e}^{yz}\right)\mathrm{d}y+y\mathrm{e}^{yz}\mathrm{d}z.$$

例 4　设 $z=\dfrac{y}{x}$,当 $x=2,y=1,\Delta x=0.1,\Delta y=-0.2$ 时,求 Δz 及 $\mathrm{d}z$.

解　$\Delta z\Big|_{\substack{x=2\quad y=1\\ \Delta x=0.1\quad \Delta y=-0.2}}=\left(\dfrac{y+\Delta y}{x+\Delta x}-\dfrac{y}{x}\right)\Bigg|_{\substack{x=2\quad y=1\\ \Delta x=0.1\quad \Delta y=-0.2}}=\dfrac{1-0.2}{2+0.1}-\dfrac{1}{2}=-\dfrac{5}{42}\approx-0.119.$

因

$$\mathrm{d}z=-\frac{y}{x^2}\mathrm{d}x+\frac{1}{x}\mathrm{d}y,$$

所以

$$\mathrm{d}z\Big|_{\substack{x=2\quad y=1\\ \Delta x=0.1\quad \Delta y=-0.2}}=-\frac{1}{2^2}\times 0.1+\frac{1}{2}\times(-0.2)=-0.125.$$

例 5　利用全微分求 $(1.01)^{2.99}$ 的近似值.

解　令 $f(x,y)=x^y$,则

$$f_x(x,y)=yx^{y-1},f_y(x,y)=x^y\ln x.$$

取 $x=1,\Delta x=0.01,y=3,\Delta y=-0.01$,则

$$\begin{aligned}(1.01)^{2.99}&=f(x+\Delta x,y+\Delta y)\approx f(1+0.01,3-0.01)\\&\approx f(1,3)+f_x(1,3)\cdot(0.01)+f_y(1,3)\cdot(-0.01)\\&=1^3+3\times1^{3-1}\times(0.01)+1^3\ln1\cdot(-0.01)=1.03.\end{aligned}$$

习题 7.3

1. 求下列函数的全微分:

(1) $z=x^2+y$;　　(2) $z=x^{ay}$(a 为常数);

(3) $z=\mathrm{e}^{x^2+y^2}$;　　(4) $u=\ln(x^2+y^2+z^2)$.

2. 设 $z=z(x,y)$ 是由方程 $x^2+y^2+z^2=y\mathrm{e}^z$ 所确定的隐函数,求 $\mathrm{d}z$.

3. 求下列函数在已给条件下的全微分的值:

(1) $z=x^2y^3,x=2,y=-1,\Delta x=0.02,\Delta y=-0.01$;

(2) $z=\mathrm{e}^{xy},x=1,y=1,\Delta x=0.15,\Delta y=0.1$.

4. 计算下列各式的近似值:

(1) $\sqrt{(1.02)^3+(1.97)^3}$;　　(2) $(10.1)^{2.03}$.

5. 已知矩形的边长 $x = 6\ \mathrm{m}$，$y = 8\ \mathrm{m}$，求 x 增加 $5\ \mathrm{mm}$、y 减少 $10\ \mathrm{mm}$ 时，此矩形的对角线变化的近似值.

7.4　二元函数的极值

7.4.1　(无条件)极值

定义 1　若 $z = f(x,y)$ 在点 $M_0(x_0,y_0)$ 的附近总有不等式

$$f(x,y) \leqslant f(x_0,y_0) \quad (\text{或 } f(x,y) \geqslant f(x_0,y_0)) \tag{7-8}$$

成立，则称 $z = f(x,y)$ 在点 $M_0(x_0,y_0)$ 处取得极大值(或极小值)，并称 $M_0(x_0,y_0)$ 为函数的极大值点(或极小值点).

极大值与极小值统称为极值，极大值点与极小值点统称为极值点.

由定义 1 知，如果 $z = f(x,y)$ 在点 $M_0(x_0,y_0)$ 取得极大值(或极小值)，则当固定 $y = y_0$，而 x 仍保持为变量时，得到的 x 的一元函数

$$z = f(x,y_0)$$

在点(x_0,y_0)处也取得极大值(或极小值)，从而

$$\left.\frac{\partial f(x,y_0)}{\partial x}\right|_{x=x_0} = 0.$$

同理，当 $x = x_0$ 保持不变时，有

$$\left.\frac{\partial f(x_0,y)}{\partial y}\right|_{y=y_0} = 0.$$

于是，有下述定理.

定理 1(极值存在的必要条件)　设 $z = f(x,y)$ 在点 $M(x_0,y_0)$ 处有一阶偏导数，且在 $M_0(x_0,y_0)$ 处取得极值，则

$$f_x(x_0,y_0) = 0, \quad f_y(x_0,y_0) = 0. \tag{7-9}$$

使两个偏导数同时为零的点 $M_0(x_0,y_0)$ 称为函数的驻点. 定理 1 表明：偏导数存在的函数 $z = f(x,y)$ 的极值点必定是它的驻点. 但反过来，函数的驻点却不一定是极值点. 下面不加证明地引入极值存在的充分条件.

定理 2(极值存在的充分条件)　设 $z = f(x,y)$ 在点 $M_0(x_0,y_0)$ 的附近有连续的二阶偏导数，且 $M_0(x_0,y_0)$ 为驻点. 记

$$A = f_{xx}(x_0,y_0), \quad B = f_{xy}(x_0,y_0), \quad C = f_{yy}(x_0,y_0), \quad \Delta = AC - B^2,$$

则：(1) 若 $\Delta > 0$，$A > 0$(或 $C > 0$)，则 $M_0(x_0,y_0)$ 是 $z = f(x,y)$ 的极小值点；

(2) 若 $\Delta > 0$，$A < 0$(或 $C < 0$)，则 $M_0(x_0,y_0)$ 是 $z = f(x,y)$ 的极大值点；

(3) 若 $\Delta < 0$，则 $M_0(x_0,y_0)$ 不是 $z = f(x,y)$ 的极值点.

把定理1与定理2结合在一起，可得到求偏导数存在的函数 $z=f(x,y)$ 的极值的一般方法：

(1) 求一阶偏导数 f_x, f_y；

(2) 解方程组 $\begin{cases} f_x=0, \\ f_y=0, \end{cases}$ 求出 $z=f(x,y)$ 的全部驻点；

(3) 求二阶偏导数，并计算驻点处的 A、B、C 值；

(4) 计算 $AC-B^2$，并按定理2判别.

例1 求函数 $z=x^2-xy+y^2-2x+y$ 的极值.

解
$$z_x=2x-y-2,\quad z_y=-x+2y+1.$$

解方程组 $\begin{cases} 2x-y-2=0, \\ -x+2y+1=0, \end{cases}$ 得驻点(1,0).

因
$$z_{xx}=2, z_{xy}=-1, z_{yy}=2,$$

故在驻点(1,0)处，$A=2, B=-1, C=2$.

$$\Delta=AC-B^2=4-1=3>0, \text{又} A=2>0,$$

由定理2知，$z(1,0)=-1$ 为极小值.

例2 求 $z=x^2+\frac{1}{3}y^3-xy-3x+5$ 的极值.

解
$$z_x=2x-y-3,\quad z_y=y^2-x.$$

解方程组 $\begin{cases} 2x-y-3=0, \\ y^2-x=0, \end{cases}$ 得驻点 $(1,-1)$，$\left(\frac{9}{4},\frac{3}{2}\right)$.

因
$$z_{xx}=2, z_{xy}=-1, z_{yy}=2y,$$

故在驻点 $(1,-1)$ 处，$A=2, B=-1, C=-2$.

$$\Delta=AC-B^2=-4-1=-5<0,$$

因此 $(1,-1)$ 不是极值点.

在驻点 $\left(\frac{9}{4},\frac{3}{2}\right)$ 处，$A=2, B=-1, C=3$.

$$\Delta=AC-B^2=6-1=5>0, A=2>0,$$

因此 $z\left(\frac{9}{4},\frac{3}{2}\right)=\frac{17}{16}$ 是极小值.

7.4.2 条件极值

称 $z=f(x,y)$ 在满足方程 $g(x,y)=0$ 前提下的极值为条件极值.

解决这一问题的主导思想是将其化为无条件极值问题，从而可应用定理1与定理2，使用的方法是拉格朗日乘数法.

拉格朗日乘数法的关键是引入拉格朗日函数，即

$$L(x,y,\lambda)=f(x,y)+\lambda g(x,y), \tag{7-10}$$

其中λ称为拉格朗日乘数.现求L的无条件极值.由式(7-10)导出方程组

$$\begin{cases}L_x=f_x(x,y)+\lambda g_x(x,y)=0,\\ L_y=f_y(x,y)+\lambda g_y(x,y)=0,\\ L_\lambda=g(x,y)=0,\end{cases}$$

并通过解方程组求出驻点.一般由问题的实际意义可判定驻点是否为极值点.

该方法可以推广到三元函数、四元函数等多元函数求条件极值的问题.

例3　一本长方形的书,每页上所印文字占150 cm^2,上下空白处各要留1.5 cm宽,左右空白处各要留1 cm宽.问每页纸的长和宽各为多少时,用纸最少?

解　设每页纸的长与宽分别为x与y(单位为cm),于是,每页纸的面积$S=xy$.而x、y应满足关系式

$$(x-3)(y-2)=150 \quad 或 \quad xy-3y-2x=144.$$

作拉格朗日函数,即

$$L(x,y,\lambda)=xy+\lambda(xy-3y-2x-144).$$

解方程组

$$\begin{cases}L_x=y+\lambda(y-2)=0,\\ L_y=x+\lambda(x-3)=0,\\ xy-3y-2x=144,\end{cases}$$

可得$x=18$,$y=12$.依题意知最小面积存在,而驻点唯一,因此长、宽分别为18 cm、12 cm时,用纸最少.

例4　要做一个容积为V的长方体开口水箱,试问水箱的长、宽、高各为多少时用料最省?

解　设长方体的长、宽、高分别为x、y、z,则问题的本质就是求表面积

$$S(x,y,z)=xy+2(xz+yz)$$

在条件$xyz=V$下的最小值.

作拉格朗日函数,得

$$L(x,y,z,\lambda)=xy+2(xz+yz)+\lambda(xyz-V).$$

解方程组

$$\begin{cases}L_x=y+2z+\lambda yz=0, & (1)\\ L_y=x+2z+\lambda xz=0, & (2)\\ L_z=2x+2y+\lambda xy=0, & (3)\\ xyz=V. & (4)\end{cases}$$

由(1)$\times x-$(2)$\times y$,得

$$x=y.$$

由(1)$\times x-$(3)$\times y$,得

$$x=2z.$$

于是

$$x=y=2z,$$

将其代入(4),得

$$x=y=\sqrt[3]{2V},\quad z=\frac{\sqrt[3]{2V}}{2}.$$

依题意知,最小表面积存在,且驻点唯一,故当长、宽、高分别为$\sqrt[3]{2V}$、$\sqrt[3]{2V}$、$\frac{\sqrt[3]{2V}}{2}$时,水箱的表面积最小,从而用料最省.

习题 7.4

1. 求函数 $f(x,y)=4(x-y)-x^2-y^2$ 的极值.
2. 求函数 $f(x,y)=3axy-x^3-y^3(a>0)$ 的极值.
3. 求函数 $f(x,y)=x^2+y^2$ 在条件 $x^4+y^4=1$ 下的极值.
4. 讨论 $f(x,y)=x^2+xy$ 是否存在极值.
5. 某厂要用铁板做一个体积为 2 m^3 的有盖长方体水箱.问当长、宽、高各取怎样的尺寸时,才能使用料最省?
6. 求内接于半径为 a 的球且有最大体积的长方体.

第 8 章　二 重 积 分

在一元函数积分学中我们知道，定积分是某种确定形式的和的极限，这种和的极限概念推广到定义在区域上的多元函数的情形，便得到重积分的概念. 本章将介绍重积分的概念、计算方法及它的一些应用.

8.1　二重积分的概念与性质

8.1.1　二重积分的概念

先详细分析两个实际问题.

1. 曲顶柱体的体积

设有一立体，它的底是 Oxy 面上的闭区域 D，它的侧面是以 D 的边界曲线为准线而母线平行于 z 轴的柱面，它的顶是曲面 $z=f(x,y)$，这里 $f(x,y)\geqslant 0$ 且在 D 上连续（见图 8-1），这种立体叫作曲顶柱体. 现在讨论如何定义并计算上述曲顶柱体的体积 V.

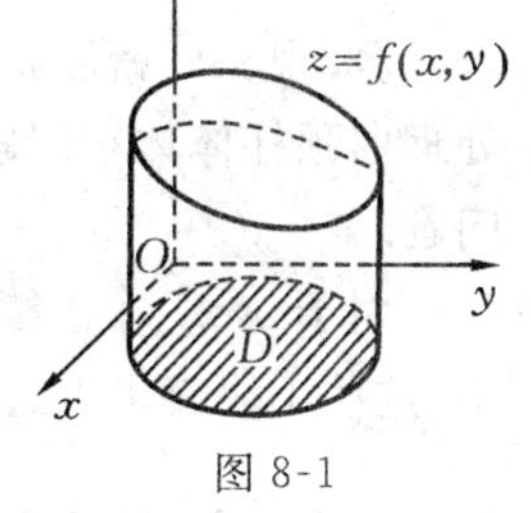

图 8-1

我们知道，平顶柱体的高是不变的，它的体积可以用公式

$$\text{体积}=\text{高}\times\text{底面积}$$

来定义和计算；关于曲顶柱体，当点 (x,y) 在区域 D 上变动时，高度 $f(x,y)$ 是个变量，因此它的体积不能直接用上式来定义和计算.

但是我们可以采用类似第 4 章中计算曲边梯形面积的方法来解决目前的问题.

第一步，分割.

首先，用一组曲线网把 D 分割成 n 个小闭区域

$$\Delta\sigma_1,\Delta\sigma_2,\cdots,\Delta\sigma_n.$$

分别以这些小区域的边界曲线为准线，作母线平行于 z 轴的柱面，这些柱面把原来的曲顶柱体分成 n 个细曲顶柱体.

第二步，近似代替.

当这些小闭区域的直径（一个闭区域的直径是指区域上任意两点间距离的最大者）很小时，由于 $f(x,y)$ 连续，对于同一个小闭区域来说，$f(x,y)$ 变化很小，这时细曲顶柱体可以近似看作平顶柱体. 我们在每个 $\Delta\sigma_i$（这个小闭区域的面积也记作 $\Delta\sigma_i$）中任取一点 (ξ_i,η_i)，以 $f(\xi_i,\eta_i)$ 为高而底为 $\Delta\sigma_i$ 的平顶柱体（见图 8-2）的体积为

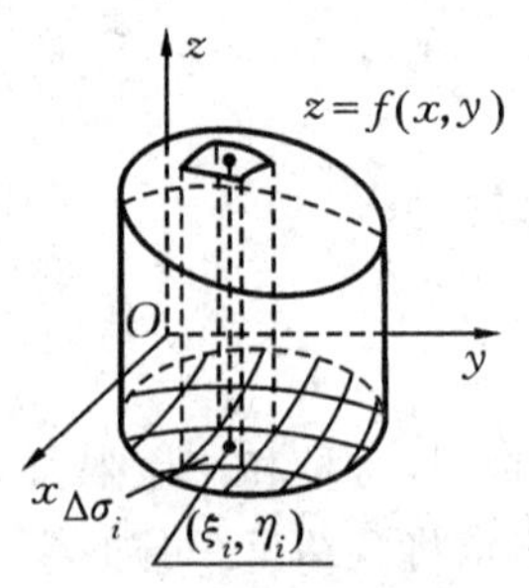

图 8-2

$$f(\xi_i,\eta_i)\cdot\Delta\sigma_i \quad (i=1,2,\cdots,n).$$

第三步,求和.

这 n 个平顶柱体的体积之和

$$\sum_{i=1}^{n} f(\xi_i,\eta_i)\Delta\sigma_i$$

可以认为是整个曲顶体积的近似值.

第四步,取极限.

令 n 个小闭区域的直径中的最大者(记作 λ)趋于零,取上述和的极限,所得的极限便自然地定义为所讨论的曲顶柱体的体积 V,即

$$V=\lim_{\lambda\to 0}\sum_{i=1}^{n} f(\xi_i,\eta_i)\Delta\sigma_i.$$

2. 平面薄片的质量

设有一平面薄片占有 Oxy 面上的闭区域 D,它在点 (x,y) 处的面密度为 $\rho(x,y)$,这里 $\rho(x,y)>0$ 且在 D 上连续.现在要计算该薄片的质量.

我们知道,如果薄片是均匀的,即面密度是常数,那么薄片的质量可以用公式

$$\text{质量}=\text{面密度}\times\text{面积}$$

来计算.现在面密度 $\rho(x,y)$ 是变量,薄片的质量就不能直接用上式来计算.但是上面用来处理曲顶柱体体积问题的方法——"分割 → 近似代替 → 求和 → 取极限"完全适用于本问题.

由于 $\rho(x,y)$ 连续,把薄片分成许多小块后,只要小块所占的小闭区域 $\Delta\sigma_i$ 的直径很小,这些小块就可以近似地看作均匀薄片.在 $\Delta\sigma_i$ 上任取一点 (ξ_i,η_i),则

$$\rho(\xi_i,\eta_i)\Delta\sigma_i \quad (i=1,2,\cdots,n)$$

可看作第 i 个小块的质量的近似值(见图 8-3).通过求和取极限,便得

$$m=\lim_{\lambda\to 0}\sum_{i=1}^{n}\rho(\xi_i,\eta_i)\Delta\sigma_i.$$

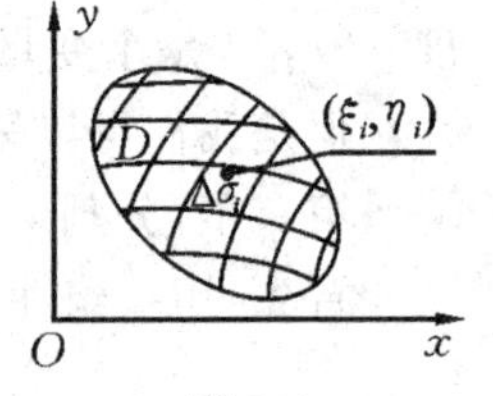

图 8-3

上面两个问题的实际意义虽然不同,但所求量都归结为同一形式的和的极限.在物理、几何和工程技术领域中,有许多物理量或几何量都可归结为这一形式的和的极限,因此我们要一般地研究这种和的极限,并抽象出下述二重积分的定义.

定义 设 $f(x,y)$ 是有界闭区域 D 上的有界函数,将闭区域 D 任意分成 n 个小闭区域

$$\Delta\sigma_1,\Delta\sigma_2,\cdots,\Delta\sigma_n,$$

其中 $\Delta\sigma_i$ 表示第 i 个小闭区域,也表示它的面积.在每个 $\Delta\sigma_i$ 上任取一点 (ξ_i,η_i) 作乘积

$f(\xi_i,\eta_i)\cdot\Delta\sigma_i(i=1,2,\cdots,n)$，并作和$\sum\limits_{i=1}^{n}f(\xi_i,\eta_i)\cdot\Delta\sigma_i$. 如果当各小闭区域的直径中的最大值$\lambda$趋于零时，这和的极限总存在，则称此极限为函数$f(x,y)$在闭区域$D$上的二重积分，记作$\iint\limits_D f(x,y)\mathrm{d}\sigma$，即

$$\iint\limits_D f(x,y)\mathrm{d}\sigma=\lim_{\lambda\to 0}\sum_{i=1}^{n}f(\xi_i,\eta_i)\Delta\sigma_i. \tag{8-1}$$

其中：$f(x,y)$叫作被积函数，$f(x,y)\mathrm{d}\sigma$叫作被积表达式，$\mathrm{d}\sigma$叫作面积元素，x与y叫作积分变量，D叫作积分区域，$\sum\limits_{i=1}^{n}f(\xi_i,\eta_i)\Delta\sigma_i$叫作积分和.

在二重积分的定义中，闭区域D的划分是任意的，如果在直角坐标系中用平行于坐标轴的直线网来划分D，那么除了包含边界点的一些小闭区域外，其余的小闭区域都是矩形闭区域. 设矩形闭区域$\Delta\sigma_i$的边长为Δx_j、Δy_k，则$\Delta\sigma_i=\Delta x_j\cdot\Delta y_k$，因此在直角坐标系中，有时也把面积元素$\mathrm{d}\sigma$记作$\mathrm{d}x\mathrm{d}y$，而把二重积分记作

$$\iint\limits_D f(x,y)\mathrm{d}x\mathrm{d}y,$$

其中$\mathrm{d}x\mathrm{d}y$叫作直角坐标系中的面积元素.

这里我们要指出，当$f(x,y)$在闭区域D上连续时，式(8-1)右端的和的极限必定存在，也就是说，函数$f(x,y)$在D上的二重积分必定存在. 我们总假定函数$f(x,y)$在闭区域D上连续，所以$f(x,y)$在D上的二重积分都是存在的，以后就不再每次加以说明了.

由二重积分的定义可知，曲顶柱体的体积是函数$f(x,y)(\geqslant 0)$在底D上的二重积分，即

$$V=\iint\limits_D f(x,y)\mathrm{d}\sigma,$$

平面薄片的质量是它的面密度$\rho(x,y)(>0)$在薄片所占区域D上的二重积分，即

$$m=\iint\limits_D \rho(x,y)\mathrm{d}\sigma.$$

一般的，如果$f(x,y)\geqslant 0$，被积函数$f(x,y)$可解释为曲顶柱体在点(x,y)处的竖坐标，所以二重积分的几何意义就是柱体的体积. 如果$f(x,y)$是负的，柱体就在Oxy面的下方，二重积分的绝对值仍等于柱体的体积，但二重积分的值是负的. 如果$f(x,y)$在D的若干部分区域上是正的，而在其他的部分区域上是负的，我们可以把Oxy面上方的柱体体积取成正，Oxy面下方的柱体体积取成负，那么$f(x,y)$在D上的二重积分就等于这些部分区域上的柱体体积的代数和.

8.1.2 二重积分的性质

二重积分的定义与一元函数定积分的定义很类似,所以二重积分与定积分有类似的性质.

性质 1 如果函数 $f(x,y)$,$g(x,y)$ 在 D 上都可积,则对任意的常数 α,β,函数 $\alpha f(x,y)+\beta g(x,y)$ 在 D 上也可积,且

$$\iint_D[\alpha f(x,y)+\beta g(x,y)]\mathrm{d}x\mathrm{d}y=\alpha\iint_D f(x,y)\mathrm{d}x\mathrm{d}y+\beta\iint_D g(x,y)\mathrm{d}x\mathrm{d}y.$$

这一性质称为重积分的线性性质.

性质 2 如果函数 $f(x,y)$ 在 D 上可积,用曲线将 D 分割成两个闭区域 D_1 与 D_2,则 $f(x,y)$ 在 D_1 与 D_2 上也都可积,且

$$\iint_D f(x,y)\mathrm{d}x\mathrm{d}y=\iint_{D_1}f(x,y)\mathrm{d}x\mathrm{d}y+\iint_{D_2}f(x,y)\mathrm{d}x\mathrm{d}y.$$

这一性质称为重积分的区域可加性.

性质 3 如果函数 $f(x,y)$ 在 D 上可积,并且在 D 上 $f(x,y)\geqslant 0$,则

$$\iint_D f(x,y)\mathrm{d}x\mathrm{d}y\geqslant 0.$$

这一性质称为重积分的正性.

由性质1与性质3知,如果 $f(x,y)$、$g(x,y)$ 在 D 上都可积,且在 D 上 $f(x,y)\leqslant g(x,y)$,则

$$\iint_D f(x,y)\mathrm{d}x\mathrm{d}y\leqslant\iint_D g(x,y)\mathrm{d}x\mathrm{d}y.$$

性质 4 如果函数 $f(x,y)$ 在 D 上可积,则函数 $|f(x,y)|$ 在 D 上也可积,且

$$\left|\iint_D f(x,y)\mathrm{d}x\mathrm{d}y\right|\leqslant\iint_D|f(x,y)|\mathrm{d}x\mathrm{d}y.$$

性质 5 如果函数 $f(x,y)$ 在 D 上连接,则在 D 上至少存在一点 (ξ,η),使得

$$\iint_D f(x,y)\mathrm{d}x\mathrm{d}y=f(\xi,\eta)\cdot\mu(D),$$

其中 $\mu(D)$ 表示 D 的面积.这一性质称为重积分的中值定理.

例 1 估计二重积分 $\iint_D \mathrm{e}^{\sin x\cos y}\mathrm{d}x\mathrm{d}y$ 的值,其中 D 为圆形区域 $x^2+y^2\leqslant 4$.

解 对定义域里的任意 (x,y),因 $-1\leqslant\sin x\cos y\leqslant 1$,故有

$$\frac{1}{\mathrm{e}}\leqslant\mathrm{e}^{\sin x\cos y}\leqslant\mathrm{e},$$

又区域 D 的面积 $\mu(D)=4\pi$,所以

$$\frac{4\pi}{e} \leqslant \iint_D e^{\sin x \cos y} dxdy \leqslant 4\pi e.$$

习题 8.1

1. 设 $I_1 = \iint_{D_1} (x^2 + y^2)^3 d\sigma$，其中 D_1 是矩形闭区域，$-1 \leqslant x \leqslant 1$，$-2 \leqslant y \leqslant 2$；又 $I_2 = \iint_{D_2} (x^2 + y^2)^3 d\sigma$，其中 D_2 是矩形闭区域，$0 \leqslant x \leqslant 1, 0 \leqslant y \leqslant 2$. 试用二重积分的几何意义说明 I_1 和 I_2 之间的关系.

2. 利用二重积分的性质，比较下列积分的大小：

(1) $\iint_D (x+y)^2 d\sigma$ 与 $\iint_D (x+y)^3 d\sigma$，其中积分区域 D 是由 x 轴、y 轴与直线 $x+y=1$ 所围成；

(2) $\iint_D (x+y)^2 d\sigma$ 与 $\iint_D (x+y)^3 d\sigma$，其中积分区域 D 是由圆周 $(x-2)^2 + (y-1)^2 = 2$ 所围成；

(3) $\iint_D \ln(x+y) d\sigma$ 与 $\iint_D \ln(x+y)^2 d\sigma$，其中 D 是三角形闭区域，三顶点分别为(1,0)、(1,1)、(2,0)；

(4) $\iint_D \ln(x+y) d\sigma$ 与 $\iint_D \ln(x+y)^2 d\sigma$，其中 D 是矩形闭区域，$3 \leqslant x \leqslant 5, 0 \leqslant y \leqslant 1$.

3. 利用二重积分的性质估计下列积分的值：

(1) $I = \iint_D (x+y) d\sigma$，其中 D 是矩形闭区域，$0 \leqslant x \leqslant 1, 0 \leqslant y \leqslant 1$；

(2) $I = \iint_D \sin^2 x \sin^2 y d\sigma$，其中 D 是矩形闭区域，$0 \leqslant x \leqslant \pi, 0 \leqslant y \leqslant \pi$；

(3) $I = \iint_D (x+y+1) d\sigma$，其中 D 是矩形闭区域，$0 \leqslant x \leqslant 1, 0 \leqslant y \leqslant 2$；

(4) $I = \iint_D (x^2 + 4y^2 + 9) d\sigma$，其中 D 是圆形闭区域，$x^2 + y^2 \leqslant 4$.

8.2　二重积分的计算

按照二重积分的定义来计算二重积分，对于少数特别简单的被积函数和积分区域来说是可行的,但对于一般的函数和区域来说,是很烦琐的且不可行的方法.计算二重积分时,一般是将二重积分化为二次积分(即两次定积分)来计算的.

8.2.1 利用直角坐标计算二重积分

下面用几何观点来讨论二重积分$\iint\limits_D f(x,y)\mathrm{d}\sigma$的计算问题.在讨论中假定$f(x,y)\geqslant 0$.

设积分区域D可以用不等式

$$\varphi_1(x)\leqslant y\leqslant \varphi_2(x),\quad a\leqslant x\leqslant b,$$

来表示(见图8-4),其中函数$\varphi_1(x)$、$\varphi_2(x)$在区间$[a,b]$上连续.

按照二重积分的几何意义,$\iint\limits_D f(x,y)\mathrm{d}\sigma$的值等于以$D$为底、以曲面$z=f(x,y)$为顶的曲顶柱体(见图8-5)的体积.下面应用定积分一章中计算"平行截面面积为已知的立体的体积"的方法,来计算这个曲顶柱体的体积.

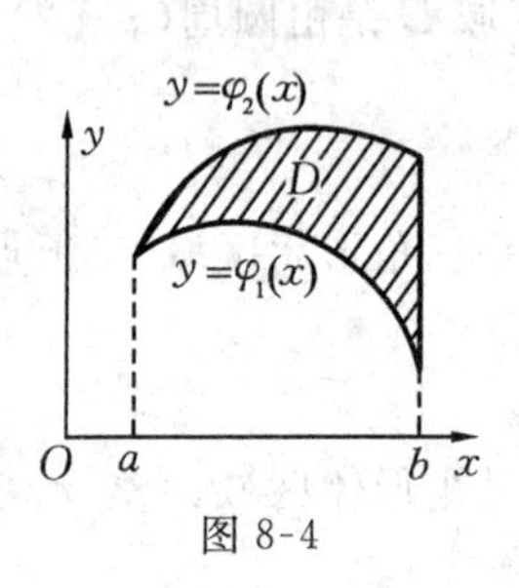

图 8-4

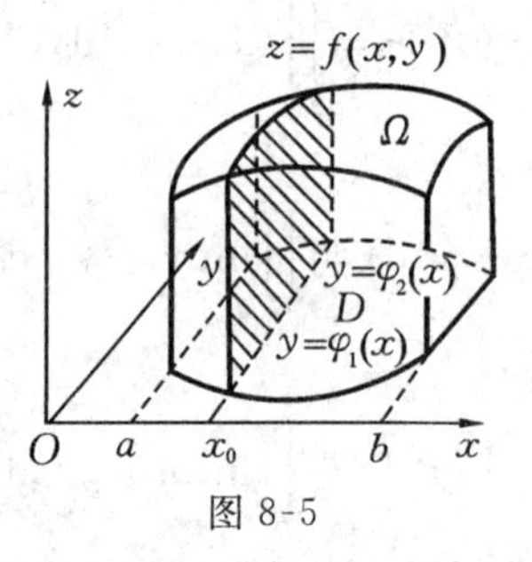

图 8-5

先计算截面面积.在区间$[a,b]$上任意取一点x_0,作平行于Oyz面的平面$x=x_0$.该平面截曲顶柱体所得截面是一个以区间$[\varphi_1(x_0),\varphi_2(x_0)]$为底、以曲线$z=f(x_0,y)$为曲边的梯形(图8-5中的阴影部分),所以该截面的面积为

$$A(x_0)=\int_{\varphi_1(x_0)}^{\varphi_2(x_0)}f(x_0,y)\mathrm{d}y.$$

一般的,过区间$[a,b]$上任意一点x且平行于Oyz面的平面截曲顶柱体所得截面的面积为

$$A(x)=\int_{\varphi_1(x)}^{\varphi_2(x)}f(x,y)\mathrm{d}y.$$

于是曲顶柱体的体积为

$$V=\int_a^b A(x)\mathrm{d}x=\int_a^b\left[\int_{\varphi_1(x)}^{\varphi_2(x)}f(x,y)\mathrm{d}y\right]\mathrm{d}x.$$

从而有等式

$$\iint_D f(x,y)\mathrm{d}\sigma = \int_a^b \left[\int_{\varphi_1(x)}^{\varphi_2(x)} f(x,y)\mathrm{d}y\right]\mathrm{d}x.$$

上式右端的积分称为先对 y 后对 x 的二次积分.就是说,先把 x 看作常数,把 $f(x,y)$ 只看作 y 的函数,并对 y 计算从 $\varphi_1(x)$ 到 $\varphi_2(x)$ 的定积分;然后把算得的结果(不含 y,仅为 x 的函数)再对 x 计算从 a 到 b 的定积分.这个二次积分也常记作

$$\int_a^b \mathrm{d}x \int_{\varphi_1(x)}^{\varphi_2(x)} f(x,y)\mathrm{d}y.$$

因而有

$$\iint_D f(x,y)\mathrm{d}\sigma = \int_a^b \mathrm{d}x \int_{\varphi_1(x)}^{\varphi_2(x)} f(x,y)\mathrm{d}y. \tag{8-2}$$

这就是把二重积分化为先对 y 后对 x 的二次积分的计算公式.

在上述讨论中,我们假定 $f(x,y)\geqslant 0$,但实际上公式(8-2)的成立并不受此条件的限制.

类似地,如果积分区域 D 可以用不等式

$$\psi_1(y)\leqslant x\leqslant \psi_2(y),\quad c\leqslant y\leqslant d$$

来表示(见图 8-6),其中函数 $\psi_1(y)$、$\psi_2(y)$ 在区间 $[c,d]$ 上连续,那么有

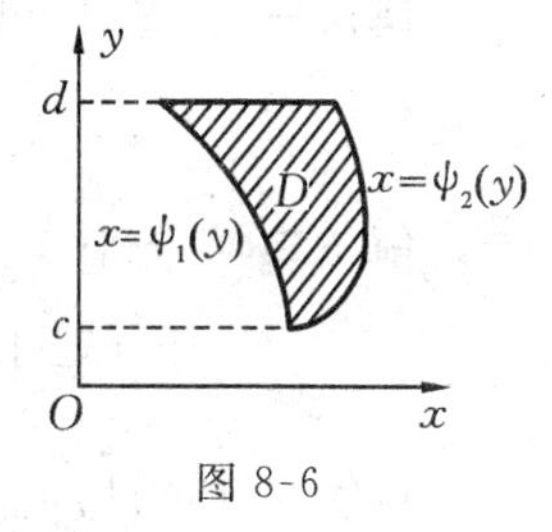

图 8-6

$$\iint_D f(x,y)\mathrm{d}\sigma = \int_c^d \left[\int_{\psi_1(y)}^{\psi_2(y)} f(x,y)\mathrm{d}x\right]\mathrm{d}y,$$

上式右端的积分称为先对 x 后对 y 的二次积分,这个积分也常记作

$$\int_c^d \mathrm{d}y \int_{\psi_1(y)}^{\psi_2(y)} f(x,y)\mathrm{d}x.$$

因此有

$$\iint_D f(x,y)\mathrm{d}\sigma = \int_c^d \mathrm{d}y \int_{\psi_1(y)}^{\psi_2(y)} f(x,y)\mathrm{d}x. \tag{8-3}$$

这就是把二重积分化为先对 x 后对 y 的二次积分的公式.

以后我们称图 8-4 所示的积分区域为 X- 型区域,图 8-6 所示的积分区域为 Y- 型区域.应用式(8-2)时,积分区域必须是 X- 型区域,X- 型区域 D 的特点是穿过 D 内部且平行于 y 轴的直线与 D 的边界相交不多于两点;而用式(8-3)时,积分区域必须是 Y- 型区域,Y- 型区域 D 的特点是穿过 D 内部且平行于 x 轴的直线与 D 的边界相交不多于两点.如果积分区域 D 如图 8-7 那样,既有一部分使穿过 D 内部且平行于 y 轴的直线与 D 的边界相交多于两点,又有一部分使穿过 D 内部且平行于 x 轴的直线与 D 的边界相交多于两点,即 D 不是 X- 型区域也不是 Y- 型区域,这时我们

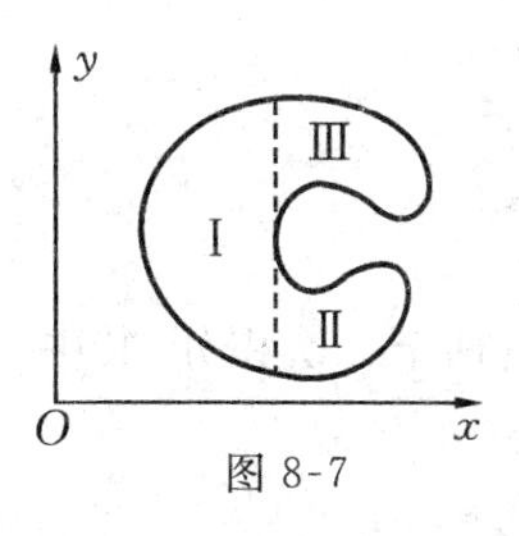

图 8-7

必须分区域计算. 例如在图 8-7 中,把 D 分成三部分,它们都是 X- 型区域,从而在这三部分上的二重积分都可应用式(8-2). 各部分上的二重积分求得后,根据二重积分的性质,它们的和就是在 D 上的二重积分.

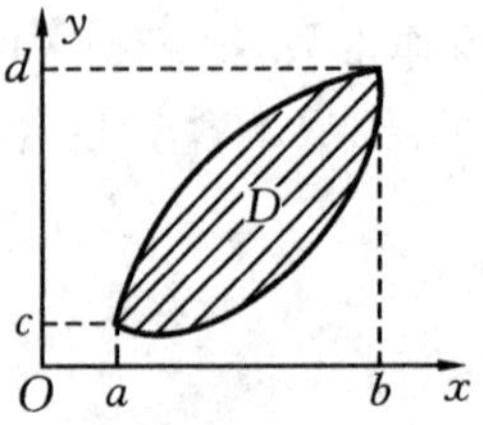

图 8-8

如果积分区域 D 既是 X- 型的,又是 Y- 型的,例如图 8-8 所示的区域,这时 D 上的二重积分既可用式(8-2) 计算,也可用式(8-3) 计算,计算结果是相同的.

将二重积分化为二次积分来计算时,采用不同的积分次序,往往会对计算过程带来不同的影响. 应注意根据具体情况,选择恰当的积分次序. 在计算时,确定二次积分的限是一个关键. 一般可以先画出一个积分区域的草图,然后根据区域的类型确定二次积分的次序并定出相应的积分限来. 下面结合例题来说明定限的方法.

例 1 求二重积分 $I=\iint\limits_{D}\left(1-\frac{x}{3}-\frac{y}{4}\right)\mathrm{d}\sigma$,其中 D 是矩形区域:$-1\leqslant x\leqslant 1,-2\leqslant y\leqslant 2$.

解法一 先对 y 后对 x 积分.

$$I=\int_{-1}^{1}\mathrm{d}x\int_{-2}^{2}\left(1-\frac{x}{3}-\frac{y}{4}\right)\mathrm{d}y=\int_{-1}^{1}\left(4-\frac{4}{3}x\right)\mathrm{d}x=8.$$

解法二 先对 x 后对 y 积分.

$$I=\int_{-2}^{2}\mathrm{d}y\int_{-1}^{1}\left(1-\frac{x}{3}-\frac{y}{4}\right)\mathrm{d}x=\int_{-2}^{2}\left(2-\frac{y}{2}\right)\mathrm{d}y=8.$$

例 2 计算 $\iint\limits_{D}xy\,\mathrm{d}\sigma$,其中 D 是由直线 $y=1,x=2$ 及 $y=x$ 所围成的闭区域.

解法一 首先画出区域 D(见图 8-9). 视 D 为 X- 型区域,有

$$D:1\leqslant y\leqslant x,\quad 1\leqslant x\leqslant 2.$$

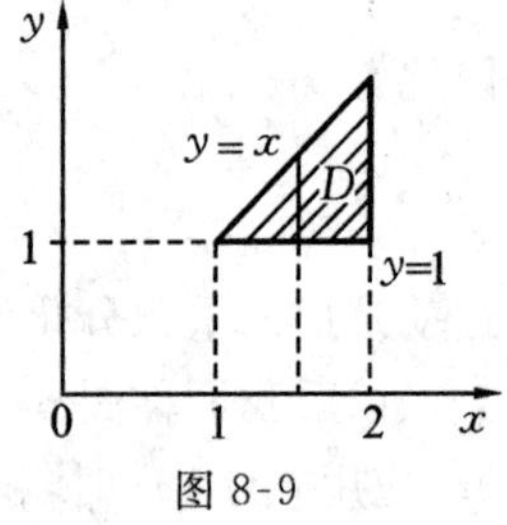

图 8-9

由式(8-2) 有

$$\iint\limits_{D}xy\,\mathrm{d}\sigma=\int_{1}^{2}\mathrm{d}x\int_{1}^{x}xy\,\mathrm{d}y=\int_{1}^{2}\frac{1}{2}(x^{3}-x)\mathrm{d}x=\frac{8}{9}.$$

解法二 如果视 D 为 Y- 型区域,有

$$D:y\leqslant x\leqslant 2,\quad 1\leqslant y\leqslant 2.$$

由式(8-3) 有

$$\iint\limits_{D}xy\,\mathrm{d}\sigma=\int_{1}^{2}\mathrm{d}y\int_{y}^{2}xy\,\mathrm{d}x=\int_{1}^{2}\left(2y-\frac{y^{3}}{2}\right)\mathrm{d}y=\frac{8}{9}.$$

例 3 将二重积分 $\iint\limits_{D}f(x,y)\mathrm{d}\sigma$ 化为对两个变量先后次序不同的两个二次积分. 其中积分区域 D 是由抛物线 $y^{2}=x$ 及直线 $y=x-2$ 所围成的闭区域.

解　画出积分区域 D 的图形(见图 8-10(a)).

先对 x 积分,则视 D 为 Y- 型区域,即

$$D: y^2 \leqslant x \leqslant y+2, \quad -1 \leqslant y \leqslant 2.$$

则

$$\iint_D f(x,y)\mathrm{d}\sigma = \int_{-1}^{2}\mathrm{d}y\int_{y^2}^{y+2} f(x,y)\mathrm{d}x.$$

先对 y 积分,则需将 D 分为两个 X- 型区域 D_1 与 D_2(见图 8-10(b)),即

$$D_1: -\sqrt{x} \leqslant y \leqslant \sqrt{x}, \quad 0 \leqslant x \leqslant 1.$$

$$D_2: x-2 \leqslant y \leqslant \sqrt{x}, \quad 1 \leqslant x \leqslant 4.$$

因此有

$$\iint_D f(x,y)\mathrm{d}\sigma = \iint_{D_1} f(x,y)\mathrm{d}\sigma + \iint_{D_2} f(x,y)\mathrm{d}\sigma$$

$$= \int_0^1 \mathrm{d}x\int_{-\sqrt{x}}^{\sqrt{x}} f(x,y)\mathrm{d}y + \int_1^4 \mathrm{d}x\int_{x-2}^{\sqrt{x}} f(x,y)\mathrm{d}y.$$

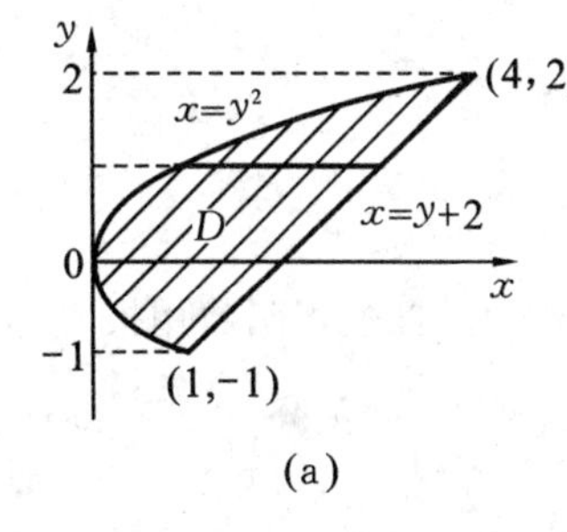

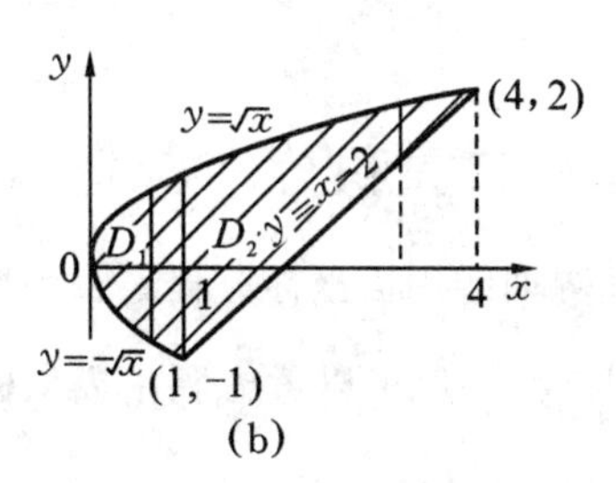

图 8-10

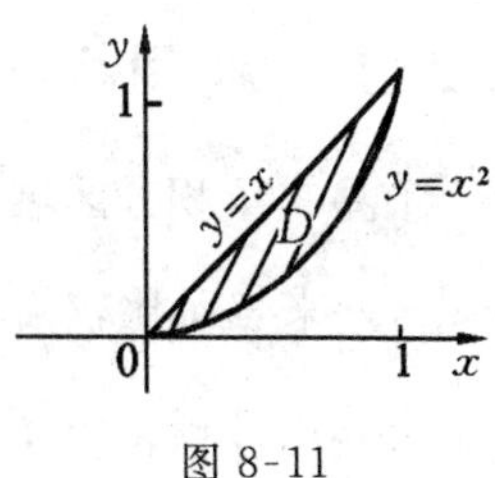

图 8-11

例 4　计算 $\iint_D \frac{\sin x}{x}\mathrm{d}\sigma$,其中 D 是由 $y=x$ 及 $y=x^2$ 所围成的闭区域.

解　作 D 的图形,并求 D 的两条边界曲线的交点坐标(见图 8-11).先对 y 后对 x 积分,有

$$I = \int_0^1 \mathrm{d}x\int_{x^2}^{x} \frac{\sin x}{x}\mathrm{d}y = \int_0^1 (\sin x - x\sin x)\mathrm{d}x = 1-\sin 1.$$

但若先对 x 后对 y 积分,则有

$$I = \int_0^1 \mathrm{d}y\int_y^{\sqrt{y}} \frac{\sin x}{x}\mathrm{d}x.$$

将求不出结果,因为 $\frac{\sin x}{x}$ 的原函数不能用初等函数表示出来.

例 5　求两个底圆半径相等的直角圆柱面 $x^2+y^2=R^2$ 与 $x^2+z^2=R^2$ 所围成的立体的体积.

解　如图 8-12 所示,由对称性,所求立体的体积 V 是该立体位于第 Ⅰ 卦限部分的体

积的 8 倍. 立体位于第 Ⅰ 卦限的部分可以看成一曲顶柱体，它的底为

$$D: 0 \leqslant y \leqslant \sqrt{R^2 - x^2}, \quad 0 \leqslant x \leqslant R.$$

顶则是柱面 $z = \sqrt{R^2 - x^2}$ 的一部分，因而有

$$V = 8\iint_D \sqrt{R^2 - x^2}\,\mathrm{d}x\mathrm{d}y = 8\int_0^R \mathrm{d}x\int_0^{\sqrt{R^2-x^2}} \sqrt{R^2 - x^2}\,\mathrm{d}y$$

$$= 8\int_0^R (R^2 - x^2)\,\mathrm{d}x = \frac{16}{3}R^3.$$

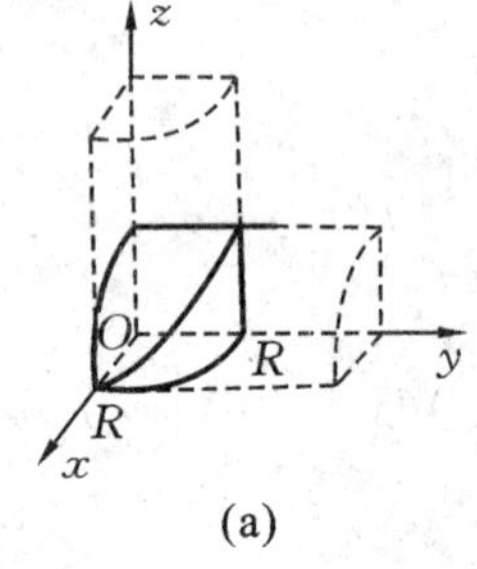

(a)

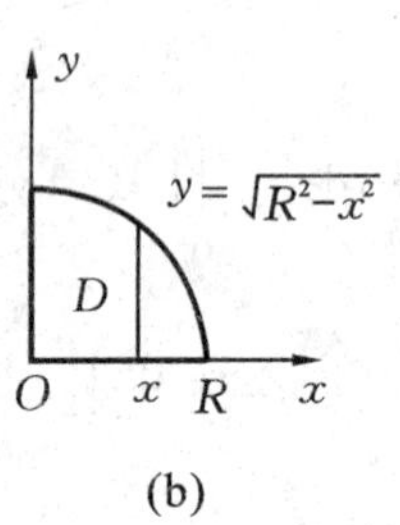

(b)

图 8-12

8.2.2 利用极坐标计算二重积分

有些二重积分区域 D 的边界曲线用极坐标方程来表示比较方便，且被积函数用极坐标变量 ρ、φ 来表示比较简单，这时，我们就可以考虑利用极坐标来计算二重积分 $\iint\limits_D f(x,y)\mathrm{d}\sigma$. 下面来找出被积表达式 $f(x,y)\mathrm{d}\sigma$ 在极坐标下的形式.

假定积分区域 D 满足这样的条件：从极点 O 出发且穿过闭区域 D 内部的射线与 D 的边界曲线相交不多于两点，此时，我们用极坐标曲线网(以极点为中心的一簇同心圆，$\rho =$ 常数 $\rho_1, \rho_2, \cdots, \rho_s$) 以及从极点出发的一簇射线($\varphi =$ 常数 $\varphi_1, \varphi_2, \cdots, \varphi_t$)，把 D 分成许多小闭区域. 考虑一个具有代表性的小闭区域，即由 ρ、φ 各自取得微小增量 $\mathrm{d}\rho$、$\mathrm{d}\varphi$ 后所形成的曲边四边形区域(见图 8-13). 在不计高阶无穷小的情况下，可把它看作是一个小矩形区域，矩形两边的长分别为 $\mathrm{d}\rho$ 和 $\rho\mathrm{d}\varphi$，因此曲边四边形区域的面积

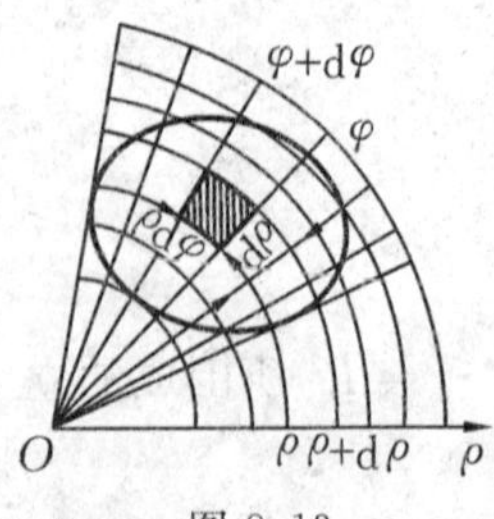

图 8-13

$$\Delta\sigma \approx \rho\Delta\rho\Delta\varphi,$$

由此得到极坐标系中的面积元素

$$\mathrm{d}\sigma = \rho\mathrm{d}\rho\mathrm{d}\varphi.$$

又由直角坐标和极坐标的关系式

$$\begin{cases} x = \rho\cos\varphi, \\ y = \rho\sin\varphi \end{cases}$$

可知被积函数

$$f(x,y)=f(\rho\cos\varphi,\rho\sin\varphi),$$

这就得出了二重积分的被积表达式 $f(x,y)\mathrm{d}\sigma$ 在极坐标下的形式为

$$f(\rho\cos\varphi,\rho\sin\varphi)\cdot\rho\mathrm{d}\rho\mathrm{d}\varphi,$$

于是有

$$\iint_D f(x,y)\mathrm{d}\sigma=\iint_D f(\rho\cos\varphi,\rho\sin\varphi)\rho\mathrm{d}\rho\mathrm{d}\varphi.$$

由于在直角坐标系中，$\iint_D f(x,y)\mathrm{d}\sigma$ 也常记作 $\iint_D f(x,y)\mathrm{d}x\mathrm{d}y$，所以有

$$\iint_D f(x,y)\mathrm{d}x\mathrm{d}y=\iint_D f(\rho\cos\varphi,\rho\sin\varphi)\rho\mathrm{d}\rho\mathrm{d}\varphi. \tag{8-4}$$

在极坐标系中的二重积分，同样可以化为二次积分来计算.

设积分区域 D 可以用不等式

$$\rho_1(\varphi)\leqslant\rho\leqslant\rho_2(\varphi),\quad \alpha\leqslant\varphi\leqslant\beta$$

来表示(见图 8-14)，其中函数 $\rho_1(\varphi)$、$\rho_2(\varphi)$ 在区间 $[\alpha,\beta]$ 上连续，$0\leqslant\rho_1(\varphi)\leqslant\rho_2(\varphi)$，且 $0\leqslant\beta-\alpha\leqslant 2\pi$.

先在区间 $[\alpha,\beta]$ 上任意取定一个 φ 值. 对应于这个 φ 值，D 上的点(图 8-15 中这些点在线段 EF 上)的极径 ρ 从 $\rho_1(\varphi)$ 变到 $\rho_2(\varphi)$，于是先以 ρ 为积分变量，在区间 $[\rho_1(\varphi),\rho_2(\varphi)]$ 上作积分 $F(\varphi)=\int_{\rho_1(\varphi)}^{\rho_2(\varphi)}f(\rho\cos\varphi,\rho\sin\varphi)\rho\mathrm{d}\rho$. 又 φ 的变化范围是区间 $[\alpha,\beta]$，于是再以 φ 为积分变量，作积分 $\int_\alpha^\beta F(\varphi)\mathrm{d}\varphi$. 这样就得出了极坐标系中二重积分化为二次积分的公式，即

$$\iint_D f(\rho\cos\varphi,\rho\sin\varphi)\rho\mathrm{d}\rho\mathrm{d}\varphi=\int_\alpha^\beta\mathrm{d}\varphi\int_{\rho_1(\varphi)}^{\rho_2(\varphi)}f(\rho\cos\varphi,\rho\sin\varphi)\rho\mathrm{d}\rho. \tag{8-5}$$

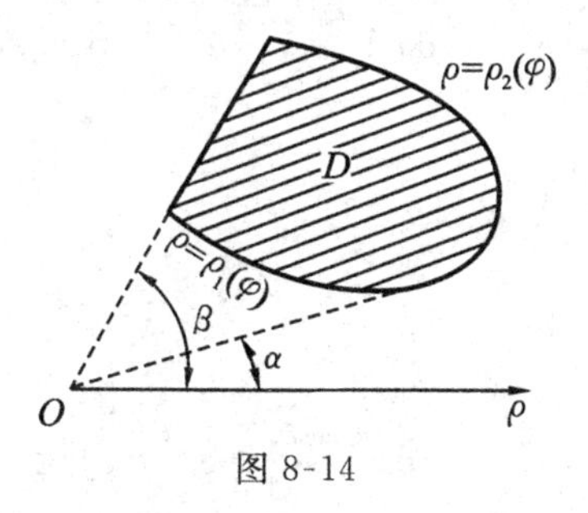

图 8-14

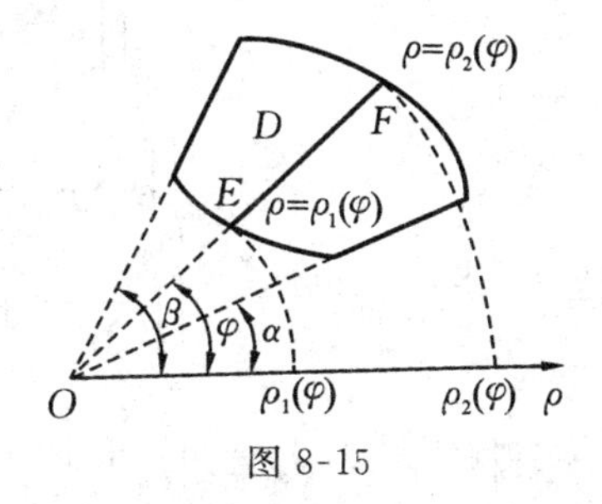

图 8-15

例 6　计算 $\iint_D\sqrt{x^2+y^2}\mathrm{d}x\mathrm{d}y$，其中 D 是由 $x^2+y^2=1$ 与 $x^2+y^2=4$ 所围成的圆环形区域.

解　在极坐标下，

$$D:1\leqslant\rho\leqslant 2,\quad 0\leqslant\varphi\leqslant 2\pi.$$

且
$$\sqrt{x^2+y^2}=\rho,$$
所以
$$\iint_D \sqrt{x^2+y^2}\,\mathrm{d}x\mathrm{d}y=\iint_D \rho^2\,\mathrm{d}\rho\mathrm{d}\varphi=\int_0^{2\pi}\mathrm{d}\varphi\int_1^2\rho^2\,\mathrm{d}\rho$$
$$=\int_0^{2\pi}\frac{7}{3}\mathrm{d}\varphi=\frac{14}{3}\pi.$$

读者不妨用直角坐标来计算一下，看看运算过程将会变得怎样，并思考一下为什么本例适于用极坐标进行计算.

例 7 计算$\iint\limits_D \mathrm{e}^{-x^2-y^2}\,\mathrm{d}x\mathrm{d}y$，其中 D 为圆域 $x^2+y^2\leqslant a^2(a>0)$.

解 在极坐标下，
$$D:0\leqslant\rho\leqslant a,\quad 0\leqslant\varphi\leqslant 2\pi.$$
因而
$$\iint_D \mathrm{e}^{-x^2-y^2}\,\mathrm{d}x\mathrm{d}y=\int_0^{2\pi}\mathrm{d}\varphi\int_0^a \mathrm{e}^{-\rho^2}\rho\,\mathrm{d}\rho=\int_0^{2\pi}\frac{1}{2}(1-\mathrm{e}^{-a^2})\mathrm{d}\varphi$$
$$=(1-\mathrm{e}^{-a^2})\pi.$$

利用所得结果，可以计算一个重要的反常积分$\int_0^{+\infty}\mathrm{e}^{-x^2}\,\mathrm{d}x$. 设

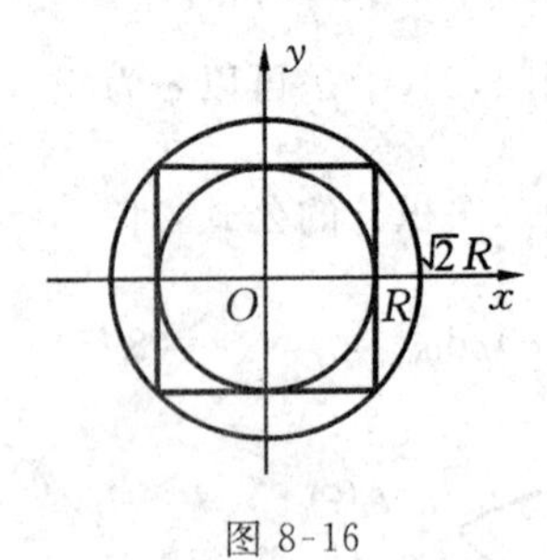

图 8-16

$$D_1:x^2+y^2\leqslant R^2,$$
$$D_2:x^2+y^2\leqslant 2R^2,$$
$$S:|x|\leqslant R,\ |y|\leqslant R,$$
则 $D_1\leqslant S\leqslant D_2$（见图 8-16）. 由于被积函数 $\mathrm{e}^{-x^2-y^2}$ 恒为正，所以
$$\iint_{D_1}\mathrm{e}^{-x^2-y^2}\,\mathrm{d}x\mathrm{d}y<\iint_S \mathrm{e}^{-x^2-y^2}\,\mathrm{d}x\mathrm{d}y<\iint_{D_2}\mathrm{e}^{-x^2-y^2}\,\mathrm{d}x\mathrm{d}y,$$
但
$$\iint_{D_1}\mathrm{e}^{-x^2-y^2}\,\mathrm{d}x\mathrm{d}y=(1-\mathrm{e}^{-R^2})\pi,$$
$$\iint_{D_2}\mathrm{e}^{-x^2-y^2}\,\mathrm{d}x\mathrm{d}y=(1-\mathrm{e}^{-2R^2})\pi,$$
$$\iint_S \mathrm{e}^{-x^2-y^2}\,\mathrm{d}x\mathrm{d}y=\int_{-R}^R\mathrm{d}x\int_{-R}^R \mathrm{e}^{-x^2-y^2}\,\mathrm{d}y=\left(\int_{-R}^R \mathrm{e}^{-x^2}\,\mathrm{d}x\right)\cdot\left(\int_{-R}^R \mathrm{e}^{-y^2}\,\mathrm{d}y\right)$$
$$=\left(\int_{-R}^R \mathrm{e}^{-x^2}\,\mathrm{d}x\right)^2=4\left(\int_0^R \mathrm{e}^{-x^2}\,\mathrm{d}x\right)^2.$$
故得
$$\frac{1}{4}(1-\mathrm{e}^{-R^2})\pi<\left(\int_0^R \mathrm{e}^{-x^2}\,\mathrm{d}x\right)^2<\frac{1}{4}(1-\mathrm{e}^{-2R^2})\pi.$$

当 $R\to+\infty$ 时，上式两端趋于同一极限 $\frac{\pi}{4}$，于是有

$$\int_0^{+\infty} \mathrm{e}^{-x^2}\mathrm{d}x=\frac{\sqrt{\pi}}{2}.$$

这一反常积分在概率论中有着重要的应用.

例 8　求球体 $x^2+y^2+z^2\leqslant 4a^2$ 被圆柱面 $x^2+y^2=2ax\,(a>0)$ 所截得的含在圆柱面内的那部分立体的体积(见图 8-17(a)).

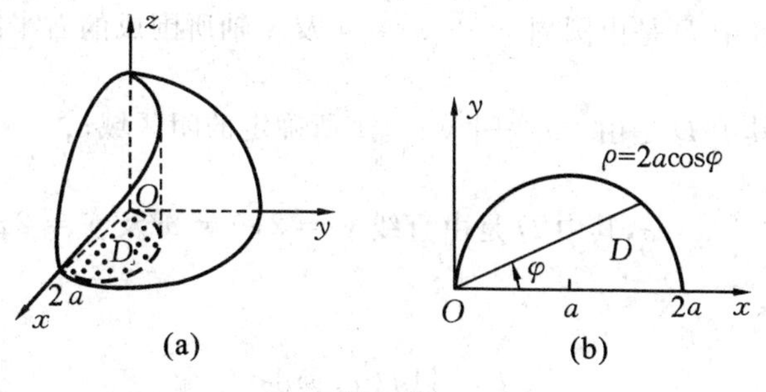

图 8-17

解　由对称性可知，所求体积 V 为位于第 Ⅰ 卦限那部分立体体积的 4 倍，即

$$V=4\iint_D\sqrt{4a^2-x^2-y^2}\,\mathrm{d}x\mathrm{d}y,$$

其中 D 为半圆周 $y=\sqrt{2ax-x^2}$ 及 x 轴所围成的闭区域. 如图 8-17(b) 所示，在极坐标下，D 可表示为

$$0\leqslant\rho\leqslant 2a\cos\varphi,\quad 0\leqslant\varphi\leqslant\frac{\pi}{2},$$

从而

$$\begin{aligned}V&=4\iint_D\sqrt{4a^2-x^2-y^2}\,\mathrm{d}x\mathrm{d}y=4\int_0^{\frac{\pi}{2}}\mathrm{d}\varphi\int_0^{2a\cos\varphi}\sqrt{4a^2-\rho^2}\cdot\rho\mathrm{d}\rho\\&=\frac{32}{3}a^3\int_0^{\frac{\pi}{2}}(1-\sin^3\varphi)\mathrm{d}\varphi=\frac{32}{3}a^3\left(\frac{\pi}{2}-\frac{2}{3}\right).\end{aligned}$$

习题 8.2

1. 计算下列二重积分.

(1) $\iint_D(x^2+y^2)\mathrm{d}\sigma$，其中 D 是矩形闭区域：$|x|\leqslant 1$，$|y|\leqslant 1$.

(2) $\iint_D(3x+2y)\mathrm{d}\sigma$，其中 D 是由两坐标轴及直线 $x+y=2$ 所围成的闭区域.

(3) $\iint\limits_D (x^3+3x^2y+y^3)\mathrm{d}\sigma$,其中 D 是矩形闭区域:$0\leqslant x\leqslant 1,0\leqslant y\leqslant 1$.

(4) $\iint\limits_D x\cos(x+y)\mathrm{d}\sigma$,其中 D 是顶点分别为$(0,0)$、$(\pi,0)$ 和(π,π) 的三角形闭区域.

2.画出积分区域,并计算下列二重积分:

(1) $\iint\limits_D x\sqrt{y}\mathrm{d}\sigma$,其中 D 是由两条抛物线 $y=\sqrt{x},y=x^2$ 所围成的右半闭区域;

(2) $\iint\limits_D xy^2\mathrm{d}\sigma$,其中 D 是由圆周 $x^2+y^2=4$ 及 y 轴所围成的右半闭区域;

(3) $\iint\limits_D \mathrm{e}^{x+y}\mathrm{d}\sigma$,其中 D 是由 $|x|+|y|\leqslant 1$ 所确定的闭区域;

(4) $\iint\limits_D (x^2+y^2-x)\mathrm{d}\sigma$,其中 D 是由直线 $y=2,y=x$ 及 $y=2x$ 所围成的闭区域.

3.化二重积分

$$I=\iint\limits_D f(x,y)\mathrm{d}\sigma$$

为二次积分(分别列出对两个变量先后次序不同的两个二次积分),其中积分区域 D 是:

(1) 由直线 $y=x$ 及抛物线 $y^2=4x$ 所围成的闭区域;

(2) 由 x 轴及半圆周 $x^2+y^2=r^2(y\geqslant 0)$ 所围成的闭区域;

(3) 由直线 $y=x,x=2$ 及双曲线 $y=\dfrac{1}{x}(x>0)$ 所围成的闭区域;

(4) 环形闭区域 $1\leqslant x^2+y^2\leqslant 4$.

4.设 $f(x,y)$ 在 D 上连续,其中 D 是由直线 $y=x,y=a$ 及 $x=b(b>a)$ 所围成的闭区域.证明

$$\int_a^b \mathrm{d}x\int_a^x f(x,y)\mathrm{d}y=\int_a^b \mathrm{d}y\int_y^b f(x,y)\mathrm{d}x.$$

5.改换下列二次积分的积分次序:

(1) $\int_0^1 \mathrm{d}y\int_0^y f(x,y)\mathrm{d}x$;　　(2) $\int_0^2 \mathrm{d}y\int_{y^2}^{2y} f(x,y)\mathrm{d}x$;

(3) $\int_0^1 \mathrm{d}y\int_{-\sqrt{1-y^2}}^{\sqrt{1-y^2}} f(x,y)\mathrm{d}x$;　　(4) $\int_1^2 \mathrm{d}x\int_{2-x}^{\sqrt{2x-x^2}} f(x,y)\mathrm{d}y$;

(5) $\int_1^{\mathrm{e}} \mathrm{d}x\int_0^{\ln x} f(x,y)\mathrm{d}y$;　　(6) $\int_0^{\pi} \mathrm{d}x\int_{-\sin\frac{x}{2}}^{\sin x} f(x,y)\mathrm{d}y$.

6.计算由四个平面 $x=0,y=0,x=1,y=1$ 所围成的柱体被平面 $z=0$ 及 $2x+3y+z=6$ 截得的立体的体积.

7.求由平面 $x=0,y=0,x+y=1$ 所围成的柱体被平面 $z=0$ 及抛物面 $x^2+y^2=$

$6-z$ 截得的立体的体积.

8. 求由曲面 $z=x^2+2y^2$ 及 $z=6-2x^2-y^2$ 所围成的立体的体积.

9. 画出积分区域，把积分 $\iint\limits_D f(x,y)\mathrm{d}x\mathrm{d}y$ 表示为极坐标形式的二次积分，其中积分区域 D 是：

(1) $x^2+y^2\leqslant a^2(a>0)$；

(2) $x^2+y^2\leqslant 2x$；

(3) $a^2\leqslant x^2+y^2\leqslant b^2$，其中 $0<a<b$；

(4) $0\leqslant y\leqslant 1-x, 0\leqslant x\leqslant 1$.

10. 化下列二次积分为极坐标形式的二次积分：

(1) $\int_0^1\mathrm{d}x\int_0^1 f(x,y)\mathrm{d}y$；　　(2) $\int_0^2\mathrm{d}x\int_x^{\sqrt{3}x} f(\sqrt{x^2+y^2})\mathrm{d}y$；

(3) $\int_0^1\mathrm{d}x\int_{-x}^{\sqrt{1-x^2}} f(x,y)\mathrm{d}y$；　　(4) $\int_0^2\mathrm{d}y\int_0^{\sqrt{2^2-y^2}}(x^2+y^2)\mathrm{d}x$.

11. 把下列积分化为极坐标形式，并计算积分值：

(1) $\int_0^{2a}\mathrm{d}x\int_0^{\sqrt{2ax-x^2}}(x^2+y^2)\mathrm{d}y$；　　(2) $\int_0^a\mathrm{d}x\int_0^x\sqrt{x^2+y^2}\mathrm{d}y$；

(3) $\int_0^1\mathrm{d}x\int_{x^2}^x(x^2+y^2)^{-\frac{1}{2}}\mathrm{d}y$；　　(4) $\int_0^a\mathrm{d}y\int_0^{\sqrt{a^2-y^2}}(x^2+y^2)\mathrm{d}x$.

12. 利用极坐标计算下列各题：

(1) $\iint\limits_D \mathrm{e}^{x^2+y^2}\mathrm{d}\sigma$，其中 D 是由圆周 $x^2+y^2=4$ 所围成的闭区域；

(2) $\iint\limits_D \ln(1+x^2+y^2)\mathrm{d}\sigma$，其中 D 是由圆周 $x^2+y^2=1$ 及坐标轴所围成的在第Ⅰ象限内的闭区域.

13. 选用适当的坐标计算下列各题：

(1) $\iint\limits_D \frac{x^2}{y^2}\mathrm{d}\sigma$，其中 D 是由直线 $x=2, y=x$ 及曲线 $xy=1$ 所围成的闭区域；

(2) $\iint\limits_D (x^2+y^2)\mathrm{d}\sigma$，其中 D 是由直线 $y=x, y=x+a, y=a, y=3a(a>0)$ 所围成的闭区域；

(3) $\iint\limits_D \sqrt{x^2+y^2}\mathrm{d}\sigma$，其中 D 是圆环形闭区域，$a^2\leqslant x^2+y^2\leqslant b^2$.

14. 计算以 Oxy 面上的圆周 $x^2+y^2=ax$ 围成的闭区域为底，以曲面 $z=x^2+y^2$ 为顶的曲顶柱体的体积.

8.3 二重积分的应用

前面我们指出了曲顶柱体的体积与平面薄片的质量可以通过二重积分来计算，现在再进一步讨论几个应用二重积分解决的物理问题.

8.3.1 平面薄片的重心

设在 Oxy 面上有 n 个质点，它们分别位于点 $(x_1,y_1),(x_2,y_2),\cdots,(x_n,y_n)$ 处，质量分别为 $m_1,m_2,\cdots,m_n$. 由力学知识知道，该质点系重心的坐标为

$$\bar{x}=\frac{M_y}{m}=\frac{\sum\limits_{i=1}^{n}m_ix_i}{\sum\limits_{i=1}^{n}m_i},\quad \bar{y}=\frac{M_x}{m}=\frac{\sum\limits_{i=1}^{n}m_iy_i}{\sum\limits_{i=1}^{n}m_i}.$$

其中 $m=\sum\limits_{i=1}^{n}m_i$ 为该质点系的总质量.

$$M_y=\sum_{i=1}^{n}m_ix_i,\quad M_x=\sum_{i=1}^{n}m_iy_i$$

分别为该质点系对 y 轴和 x 轴的静矩.

设有一平面薄片，占有 Oxy 面上的闭区域 D，在点 (x,y) 处的面密度为 $\mu(x,y)$，假定 $\mu(x,y)$ 在 D 上连续，现在要找该薄片的重心的坐标.

在闭区域 D 上任取一直径很小的闭区域 $\mathrm{d}\sigma$(这一小闭区域的面积也记作 $\mathrm{d}\sigma$)，(x,y) 是这一小闭区域上的一个点. 由于 $\mathrm{d}\sigma$ 的直径很小，且 $\mu(x,y)$ 在 D 上连续，所以薄片中相应于 $\mathrm{d}\sigma$ 的部分的质量近似等于 $\mu(x,y)\mathrm{d}\sigma$，这部分质量可近似看作集中在点 (x,y) 上，于是可以写出静矩元素 $\mathrm{d}M_y$ 及 $\mathrm{d}M_x$，即

$$\mathrm{d}M_y=x\mu(x,y)\mathrm{d}\sigma,\quad \mathrm{d}M_x=y\mu(x,y)\mathrm{d}\sigma.$$

以这些元素为被积表达式，在闭区域 D 上积分，便得

$$M_y=\iint\limits_D x\mu(x,y)\mathrm{d}\sigma,\quad M_x=\iint\limits_D y\mu(x,y)\mathrm{d}\sigma.$$

而薄片的质量为

$$m=\iint\limits_D \mu(x,y)\mathrm{d}\sigma,$$

所以，薄片的重心的坐标为

$$\bar{x}=\frac{M_y}{m}=\frac{\iint\limits_D x\mu(x,y)\mathrm{d}\sigma}{\iint\limits_D \mu(x,y)\mathrm{d}\sigma},\quad \bar{y}=\frac{M_x}{m}=\frac{\iint\limits_D y\mu(x,y)\mathrm{d}\sigma}{\iint\limits_D \mu(x,y)\mathrm{d}\sigma}.$$

如果薄片是均匀的，即面密度为常数，则上式中可把 μ 提到积分号外面并从分子、分母中约去. 这样便使均匀薄片的重心的坐标为

$$\bar{x} = \frac{1}{S}\iint\limits_D x\mathrm{d}\sigma, \quad \bar{y} = \frac{1}{S}\iint\limits_D y\mathrm{d}\sigma,$$

其中 $S = \iint\limits_D \mathrm{d}\sigma$ 为区域 D 的面积，这样薄片的重心完全由闭区域 D 的形状所决定.

例1 求位于两圆 $r = 2\sin\theta$ 和 $r = 4\sin\theta$ 之间的均匀薄片的重心(见图 8-18).

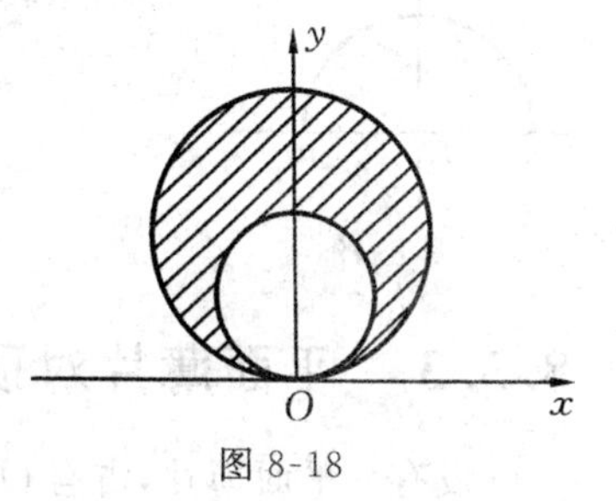

图 8-18

解 因为闭区域 D 关于 y 轴对称，所以重心 $C(\bar{x},\bar{y})$ 必位于 y 轴上，于是 $\bar{x} = 0$.

由于闭区域 D 位于半径为 1 与半径为 2 的两圆之间，所以它的面积等于这两个圆的面积之差，即 $A = 3\pi$. 再利用极坐标计算积分

$$\iint\limits_D y\mathrm{d}\sigma = \iint\limits_D r^2\sin\theta\mathrm{d}r\mathrm{d}\theta = \int_0^\pi \sin\theta\mathrm{d}\theta\int_{2\sin\theta}^{4\sin\theta} r^2\mathrm{d}r$$

$$= \frac{56}{3}\int_0^\pi \sin^4\theta\mathrm{d}\theta = 7\pi.$$

因此

$$\bar{y} = \frac{7\pi}{3\pi} = \frac{7}{3}.$$

所求重心为 $C\left(0,\frac{7}{3}\right)$.

8.3.2 平面薄片的转动惯量

设在 Oxy 面上有 n 个质点，它们分别位于点 $(x_1,y_1),(x_2,y_2),\cdots,(x_n,y_n)$ 处，质量分别为 $m_1,m_2,\cdots,m_n$. 由力学知识知道，该质点系对于 x 轴及 y 轴的转动惯量为

$$I_x = \sum_{i=1}^n y_i^2 m_i, \quad I_y = \sum_{i=1}^n x_i^2 m_i.$$

设有一薄片，占有 Oxy 面上的闭区域 D，在点 (x,y) 处的面密度为 $\mu(x,y)$，假定 $\mu(x,y)$ 在 D 上连续. 现在要求该薄片对于 x 轴的转动惯量 I_y.

在闭区域 D 上任取一直径很小的闭区域 $\mathrm{d}\sigma$(这一小闭区域的面积也记作 $\mathrm{d}\sigma$)，(x,y) 是这一小区域上的一点. 因为 $\mathrm{d}\sigma$ 的直径很小，且 $\mu(x,y)$ 在 D 上连续，薄片中相应于 $\mathrm{d}\sigma$ 部分的质量近似等于 $\mu(x,y)\mathrm{d}\sigma$，这部分质量可近似看作集中在点 (x,y) 上，于是可计算出薄片对于 x 轴及 y 轴的转动惯量元素：

$$\mathrm{d}I_x = y^2\mu(x,y)\mathrm{d}\sigma, \quad \mathrm{d}I_y = x^2\mu(x,y)\mathrm{d}\sigma.$$

以这些元素为被积表达式，在闭区域 D 上积分，便得

$$I_x = \iint_D y^2 \mu(x,y) \mathrm{d}\sigma, \quad I_y = \iint_D x^2 \mu(x,y) \mathrm{d}\sigma.$$

例 2 求半径为 a 的均匀半圆薄片(面密度为常量 μ)对于其直径边的转动惯量.

解 取坐标系如图 8-19 所示,薄片所占闭区域 D 可表示为

$$x^2 + y^2 \leqslant a^2, \quad y \geqslant 0.$$

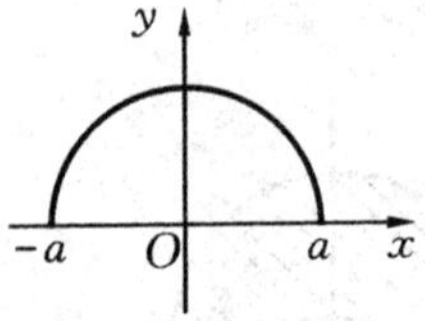

而所求转动惯量即半圆薄片对于 x 轴的转动惯量 I_x 为

$$I_x = \iint_D \mu y^2 \mathrm{d}\sigma = \mu \iint_D r^3 \sin^2\theta \mathrm{d}r\mathrm{d}\theta$$

$$= \mu \int_0^\pi \mathrm{d}\theta \int_0^a r^3 \sin^2\theta \mathrm{d}r = \mu \frac{a^4}{4} \int_0^\pi \sin^2\theta \mathrm{d}\theta = \frac{\pi}{8} \mu a^4.$$

图 8-19

8.3.3 平面薄片对质点的引力

设有一平面薄片,占有 Oxy 面上的闭区域 D,在点 (x,y) 处的面密度为 $\mu(x,y)$,假定 $\mu(x,y)$ 在 D 上连续.现在要计算该薄片对位于 z 轴上点 $M_0(0,0,a)(a>0)$ 处的单位质量的质点的引力.

在闭区域 D 上任取一直径很小的闭区域 $\mathrm{d}\sigma$(这一小闭区域的面积也记作 $\mathrm{d}\sigma$),(x,y) 是 $\mathrm{d}\sigma$ 上的一个点.薄片中相应于 $\mathrm{d}\sigma$ 的部分的质量近似等于 $\mu(x,y)\mathrm{d}\sigma$,这部分质量可近似看作集中在点 (x,y) 处,于是按两质点间的引力公式可得出薄片中相应于 $\mathrm{d}\sigma$ 的部分对该质点的引力的大小近似地为 $G\dfrac{\mu(x,y)\mathrm{d}\sigma}{r^2}$,引力的方向与 $\{x,y,0-a\}$ 一致,其中 $r=\sqrt{x^2+y^2+a^2}$,G 为引力常数.于是薄片对该质点的引力在三个坐标轴上的投影 F_x、F_y、F_z 的元素为

$$\mathrm{d}F_x = G\frac{\mu(x,y)x\mathrm{d}\sigma}{r^3},$$

$$\mathrm{d}F_y = G\frac{\mu(x,y)y\mathrm{d}\sigma}{r^3},$$

$$\mathrm{d}F_z = G\frac{\mu(x,y)(0-a)\mathrm{d}\sigma}{r^3}.$$

以这些元素为被积表达式,在闭区域 D 上积分,便得

$$F_x = G\iint_D \frac{\mu(x,y)x}{(x^2+y^2+a^2)^{3/2}} \mathrm{d}\sigma,$$

$$F_y = G\iint_D \frac{\mu(x,y)y}{(x^2+y^2+a^2)^{3/2}} \mathrm{d}\sigma,$$

$$F_z = G\iint_D \frac{-a\mu(x,y)}{(x^2+y^2+a^2)^{3/2}} \mathrm{d}\sigma.$$

例 3 求面密度为常量μ、半径为R的匀质圆形薄片：$x^2+y^2\leqslant R^2, z=0$对位于$z$轴上的点$M_0(0,0,a)(a>0)$处单位质量的质点的引力.

解 由积分区域的对称性易知$F_x=F_y=0$. 而

$$F_z=-Ga\mu\iint_D\frac{\mathrm{d}\sigma}{(x^2+y^2+a^2)^{3/2}}=-Ga\mu\int_0^{2\pi}\mathrm{d}\theta\int_0^R\frac{r\mathrm{d}r}{(r^2+a^2)^{3/2}}$$
$$=-\pi Ga\mu\int_0^R\frac{\mathrm{d}(r^2+a^2)}{(r^2+a^2)^{3/2}}=2\pi Ga\mu\left(\frac{1}{\sqrt{R^2+a^2}}-\frac{1}{a}\right),$$

故所求引力为$\left\{0,0,2\pi Ga\mu\left(\frac{1}{\sqrt{R^2+a^2}}-\frac{1}{a}\right)\right\}$.

习题 8.3

1. 设薄片所占的闭区域D如下，求均匀薄片的重心：

(1)D由$y=\sqrt{2x}, x=x_0, y=0$所围成；

(2)D是半椭圆形闭区域$\frac{x^2}{a^2}+\frac{y^2}{b^2}\leqslant 1, y\geqslant 0$；

(3)D是介于两个圆$r=a\cos\theta, r=b\cos\theta(0<a<b)$之间的闭区域.

2. 设均匀薄片(面密度为常数 1)所占闭区域D如下，求指定的转动惯量：

(1)D是$\frac{x^2}{a^2}+\frac{y^2}{b^2}\leqslant 1$，求$I_y$；

(2)D由抛物线$y^2=\frac{9}{2}x$与直线$x=2$所围成，求I_x和I_y；

(3)D为矩形闭区域，$0\leqslant x\leqslant a, 0\leqslant y\leqslant b$，求$I_x$和$I_y$.

3. 求面密度为常数量μ的匀质半圆形薄片：$\sqrt{R_1^2-y^2}\leqslant x\leqslant\sqrt{R_2^2-y^2}, z=0$对位于$z$轴上点$M_0(0,0,a)(a>0)$处单位质量的质点的引力$\boldsymbol{F}$.

第9章　无穷级数

无穷级数的概念起源很早.实际上,算术中的无限循环小数就已经蕴涵了无穷级数的基本思想,这里就从它讲起.

我们知道,将$\frac{1}{3}$化为小数时,就出现了无限循环小数,即

$$\frac{1}{3}=0.\dot{3}.$$

现在对$0.\dot{3}$进行具体分析,看看从中能得到什么启示.

$$0.3=\frac{3}{10},$$

$$0.33=\frac{3}{10}+\frac{3}{10^2},$$

$$0.333=\frac{3}{10}+\frac{3}{10^2}+\frac{3}{10^3},$$

$$\vdots$$

一般的,

$$0.\overbrace{33\cdots3}^{n位}=\frac{3}{10}+\frac{3}{10^2}+\cdots+\frac{3}{10^n}.$$

容易看出:如果令$n\to+\infty$,则我们就得到

$$0.\dot{3}=\frac{3}{10}+\frac{3}{10^2}+\cdots+\frac{3}{10^n}+\cdots,$$

即

$$\frac{1}{3}=\frac{3}{10}+\frac{3}{10^2}+\cdots+\frac{3}{10^n}+\cdots.$$

这样,$\frac{1}{3}$这个有限的数就被表示成无穷多个数相加的形式.从这个例子我们可得到如下两条重要的结论:

(1) 无穷多个数相加后可能得到一个有限的确定的常数,从而无穷多个数相加在一定条件下是有意义的;

(2) 一个有限的量有可能用无限的形式表达出来.

在初等数学中我们所接触的加、减、乘、除四则运算都是在有限个数(或有限个函数)之间进行的,而从上述对无限循环小数进行的分析中我们看到,可以在无穷多个数之间进

行加法运算,这就极大地开阔了人们的视野,并从理论上产生了一次重要飞跃.

把这一具体问题从理论上抽象概括一下,就可以得到无穷级数的一般概念.

给定一个数列 $a_1, a_2, \cdots, a_n, \cdots$,

将此数列一项项加起来,即

$$a_1 + a_2 + \cdots + a_n + \cdots$$

称为**无穷级数**,简称**级数**,记作 $\sum_{n=1}^{\infty} a_n$. 级数中的第 n 项 a_n 称为级数的**通项**.

如果级数中的每一项都是常数,我们就称此级数为**数项级数**. 如果级数中的每一项都是函数,则称之为**函数项级数**. 在函数项级数中,最重要的是**幂级数**和**傅里叶级数**.

级数是微积分学的重要组成部分,它不仅在作数学本身的理论研究时很重要,而且在科学技术中也有广泛的应用. 本章主要介绍数项级数、幂级数和傅里叶级数.

9.1 数项级数

9.1.1 级数的收敛与发散

考虑一个无穷级数

$$\sum_{n=1}^{\infty} a_n = a_1 + a_2 + \cdots + a_n + \cdots$$

取级数的前一项,前两项,…,前 n 项,… 相加,又得到一数列,即

$$s_1 = a_1, s_2 = a_1 + a_2, \cdots, s_n = a_1 + a_2 + \cdots + a_n, \cdots.$$

该数列的通项 $s_n = a_1 + \cdots + a_n = \sum_{k=1}^{n} a_k$ 称为级数 $\sum_{n=1}^{\infty} a_n$ 的前 n 项**部分和**,而数列 $\{s_n\}$ 称为该级数的**部分和数列**.

对于一个给定的级数 $\sum_{n=1}^{+\infty} a_n$,可以根据上述定义作出其部分和数列 $\{s_n\}$;反之,给定一个级数的部分和数列,也可以由关系式 $a_n = s_n - s_{n-1}$ 写出其相应的级数. 级数与其部分和数列的这种对应关系是极其重要的. 级数的许多重要性质及结论都是由部分和数列的性质所得到的.

定义 1 若级数 $\sum_{n=1}^{\infty} a_n$ 的部分和数列 $\{s_n\}$ 收敛于有限数 s,即

$$\lim_{n\to\infty} s_n = s,$$

则称级数 $\sum_{n\to\infty}^{\infty} a_n$ **收敛**,s 称为收敛级数 $\sum_{n=1}^{\infty} a_n$ 的**和**,即 $s = \sum_{n=1}^{\infty} a_n$;若部分和数列 $\{s_n\}$ 发散,则

称级数$\sum_{n=1}^{\infty} a_n$ **发散**.级数的敛散性是研究级数的首要问题.

当级数收敛时,其部分和 s_n 应是其和 s 的近似值,二者之差

$$R_n = s - s_n = a_{n+1} + a_{n+2} + \cdots$$

称为级数的余项.

例 1 判定几何级数$\sum_{n=0}^{\infty} r^n$ 的敛散性.

解 $$s_n = 1 + r + \cdots + r^{n-1} = \frac{1-r^n}{1-r} = \frac{1}{1-r} - \frac{r^n}{1-r} \quad (r \neq 1).$$

(1) 当 $|r| < 1$ 时,$r^n \to 0 (n \to +\infty)$,故有

$$\lim_{n \to +\infty} s_n = \frac{1}{1-r}.$$

该几何级数收敛,其和为$\frac{1}{1-r}$.

(2) 当 $|r| > 1$ 时,$r^n \to +\infty (n \to +\infty)$,此时 $s_n \to +\infty (n \to +\infty)$.

(3) 当 $r = 1$ 时,$\lim\limits_{n \to \infty} s_n = +\infty$;当 $r = -1$ 时,$\lim\limits_{n \to \infty} s_n$ 不存在.故当 $|r| \geqslant 1$ 时,几何级数发散.

例 2 证明级数$\sum_{n=1}^{\infty} \frac{1}{n(n+1)}$ 收敛,其和为 1.

证 由

$$s_n = \frac{1}{1 \cdot 2} + \frac{1}{2 \cdot 3} + \cdots + \frac{1}{n(n+1)}$$

$$= 1 - \frac{1}{2} + \frac{1}{2} - \frac{1}{3} + \cdots + \frac{1}{n} - \frac{1}{n+1} = 1 - \frac{1}{n+1},$$

故$\lim\limits_{n \to \infty} s_n = 1$,从而级数收敛且其和为 1.

例 3 判定级数$\sum_{n=1}^{\infty} \ln\left(1 + \frac{1}{n}\right)$的敛散性.

解 $$\ln\left(1 + \frac{1}{n}\right) = \ln(n+1) - \ln n,$$

因此 $$s_n = \ln 2 - \ln 1 + \ln 3 - \ln 2 + \cdots + \ln(n+1) - \ln n = \ln(1+n).$$

$\lim\limits_{n \to \infty} s_n = +\infty$,故$\sum_{n=1}^{\infty} \ln\left(1 + \frac{1}{n}\right)$发散.

9.1.2 无穷级数的基本性质

我们来介绍收敛级数的几个简单而又常用的性质.

性质 1(级数收敛的必要条件)　若数项级数 $\sum_{n=1}^{\infty} a_n$ 收敛，则 $\lim_{n\to\infty} a_n = 0$.

证　设 s_n 与 s 分别为 $\sum_{n=1}^{\infty} a_n$ 的部分和与和，即 $\lim_{n\to\infty} s_n = s$，由于 $a_n = s_n - s_{n-1}$，故

$$\lim_{n\to\infty} a_n = \lim_{n\to\infty}(s_n - s_{n-1}) = \lim_{n\to\infty} s_n - \lim_{n\to\infty} s_{n-1} = 0.$$

由此可知，当 $\lim_{n\to\infty} a_n$ 不等于零或不存在时，$\sum_{n=1}^{+\infty} a_n$ 一定发散. 此即若 $\lim_{n\to\infty} a_n \neq 0$，则数项级数 $\sum_{n=1}^{\infty} a_n$ 发散.

例 4　证明级数 $\sum_{n=1}^{+\infty} \frac{n}{2n+1}$ 发散.

证　因 $a_n = \frac{n}{2n+1}$，且 $\lim_{n\to\infty} a_n = \lim_{n\to\infty} \frac{n}{2n+1} = \frac{1}{2}$，故由性质1的逆否命题可知 $\sum_{n=1}^{\infty} \frac{n}{2n+1}$ 发散.

注意，性质 1 仅仅是级数收敛的必要条件，而不是充分条件，即若 $\lim_{n\to\infty} a_n = 0$，但 $\sum_{n=1}^{\infty} a_n$ 未必收敛. 请看下例.

例 5　讨论调和级数 $\sum_{n=1}^{\infty} \frac{1}{n}$ 的敛散性.

解　显然 $\lim_{n\to\infty} a_n = \lim_{n\to\infty} \frac{1}{n} = 0$. 当 $n+1 \geqslant x \geqslant n$ 时，有 $\frac{1}{n+1} \leqslant \frac{1}{x} \leqslant \frac{1}{n}$. 故

$$a_n = \frac{1}{n} = \int_n^{n+1} \frac{1}{n} \mathrm{d}x \geqslant \int_n^{n+1} \frac{1}{x} \mathrm{d}x = \ln(n+1) - \ln n.$$

因此

$$s_n = 1 + \frac{1}{2} + \cdots + \frac{1}{n} \geqslant \ln 2 - \ln 1 + \ln 3 - \ln 2 + \cdots + \ln(n+1) - \ln n = \ln(n+1).$$

由于 $\lim_{n\to+\infty} \ln(n+1) = +\infty$，故 $\lim_{n\to\infty} s_n = +\infty$，所以 $\sum_{n=1}^{\infty} \frac{1}{n}$ 发散.

性质 2　若级数 $\sum_{n=1}^{\infty} a_n$ 与 $\sum_{n=1}^{\infty} b_n$ 都收敛，其和分别为 s_1 与 s_2，则对于任意常数 k_1 与 k_2，$\sum_{n=1}^{\infty}(k_1 a_n + k_2 b_n)$ 也收敛，其和为 $k_1 s_1 + k_2 s_2$.

证　以 A_n 与 B_n 分别表示级数 $\sum_{n=1}^{\infty} a_n$ 与 $\sum_{n=1}^{\infty} b_n$ 的部分和，由假设知

$$\lim_{n\to\infty} A_n = s_1, \quad \lim_{n\to\infty} B_n = s_2.$$

而记级数$\sum\limits_{n=1}^{\infty}(k_1a_n+k_2b_n)$的部分和为$T_n$.

$$T_n=\sum_{i=1}^{n}(k_1a_i+k_2b_i)=k_1\sum_{i=1}^{n}a_i+k_2\sum_{i=1}^{n}b_i=k_1A_n+k_2B_n.$$

因此
$$\lim_{n\to\infty}T_n=\lim_{n\to\infty}(k_1A_n+k_2B_n)=k_1s_1+k_2s_2.$$

性质 3 若级数$\sum\limits_{n=1}^{\infty}a_n$收敛于$s$,则在不改变各项次序的前提下,将其项任意添加括号后,所得到的新级数

$$(a_1+a_2+\cdots+a_{n_1})+(a_{n_1+1}+\cdots+a_{n_2})+\cdots+(a_{n_{k-1}+1}+\cdots+a_{n_k})+\cdots$$

收敛且其和仍为s.

证 设级数$\sum\limits_{n=1}^{\infty}a_n$的部分和为$s_n$,则$\lim\limits_{n\to\infty}s_n=s$.再设

$$A_1=a_1+\cdots+a_{n_1},$$
$$A_2=a_{n_1+1}+\cdots+a_{n_2},$$
$$\vdots$$
$$A_k=a_{n_{k-1}+1}+\cdots+a_{n_k},$$
$$\vdots$$

则添括号后新级数可表示为

$$A_1+A_2+\cdots+A_k\cdots.$$

其部分和$A_1+A_2+\cdots+A_k=a_1+\cdots+a_{n_k}=s_{n_k}$,注意到数列$\{s_{n_k}\}$是$\{s_k\}$的子列.因此

$$\lim_{n\to\infty}(A_1+A_2+\cdots+A_k)=\lim_{n\to\infty}s_{n_k}=\lim_{n\to\infty}s_n=s.$$

这个性质说明收敛级数满足结合律.在实际应用中常使用其逆否命题:若对级数$\sum\limits_{n=1}^{\infty}a_n$加括号后所得到的新级数发散,则原级数发散.

注意性质3的逆命题不成立.例如级数$(1-1)+(1-1)+\cdots$是收敛的,但级数$1-1+1-1+\cdots$却是发散的.

性质 4 改变(去掉或添加)级数的有限多项不影响该级数的敛散性.

证 设改变级数$\sum\limits_{n=1}^{\infty}a_n$的前$k$项($k$为任意的固定正整数),所得到的新级数为

$$\sum_{n=1}^{\infty}b_n=c_1+c_2+\cdots+c_k+a_{k+1}+\cdots+a_n+\cdots,$$

其部分和

$$B_n=c_1+c_2+\cdots+c_k+a_{k+1}+\cdots+a_n=c_1+c_2+\cdots+c_k+s_n-s_k,$$

其中 s_n 为级数 $\sum_{n=1}^{\infty}a_n$ 的部分和，由于 $(c_1+c_2+\cdots+c_k)$ 与 s_k 为常数，因此，$\lim_{n\to\infty}B_n$ 与 $\lim_{n\to\infty}s_n$ 的敛散性相同，从而级数 $\sum_{n=1}^{\infty}a_n$ 与 $\sum_{n=1}^{\infty}b_n$ 具有相同的敛散性.

根据这一性质，在讨论一个级数的收敛问题时，可以把开头的有限项略去不管，或者在开头另外添加有限项.

9.1.3 正项级数

正像数列一样，对于一个级数，我们也要提出两个问题：它是否收敛？如果收敛，其和是什么？显然第一个问题是较重要的，因为：如果级数发散，那么第二个问题就不存在了；如果级数收敛，则即使不知道其和，也可用部分和来近似替代它. 所以，我们主要讨论的是级数的敛散性.

由于大部分级数的部分和难以求出，这样根据级数收敛的定义来判定级数的敛散性就变得很困难，因此，需要有些简单易行的判定级数敛散性的方法.

先来考虑正项级数（非负项级数），即每一项 $a_n\geqslant 0(n=1,2,\cdots)$ 的级数，负项（非正项）级数与正项级数并无本质上的差异，因为负项级数一改变正负号就变成了正项级数. 另外，若级数从某一项以后，所有各项均有相同符号，则可按正项级数处理.

下面是一个关于判定正项级数敛散性的基本定理.

定理 1 正项级数 $\sum_{n=1}^{\infty}a_n$ 收敛的充分必要条件是部分和 s_n 有上界.

证 因为 $a_n\geqslant 0$，$s_n=s_{n-1}+a_n\geqslant s_{n-1}$，所以数列 $\{s_n\}$ 为单调递增数列. 根据数列极限存在的单调有界收敛原理，如果 $\{s_n\}$ 有上界 M，则 $\lim_{n\to\infty}s_n$ 存在，即级数 $\sum_{n=1}^{\infty}a_n$ 收敛，且其和 $s\leqslant M$. 充分性得证.

又根据收敛数列的有界性，如果级数 $\sum_{n=1}^{\infty}a_n$ 收敛于 s，即 $\lim_{n\to\infty}s_n=s$，则 s_n 有上界. 必要性得证.

显然，若 $\{s_n\}$ 无上界，则级数发散于正无穷大.

例 6 判定 p-级数 $\sum_{n=1}^{\infty}\frac{1}{n^p}$ 的敛散性.

解 记 p-级数的部分和为 s_n.

(1) 当 $p\leqslant 1$ 时，由 $\frac{1}{n^p}\geqslant\frac{1}{n}$ 知 $s_n\geqslant 1+\frac{1}{2}+\cdots+\frac{1}{n}(n=1,2,\cdots)$，由本节例 5 知，$1+\frac{1}{2}+\cdots+\frac{1}{n}\geqslant\ln(n+1)$，则 $s_n\geqslant\ln(n+1)$. 而 $\lim_{n\to\infty}\ln(n+1)=+\infty$，故 $\{s_n\}$ 无上界，因

此 p- 级数发散.

(2) 当 $p>1$ 时,$p-1>0$,又对于任意的正整数 $n>1$,总有正整数 m,使 $n<2^{m+1}-1=k$. 于是有

$$s_k=1+\left(\frac{1}{2^p}+\frac{1}{3^p}\right)+\left(\frac{1}{4^p}+\frac{1}{5^p}+\frac{1}{6^p}+\frac{1}{7^p}\right)+\cdots+\left[\frac{1}{(2^m)^p}+\cdots+\frac{1}{(2^{m+1}\times 1)^p}\right]$$

$$<1+\frac{2}{2^p}+\frac{4}{4^p}+\cdots+\frac{2^m}{(2^m)^p}=1+\frac{1}{2^{p-1}}+\cdots+\frac{1}{(2^{p-1})^m}$$

$$=\frac{1-\dfrac{1}{(2^{p-1})^{m+1}}}{1-\dfrac{1}{2^{p-1}}}<\frac{1}{1-\dfrac{1}{2^{p-1}}}.$$

由 $s_n<s_k$ 得 $s_n<\dfrac{1}{1-\dfrac{1}{2^{p-1}}}$,即 s_n 有上界,因此 p- 级数收敛.

由定理 1 可以推出一系列判定正项级数收敛或发散的法则,这些法则都给出了级数收敛的充分条件.

定理 2(正项级数的比较判别法) 设 $\sum\limits_{n=1}^{\infty}a_n$ 与 $\sum\limits_{n=1}^{\infty}b_n$ 是两个正项级数,若存在常数 $c>0$,当 $n>N$(N 为某确定的自然数)时有 $a_n\leqslant cb_n$,则:

(1) $\sum\limits_{n=1}^{\infty}b_n$ 收敛时,$\sum\limits_{n=1}^{\infty}a_n$ 也收敛;(2) $\sum\limits_{n=1}^{\infty}a_n$ 发散时,$\sum\limits_{n=1}^{\infty}b_n$ 亦发散.

证 不失一般性地设 $N=1$(不然,去掉级数的前 N 项,级数的敛散性不变).

$s_n=\sum\limits_{k=1}^{n}a_k$,$\sigma_n=c\sum\limits_{k=1}^{n}b_k$,由假定知 $0\leqslant s_n\leqslant\sigma_n$.

当 $\sum\limits_{n=1}^{\infty}b_n$ 收敛时,σ_n 有上界,于是 $\{s_n\}$ 亦有上界,从而级数 $\sum\limits_{n=1}^{\infty}a_n$ 收敛.

当 $\sum\limits_{n=1}^{\infty}a_n$ 发散时,$\{s_n\}$ 无上界,从而 $\{\sigma_n\}$ 亦无上界,即 $\sum\limits_{k=1}^{n}b_k=\dfrac{\sigma_n}{c}$ 亦无上界,故级数 $\sum\limits_{n=1}^{\infty}b_n$ 发散.

定理 2 告诉我们:只需与已知收敛性的正项级数作比较,便可判定正项级数的收敛性. 通常选用几何级数与 p- 级数作为判别正项级数敛散性的比较对象.

例 7 判别下列级数的敛散性:

(1) $\sum\limits_{n=1}^{\infty}\dfrac{3+\cos^4(n+1)}{2^n+\sqrt{n}}$; (2) $\sum\limits_{n=1}^{\infty}\dfrac{1}{\sqrt{n}}$; (3) $\sum\limits_{n=1}^{\infty}\dfrac{1}{n^n}$; (4) $\sum\limits_{n=2}^{\infty}\dfrac{1}{\ln^a n}(a>0)$.

解 (1) 由于 $0<\dfrac{3+\cos^4(n+1)}{2^n+\sqrt{n}}<\dfrac{4}{2^n}$,而 $\sum\limits_{n=1}^{\infty}\dfrac{4}{2^n}=4\sum\limits_{n=1}^{\infty}\dfrac{1}{2^n}$ 收敛,故由定理 2 知,该

级数收敛.

(2) 由于$\frac{1}{\sqrt{n}} > \frac{1}{n}$,而$\sum_{n=1}^{\infty} \frac{1}{n}$发散,因此$\sum_{n=1}^{\infty} \frac{1}{\sqrt{n}}$发散.

(3) 由于$\frac{1}{n^n} < \frac{1}{n^2}(n > 2)$,而$\sum_{n=1}^{\infty} \frac{1}{n^2}$收敛,故$\sum_{n=1}^{\infty} \frac{1}{n^n}$收敛.

(4) 我们知道$\lim\limits_{n\to\infty} \frac{\ln^a n}{n} = 0$,因此当$n$足够大时,有$\frac{\ln^a n}{n} < 1$,即

$$\frac{1}{\ln^a n} > \frac{1}{n},$$

而$\sum_{n=1}^{\infty} \frac{1}{n}$发散,故$\sum_{n=1}^{\infty} \frac{1}{\ln^a n}$发散.

比较判别法是判定正项级数收敛的一个重要方法,为了使用方便,在比较两级数通项大小时,还可以采用极限形式.

定理3(比较判别法的极限形式)　设有两个正项级数$\sum_{n=1}^{\infty} a_n$,$\sum_{n=1}^{\infty} b_n$,若$\lim\limits_{n\to\infty} \frac{a_n}{b_n} = \lambda$,则:

(1) 当$0 < \lambda < +\infty$时,$\sum_{n=1}^{\infty} a_n$与$\sum_{n=1}^{\infty} b_n$或者同时收敛,或者同时发散;

(2) 当$\lambda = 0$时,$\sum_{n=1}^{\infty} b_n$收敛,则$\sum_{n=1}^{\infty} a_n$收敛;

(3) 当$\lambda = +\infty$时,$\sum_{n=1}^{\infty} b_n$发散,则$\sum_{n=1}^{\infty} a_n$发散.

证　(1) 设$0 < \lambda < +\infty$,由$\lim\limits_{n\to\infty} \frac{a_n}{b_n} = \lambda$知必存在$N > 0$,当$n > N$时,有不等式

$$\frac{\lambda}{2} < \frac{a_n}{b_n} < \frac{3}{2}\lambda,$$

即

$$\frac{\lambda}{2} b_n < a_n < \frac{3}{2}\lambda b_n.$$

由比较判别法知,$\sum_{n=1}^{\infty} a_n$与$\sum_{n=1}^{\infty} b_n$同时收敛或同时发散.

(2) 设$\lambda = 0$,由$\lim\limits_{n\to\infty} \frac{a_n}{b_n} = \lambda$知必存在$N > 0$,当$n > N$时,

$$\frac{a_n}{b_n} < 1,$$

即

$$a_n < b_n.$$

由比较判别法知,$\sum_{n=1}^{\infty} b_n$收敛,则$\sum_{n=1}^{\infty} a_n$必收敛.

(3) 设 $\lambda=+\infty$,由 $\lim\limits_{n\to\infty}\dfrac{a_n}{b_n}=+\infty$ 知必存在 $N>0$,当 $n>N$ 时,

$$\frac{a_n}{b_n}>1,$$

即

$$a_n>b_n.$$

由比较判别法知,$\sum\limits_{n=1}^{\infty}b_n$ 发散,则 $\sum\limits_{n=1}^{\infty}a_n$ 必发散.

例 8 判别下列级数的敛散性:

(1) $\sum\limits_{n=1}^{\infty}\tan\dfrac{1}{n^2}$; (2) $\sum\limits_{n=1}^{\infty}\sin\dfrac{1}{n}$; (3) $\sum\limits_{n=1}^{\infty}\dfrac{1}{\sqrt{n^3+1}}$; (4) $\sum\limits_{n=1}^{\infty}\dfrac{1}{\sqrt{n(n+1)}}$.

解 (1) 由于 $\lim\limits_{n\to\infty}\dfrac{\tan\frac{1}{n^2}}{\frac{1}{n^2}}=1$,而 $\sum\limits_{n=1}^{\infty}\dfrac{1}{n^2}$ 收敛,由定理 3 知,$\sum\limits_{n=1}^{\infty}\tan\dfrac{1}{n^2}$ 收敛.

(2) 由于 $\lim\limits_{n\to\infty}\sin\dfrac{1}{n}/\dfrac{1}{n}=1$,而 $\sum\limits_{n=1}^{\infty}\dfrac{1}{n}$ 发散,由定理 3 知,$\sum\limits_{n=1}^{\infty}\sin\dfrac{1}{n}$ 发散.

(3) 注意到 $\lim\limits_{n\to\infty}\left(\dfrac{1}{\sqrt{n^3+1}}\Big/\dfrac{1}{n^{\frac{3}{2}}}\right)=1$,而 $\sum\limits_{n=1}^{\infty}\dfrac{1}{n^{\frac{3}{2}}}$ 收敛,故知 $\sum\limits_{n=1}^{\infty}\dfrac{1}{\sqrt{n^3+1}}$ 收敛.

(4) $\lim\limits_{n\to\infty}\left[\dfrac{1}{\sqrt{n(n+1)}}\Big/\dfrac{1}{n}\right]=1$,而 $\sum\limits_{n=1}^{\infty}\dfrac{1}{n}$ 发散,故 $\sum\limits_{n=1}^{\infty}\dfrac{1}{\sqrt{n(n+1)}}$ 发散.

通过以上的讨论我们注意到,使用比较判别法来判定一个已知级数的敛散性,都需要另选一个收敛或发散的级数来作为参照物进行比较.因此,如果我们知道的收敛或发散的级数越多,那么自然就越能显示出比较判别法的作用,但是要选择一个适合于解决问题的级数,也常常不是显而易见的.因此,我们还应建立起一类只依赖于已知级数本身的判别法则.下述的达朗贝尔判别法就是我们将已知级数与几何级数相比较而得出的只依赖于级数本身的判别法.

定理 4(达朗贝尔判别法) 设有正项级数 $\sum\limits_{n=1}^{\infty}a_n$,如果极限

$$\lim_{n\to\infty}\frac{a_{n+1}}{a_n}=\lambda,$$

则:当 $\lambda<1$ 时,级数收敛;$\lambda>1$ 时,级数发散.

该判别法又称比值判别法或检比法,特别应当指出的是,当 $\lambda=1$ 时,该判别法失效.如级数 $\sum\limits_{n=1}^{\infty}\dfrac{1}{n}$ 发散,$\sum\limits_{n=1}^{\infty}\dfrac{1}{n^2}$ 收敛,而此时 $\lim\limits_{n\to\infty}\dfrac{a_{n+1}}{a_n}=\lim\limits_{n\to\infty}\dfrac{\frac{1}{n+1}}{\frac{1}{n}}=1$,$\lim\limits_{n\to\infty}\dfrac{\frac{1}{(n+1)^2}}{\frac{1}{n^2}}=1$.

例 9 研究下列级数的敛散性：

(1) $\sum\limits_{n=1}^{\infty}\dfrac{1}{n!}$； (2) $\sum\limits_{n=1}^{\infty}\dfrac{n!}{a^n}\quad(a>0)$； (3) $\sum\limits_{n=1}^{\infty}\dfrac{1}{(\ln n)^n}$； (4) $\sum\limits_{n=1}^{\infty}\dfrac{n!}{n^n}$.

解 (1) $\dfrac{a_{n+1}}{a_n}=\dfrac{\dfrac{1}{(n+1)!}}{\dfrac{1}{n!}}=\dfrac{1}{n+1},\lim\limits_{n\to\infty}\dfrac{1}{n+1}=0<1$，故该级数收敛.

(2) $\dfrac{a_{n+1}}{a_n}=\dfrac{(n+1)!}{a^{n+1}}\Big/\dfrac{n!}{a^n}=\dfrac{n+1}{a},\lim\limits_{n\to\infty}\dfrac{n+1}{a}=+\infty>1$，故该级数发散.

(3) $\dfrac{a_{n+1}}{a_n}=\left[\dfrac{1}{\ln(n+1)}\right]^{n+1}\Big/\left[\dfrac{1}{\ln n}\right]^n=\left[\dfrac{\ln n}{\ln(n+1)}\right]^n\cdot\dfrac{1}{\ln(n+1)}\to0<1$，故该级数收敛.

(4) $\dfrac{a_{n+1}}{a_n}=\dfrac{(n+1)!}{(n+1)^{n+1}}\Big/\dfrac{n!}{n^n}=\dfrac{n^n}{(n+1)^n}=\left[1-\dfrac{1}{n+1}\right]^n\to\dfrac{1}{\mathrm{e}}<1$，故该级数收敛.

9.1.4 一般项级数

现在讨论一般的数项级数，即级数中有无穷多项取正号，亦有无穷多项取负号，这类级数中较为简单的是交错级数.

设 $a_n>0(n=1,2,\cdots)$，则称级数

$$\sum_{n=1}^{\infty}(-1)^{n-1}a_n=a_1-a_2+a_3-a_4+\cdots$$

为交错级数，其各项的值是正负交错的. 对于交错级数的敛散性有一个重要的判别法.

定理5(莱布尼兹判别法) 设交错级数 $\sum\limits_{n=1}^{\infty}(-1)^{n-1}a_n(a_n>0,n=1,2,\cdots)$ 满足以下条件：

(1) $a_n\geqslant a_{n+1}\quad(n=1,2,\cdots)$，

(2) $\lim\limits_{n\to\infty}a_n=0$，

则该级数 $\sum\limits_{n=1}^{\infty}(-1)^{n-1}a_n$ 收敛，且其余项 $|r_n|\leqslant a_{n+1}$.

证 设 $s_n=\sum\limits_{k=1}^{\infty}(-1)^{k-1}a_k$，则

$$s_{2n}=(a_1-a_2)+(a_3-a_4)+\cdots+(a_{2n-1}-a_{2n}),$$

或
$$s_{2n}=a_1-(a_2-a_3)-(a_4-a_5)-\cdots-(a_{2n-2}-a_{2n-1})-a_{2n}.$$

由于 $a_n\geqslant a_{n+1}$，故由上面两式知 $s_{2n}>0$，且 $s_{2n}\leqslant a_1$. 因此 $\{s_{2n}\}$ 为单调增且有上界的数列，由单调有界收敛原理知存在 s，使 $\lim\limits_{n\to\infty}s_{2n}=s$.

又由于
$$s_{2n+1}=s_{2n}+a_{2n+1},$$
所以
$$\lim_{n\to\infty}s_{2n+1}=\lim_{n\to\infty}(s_{2n}+a_{2n+1})=\lim_{n\to\infty}s_{2n}+\lim_{n\to\infty}a_{2n+1}=s.$$
由此得$\lim\limits_{n\to\infty}s_n=s$,原级数收敛,且$s\leqslant a_1$.

由于级数的余项
$$\begin{aligned}r_n&=(-1)^n(a_{n+1}-a_{n+2}+\cdots)\\&=(-1)^n[a_{n+1}-(a_{n+2}-a_{n+3})-(a_{n+4}-a_{n+5})-\cdots],\end{aligned}$$
故
$$|r_n|\leqslant|(-1)^na_{n+1}|=a_{n+1}.$$

例 10 讨论下列级数的敛散性:

(1) $\sum\limits_{n=1}^{\infty}(-1)^{n-1}\dfrac{1}{n}$; (2) $\sum\limits_{n=1}^{\infty}(-1)^{n-1}\dfrac{1}{2^n}$; (3) $\sum\limits_{n=1}^{\infty}(-1)^n\dfrac{\ln n}{n}$; (4) $\sum\limits_{n=2}^{\infty}(-1)^{n-1}\dfrac{1}{\ln n}$.

解 (1) 由于$\sum\limits_{n=1}^{\infty}(-1)^{n-1}\dfrac{1}{n}$是交错级数,且$a_{n+1}=\dfrac{1}{n+1}$,$a_n=\dfrac{1}{n}$,故$a_{n+1}<a_n$,$\lim\limits_{n\to\infty}\dfrac{1}{n}=0$. 由莱布尼兹判别法知该级数收敛.

(2) 该级数为交错级数,且$\dfrac{1}{2^{n+1}}<\dfrac{1}{2^n}$,$\lim\limits_{n\to\infty}\dfrac{1}{2^n}=0$. 由莱布尼兹判别法知$\sum\limits_{n=1}^{\infty}(-1)^{n-1}\dfrac{1}{2^n}$收敛.

(3) 显然$\lim\limits_{n\to\infty}\dfrac{\ln n}{n}=0$. 现讨论其单调性:设$y=\dfrac{\ln x}{x}$,由于$y'=\left(\dfrac{\ln x}{x}\right)'=\dfrac{1-\ln x}{x^2}$,故有当$x>\mathrm{e}$时,$y'<0\left(即\dfrac{\ln(n+1)}{n+1}<\dfrac{\ln n}{n},n\geqslant 3时\right)$. 因此级数$\sum\limits_{n=1}^{\infty}(-1)^{n+1}\dfrac{\ln(n+1)}{n+1}$收敛,进而知$\sum\limits_{n=1}^{\infty}(-1)^n\dfrac{\ln n}{n}$收敛.

(4) 由$\ln n<\ln(n+1)$,故$\dfrac{1}{\ln(n+1)}<\dfrac{1}{\ln n}$且$\lim\limits_{n\to\infty}\dfrac{1}{\ln n}=0$. 因此$\sum\limits_{n=1}^{\infty}(-1)^{n-1}\dfrac{1}{\ln n}$收敛.

对于更一般的任意项级数$\sum\limits_{n=1}^{\infty}a_n$,就不再介绍其他特殊的判别法了. 但为了研究其收敛性,不妨借助于正项级数的判别法,即考虑$\sum\limits_{n=1}^{\infty}|a_n|$的收敛性. 为此,我们引入绝对收敛与条件收敛的概念.

定义 2 如果级数$\sum\limits_{n=1}^{\infty}|a_n|$收敛,则称级数$\sum\limits_{n=1}^{\infty}a_n$绝对收敛;如果$\sum\limits_{n=1}^{\infty}|a_n|$发散,但$\sum\limits_{n=1}^{\infty}a_n$收敛,则称级数$\sum\limits_{n=1}^{\infty}a_n$条件收敛.

例 11 判别下列级数的敛散性;若收敛,是绝对收敛还是条件收敛.

(1) $\sum_{n=1}^{\infty}(-1)^{n-1}\frac{1}{n}$；　　(2) $\sum_{n=1}^{\infty}(-1)^{n}\frac{1}{n^{2}}$.

解　(1) 由例 10 知该级数收敛，但 $\sum_{n=1}^{\infty}\frac{1}{n}$ 发散，故 $\sum_{n=1}^{\infty}(-1)^{n-1}\frac{1}{n}$ 条件收敛.

(2) 由于 $\sum_{n=1}^{\infty}\frac{1}{n^{2}}$ 收敛，故 $\sum_{n=1}^{\infty}(-1)^{n}\frac{1}{n^{2}}$ 绝对收敛.

级数的绝对收敛与收敛之间有以下重要关系.

定理 6　绝对收敛的级数必收敛.

证　设 $\sum_{n=1}^{\infty}|a_n|$ 收敛. 令 $b_n=\frac{1}{2}(a_n+|a_n|)\quad(n=1,2,\cdots)$，即

$$b_n=\begin{cases}|a_n|, & a_n\geqslant 0,\\ 0, & a_n<0.\end{cases}$$

于是有 $b_n\geqslant 0$ 且 $b_n\leqslant|a_n|$，由于 $\sum_{n=1}^{\infty}|a_n|$ 收敛，据比较判别法得知 $\sum_{n=1}^{\infty}b_n$ 收敛.

又由于

$$a_n=2b_n-|a_n|,$$

而 $\sum_{n=1}^{\infty}b_n$，$\sum_{n=1}^{\infty}|a_n|$ 均收敛，故由收敛级数的性质知 $\sum_{n=1}^{\infty}a_n$ 收敛.

由此定理可以得知，对于一般项级数 $\sum_{n=1}^{\infty}a_n$，若能判定其绝对收敛，则此级数收敛，而对于 $\sum_{n=1}^{\infty}|a_n|$ 的判定，则已经归结到正项级数的范畴了.

例 12　判别下列级数的敛散性；若收敛是绝对收敛还是条件收敛.

(1) $\sum_{n=1}^{\infty}\frac{\cos n}{n^{2}}$；　(2) $\sum_{n=1}^{\infty}\frac{x^{n}}{n}$.

解　(1) 因 $\left|\frac{\cos n}{n^{2}}\right|<\frac{1}{n^{2}}$，故 $\sum_{n=1}^{\infty}\frac{\cos n}{n^{2}}$ 绝对收敛.

(2) 令 $a_n=\frac{x^{n}}{n}$. 由于 $\lim\limits_{n\to\infty}\left|\frac{a_{n+1}}{a_n}\right|=\lim\limits_{n\to\infty}\left|\frac{x^{n+1}}{n+1}\right|\Big/\left|\frac{x^{n}}{n}\right|=\lim\limits_{n\to\infty}\frac{n}{n+1}|x|=|x|$，所以：

当 $|x|<1$ 时，$\sum_{n=1}^{\infty}\frac{x^{n}}{n}$ 绝对收敛；

当 $|x|>1$ 时，$\sum_{n=1}^{\infty}\frac{x^{n}}{n}$ 发散；

当 $x=1$ 时，原级数为 $\sum_{n=1}^{\infty}\frac{1}{n}$，发散；

当 $x=-1$ 时，原级数为 $\sum_{n=1}^{\infty}(-1)^{n}\frac{1}{n}$，条件收敛.

习题 9.1

1. 利用无穷级数的基本性质或定义判别下列级数的敛散性:

(1) $\sum\limits_{n=1}^{\infty} n\sin\frac{x}{n}$;　　(2) $\sum\limits_{n=1}^{\infty}\left(\frac{1}{5^n}+\frac{1}{8^n}\right)$;

(3) $\sum\limits_{n=1}^{\infty}\left(\frac{1}{n}-\frac{1}{3^n}\right)$;　　(4) $\sum\limits_{n=1}^{\infty}\frac{1}{(2n-1)(2n+1)}$.

2. 判别下列级数的敛散性:

(1) $\sum\limits_{n=1}^{\infty}\frac{1}{n^2+1}$;　　(2) $\sum\limits_{n=1}^{\infty}\frac{\sin^2 n}{n\sqrt{n}}$;

(3) $\sum\limits_{n=1}^{\infty}\frac{n+1}{(n+2)\sqrt{n}}$;　　(4) $\sum\limits_{n=1}^{\infty}\sin\frac{\pi}{2^n}$;

(5) $\sum\limits_{n=1}^{\infty}\frac{1}{1+a^n}(a>0)$;　　(6) $\sum\limits_{n=1}^{\infty}\frac{1}{n}\tan\frac{1}{n}$;

(7) $\sum\limits_{n=1}^{\infty}\frac{\left(1+\frac{1}{n}\right)^n}{n^2}$;　　(8) $\sum\limits_{n=1}^{\infty}\frac{2^n+n}{3^n}$;

(9) $\sum\limits_{n=1}^{\infty}\frac{n^2}{3^n}$;　　(10) $\sum\limits_{n=1}^{\infty}\frac{3^n}{n\cdot 2^n}$;

(11) $\sum\limits_{n=1}^{\infty}\frac{1+n}{3+n^2}$;　　(12) $\sum\limits_{n=1}^{\infty}\frac{1}{(2n+1)!}$;

(13) $\sum\limits_{n=1}^{\infty}\frac{\sqrt{n+1}}{(n+1)^2-1}$;　　(14) $\sum\limits_{n=2}^{\infty}\frac{1}{(\ln n)^n}$[提示:与$\sum\limits_{n=1}^{\infty}\frac{1}{2^n}$比较].

3. 判别下列级数的敛散性,如果收敛,指出是绝对收敛,还是条件收敛:

(1) $\sum\limits_{n=1}^{\infty}(-1)^{n-1}\frac{1}{\sqrt{n}}$;　　(2) $\sum\limits_{n=1}^{\infty}(-1)^{n-1}\frac{1}{5^n}$;

(3) $\sum\limits_{n=1}^{\infty}(-1)^{n-1}\frac{n}{n+1}$;　　(4) $\sum\limits_{n=1}^{\infty}(-1)^{n-1}\frac{1}{n!}$;

(5) $\sum\limits_{n=2}^{\infty}(-1)^n\frac{1}{\ln n}$;　　(6) $\sum\limits_{n=1}^{\infty}\frac{(-1)^{n-1}}{n\cdot 2^n}$.

4. 若正项级数$\sum\limits_{n=1}^{\infty}a_n$收敛,证明$\sum\limits_{n=1}^{\infty}\frac{\sqrt{a_n}}{n}$也收敛.

5. 如果$\sum\limits_{n=1}^{\infty}a_n$与$\sum\limits_{n=1}^{\infty}b_n$都是发散级数,那么下列结论中正确的是________.

(a) $\sum_{n=1}^{\infty}(a_n+b_n)$ 必发散　　(b) $\sum_{n=1}^{\infty}(a_n^2+b_n^2)$ 必发散

(c) $\sum_{n=1}^{\infty}(|a_n|+|b_n|)$ 必发散　　(d) $\sum_{n=1}^{\infty}a_nb_n$ 必发散

9.2　幂　级　数

9.2.1　幂级数的基本概念

幂级数的概念是在数项级数概念的基础上很自然地产生发展起来的.例如,研究等比数列,已知当 $|q|<1$ 时,有

$$\frac{1}{1-q}=1+q+q^2+\cdots+q^n+\cdots.$$

在这里,q 是当作一个固定的常数来看待的.但是 q 可以取区间 $(-1,1)$ 中任意一个值.这样,我们也可以把 q 看作在 $(-1,1)$ 内变化的一个自变量,用字母来代替它,得到

$$\frac{1}{1-x}=1+x+x^2+\cdots+x^n+\cdots\qquad(-1<x<1).$$

在上面这个级数中,每一项 $x^k(k=0,1,2,\cdots)$ 都是自变量 x 的函数,这样的级数就是在前面所提及的函数项级数.当自变量限制在区间 $(-1,1)$ 内变化时,这个函数项级数与和函数 $\frac{1}{1-x}$ 完全相同.换言之,在区间 $(-1,1)$ 内,函数 $\frac{1}{1-x}$ 已经被表示成无穷函数项级数的形式了.从这个例子中,我们可以得出如下两个重要结论:

(1) 一个函数项级数 $\sum_{n=1}^{\infty}a_n(x)$,当自变量 x 限制在一定范围内变化时,它可能是收敛的,这时,它的和也是自变量 x 的一个函数;

(2) 自变量 x 的一个函数有可能用函数项级数的形式表达出来.

这两条结论,在微积分学的理论中具有重大意义.我们在学习不定积分时,一些不定积分是"积不出来的",其原因是这些不定积分不能用我们熟知的初等函数来表示.有了函数项级数的概念之后,它们中的许多可以改用函数项级数的形式来表达,这就为微积分理论的研究提供了新的有力工具,使许多问题的研究大大深入和发展了.

在函数项级数中,形如

$$\sum_{n=0}^{\infty}a_nx^n=a_0+a_1x+a_2x^2+\cdots+a_nx^n+\cdots\tag{9-1}$$

或
$$\sum_{n=0}^{\infty}a_n(x-x_0)^n=a_0+a_1(x-x_0)+a_2(x-x_0)^2+\cdots+a_n(x-x_0)^n+\cdots\tag{9-2}$$

的级数最简单,它们的各项都是正整数幂的幂函数,其中 $a_0,\cdots,a_n,\cdots$ 及 x_0 都是常数,这种级数我们称之为**幂级数**.

如果对幂级数(9-2)用变量替换 $x-x_0=t$,则幂级数(9-2)可变成幂级数(9-1)的形式.因此,本节主要讨论幂级数(9-1).

同时,我们注意到幂级数(9-1)的部分和

$$s_n=a_0+a_1x+a_2x^2+\cdots+a_{n-1}x^{n-1}$$

是一个多项式.

研究幂级数的主要任务是解决以下两个问题:

(1) 一个幂级数,当其自变量 x 取哪些值时是收敛的;

(2) 怎样将一个函数表示成幂级数的形式.

本节的主要内容就是研究并解决上述问题.

9.2.2 幂级数的收敛区间与收敛半径

首先来研究幂级数的收敛问题.

$$\sum_{n=0}^{\infty}a_nx^n=a_0+a_1x+a_2x+\cdots+a_nx^n+\cdots,$$

对于每一个固定的点 $x=x_0$,它变成一个数项级数

$$\sum_{n=0}^{\infty}a_nx_0^n=a_0+a_1x_0+a_2x_0^2+\cdots+a_nx_0^n+\cdots. \tag{9-3}$$

如果数项级数(9-3)收敛,则称 x_0 是幂级数(9-1)的收敛点;如果数项级数(9-3)发散,则称 x_0 是幂级数(9-1)的发散点.收敛点的全体称为幂级数(9-1)的**收敛域**.

对于幂级数的收敛与发散,有如下定理.

定理1 (1) 如果 $x_0(x_0\neq 0)$ 是幂级数(9-1)的收敛点,则对于一切 $|x|<|x_0|$ 的 x 值,幂级数(9-1)都绝对收敛;

(2) 如果 x_0 是幂级数(9-1)的发散点或使幂级数条件收敛的点,那么对于一切 $|x|>|x_0|$ 的 x 值,幂级数(9-1)都发散.

证 (1) 因 $\sum\limits_{n=0}^{\infty}a_nx_0^n$ 收敛,故有 $\lim\limits_{n\to\infty}a_nx_0^n=0$,所以存在 $M(M>0)$,对一切 n 有

$$|a_nx_0^n|\leqslant M.$$

此时对任一满足 $|x|<|x_0|$ 的点 x,有

$$|a_nx^n|=|a_nx_0^n|\left|\frac{x}{x_0}\right|^n\leqslant M\left|\frac{x}{x_0}\right|^n.$$

因为 $\left|\frac{x}{x_0}\right|<1$,故 $\sum\limits_{n=0}^{\infty}M\left(\frac{x}{x_0}\right)^n$ 收敛.由正项级数比较判别法可知,$\sum\limits_{n=0}^{\infty}|a_nx^n|$ 收敛.

(2) 用反证法.如果对某一 $|x|>|x_0|$ 的点 x,幂级数(9-1)收敛,那么根据本定理第

一部分，幂级数(9-1)在 x_0 绝对收敛，这与假定矛盾.

定理证毕.

由定理1可知，对任一幂级数(9-1)，必定存在一个非负数 R(R 也可以为无穷大)，对一切 $|x|<R$ 的点 x，幂级数(9-1)都收敛(特别地，当 $R=0$ 时，幂级数(9-1)仅在 $x=0$ 处收敛)；而对一切 $|x|>R$ 的点 x，幂级数(9-1)都发散(特别地，当 $R=+\infty$ 时，幂级数处处收敛). R 称为此幂级数的**收敛半径**，区间 $(-R,R)$ 称为此幂级数的**收敛区间**.

应当注意的是，在收敛区间的端点，即 $x=\pm R$ 处，幂级数可能收敛也可能发散. 只需要对数项级数 $\sum\limits_{n=0}^{\infty}a_nR^n$ 及 $\sum\limits_{n=0}^{\infty}a_n(-R)^n$ 的敛散性作判断即可.

由以上讨论可知，幂级数的收敛问题已经完全归结为求其收敛半径 R 的问题了.

在一般情况下，幂级数的收敛半径可由以下定理求出(证明略).

定理2(收敛半径的求法)　设有级数 $\sum\limits_{n=0}^{\infty}a_nx^n$，$a_n\neq 0(n=1,2,\cdots)$ 且

$$\lim_{n\to\infty}\left|\frac{a_n}{a_{n+1}}\right|=R,$$

则 R 即为级数 $\sum\limits_{n=0}^{\infty}a_nx^n$ 的收敛半径.

例1　求幂级数 $\sum\limits_{n=0}^{\infty}\dfrac{x^n}{n!}$ 的收敛半径与收敛区间.

解　因

$$R=\lim_{n\to\infty}\left|\frac{1}{n!}\Big/\frac{1}{(n+1)!}\right|=\lim_{n\to\infty}\frac{n+1}{1}=+\infty,$$

故该级数的收敛半径 $R=+\infty$，收敛区间为 $(-\infty,+\infty)$.

例2　求幂级数 $\sum\limits_{n=1}^{\infty}\dfrac{x^n}{n\cdot 2^n}$ 的收敛半径与收敛域.

解　因

$$R=\lim_{n\to\infty}\left|\frac{1}{n\cdot 2^n}\Big/\frac{1}{(n+1)\cdot 2^{n+1}}\right|=\lim_{n\to\infty}\left|\frac{n+1}{n}\cdot 2\right|=2,$$

故该级数的收敛半径 $R=2$，收敛区间为 $(-2,2)$. 下面讨论在端点 $x=\pm 2$ 处原幂级数的敛散性.

当 $x=2$ 时，幂级数化为 $\sum\limits_{n=1}^{\infty}\dfrac{1}{n}$，是发散的.

当 $x=-2$ 时，幂级数化为 $\sum\limits_{n=1}^{\infty}(-1)^n\dfrac{1}{n}$，是收敛的.

因此，该幂级数的收敛域为 $[-2,2)$.

例3　求幂级数 $\sum\limits_{n=1}^{\infty}\dfrac{1}{n}(x-3)^n$ 的收敛半径及收敛域.

解 令 $x-3=t$,那么原级数化为 $\sum_{n=1}^{\infty}\frac{1}{n}t^n$.

$$R=\lim_{n\to\infty}\left|\frac{a_n}{a_{n+1}}\right|=\lim_{n\to\infty}\left|\frac{1}{n}\Big/\frac{1}{n+1}\right|=1.$$

故原级数的收敛半径 $R=1$,收敛区间为 $-1<x-3<1$,即 $2<x<4$.下面讨论在端点 $x=2$ 及 $x=4$ 处的情况.

当 $x=2$ 时,原级数化为 $\sum_{n=1}^{\infty}\frac{(-1)^n}{n}$,是收敛的.

当 $x=4$ 时,原级数化为 $\sum_{n=1}^{\infty}\frac{1}{n}$,是发散的.

因此,该幂级数的收敛域为$[2,4)$.

例 4 求幂级数 $\sum_{n=1}^{\infty}n^nx^n$ 的收敛半径及收敛域.

解
$$R=\lim_{n\to\infty}\left|\frac{a_n}{a_{n+1}}\right|=\lim_{n\to\infty}\left|\frac{n^n}{(n+1)^{n+1}}\right|=0,$$

故该幂级数的收敛半径为 0,收敛域为单点集$\{0\}$.

9.2.3 幂级数的性质

下面给出幂级数的一些重要性质(证明略).

定理 3(幂级数的性质) 设幂级数 $\sum_{n=0}^{\infty}a_nx^n$ 的收敛半径为 R.

(1) 其和函数 $s(x)$ 在$(-R,R)$ 内连续.又若幂级数在 $x=-R$(或 $x=R$) 处收敛,则 $s(x)$ 在 $x=-R$(或 $x=R$) 右(或左) 连续.

(2) 其和函数 $s(x)$ 在$(-R,R)$ 内可以逐项微分和逐项积分,即 $\forall x\in(-R,R)$,有

$$s'(x)=(\sum_{n=0}^{\infty}a_nx^n)'=\sum_{n=0}^{\infty}(a_nx^n)'=\sum_{n=1}^{\infty}na_nx^{n-1},$$

$$\int_0^x s(t)\,\mathrm{d}t=\int_0^x(\sum_{n=0}^{\infty}a_nt^n)\,\mathrm{d}t=\sum_{n=0}^{\infty}\int_0^x a_nt^n\,\mathrm{d}t=\sum_{n=0}^{\infty}\frac{a_n}{n+1}x^{n+1},$$

且逐项求导或逐项积分后所得到的新的幂级数,其收敛半径仍为 R.

(3) 若幂级数 $\sum_{n=0}^{\infty}b_nx^n$ 的收敛半径为 R',则幂级数 $\sum_{n=0}^{\infty}(a_n+b_n)x^n$ 的收敛半径为 $R_1\geqslant\min(R,R')$,且当 $R\neq R'$ 时,$R_1=\min(R,R')$.

例 5 求 $\sum_{n=1}^{\infty}\left(\frac{a^n}{n}+\frac{b^n}{n^2}\right)x^n(a>b>0)$ 的收敛半径.

解 因幂级数 $\sum_{n=1}^{\infty}\frac{a^n}{n}x^n$ 的收敛半径为

$$R_1=\lim_{n\to\infty}\left|\frac{a^n}{n}\bigg/\frac{a^{n+1}}{n+1}\right|=\frac{1}{a},$$

幂级数$\sum\limits_{n=1}^{\infty}\frac{b^n}{n^2}x^n$的收敛半径为

$$R_2=\lim_{n\to\infty}\left|\frac{b^n}{n^2}\bigg/\frac{b^{n+1}}{(n+1)^2}\right|=\frac{1}{b},$$

故$\sum\limits_{n=1}^{\infty}\left(\frac{a^n}{n}+\frac{b^n}{n^2}\right)x^n$的收敛半径为$R=\min\left(\frac{1}{a},\frac{1}{b}\right)=\frac{1}{a}$.

例 6 求幂级数$\sum\limits_{n=1}^{\infty}\frac{x^n}{n}$的和函数,并求$\sum\limits_{n=1}^{\infty}(-1)^{n-1}\frac{1}{n}$的值.

解 令$s(x)=\sum\limits_{n=1}^{\infty}\frac{x^n}{n}$,则其收敛半径为

$$R=\lim_{n\to\infty}\left|\frac{1}{n}\bigg/\frac{1}{n+1}\right|=1,$$

故收敛区间为$(-1,+1)$.

由幂级数的性质,得

$$s'(x)=\sum_{n=1}^{\infty}\left(\frac{x^n}{n}\right)'=\sum_{n=1}^{\infty}x^{n-1}=\frac{1}{1-x},\quad |x|<1,$$

故

$$\int_0^x s'(t)\mathrm{d}t=\int_0^x\frac{\mathrm{d}t}{1-t}.$$

积分得

$$s(x)=-\ln(1-x),\quad |x|<1.$$

注意到当$x=-1$时该级数收敛,因此$s(x)=-\ln(1-x)$在$[-1,1)$上成立.于是

$$\sum_{n=1}^{\infty}(-1)^{n-1}\frac{1}{n}=-\sum_{n=1}^{\infty}\frac{(-1)^n}{n}=-s(-1)=\ln 2.$$

例 7 求幂级数$\sum\limits_{n=0}^{\infty}(n+1)x^n$的和函数,并计算$\sum\limits_{n=0}^{\infty}\frac{n+1}{2^n}$.

解 令$s(x)=\sum\limits_{n=0}^{\infty}(n+1)x^n$,则其收敛半径为$R=1$.当$x\in(-1,1)$时,

$$\int_0^x s(t)\mathrm{d}t=\sum_{n=0}^{\infty}\int_0^x(n+1)t^n\mathrm{d}t=\sum_{n=0}^{\infty}x^{n+1}=\frac{x}{1-x},$$

两边求导得

$$s(x)=\frac{1}{(1-x)^2},\quad x\in(-1,1).$$

因此

$$\sum_{n=0}^{\infty}\frac{n+1}{2^n}=\sum_{n=0}^{\infty}(n+1)\left(\frac{1}{2}\right)^n=s\left(\frac{1}{2}\right)=4.$$

9.2.4 函数展开成幂级数 —— 泰勒级数

我们知道,幂级数的每一项都是幂函数,它的部分和 $s_n(x)$ 是 x 的一个 n 次多项式,而多项式的运算和性质是我们所熟知的,也是十分简单的.在收敛区间内幂级数的和函数 $f(x)$ 就可以用它的部分和 $s_n(x)$ 来逼近它,实际上在微分学中,我们就介绍了用线性函数来逼近一般函数的思想,不过,那时我们无法使其达到我们所预想的精确度.现在,由于误差 $r_n = f(x) - s_n(x)$,当 $n \to \infty$ 时趋于0,所以这种逼近可以达到任意的精确度,这就启发我们去考虑如何将一个比较复杂的函数用多项式去逼近它,这个问题实质上就是将已知函数设法展开成幂级数的问题.

下面先给出一个重要公式(证明略).

定理4(泰勒定理) 如果函数 $f(x)$ 在 x_0 的邻域内有 $n+1$ 阶导数,那么对于这个邻域内任意一点 x,至少有一点 ξ(ξ 介于 x_0 与 x 之间),使

$$f(x) = f(x_0) + f'(x_0)(x - x_0) + \frac{f''(x_0)}{2!}(x - x_0)^2 + \cdots + \frac{f^{(n)}(x_0)}{n!}(x - x_0)^n + \frac{f^{(n+1)}(\xi)}{(n+1)!}(x - x_0)^{n+1}$$

成立.

此公式称为函数 $f(x)$ 在 $x = x_0$ 处的 n **阶泰勒公式**,其中最后一项称为泰勒公式的**拉格朗日型余项**,记作

$$R_n(x) = \frac{f^{(n+1)}(\xi)}{(n+1)!}(x - x_0)^{n+1}.$$

当 $x_0 = 0$ 时,公式变为

$$f(x) = f(0) + f'(0)x + \frac{f''(0)}{2!}x^2 + \cdots + \frac{f^{(n)}(0)}{n!}x^n + R_n(x),$$

其中
$$R_n(x) = \frac{f^{(n+1)}(\xi)}{(n+1)!}x^{n+1},$$

ξ 介于0与 x 之间,称此公式为 n 阶**麦克劳林公式**.

由泰勒公式,我们成功地得到了一个 n 项多项式来近似表达 $f(x)$,这个多项式的系数完全可由 $f(x)$ 在 x_0 的各阶导数来确定,并同时得到由此产生的误差 $R_n(x)$.

例8 求 $f(x) = \mathrm{e}^x$ 的 n 阶麦克劳林公式.

解 因 $f^{(n)}(x) = \mathrm{e}^x$,故得 $f^{(n)}(0) = 1(n = 1,2,\cdots)$,故有

$$\mathrm{e}^x = 1 + x + \frac{x^2}{2!} + \cdots + \frac{x^n}{n!} + \frac{\mathrm{e}^{\theta x}}{(n+1)!}x^{n+1}, \quad 0 < \theta < 1.$$

例9 求 $f(x) = \sin x$ 的 $2k$ 阶麦克劳林公式.

解 由正弦函数的 n 阶导数公式 $f^{(n)}(x) = \sin\left(x + \frac{n\pi}{2}\right)$ 知,

$$f^{(n)}(0)=\sin\frac{n\pi}{2}.$$

当 $n=2k(k=1,2,\cdots)$ 时,$f^{(2k)}(0)=0$.

当 $n=2k+1(k=0,1,2,\cdots)$ 时,$f^{(2k+1)}(0)=\sin\frac{2k+1}{2}\pi=(-1)^k$,

$$f^{(2k+1)}(x)=\sin\left(x+\frac{2k+1}{2}\pi\right)=\sin\left(\frac{\pi}{2}+k\pi+x\right)=\cos(k\pi+x)=(-1)^k\cos x.$$

故 $\sin x=x-\frac{x^3}{3!}+\frac{x^5}{5!}-\cdots+(-1)^{k-1}\frac{x^{2k-1}}{(2k-1)!}+\frac{(-1)^k\cos\theta x}{(2k+1)!}x^{2k+1},\quad 0<\theta<1.$

根据泰勒公式的启发,我们如果假定 $f(x)$ 在 x_0 的某邻域内无限可微,那么表达 $f(x)$ 的 $x-x_0$ 的多项式的次数无疑便可任意地增加,有可能成为一个 $x-x_0$ 的幂级数,即

$$f(x_0)+f'(x_0)(x-x_0)+\frac{f''(x_0)}{2!}(x-x_0)^2+\cdots+\frac{f^{(n)}(x_0)}{n!}(x-x_0)^n+\cdots.$$

由于该幂级数的系数均为**泰勒系数** $a_n=\frac{f^{(n)}(x_0)}{n!}$,故称其为 $f(x)$ 在 $x=x_0$ 处的**泰勒级数**,当 $x_0=0$ 时,又称其为**麦克劳林级数**:$f(0)+f'(0)x+\frac{f''(0)}{2!}x^2+\cdots+\frac{f^{(n)}(0)}{n!}x^n+\cdots$.

前面已经提到,要想用一个多项式来逼近已知函数 $f(x)$,关键在于把已知函数展开成幂级数.因此,这里有必要讨论以下两个问题.

(1) $f(x)$ 在 $x=x_0$ 的泰勒级数如果收敛,它的和函数是否就是 $f(x)$?

(2) 如果泰勒级数的和函数是 $f(x)$,那么这种把 $f(x)$ 展开成幂级数的形式是否唯一?

我们不加证明地给出回答.

定理5 (1) 若 $f(x)$ 在 $x=x_0$ 的某邻域内具有任意阶导数,则 $f(x)$ 在该邻域内能展成泰勒级数,即

$$f(x)=\sum_{n=0}^{\infty}\frac{f^{(n)}(x_0)}{n!}(x-x_0)^n$$

的充要条件是 $f(x)$ 的泰勒公式中的余项 $R_n(x)$ 当 $n\to\infty$ 时趋于零.

(2) 如果函数 $f(x)$ 可在 $x=x_0$ 的邻域内展成幂级数,那么这样的幂级数是唯一的.

这个定理告诉我们,如果 $f(x)$ 可以展开成幂级数,那么这个幂级数就是 $f(x)$ 的泰勒级数.

由此我们已经得到了将 $f(x)$ 展开成幂级数的一般方法:首先形式地写出 $f(x)$ 的泰勒级数,然后,确定使泰勒公式中的余项 $R_n(x)$ 当 $n\to\infty$ 时趋于零的那些 x 值,对于这些 x 值来说,$f(x)$ 的泰勒级数必收敛于 $f(x)$.

下面研究几个基本初等函数的麦克劳林级数.

例 10 将 $f(x)=\mathrm{e}^x$ 展成 x 的幂级数.

解 由例 8 知,e^x 的 n 阶麦克劳林公式为

$$\mathrm{e}^x=1+x+\frac{x^2}{2!}+\cdots+\frac{x^n}{n!}+\frac{\mathrm{e}^{Qx}}{(n+1)!}x^{n+1},$$

则

$$R_n(x)=\frac{\mathrm{e}^{\theta x}}{(n+1)!}x^{n+1}\to 0(n\to\infty).$$

故

$$\mathrm{e}^x=1+x+\frac{x^2}{2!}+\cdots+\frac{x^n}{n!}+\cdots=\sum_{n=0}^{\infty}\frac{x^n}{n!}.$$

该级数的收敛区域为$(-\infty,+\infty)$.

例 11 将 $f(x)=\sin x$ 展成 x 的幂级数.

解 由本节例 9 知,$\sin x$ 的 $2k$ 阶麦克劳林公式为

$$\sin x=x-\frac{x^3}{3!}+\frac{x^5}{5!}-\cdots+(-1)^{k-1}\frac{x^{2k-1}}{(2k-1)!}+\frac{(-1)^k\cos Qx}{(2k+1)!}x^{2k+1},$$

而

$$R_n(x)=\frac{(-1)^k\cos\theta x}{(2k+1)!}x^{2k+1}\to 0(n\to\infty).$$

故

$$\sin x=x-\frac{x^3}{3!}+\frac{x^5}{5!}-\cdots+(-1)^k\frac{x^{2k+1}}{(2k+1)!}+\cdots$$

$$=\sum_{n=0}^{\infty}\frac{(-1)^n}{(2n+1)!}x^{2n+1}.$$

该级数的收敛区域为$(-\infty,+\infty)$.

例 12 将 $f(x)=\cos x$ 在 $x=0$ 展成麦克劳林级数.

解 由于$(\sin x)'=\cos x$,所以由幂级数的逐项求导性知

$$\cos x=\sum_{n=0}^{\infty}\left[\frac{(-1)^n}{(2n+1)!}x^{2n+1}\right]'=\sum_{n=0}^{\infty}\frac{(-1)^n}{(2n)!}x^{2n},\quad x\in(-\infty,+\infty).$$

例 13 将 $f(x)=\ln(1+x)$ 在 $x=0$ 展成麦克劳林级数.

解 因

$$\sum_{n=0}^{\infty}(-1)^n x^n=\frac{1}{1+x},\quad |x|<1,$$

故

$$[\ln(1+x)]'=\frac{1}{1+x}=\sum_{n=0}^{\infty}(-1)^n x^n.$$

再由幂级数逐项积分性得

$$\int_0^x[\ln(1+t)]'\mathrm{d}t=\sum_{n=0}^{\infty}\int_0^x(-1)^n t^n\mathrm{d}t,$$

即

$$\ln(1+x)=\sum_{n=0}^{\infty}\frac{(-1)^n}{n+1}x^{n+1}=x-\frac{x^2}{2}+\frac{x^3}{3}-\cdots+\frac{(-1)^n}{n+1}x^{n+1}+\cdots,\quad x\in(-1,1].$$

综上所述，我们求出了 e^x，$\sin x$，$\cos x$，$\ln(1+x)$ 的麦克劳林级数，另外还有一个二项式函数的幂级数(二项式级数)

$$(1+x)^\alpha=\sum_{n=0}^{\infty}\frac{\alpha(\alpha-1)\cdots(\alpha-n+1)}{n!}x^n,\quad x\in(-1,+1),$$

其中 α 为实数.

我们经常要用到以上几个基本函数的麦克劳林级数来求其他函数的幂级数展开式，这种方法叫作幂级数的间接展开法.

例 14　将 $f(x)=\dfrac{3}{1+x-2x^2}$ 展成 x 的幂级数.

解　由于

$$f(x)=\frac{3}{1+x-2x^2}=\frac{3}{(1-x)(1+2x)}=\frac{1}{1-x}+\frac{2}{1+2x},$$

$$\frac{1}{1-x}=\sum_{n=0}^{\infty}x^n,\quad x\in(-1,+1),$$

$$\frac{2}{1+2x}=2\sum_{n=0}^{\infty}(-2x)^n=\sum_{n=0}^{\infty}(-1)^n2^{n+1}x^n,\quad x\in\left(-\frac{1}{2},+\frac{1}{2}\right),$$

故

$$f(x)=\sum_{n=0}^{\infty}[1+(-1)^n2^{n+1}]x^n,\quad x\in\left(-\frac{1}{2},+\frac{1}{2}\right).$$

例 15　将 $f(x)=e^{x^2}$ 展成 x 的幂级数.

解　由于 $e^x=\sum\limits_{n=0}^{\infty}\dfrac{x^n}{n!}$，故

$$e^{x^2}=\sum_{n=0}^{\infty}\frac{(x^2)^n}{n!}=\sum_{n=0}^{\infty}\frac{x^{2n}}{n!},\quad x\in(-\infty,+\infty).$$

例 16　将 $f(x)=\ln x$ 展成 $x-1$ 的幂级数.

解　$f(x)=\ln x=\ln[1+(x-1)]=\sum\limits_{n=1}^{\infty}\dfrac{(-1)^{n-1}}{n}(x-1)^n,\quad x\in(0,2].$

利用函数的泰勒展开式可容易地求出函数的近似值.

例 17　计算定积分 $\int_0^1\dfrac{\sin x}{x}dx$ 的近似值，使其误差不超过 10^{-4}.

解　因

$$\frac{\sin x}{x}=1-\frac{x^2}{3!}+\frac{x^4}{5!}-\frac{x^6}{7!}+\cdots\quad x\in(-\infty,+\infty),$$

故

$$\int_0^1\frac{\sin x}{x}dx=\int_0^1 1\cdot dx-\int_0^1\frac{x^2}{3!}dx+\int_0^1\frac{x^4}{5!}dx-\int_0^1\frac{x^6}{7!}dx+\cdots$$

$$=1-\frac{1}{3\cdot 3!}+\frac{1}{5\cdot 5!}-\frac{1}{7\cdot 7!}+\cdots.$$

对此交错级数,根据莱布尼兹判别法,若取前三项为近似值,其误差小于第四项的绝对值,即

$$r_3 < \frac{1}{7 \cdot 7!} = \frac{1}{35\ 280} < 10^{-4},$$

因此

$$\int_0^1 \frac{\sin x}{x} \mathrm{d}x \doteq 1 - \frac{1}{3 \cdot 3!} + \frac{1}{5 \cdot 5!} = 0.946\ 1.$$

习题 9.2

1. 求下列幂级数的收敛半径与收敛域:

(1) $\frac{1}{1 \cdot 3}x + \frac{1}{2 \cdot 3^2}x^2 + \cdots + \frac{1}{n \cdot 3^n}x^n + \cdots$;

(2) $1 - x + \frac{x^2}{2^p} - \frac{x^3}{3^p} + \cdots (p > 0)$;

(3) $1 + (x-2) + \frac{1}{2^2}(x-2)^2 + \frac{1}{3^2}(x-2)^3 + \cdots$.

2. 求下列级数的和函数:

(1) $\sum\limits_{n=1}^{\infty} (-1)^{n-1} \frac{x^n}{n}$;　　(2) $\sum\limits_{n=1}^{\infty} \frac{x^{4n+1}}{4n+1}$;

(3) $\sum\limits_{n=0}^{\infty} (-1)^n (2n+1) x^{2n}$;　　(4) $\sum\limits_{n=1}^{\infty} n x^{2n}$.

3. 求幂级数 $x + \frac{x^3}{3} + \frac{x^5}{5} + \cdots (|x| < 1)$ 的和函数,并求 $\sum\limits_{n=1}^{\infty} \frac{1}{(2n-1)4^n}$ 的值.

4. 求幂级数 $\sum\limits_{n=1}^{\infty} \frac{(-1)^{n-1}}{2n-1} x^{2n-1} (|x| < 1)$ 的和函数,并求 $\sum\limits_{n=1}^{\infty} \frac{(-1)^{n-1}}{2n-1} \cdot \left(\frac{1}{3}\right)^{n-1}$ 的值.

5. 将下列函数展成 x 的幂级数:

(1) $\sin x^2$;　(2) $x\mathrm{e}^x$;　(3) $\ln(2+x)$;　(4) $\frac{1}{(1-x)(2-x)}$.

6. 将 $f(x) = \mathrm{e}^x$ 在 $x_0 = -2$ 展成幂级数.

*9.3　傅里叶级数

在工程技术领域中另一个重要的函数项级数是傅里叶级数,它是具有如下形式的三角级数:

$$\frac{a_0}{2}+\sum_{n=1}^{\infty}(a_n\cos n\omega x+b_n\sin n\omega x),$$

其中 $a_0, a_n, b_n (n=1,2,\cdots)$ 是常数,称为**三角级数的系数**,ω 也是常数,称为**圆频率**. 级数中的每一项均是以 $\frac{2\pi}{\omega}$ 为周期的周期函数,因此可以用它作为描述自然界中普遍存在的周期问题的周期函数.

本节将研究在什么条件下,周期函数能够展开成傅里叶级数,以及如何将它展开成傅里叶级数. 这里先研究周期为 2π 的周期函数的傅里叶级数.

9.3.1　基本三角函数系及其正交性

函数集合 $\{1,\cos x,\sin x,\cos 2x,\sin 2x,\cdots,\cos nx,\sin nx,\cdots\}$ 称为**基本三角函数系**. 函数系中每个函数都是以 2π 为周期的周期函数. 基本三角函数系具有如下重要的特性.

定理 1(基本三角函数系的正交性)　基本三角函数系中任意两个不同函数的乘积在 $[-\pi,\pi]$ 上的积分为零;任意的一个函数(除 1 外)与自身的乘积在 $[-\pi,\pi]$ 上的积分为常数 π.

证　通过直接计算可验证对一切正整数 m、n 有

$$\int_{-\pi}^{\pi}1\cdot\cos nx\,\mathrm{d}x=0;\quad \int_{-\pi}^{\pi}1\cdot\sin nx\,\mathrm{d}x=0;\quad \int_{-\pi}^{\pi}\cos mx\cdot\sin nx\,\mathrm{d}x=0;$$

$$\int_{-\pi}^{\pi}1^2\,\mathrm{d}x=2\pi;\quad \int_{-\pi}^{\pi}\sin nx\cdot\sin mx\,\mathrm{d}x=\begin{cases}0, & m\neq n,\\ \pi, & m=n;\end{cases}$$

$$\int_{-\pi}^{\pi}\cos nx\cdot\cos mx\,\mathrm{d}x=\begin{cases}0, & m\neq n,\\ \pi, & m=n.\end{cases}$$

9.3.2　傅里叶系数与傅里叶级数

设函数 $f(x)$ 的周期为 2π,在 $[-\pi,\pi]$ 上可积,且 $f(x)$ 可以展成三角级数,即

$$f(x)=\frac{a_0}{2}+\sum_{n=1}^{\infty}(a_n\cos nx+b_n\sin nx).$$

现在要确定级数中的系数,为此我们考察上式两边与基本三角函数系中各函数乘积的积分(假设该三角级数可以逐项积分),并注意到三角函数系的正交性,有

$$\int_{-\pi}^{\pi}f(x)\cdot 1\mathrm{d}x=\int_{-\pi}^{\pi}\frac{a_0}{2}\cdot 1\mathrm{d}x+\sum_{n=1}^{\infty}\int_{-\pi}^{\pi}(a_n\cos nx+b_n\sin nx)\cdot 1\mathrm{d}x=\pi a_0,$$

$$\begin{aligned}\int_{-\pi}^{\pi}f(x)\cos nx\,\mathrm{d}x&=\int_{-\pi}^{\pi}\frac{a_0}{2}\cos nx\,\mathrm{d}x+\sum_{k=1}^{\infty}\int_{-\pi}^{\pi}(a_k\cos kx+b_k\sin kx)\cos nx\,\mathrm{d}x\\&=\pi a_n\quad(n=1,2,\cdots),\end{aligned}$$

$$\int_{-\pi}^{\pi}f(x)\sin nx\,\mathrm{d}x=\int_{-\pi}^{\pi}\frac{a_0}{2}\sin nx\,\mathrm{d}x+\sum_{k=1}^{\infty}\int_{-\pi}^{\pi}(a_k\cos kx+b_k\sin kx)\sin nx\,\mathrm{d}x$$

$$= \pi b_n \quad (n = 1,2,\cdots).$$

因此求得系数

$$a_0 = \frac{1}{\pi}\int_{-\pi}^{\pi} f(x)\mathrm{d}x,$$

$$a_n = \frac{1}{\pi}\int_{-\pi}^{\pi} f(x)\cos nx\,\mathrm{d}x \quad (n = 1,2,\cdots),$$

$$b_n = \frac{1}{\pi}\int_{-\pi}^{\pi} f(x)\sin nx\,\mathrm{d}x \quad (n = 1,2,\cdots).$$

于是,对于一个周期为 2π 的函数 $f(x)$,只要上面各式积分存在,就可以对应一个由上述系数构成的三角级数,即

$$f(x) \sim \frac{a_0}{2} + \sum_{n=1}^{\infty}(a_n\cos nx + b_n\sin nx).$$

称该三角级数为 $f(x)$ 的**傅里叶级数**,系数 $a_0,a_n,b_n(n = 1,2,\cdots)$ 称为 $f(x)$ 的**傅里叶系数**. 记号"$\sim$"仅表示 $f(x)$ 与它的傅里叶级数之间的对应关系. 这里不用等号"$=$"的原因有二:一是$f(x)$ 的傅里叶级数未必收敛;二是如果 $f(x)$ 的傅里叶级数收敛,但它的和函数未必是 $f(x)$ 本身. 因此,我们需要给出 $f(x)$ 的傅里叶级数收敛于 $f(x)$ 的充分条件.

9.3.3 收敛定理

下面不加证明地给出傅里叶级数的收敛定理.

定理 2(狄利克雷充分条件) 设 $f(x)$ 是以 2π 为周期的周期函数,如果它满足

(1) 在同一周期内连续或只有有限个第一类间断点,

(2) 在同一周期内至多只有有限个极值点,

则 $f(x)$ 的傅里叶级数收敛,且

① 当 x 是 $f(x)$ 的连续点时,级数收敛于 $f(x)$,

② 当 x 是 $f(x)$ 的间断点时,级数收敛于$\frac{1}{2}f(x+0)+f(x-0)$.

显然,从定理 2 可以看出,将一个函数展开成傅里叶级数的条件要比将函数展开成幂级数的条件低得多,于是它在实际问题中得到了广泛的应用.

下面通过具体例子来说明如何将周期为 2π 的周期函数展开成傅里叶级数.

例 1 设 $f(x)$ 是周期为 2π 的周期函数,它在$[-\pi,\pi]$上的表达式为 $f(x) = x$,将 $f(x)$ 展开成傅里叶级数.

解 先求傅里叶系数.

$$a_0 = \frac{1}{\pi}\int_{-\pi}^{\pi} x\mathrm{d}x = 0,$$

$$a_n = \frac{1}{\pi}\int_{-\pi}^{\pi} x\cos nx\,\mathrm{d}x = 0 \quad (n = 1,2,\cdots),$$

$$b_n = \frac{1}{\pi}\int_{-\pi}^{\pi} x\sin nx\,\mathrm{d}x = \frac{1}{\pi}\left(-\frac{x}{n}\cos nx\right)\Big|_{-\pi}^{\pi} + \frac{1}{\pi}\int_{-\pi}^{\pi}\cos nx\,\mathrm{d}x$$

$$= -\frac{1}{n\pi}\{\pi\cos n\pi - [-\pi\cos(-n\pi)]\}$$

$$= -\frac{2}{n}\cos n\pi = (-1)^{n+1}\frac{2}{n} \quad (n = 1,2,\cdots).$$

因 $f(x)$ 在点 $x = (2k+1)\pi(k = 0,\pm 1,\pm 2,\cdots)$ 间断，在其他点连续，故 $f(x)$ 的傅里叶展开式为

$$f(x) = 2\sum_{n=1}^{\infty}(-1)^{n+1}\frac{\sin nx}{n} \quad (x \neq (2k+1)\pi, k = 0,\pm 1,\pm 2,\cdots).$$

该级数的和函数图像如图 9-1 所示.

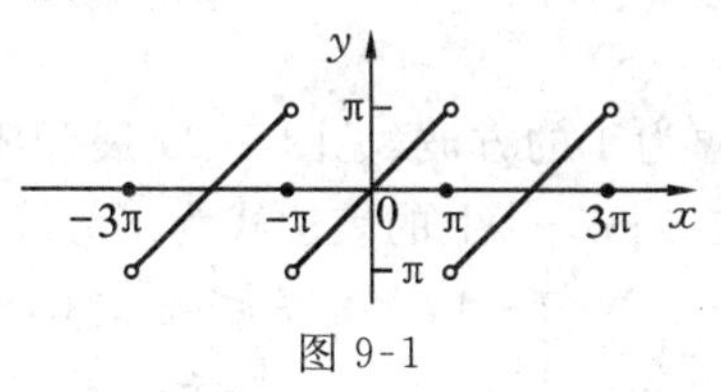

图 9-1

例 2 将 $f(x) = \begin{cases} -1, & -\pi \leqslant x < 0, \\ x, & 0 \leqslant x < \pi \end{cases}$ 展开成傅里叶级数.

解 $f(x)$ 的定义域为 $[-\pi,\pi]$，今将 $f(x)$ 延拓成周期为 2π 的函数，它在 $x \neq k\pi(k = 0,\pm 1,\pm 2,\cdots)$ 时连续，满足狄利克雷定理条件. 因

$$a_0 = \frac{1}{\pi}\int_{-\pi}^{\pi} f(x)\mathrm{d}x = \frac{1}{\pi}\left[\int_{-\pi}^{0}(-1)\mathrm{d}x + \int_0^{\pi} x\mathrm{d}x\right] = -1 + \frac{\pi}{2},$$

$$a_n = \frac{1}{\pi}\int_{-\pi}^{\pi} f(x)\cos nx\,\mathrm{d}x = \frac{1}{\pi}\left[\int_{-\pi}^{0}(-\cos nx)\mathrm{d}x + \int_0^{\pi} x\cos nx\,\mathrm{d}x\right]$$

$$= \frac{1}{n\pi}\left[-\sin nx\ \Big|_{-\pi}^{0} + x\sin nx\ \Big|_0^{\pi} - \int_0^{\pi}\sin nx\,\mathrm{d}x\right]$$

$$= \frac{1}{n^2\pi}\cos nx\ \Big|_0^{\pi} = \frac{1}{n^2\pi}(\cos n\pi - 1)$$

$$= \frac{1}{n^2\pi}[(-1)^n - 1] \quad (n = 1,2,\cdots),$$

$$b_n = \frac{1}{\pi}\int_{-\pi}^{\pi} f(x)\sin nx\,\mathrm{d}x = \frac{1}{\pi}\left[\int_{-\pi}^{0} -\sin nx\,\mathrm{d}x + \int_0^{\pi} x\sin nx\,\mathrm{d}x\right]$$

$$= \frac{1}{n\pi}\left[\cos nx\ \Big|_{-\pi}^{0} - x\cos nx\ \Big|_0^{\pi} + \int_0^{\pi}\cos nx\,\mathrm{d}x\right]$$

$$= \frac{1}{n\pi}\left[1 - (-1)^n - \pi(-1)^n + \frac{1}{n}\sin nx\ \Big|_0^{\pi}\right]$$

$$= \frac{1}{n\pi}[1 - (-1)^n] + \frac{(-1)^{n+1}}{n} \quad (n = 1,2,\cdots).$$

于是 $f(x)$ 的傅里叶展开式为

$$f(x)=-\frac{1}{2}+\frac{\pi}{4}+\sum_{n=1}^{\infty}\Big[\frac{(-1)^n-1}{n^2\pi}\cos nx$$

$$+\frac{1+(-1)^{n+1}+(-1)^{n+1}\pi}{n\pi}\sin nx\Big],\quad x\in(-\pi,0)\cup(0,\pi).$$

该级数的和函数图像如图 9-2 所示.

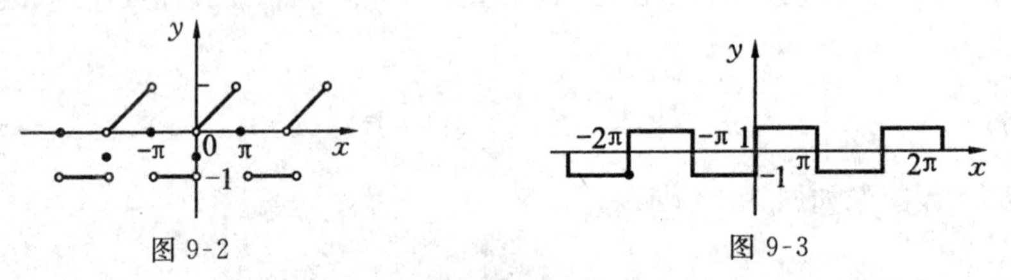

图 9-2　　　　图 9-3

例 3　将周期为 2π、振幅为 1 的方波(见图 9-3)展开成傅里叶级数.

解　图 9-3 所示波形在 $[-\pi,\pi]$ 上的表达式为

$$y=\begin{cases}-1, & -\pi\leqslant x<0,\\ 1, & 0\leqslant x<\pi.\end{cases}$$

由于 y 是奇函数,故

$$a_0=\frac{1}{\pi}\int_{-\pi}^{\pi}y\,\mathrm{d}x=0,$$

$$a_n=\frac{1}{\pi}\int_{-\pi}^{\pi}y\cos nx\,\mathrm{d}x=0\quad(n=1,2,\cdots),$$

$$b_n=\frac{1}{\pi}\int_{-\pi}^{\pi}y\sin nx\,\mathrm{d}x=\frac{2}{\pi}\int_0^{\pi}y\sin nx\,\mathrm{d}x$$

$$=\frac{2}{n\pi}[1-(-1)^n]=\begin{cases}\dfrac{4}{n\pi}, & n\text{ 为奇数},\\ 0, & n\text{ 为偶数}.\end{cases}$$

于是方波 y 的傅里叶展开式为

$$y=\frac{4}{\pi}\sum_{n=1}\frac{1}{2n-1}\sin(2n-1)x\quad(x\neq k\pi,k=0,\pm1,\pm2,\cdots).$$

9.3.4　$[0,\pi]$ 上的函数展开为正弦级数或余弦级数

设 $f(x)$ 是以 2π 为周期的函数. 如果 $f(x)$ 为奇函数,则 $f(x)\cos nx$ 为奇函数,$f(x)\sin nx$ 为偶函数,从而

$$a_n=\frac{1}{\pi}\int_{-\pi}^{\pi}f(x)\cos nx\,\mathrm{d}x=0\quad(n=0,1,2,\cdots),$$

$$b_n=\frac{2}{\pi}\int_0^{\pi}f(x)\sin nx\,\mathrm{d}x\quad(n=1,2,\cdots).$$

于是 $f(x)$ 的傅里叶级数只含有正弦项，称为**正弦级数**，即

$$f(x) \sim \sum_{n=1}^{\infty} b_n \sin nx.$$

如果 $f(x)$ 是偶函数，则 $f(x)\cos nx$ 为偶函数，$f(x)\sin nx$ 为奇函数，从而

$$a_n = \frac{2}{\pi}\int_0^{\pi} f(x)\cos nx\,\mathrm{d}x \quad (n = 0,1,2,\cdots),$$

$$b_n = \frac{1}{\pi}\int_{-\pi}^{\pi} f(x)\sin nx\,\mathrm{d}x = 0 \quad (n = 1,2,\cdots).$$

于是 $f(x)$ 的傅里叶级数只含有余弦项，称为**余弦级数**，即

$$f(x) \sim \frac{a_0}{2} + \sum_{n=1}^{\infty} a_n \cos nx.$$

对于定义在$[0,\pi]$上的函数 $f(x)$，可以通过补充 $f(x)$ 在$[-\pi,0]$上的定义，使之延拓成$[-\pi,\pi]$上的函数. 若延拓后的函数成为偶(奇)函数，则称该延拓为**偶(奇)延拓**. 对 $f(x)$ 进行偶(奇)延拓后所得的函数为偶(奇)函数，这样它的傅里叶级数便是余(正)弦级数，从而$f(x)$ 在$[0,\pi]$上的傅里叶级数也是余(正)弦级数.

例 4　将函数 $f(x) = \dfrac{x^2}{4} - \dfrac{\pi x}{2}$ 在$[0,\pi]$上分别展成余弦级数和正弦级数.

解　(1) 将 $f(x)$ 偶延拓成以 2π 为周期的周期函数，于是

$$b_n = 0 \quad (n = 1,2,\cdots),$$

$$a_0 = \frac{2}{\pi}\int_0^{\pi}\left(\frac{x^2}{4} - \frac{\pi x}{2}\right)\mathrm{d}x = -\frac{\pi^2}{3},$$

$$\begin{aligned} a_n &= \frac{2}{\pi}\int_0^{\pi}\left(\frac{x^2}{4} - \frac{\pi x}{2}\right)\cos nx\,\mathrm{d}x \\ &= \frac{2}{\pi}\left(\frac{x^2}{4} - \frac{\pi x}{2}\right)\frac{\sin nx}{n}\bigg|_0^{\pi} + \frac{2}{\pi}\cdot\frac{1}{n}\left(\frac{x}{2} - \frac{\pi}{2}\right)\cdot\frac{\cos nx}{n}\bigg|_0^{\pi} = \frac{1}{n^2}, \end{aligned}$$

由收敛定理得

$$\frac{x^2}{4} - \frac{\pi x}{2} = -\frac{\pi^2}{6} + \sum_{n=1}^{\infty}\frac{\cos nx}{n^2}, \quad x \in [0,\pi].$$

(2) 将 $f(x)$ 奇延拓成以 2π 为周期的周期函数，于是

$$a_n = 0 \quad (n = 0,1,2,\cdots),$$

$$\begin{aligned} b_n &= \frac{2}{\pi}\int_0^{\pi}\left(\frac{x^2}{4} - \frac{\pi x}{2}\right)\sin nx\,\mathrm{d}x \\ &= \frac{2}{\pi}\left(\frac{x^2}{4} - \frac{\pi x}{2}\right)\frac{(-\cos nx)}{n}\bigg|_0^{\pi} + \frac{1}{n\pi}\int_0^{\pi}(x-\pi)\cos nx\,\mathrm{d}x \\ &= \frac{(-1)^n\pi}{2n} + \frac{1}{n^2\pi}(x-\pi)\sin nx\ \big|_0^{\pi} - \frac{1}{n^2\pi}\int_0^{\pi}\sin nx\,\mathrm{d}x \end{aligned}$$

$$= \frac{(-1)^n\pi}{2n} + \frac{1}{n^3\pi}\cos nx \Big|_0^\pi$$

$$= \frac{(-1)^n\pi}{2n} + \frac{1}{n^3\pi}[(-1)^n - 1] \quad (n = 1,2,\cdots).$$

由收敛定理得

$$\frac{x^2}{4} - \frac{\pi x}{2} = \sum_{n=1}^{\infty}\left[\frac{(-1)^n\pi}{2n} + \frac{(-1)^n - 1}{n^3\pi}\right]\sin nx, \quad x \in [0,\pi].$$

9.3.5　周期为 $2l$ 的周期函数的傅里叶级数

前面我们对周期为 2π 的函数的傅里叶级数作了讨论,但是周期函数的周期未必均是 2π,因此,应考虑周期为 $2l$(l 为任一正数) 的函数的傅里叶级数.

定理3　设以 $2l$ 为周期的周期函数 $f(x)$ 在$[-l,l]$上可积,则 $f(x)$ 的傅里叶级数为

$$f(x) \sim \frac{a_0}{2} + \sum_{n=1}^{\infty}\left(a_n\cos\frac{n\pi x}{l} + b_n\sin\frac{n\pi x}{l}\right),$$

其中

$$a_n = \frac{1}{l}\int_{-l}^{l} f(x)\cos\frac{n\pi x}{l}\mathrm{d}x \quad (n = 0,1,2,\cdots),$$

$$b_n = \frac{1}{l}\int_{-l}^{l} f(x)\sin\frac{n\pi x}{l}\mathrm{d}x \quad (n = 1,2,\cdots).$$

若 $f(x)$ 满足收敛定理的条件,那么该傅里叶级数在 $f(x)$ 的连续点收敛于 $f(x)$ 本身,在$f(x)$ 的第一类间断点收敛于$\frac{1}{2}[f(x+0) + f(x-0)]$.

证　令 $y = \frac{\pi x}{l}$,则

$$f(x) = f\left(\frac{ly}{\pi}\right) \triangleq F(y).$$

因

$$F(y+2\pi) = f\left[\frac{l(y+2\pi)}{\pi}\right] = f\left(\frac{ly}{\pi} + 2l\right) = f\left(\frac{ly}{\pi}\right) = F(y),$$

故 $F(y)$ 是以 2π 为周期的周期函数,它在$[-\pi,\pi]$上可积,且

$$F(y) \sim \frac{a_0}{2} + \sum_{n=1}^{\infty}(a_n\cos ny + b_n\sin ny),$$

即

$$f(x) \sim \frac{a_0}{2} + \sum_{n=1}^{\infty}(a_n\cos ny + b_n\sin ny),$$

其中

$$a_n=\frac{1}{\pi}\int_{-\pi}^{\pi}F(y)\cos ny\,\mathrm{d}y\quad(n=0,1,2,\cdots),$$

$$b_n=\frac{1}{\pi}\int_{-\pi}^{\pi}F(y)\sin ny\,\mathrm{d}y\quad(n=1,2,\cdots).$$

现对 a_n,b_n 的积分表达式作变量代换，令 $y=\frac{\pi x}{l}$，则

$$\begin{aligned}a_n&=\frac{1}{\pi}\int_{-l}^{l}f\left(\frac{l}{\pi}\cdot\frac{\pi}{l}x\right)\cos\frac{n\pi x}{l}\cdot\frac{\pi}{l}\mathrm{d}x\\&=\frac{1}{l}\int_{-l}^{l}f(x)\cos\frac{n\pi x}{l}\mathrm{d}x\quad(n=0,1,2,\cdots).\end{aligned}$$

同理

$$b_n=\frac{1}{l}\int_{-l}^{l}f(x)\sin\frac{n\pi x}{l}\mathrm{d}x\quad(n=1,2,\cdots).$$

于是

$$f(x)\sim\frac{a_0}{2}+\sum_{n=1}^{\infty}\left(a_n\cos\frac{n\pi x}{l}+b_n\sin\frac{n\pi x}{l}\right).$$

若 $f(x)$ 满足收敛定理的条件，则 $F(y)$ 也满足收敛定理的条件，故由 $F(y)$ 的傅里叶级数的收敛性，可得到 $f(x)$ 的傅里叶级数的收敛性.

例 5　将 $f(x)=\begin{cases}0, & -2\leqslant x<0,\\ 1, & 0\leqslant x<2\end{cases}$ 在$[-2,2)$上展开成傅里叶级数.

解　将 $f(x)$ 延拓成以 4 为周期的周期函数.

因

$$a_0=\frac{1}{2}\int_{-2}^{2}f(x)\mathrm{d}x=\frac{1}{2}\left(\int_{-2}^{0}0\cdot\mathrm{d}x+\int_{0}^{2}1\cdot\mathrm{d}x\right)=1,$$

$$a_n=\frac{1}{2}\int_{-2}^{2}f(x)\cos\frac{n\pi x}{l}\mathrm{d}x=\frac{1}{2}\int_{0}^{2}\cos\frac{n\pi x}{l}\mathrm{d}x=0,$$

$$\begin{aligned}b_n&=\frac{1}{2}\int_{-2}^{2}f(x)\sin\frac{n\pi x}{l}\mathrm{d}x=\frac{1}{2}\int_{0}^{2}\sin\frac{n\pi x}{l}\mathrm{d}x\\&=\frac{1}{\pi x}[1-(-1)^n]=\begin{cases}\frac{2}{n\pi}, & n\text{ 为奇数},\\ 0, & n\text{ 为偶数}.\end{cases}\end{aligned}$$

故由收敛定理知

$$f(x)=\frac{1}{2}+\frac{2}{\pi}\sum_{n=1}^{\infty}\frac{1}{2n-1}\sin\frac{(2n-1)\pi x}{2},\quad x\in(-2,0)\cup(0,2).$$

该级数的和函数图像如图 9-4 所示.

例 6　将 $f(x)=x^2(0\leqslant x<2)$ 展开成正弦级数.

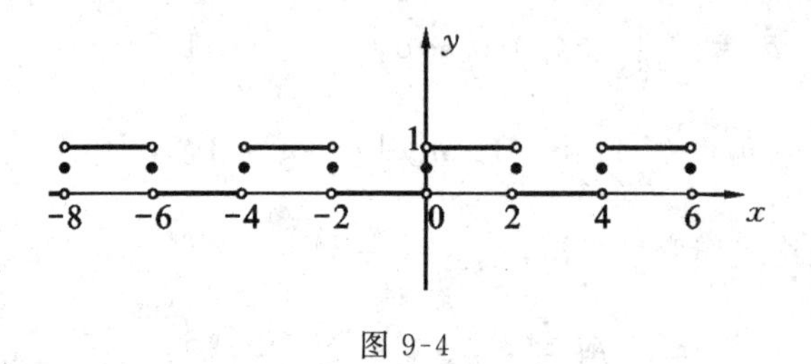

图 9-4

解 将 $f(x)$ 奇延拓成以周期为 4 的周期函数,于是

$$a_n = 0 \quad (n = 0,1,2,\cdots),$$

$$\begin{aligned} b_n &= \frac{2}{2}\int_0^2 x^2 \sin\frac{n\pi x}{2}\mathrm{d}x \\ &= -\frac{2}{n\pi}\left[x^2\cos\frac{n\pi x}{2}\Big|_0^2 - \int_0^2 \cos\frac{n\pi x}{2}\cdot 2x\mathrm{d}x\right] \\ &= \frac{8}{n\pi}\left[(-1)^{n+1} + \frac{1}{n\pi}\left(x\sin\frac{n\pi x}{2}\right)\Big|_0^2 - \frac{1}{n\pi}\int_0^2 \sin\frac{n\pi x}{2}\mathrm{d}x\right] \\ &= \frac{8}{n\pi}\left\{(-1)^{n+1} + \frac{2}{n^2\pi^2}[(-1)^n - 1]\right\}. \end{aligned}$$

根据收敛定理得

$$x^2 = \frac{8}{\pi}\sum_{n=1}^{\infty}\left\{\frac{(-1)^{n+1}}{n} + \frac{2}{n^3\pi^2}[(-1)^n - 1]\right\}\sin\frac{n\pi x}{2}, \quad x \in [0,2).$$

该级数的和函数图像如图 9-5 所示.

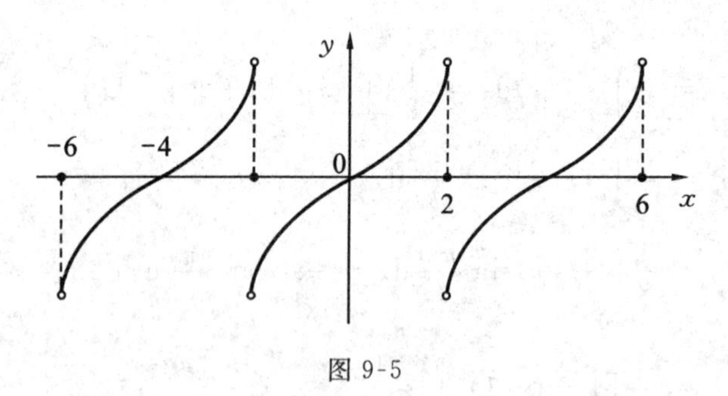

图 9-5

习题 9.3

1. 试将下列以 2π 为周期的函数 $f(x)$ 展开成傅里叶级数,并画出傅里叶级数的和函数图像:

(1) $f(x)=|\sin x|$；

(2) $f(x)=\begin{cases}x, & -\pi<x<0,\\ 2, & 0\leqslant x<\pi;\end{cases}$

(3) $f(x)=\dfrac{\pi}{4}-\dfrac{x}{2}, -\pi<x\leqslant\pi$；

(4) $f(x)=x^2, 0<x<2\pi$.

2. 在区间 $[-\pi,\pi]$ 上将 $f(x)=2\sin\dfrac{x}{3}$ 展开成傅里叶级数，并写出该级数的和函数.

3. 将 $f(x)=\dfrac{\pi-x}{2}(0\leqslant x\leqslant\pi)$ 展开成正弦级数，并画出该级数的和函数图像.

4. 将函数 $f(x)=\begin{cases}\sin x, & 0\leqslant x\leqslant\dfrac{\pi}{2},\\ 0, & \dfrac{\pi}{2}<x\leqslant\pi\end{cases}$ 展开成余弦级数.

5. 将下列周期函数展开成傅里叶级数，函数在一个周期内的表达式为：

(1) $f(x)=\begin{cases}0, & -2\leqslant x<0,\\ 1, & 0\leqslant x<2;\end{cases}$

(2) $f(x)=x\cos x, -\dfrac{\pi}{2}\leqslant x<\dfrac{\pi}{2}$；

(3) $f(x)=|x|, -l\leqslant x<l$.

附录 A　初等数学中的一些常用公式

(一) 指数幂运算法则

1. $x^0 = 1$.

2. $x^{-\alpha} = \frac{1}{x^\alpha}$.

3. $x^\alpha \cdot x^\beta = x^{\alpha+\beta}$.

4. $\frac{x^\alpha}{x^\beta} = x^{\alpha-\beta}$.

5. $(x^\alpha)^\beta = x^{\alpha\beta}$.

6. $(xy)^\alpha = x^\alpha y^\alpha$.

7. $\left(\frac{x}{y}\right)^\alpha = \frac{x^\alpha}{y^\alpha}$.

8. $x^{\frac{\beta}{\alpha}} = \sqrt[\alpha]{x^\beta}$.

(二) 对数运算法则($a > 0, a \neq 1$)

1. $\log_a 1 = 0$.

2. $\log_a a = 1$.

3. $a^{\log_a m} = m$　(对数恒等式).

4. $\log_a(mn) = \log_a m + \log_a n$.

5. $\log_a\left(\frac{m}{n}\right) = \log_a m - \log_a n$.

6. $\log_a m^n = n\log_a m$.

7. $\log_a m = \frac{\log_b m}{\log_b a}$　(换底公式).

8. 零和负数无对数.

(三) 指数与对数互化

$a^b = N \Leftrightarrow b = \log_a N$　($a > 0, a \neq 1$).

（四）常见的三角公式

1. 同角三角函数的关系：

$\sin\alpha \cdot \csc\alpha = 1$

$\cos\alpha \cdot \sec\alpha = 1$

$\tan\alpha \cdot \cot\alpha = 1$

$\sin^2\alpha + \cos^2\alpha = 1$

$1 + \tan^2\alpha = \sec^2\alpha$

$1 + \cot^2\alpha = \csc^2\alpha$

$$\tan\alpha = \frac{\sin\alpha}{\cos\alpha}$$

$$\cot\alpha = \frac{\cos\alpha}{\sin\alpha}.$$

2. 和角公式：

$\sin(\alpha \pm \beta) = \sin\alpha\cos\beta \pm \cos\alpha\sin\beta$

$\cos(\alpha \pm \beta) = \cos\alpha\cos\beta \mp \sin\alpha\sin\beta$

$$\tan(\alpha \pm \beta) = \frac{\tan\alpha \pm \tan\beta}{1 \mp \tan\alpha \cdot \tan\beta}.$$

3. 倍角公式和降幂公式：

$\sin2\alpha = 2\sin\alpha\cos\alpha$

$$\begin{aligned}\cos2\alpha &= \cos^2\alpha - \sin^2\alpha \\ &= 2\cos^2\alpha - 1 \\ &= 1 - 2\sin^2\alpha\end{aligned}$$

$$\tan2\alpha = \frac{2\tan\alpha}{1 - \tan^2\alpha}$$

$$\cos^2\alpha = \frac{1 + \cos2\alpha}{2}$$

$$\sin^2\alpha = \frac{1 - \cos2\alpha}{2}.$$

4. 和差化积和积化和差公式：

$$\sin\alpha + \sin\beta = 2\sin\frac{\alpha+\beta}{2}\cos\frac{\alpha-\beta}{2}$$

$$\sin\alpha - \sin\beta = 2\cos\frac{\alpha+\beta}{2}\sin\frac{\alpha-\beta}{2}$$

$$\cos\alpha + \cos\beta = 2\cos\frac{\alpha+\beta}{2}\cos\frac{\alpha-\beta}{2}$$

$$\cos\alpha-\cos\beta=-2\sin\frac{\alpha+\beta}{2}\sin\frac{\alpha-\beta}{2}$$

$$\sin\alpha\cdot\cos\beta=\frac{1}{2}[\sin(\alpha+\beta)+\sin(\alpha-\beta)]$$

$$\cos\alpha\cdot\sin\beta=\frac{1}{2}[\sin(\alpha+\beta)-\sin(\alpha-\beta)]$$

$$\cos\alpha\cdot\cos\beta=\frac{1}{2}[\cos(\alpha+\beta)+\cos(\alpha-\beta)]$$

$$\sin\alpha\cdot\sin\beta=-\frac{1}{2}[\cos(\alpha+\beta)-\cos(\alpha-\beta)].$$

附录B　积　分　表

(一) 含有 $ax+b$ 的积分

1. $\int \frac{\mathrm{d}x}{ax+b} = \frac{1}{a}\ln|ax+b| + C.$

2. $\int (ax+b)^{\alpha}\mathrm{d}x = \frac{1}{a(\alpha+1)}(ax+b)^{\alpha+1} + C(\alpha \neq -1).$

3. $\int \frac{x}{ax+b}\mathrm{d}x = \frac{1}{a^2}(ax+b-b\ln|ax+b|) + C.$

4. $\int \frac{x^2}{ax+b}\mathrm{d}x = \frac{1}{a^3}\left[\frac{1}{2}(ax+b)^2 - 2b(ax+b) + b^2\ln|ax+b|\right] + C.$

5. $\int \frac{\mathrm{d}x}{x(ax+b)} = -\frac{1}{b}\ln\left|\frac{ax+b}{x}\right| + C.$

6. $\int \frac{\mathrm{d}x}{x^2(ax+b)} = -\frac{1}{bx} + \frac{a}{b^2}\ln\left|\frac{ax+b}{x}\right| + C.$

7. $\int \frac{x}{(ax+b)^2}\mathrm{d}x = \frac{1}{a^2}\left[\ln|ax+b| + \frac{b}{ax+b}\right] + C.$

8. $\int \frac{x^2}{(ax+b)^2}\mathrm{d}x = \frac{1}{a^3} + \left[ax+b-2b\ln|ax+b| - \frac{b^2}{ax+b}\right] + C.$

9. $\int \frac{\mathrm{d}x}{x(ax+b)^2} = \frac{1}{b(ax+b)} - \frac{1}{b^2}\ln\left|\frac{ax+b}{x}\right| + C.$

(二) 含有 $\sqrt{ax+b}$ 的积分

10. $\int \sqrt{ax+b}\,\mathrm{d}x = \frac{2}{3a}\sqrt{(ax+b)^3} + C.$

11. $\int x\sqrt{ax+b}\,\mathrm{d}x = \frac{2}{15a^2}(3ax-2b)\sqrt{(ax+b)^3} + C.$

12. $\int x^2\sqrt{ax+b}\,\mathrm{d}x = \frac{2}{105a^3}(15a^2x^2 - 12abx + 8b^2)\sqrt{(ax+b)^3} + C.$

13. $\int \frac{x}{\sqrt{ax+b}}\mathrm{d}x = \frac{2}{3a^2}(ax-2b)\sqrt{ax+b} + C.$

14. $\int \frac{x^2}{\sqrt{ax+b}}\mathrm{d}x = \frac{2}{15a^3}(3a^2x^2 - 4abx + 8b^2)\sqrt{ax+b} + C.$

15. $\int \frac{dx}{x\sqrt{ax+b}} = \begin{cases} \frac{1}{\sqrt{b}}\ln\left|\frac{\sqrt{ax+b}-\sqrt{b}}{\sqrt{ax+b}+\sqrt{b}}\right| + C & (b>0), \\ \frac{2}{\sqrt{-b}}\arctan\sqrt{\frac{ax+b}{-b}} + C & (b<0). \end{cases}$

16. $\int \frac{dx}{x^2\sqrt{ax+b}} = -\frac{\sqrt{ax+b}}{bx} - \frac{a}{2b}\int \frac{dx}{x\sqrt{ax+b}}.$

17. $\int \frac{\sqrt{ax+b}}{x}dx = 2\sqrt{ax+b} + b\int \frac{dx}{x\sqrt{ax+b}}.$

18. $\int \frac{\sqrt{ax+b}}{x^2}dx = -\frac{\sqrt{ax+b}}{x} + \frac{a}{2}\int \frac{dx}{x\sqrt{ax+b}}.$

(三) 含有 $x^2 \pm a^2$ 的积分

19. $\int \frac{dx}{x^2+a^2} = \frac{1}{a}\arctan\frac{x}{a} + C, a \neq 0.$

20. $\int \frac{dx}{(x^2+a^2)^n} = \frac{x}{2(n-1)a^2(x^2+a^2)^{n-1}} + \frac{2n-3}{2(n-1)a^2}\int \frac{dx}{(x^2+a^2)^{n-1}}.$

21. $\int \frac{dx}{x^2-a^2} = \frac{1}{2a}\ln\left|\frac{x-a}{x+a}\right| + C.$

(四) 含有 $ax^2+b(a>0)$ 的积分

22. $\int \frac{dx}{ax^2+b} = \begin{cases} \frac{1}{2\sqrt{-ab}}\ln\left|\frac{\sqrt{a}x-\sqrt{-b}}{\sqrt{a}x+\sqrt{-b}}\right| + C & (b<0). \\ \frac{1}{\sqrt{ab}}\arctan\sqrt{\frac{a}{b}}x + C & (b>0). \end{cases}$

23. $\int \frac{x}{ax^2+b}dx = \frac{1}{2a}\ln|ax^2+b| + C.$

24. $\int \frac{x^2}{ax^2+b}dx = \frac{x}{a} - \frac{b}{a}\int \frac{dx}{ax^2+b}.$

25. $\int \frac{dx}{x(ax^2+b)} = \frac{1}{2b}\ln\frac{x^2}{|ax^2+b|} + C.$

26. $\int \frac{dx}{x^2(ax^2+b)} = -\frac{1}{bx} - \frac{a}{b}\int \frac{dx}{ax^2+b}.$

27. $\int \frac{dx}{x^3(ax^2+b)} = \frac{a}{2b^2}\ln\frac{|ax^2+b|}{x^2} - \frac{1}{2bx^2} + C.$

28. $\int \frac{dx}{(ax^2+b)^2} = \frac{x}{2b(ax^2+b)} + \frac{1}{2b}\int \frac{dx}{ax^2+b}.$

(五) 含有 $ax^2+bx+c(a>0)$ 的积分

29. $$\int \frac{\mathrm{d}x}{ax^2+bx+c}=\begin{cases}\dfrac{1}{\sqrt{b^2-4ac}}\ln\left|\dfrac{2ax+b-\sqrt{b^2-4ac}}{2ax+b+\sqrt{b^2-4ac}}\right|+C & (b^2>4ac),\\ \dfrac{2}{\sqrt{4ac-b^2}}\arctan\dfrac{2ax+b}{\sqrt{4ac-b^2}}+C & (b^2<4ac).\end{cases}$$

30. $$\int \frac{x}{ax^2+bx+c}\mathrm{d}x=\frac{1}{2a}\ln|ax^2+bx+c|-\frac{b}{2a}\int\frac{\mathrm{d}x}{ax^2+bx+c}.$$

(六) 含有 $\sqrt{x^2+a^2}(a>0)$ 的积分

31. $$\int \frac{\mathrm{d}x}{\sqrt{x^2+a^2}}=\operatorname{arsh}\frac{x}{a}+C_1=\ln(x+\sqrt{x^2+a^2})+C.$$

32. $$\int \frac{\mathrm{d}x}{\sqrt{(x^2+a^2)^3}}=\frac{x}{a^2\sqrt{x^2+a^2}}+C.$$

33. $$\int \frac{x}{\sqrt{x^2+a^2}}\mathrm{d}x=\sqrt{x^2+a^2}+C.$$

34. $$\int \frac{x}{\sqrt{(x^2+a^2)^3}}\mathrm{d}x=-\frac{1}{\sqrt{x^2+a^2}}+C.$$

35. $$\int \frac{x^2}{\sqrt{x^2+a^2}}\mathrm{d}x=\frac{x}{2}\sqrt{x^2+a^2}-\frac{a^2}{2}\ln(x+\sqrt{x^2+a^2})+C.$$

36. $$\int \frac{x^2}{\sqrt{(x^2+a^2)^3}}\mathrm{d}x=-\frac{x}{\sqrt{x^2+a^2}}+\ln(x+\sqrt{x^2+a^2})+C.$$

37. $$\int \frac{\mathrm{d}x}{x\sqrt{x^2+a^2}}=\frac{1}{a}\ln\frac{\sqrt{x^2+a^2}-a}{|x|}+C.$$

38. $$\int \frac{\mathrm{d}x}{x^2\sqrt{x^2+a^2}}=-\frac{\sqrt{x^2+a^2}}{a^2x}+C.$$

39. $$\int \sqrt{x^2+a^2}\,\mathrm{d}x=\frac{x}{2}\sqrt{x^2+a^2}+\frac{a^2}{2}\ln(x+\sqrt{x^2+a^2})+C.$$

40. $$\int \sqrt{(x^2+a^2)^3}\,\mathrm{d}x=\frac{x}{8}(2x^2+5a^2)\sqrt{x^2+a^2}+\frac{3a^4}{8}\ln(x+\sqrt{x^2+a^2})+C.$$

41. $$\int x\sqrt{x^2+a^2}\,\mathrm{d}x=\frac{1}{3}\sqrt{(x^2+a^2)^3}+C.$$

42. $$\int x^2\sqrt{x^2+a^2}\,\mathrm{d}x=\frac{x}{8}(2x^2+a^2)\sqrt{x^2+a^2}-\frac{a^4}{8}\ln(x+\sqrt{x^2+a^2})+C.$$

43. $$\int \frac{\sqrt{x^2+a^2}}{x}\mathrm{d}x=\sqrt{x^2+a^2}+a\ln\frac{\sqrt{x^2+a^2}-a}{|x|}+C.$$

44. $\int \frac{\sqrt{x^2+a^2}}{x^2}\mathrm{d}x = -\frac{\sqrt{x^2+a^2}}{x} + \ln(x+\sqrt{x^2+a^2}) + C.$

(七) 含有 $\sqrt{x^2-a^2}\,(a>0)$ 的积分

45. $\int \frac{\mathrm{d}x}{\sqrt{x^2-a^2}} = \frac{x}{|x|}\operatorname{arch}\frac{|x|}{a} + C_1 = \ln|x+\sqrt{x^2-a^2}| + C.$

46. $\int \frac{\mathrm{d}x}{\sqrt{(x^2-a^2)^3}} = -\frac{x}{a^2\sqrt{x^2-a^2}} + C.$

47. $\int \frac{x}{\sqrt{x^2-a^2}}\mathrm{d}x = \sqrt{x^2-a^2} + C.$

48. $\int \frac{x}{\sqrt{(x^2-a^2)^3}}\mathrm{d}x = -\frac{1}{\sqrt{x^2-a^2}} + C.$

49. $\int \frac{x^2}{\sqrt{x^2-a^2}}\mathrm{d}x = \frac{x}{2}\sqrt{x^2-a^2} + \frac{a^2}{2}\ln|x+\sqrt{x^2-a^2}| + C.$

50. $\int \frac{x^2}{\sqrt{(x^2-a^2)^3}}\mathrm{d}x = -\frac{x}{\sqrt{x^2-a^2}} + \ln|x+\sqrt{x^2-a^2}| + C.$

51. $\int \frac{\mathrm{d}x}{x\sqrt{x^2-a^2}} = \frac{1}{a}\arccos\frac{a}{|x|} + C.$

52. $\int \frac{\mathrm{d}x}{x^2\sqrt{x^2-a^2}} = \frac{\sqrt{x^2-a^2}}{a^2 x} + C.$

53. $\int \sqrt{x^2-a^2}\,\mathrm{d}x = \frac{x}{2}\sqrt{x^2-a^2} - \frac{a^2}{2}\ln|x+\sqrt{x^2-a^2}| + C.$

54. $\int \sqrt{(x^2-a^2)^3}\,\mathrm{d}x = \frac{x}{8}(2x^2-5a^2)\sqrt{x^2-a^2} + \frac{3a^4}{8}\ln|x+\sqrt{x^2-a^2}| + C.$

55. $\int x\sqrt{x^2-a^2}\,\mathrm{d}x = \frac{1}{3}\sqrt{(x^2-a^2)^3} + C.$

56. $\int x^2\sqrt{x^2-a^2}\,\mathrm{d}x = \frac{x}{8}(2x^2-a^2)\sqrt{x^2-a^2} - \frac{a^4}{8}\ln|x+\sqrt{x^2-a^2}| + C.$

57. $\int \frac{\sqrt{x^2-a^2}}{x}\mathrm{d}x = \sqrt{x^2-a^2} - a\arccos\frac{a}{|x|} + C.$

58. $\int \frac{\sqrt{x^2-a^2}}{x^2}\mathrm{d}x = -\frac{\sqrt{x^2-a^2}}{x} + \ln|x+\sqrt{x^2-a^2}| + C.$

(八) 含有 $\sqrt{a^2-x^2}\,(a>0)$ 的积分

59. $\int \frac{\mathrm{d}x}{\sqrt{a^2-x^2}} = \arcsin\frac{x}{a} + C.$

60. $\int \frac{\mathrm{d}x}{\sqrt{(a^2-x^2)^3}} = \frac{x}{a^2\sqrt{a^2-x^2}} + C.$

61. $\int \frac{x}{\sqrt{a^2-x^2}}\mathrm{d}x = -\sqrt{a^2-x^2} + C.$

62. $\int \frac{x}{\sqrt{(a^2-x^2)^3}}\mathrm{d}x = \frac{1}{\sqrt{a^2-x^2}} + C.$

63. $\int \frac{x^2}{\sqrt{a^2-x^2}}\mathrm{d}x = -\frac{x}{2}\sqrt{a^2-x^2} + \frac{a^2}{2}\arcsin\frac{x}{a} + C.$

64. $\int \frac{x^2}{\sqrt{(a^2-x^2)^3}}\mathrm{d}x = \frac{x}{\sqrt{a^2-x^2}} - \arcsin\frac{x}{a} + C.$

65. $\int \frac{\mathrm{d}x}{x\sqrt{a^2-x^2}} = \frac{1}{a}\ln\frac{a-\sqrt{a^2-x^2}}{|x|} + C.$

66. $\int \frac{\mathrm{d}x}{x^2\sqrt{a^2-x^2}} = -\frac{\sqrt{a^2-x^2}}{a^2x} + C.$

67. $\int \sqrt{a^2-x^2}\,\mathrm{d}x = \frac{x}{2}\sqrt{a^2-x^2} + \frac{a^2}{2}\arcsin\frac{x}{a} + C.$

68. $\int \sqrt{(a^2-x^2)^3}\,\mathrm{d}x = \frac{x}{8}(5a^2-2x^2)\sqrt{a^2-x^2} + \frac{3a^4}{8}\arcsin\frac{x}{a} + C.$

69. $\int x\sqrt{a^2-x^2}\,\mathrm{d}x = -\frac{1}{3}\sqrt{(a^2-x^2)^3} + C.$

70. $\int x^2\sqrt{a^2-x^2}\,\mathrm{d}x = \frac{x}{8}(2x^2-a^2)\sqrt{a^2-x^2} + \frac{a^4}{8}\arcsin\frac{x}{a} + C.$

71. $\int \frac{\sqrt{a^2-x^2}}{x}\mathrm{d}x = \sqrt{a^2-x^2} + a\ln\frac{a-\sqrt{a^2-x^2}}{|x|} + C.$

72. $\int \frac{\sqrt{a^2-x^2}}{x^2}\mathrm{d}x = -\frac{\sqrt{a^2-x^2}}{x} - \arcsin\frac{x}{a} + C.$

（九）含有 $\sqrt{\pm ax^2+bx+c}\,(a>0)$ 的积分

73. $\int \frac{\mathrm{d}x}{\sqrt{ax+bx+c}} = \frac{1}{\sqrt{a}}\ln|2ax+b+2\sqrt{a}\sqrt{ax^2+bx+c}| + C.$

74. $\int \sqrt{ax^2+bx+c}\,\mathrm{d}x = \frac{2ax+b}{4a}\sqrt{ax^2+bx+c} + \frac{4ac-b^2}{8\sqrt{a^3}}\ln|2ax+b$

$+2\sqrt{a}\sqrt{ax^2+bx+c}| + C.$

75. $\int \frac{x}{\sqrt{ax^2+bx+c}}\mathrm{d}x = \frac{1}{a}\sqrt{ax^2+bx+c} - \frac{b}{2\sqrt{a^3}}\ln|2ax+b$

$$+2\sqrt{a}\sqrt{ax^2+bx+c}\,|+C.$$

76. $\int \frac{dx}{\sqrt{c+bx-ax^2}}=-\frac{1}{\sqrt{a}}\arcsin\frac{2ax-b}{\sqrt{b^2+4ac}}+C.$

77. $\int \sqrt{c+bx-ax^2}\,dx=\frac{2ax-b}{4a}\sqrt{c+bx-ax^2}+\frac{b^2+4ac}{8\sqrt{a^3}}\arcsin\frac{2ax-b}{\sqrt{b^2+4ac}}+C.$

78. $\int \frac{x}{\sqrt{c+bx-ax^2}}dx=-\frac{1}{a}\sqrt{c+bx-ax^2}+\frac{b}{2\sqrt{a^3}}\arcsin\frac{2ax-b}{\sqrt{b^2+4ac}}+C.$

(十) 含有$\sqrt{\pm\frac{x-a}{x-b}}$或$\sqrt{(x-a)(b-x)}$的积分

79. $\int \sqrt{\frac{x-a}{x-b}}dx=(x-b)\sqrt{\frac{x-a}{x-b}}+(b-a)\ln(\sqrt{|x-a|}+\sqrt{|x-b|})+C.$

80. $\int \sqrt{\frac{x-a}{b-x}}dx=(x-b)\sqrt{\frac{x-a}{b-x}}+(b-a)\arcsin\sqrt{\frac{x-a}{b-a}}+C.$

81. $\int \frac{dx}{\sqrt{(x-a)(b-x)}}=2\arcsin\sqrt{\frac{x-a}{b-a}}+C \quad (a<b).$

82. $\int \sqrt{(x-a)(b-x)}\,dx=\frac{2x-a-b}{4}\sqrt{(x-a)(b-x)}$

$$+\frac{(b-a)^2}{4}\arcsin\sqrt{\frac{x-a}{b-a}}+C \quad (a<b).$$

(十一) 含有三角函数的积分

83. $\int \sin x\,dx=-\cos x+C.$

84. $\int \cos x\,dx=-\sin x+C.$

85. $\int \tan x\,dx=-\ln|\cos x|+C.$

86. $\int \cot x\,dx=\ln|\sin x|+C.$

87. $\int \sec x\,dx=\ln\left|\tan\left(\frac{\pi}{4}+\frac{x}{2}\right)\right|+C=\ln|\sec x+\tan x|+C.$

88. $\int \csc x\,dx=\ln\left|\tan\frac{x}{2}\right|+C=\ln|\csc x-\cot x|+C.$

89. $\int \sec^2 x\,dx=\tan x+C.$

90. $\int \csc^2 x\,dx=-\cot x+C.$

91. $\int \sec x \tan x \mathrm{d}x = \sec x + C.$

92. $\int \csc x \cot x \mathrm{d}x = -\csc x + C.$

93. $\int \sin^2 x \mathrm{d}x = \frac{x}{2} - \frac{1}{4}\sin 2x + C.$

94. $\int \cos^2 x \mathrm{d}x = \frac{x}{2} + \frac{1}{4}\sin 2x + C.$

95. $\int \sin^n x \mathrm{d}x = -\frac{1}{n}\sin^{n-1} x \cos x + \frac{n-1}{n}\int \sin^{n-2} x \mathrm{d}x.$

96. $\int \cos^n x \mathrm{d}x = \frac{1}{n}\cos^{n-1} x \sin x + \frac{n-1}{n}\int \cos^{n-2} x \mathrm{d}x.$

97. $\int \frac{\mathrm{d}x}{\sin^n x} = -\frac{1}{n-1} \cdot \frac{\cos x}{\sin^{n-1} x} + \frac{n-2}{n-1}\int \frac{\mathrm{d}x}{\sin^{n-2} x}.$

98. $\int \frac{\mathrm{d}x}{\cos^n x} = \frac{1}{n-1} \cdot \frac{\sin x}{\cos^{n-1} x} + \frac{n-2}{n-1}\int \frac{\mathrm{d}x}{\cos^{n-2} x}.$

99. $$\begin{aligned}\int \cos^m x \sin^n x \mathrm{d}x &= \frac{1}{m+n}\cos^{m-1} x \sin^{n+1} x + \frac{m-1}{m+n}\int \cos^{m-2} x \sin^n x \mathrm{d}x \\ &= -\frac{1}{m+n}\cos^{m+1} x \sin^{n-1} x + \frac{n-1}{m+n}\int \cos^m x \sin^{n-2} x \mathrm{d}x.\end{aligned}$$

100. $\int \sin ax \cos bx \mathrm{d}x = -\frac{1}{2(a+b)}\cos(a+b)x - \frac{1}{2(a-b)}\cos(a-b)x + C.$

101. $\int \sin ax \sin bx \mathrm{d}x = -\frac{1}{2(a+b)}\sin(a+b)x + \frac{1}{2(a-b)}\sin(a-b)x + C.$

102. $\int \cos ax \cos bx \mathrm{d}x = \frac{1}{2(a+b)}\sin(a+b)x + \frac{1}{2(a-b)}\sin(a-b)x + C.$

103. $\int \frac{\mathrm{d}x}{a + b\sin x} = \frac{2}{\sqrt{a^2 - b^2}}\arctan \frac{a\tan\frac{x}{2} + b}{\sqrt{a^2 - b^2}} + C(a^2 > b^2).$

104. $\int \frac{\mathrm{d}x}{a + b\sin x} = \frac{1}{\sqrt{b^2 - a^2}}\ln\left|\frac{a\tan\frac{x}{2} + b - \sqrt{b^2 - a^2}}{a\tan\frac{x}{2} + b + \sqrt{b^2 - a^2}}\right| + C \quad (a^2 < b^2).$

105. $\int \frac{\mathrm{d}x}{a + b\cos x} = \frac{1}{a+b}\sqrt{\frac{a+b}{b-a}}\ln\left|\frac{\tan\frac{x}{2} + \sqrt{\frac{a+b}{b-a}}}{\tan\frac{x}{2} - \sqrt{\frac{a+b}{b-a}}}\right| + C \quad (a^2 < b^2).$

106. $\int \frac{\mathrm{d}x}{a + b\cos x} = \frac{2}{a+b}\sqrt{\frac{a+b}{a-b}}\arctan\left[\sqrt{\frac{a-b}{a+b}}\tan\frac{x}{2}\right] + C \quad (a^2 > b^2).$

107. $\int \frac{dx}{a^2\cos^2 x + b^2\sin^2 x} = \frac{1}{ab}\arctan\left(\frac{b}{a}\tan x\right) + C.$

108. $\int \frac{dx}{a^2\cos^2 x - b^2\sin^2 x} = \frac{1}{2ab}\ln\left|\frac{b\tan x + a}{b\tan x - a}\right| + C.$

109. $\int x\sin ax\,dx = \frac{1}{a^2}\sin ax - \frac{1}{a}x\cos ax + C.$

110. $\int x^2\sin ax\,dx = -\frac{1}{a}x^2\cos ax + \frac{2}{a^2}x\sin ax + \frac{2}{a^3}\cos ax + C.$

111. $\int x\cos ax\,dx = \frac{1}{a^2}\cos ax + \frac{1}{a}x\sin ax + C.$

112. $\int x^2\cos ax\,dx = \frac{1}{a}x^2\sin ax + \frac{2}{a^2}x\cos x - \frac{2}{a^3}\sin ax + C.$

(十二) 含有反三角函数的积分(其中 $a > 0$)

113. $\int \arcsin\frac{x}{a}dx = x\arcsin\frac{x}{a} + \sqrt{a^2 - x^2} + C.$

114. $\int x\arcsin\frac{x}{a}dx = \left(\frac{x^2}{2} - \frac{a^2}{4}\right)\arcsin\frac{x}{a} + \frac{x}{4}\sqrt{a^2 - x^2} + C.$

115. $\int x^2\arcsin\frac{x}{a}dx = \frac{x^3}{3}\arcsin\frac{x}{a} + \frac{1}{9}(x^2 + 2a^2)\sqrt{a^2 - x^2} + C.$

116. $\int \arccos\frac{x}{a}dx = x\arccos\frac{x}{a} - \sqrt{a^2 - x^2} + C.$

117. $\int x\arccos\frac{x}{a}dx = \left(\frac{x^2}{2} - \frac{a^2}{4}\right)\arccos\frac{x}{a} - \frac{x}{4}\sqrt{a^2 - x^2} + C.$

118. $\int x^2\arccos\frac{x}{a}dx = \frac{x^3}{3}\arccos\frac{x}{a} - \frac{1}{9}(x^2 + 2a^2)\sqrt{a^2 - x^2} + C.$

119. $\int \arctan\frac{x}{a}dx = x\arctan\frac{x}{a} - \frac{a}{2}\ln(a^2 + x^2) + C.$

120. $\int x\arctan\frac{x}{a}dx = \frac{1}{2}(a^2 + x^2)\arctan\frac{x}{a} - \frac{a}{2}x + C.$

121. $\int x^2\arctan\frac{x}{a}dx = \frac{1}{3}x^3\arctan\frac{x}{a} - \frac{a}{6}x^2 + \frac{a^3}{6}\ln(a^2 + x^2) + C.$

(十三) 含有指数函数的积分

122. $\int a^x dx = \frac{1}{\ln a}a^x + C.$

123. $\int e^{ax}dx = \frac{1}{a}e^{ax} + C.$

124. $\int x\mathrm{e}^{ax}\,\mathrm{d}x=\frac{1}{a^2}(ax-1)\mathrm{e}^{ax}+C.$

125. $\int x^n\mathrm{e}^{ax}\,\mathrm{d}x=\frac{1}{a}x^n\mathrm{e}^{ax}-\frac{n}{a}\int x^{n-1}\mathrm{e}^{ax}\,\mathrm{d}x.$

126. $\int xa^x\,\mathrm{d}x=\frac{x}{\ln a}a^x-\frac{1}{(\ln a)^2}a^x+C.$

127. $\int x^na^x\,\mathrm{d}x=\frac{1}{\ln a}x^na^x-\frac{n}{\ln a}\int x^{n-1}a^x\,\mathrm{d}x.$

128. $\int \mathrm{e}^{ax}\sin bx\,\mathrm{d}x=\frac{1}{a^2+b^2}\mathrm{e}^{ax}(a\sin bx-b\cos bx)+C.$

129. $\int \mathrm{e}^{ax}\cos bx\,\mathrm{d}x=\frac{1}{a^2+b^2}\mathrm{e}^{ax}(b\sin bx+a\cos bx)+C.$

130. $$\int \mathrm{e}^{ax}\sin^n bx\,\mathrm{d}x=\frac{1}{a^2+b^2n^2}\mathrm{e}^{ax}\sin^{n-1}bx(a\sin bx-nb\cos bx)+\frac{n(n-1)b^2}{a^2+b^2n^2}\int \mathrm{e}^{ax}\sin^{n-2}bx\,\mathrm{d}x.$$

131. $$\int \mathrm{e}^{ax}\cos^n bx\,\mathrm{d}x=\frac{1}{a^2+b^2n^2}\mathrm{e}^{ax}\cos^{n-1}bx(a\cos bx+nb\cos bx)+\frac{n(n-1)b^2}{a^2+b^2n^2}\int \mathrm{e}^{ax}\cos^{n-2}bx\,\mathrm{d}x.$$

(十四) 含有对数函数的积分

132. $\int \ln x\,\mathrm{d}x=x\ln x-x+C.$

133. $\int \frac{\mathrm{d}x}{x\ln x}=\ln|\ln x|+C.$

134. $\int x^n\ln x\,\mathrm{d}x=\frac{1}{n+1}x^{n+1}\left(\ln x-\frac{1}{n+1}\right)+C.$

135. $\int (\ln x)^n\,\mathrm{d}x=x(\ln x)^n-n\int (\ln x)^{n-1}\,\mathrm{d}x.$

136. $\int x^m(\ln x)^n\,\mathrm{d}x=\frac{1}{m+1}x^{m+1}(\ln x)^n-\frac{n}{m+1}\int x^m(\ln x)^{n-1}\,\mathrm{d}x.$

(十五) 含有双曲函数的积分

137. $\int \mathrm{sh}x\,\mathrm{d}x=\mathrm{ch}x+C.$

138. $\int \mathrm{ch}x\,\mathrm{d}x=\mathrm{sh}x+C.$

139. $\int \mathrm{th}x\,\mathrm{d}x = \ln\mathrm{ch}x + C.$

140. $\int \mathrm{sh}^2 x\,\mathrm{d}x = -\frac{x}{2} + \frac{1}{4}\mathrm{sh}2x + C.$

141. $\int \mathrm{ch}^2 x\,\mathrm{d}x = \frac{x}{2} + \frac{1}{4}\mathrm{sh}2x + C.$

(十六) 定积分

142. $\int_{-\pi}^{\pi} \cos nx\,\mathrm{d}x = \int_{-\pi}^{\pi} \sin nx\,\mathrm{d}x = 0.$

143. $\int_{-\pi}^{\pi} \cos mx \sin nx\,\mathrm{d}x = 0.$

144. $\int_{-\pi}^{\pi} \cos mx \cos nx\,\mathrm{d}x = \begin{cases} 0, m \neq n, \\ \pi, m = n. \end{cases}$

145. $\int_{-\pi}^{\pi} \sin mx \sin nx\,\mathrm{d}x = \begin{cases} 0, m \neq n, \\ \pi, m = n. \end{cases}$

146. $\int_{0}^{\pi} \sin mx \sin nx\,\mathrm{d}x = \int_{0}^{\pi} \cos mx \cos nx\,\mathrm{d}x = \begin{cases} 0, m \neq n, \\ \pi/2, m = n. \end{cases}$

147. $I_n = \int_0^{\frac{\pi}{2}} \sin^n x\,\mathrm{d}x = \int_0^{\frac{\pi}{2}} \cos^n x\,\mathrm{d}x, I_n = \frac{n-1}{n} I_{n-2}, I_1 = 1, I_0 = \frac{\pi}{2}.$

部分习题参考答案

第 1 章　函数与极限

习题 1.1

1.(1) $-1, -x^3-1$； (2)1,1,1；

(3) $-4, -2, 23, 2x^2-3x-4, \frac{2}{x^2}+\frac{3}{x}-4$； (4) $\frac{1}{2}, \frac{\sqrt{2}}{2}, \frac{\sqrt{2}}{2}, 0$.

2.(1) 不同； (2) 同； (3) 不同； (4) 同； (5) 不同； (6) 同.

3.(1) $x \neq 1$； (2) $(-\infty,-3) \cup (-3,1) \cup (1,+\infty)$； (3) $\mathbf{R}$； (4) $x>1$ 或 $x<-1$；

(5) $-3 \leqslant x \leqslant 3$； (6) $x \neq \pm 2$； (7) $[-1,0) \cup (0,1]$； (8) $(-4,1)$.

4.(1) 奇函数； (2) 非奇非偶； (3) 奇函数； (4) 奇函数.

5.(1) 有界； (2) 有界.

6.单调增加.

7.(1) 周期函数，$T=2\pi$； (2) 非周期函数； (3) 周期函数，$T=\pi$.

习题 1.2

1.(1) $y=\frac{x-1}{2}$； (2) $y=\frac{1}{2}\log_a x$； (3) $y=\sqrt[3]{x-2}$； (4) $y=10^x-1$.

2.(1) $y=\sin u, u=2x$； (2) $y=\tan u, u=2t+\frac{\pi}{4}$； (3) $y=\ln u, u=1+x^2$；

(4) $y=u^n, u=1+x$； (5) $y=\tan u, u=\ln v, v=\sqrt{x}$； (6) $y=\sqrt{u}, u=\arctan v, v=x^2$.

3.(1) $y=\sin^2 x$； (2) $y=\sin x^2$； (3) $y=\ln(\tan^2 x-1)$； (4) $y=e^{\left(\frac{x-1}{x+1}\right)^2}$；

(5) $y=\sqrt{2+\cos^2 x}$.

4. $e^{2x}+1, e^{u^2+1}$.

5. x^2-2x-1(提示：设 $f(x)=ax^2+bx+c$).

6. $\frac{x-1}{x}$.

7.略.

8. $\varphi(x)=\sqrt{\ln(1-x)}, x<0$.

9. $\begin{cases} -1, x \leqslant 0, \\ -\mathrm{e}^{-x^2}, x > 0. \end{cases}$

10. $A = b\sqrt{d^2 - b^2}$.

11. $V = x(L - 2x)^2$.

习题 1.3

1. (1) $\frac{1}{3},\frac{1}{3^2},\frac{1}{3^3},\frac{1}{3^4},\frac{1}{3^5}$； (2) $\frac{1}{2},\frac{3}{4},\frac{7}{8},\frac{15}{16},\frac{31}{32}$； (3) $2,\left(\frac{3}{2}\right)^2,\left(\frac{4}{3}\right)^3,\left(\frac{5}{4}\right)^4,\left(\frac{6}{5}\right)$；

   (4) $\sqrt{2}-1,\sqrt{3}-\sqrt{2},2-\sqrt{3},\sqrt{5}-2,\sqrt{6}-\sqrt{5}$.

2. (1)0； (2)2； (3)1； (4) 极限不存在； (5) 极限不存在； (6) 极限不存在.

3. (1)1； (2)1； (3)1； (4) $\frac{1}{5}$； (5) $\frac{1}{2}$； (6)2； (7) $\frac{1}{3}$； (8)1；

   (9)0； (10) $\frac{1}{2}$； (11)1； (12) $\frac{1}{2}$； (13)0； (14)1； (15)e^3.

习题 1.4

1. (1) 无穷大量； (2) 无穷大量； (3) 无穷小量； (4) 无穷大量.

2. $x \to 1$ 时是无穷大量，$x \to \infty$ 时是无穷小量.

3. (1) 同阶； (2) 高阶； (3) 低阶； (4) 同阶.

4. (1) -9； (2)0； (3) -3； (4)0； (5)6； (6) $\frac{1}{3}$； (7)0； (8)2； (9)2；

   (10) $\frac{1}{4}$； (11)0； (12) $\frac{3}{5}$； (13) $\frac{1}{2}$； (14)e^{-3}； (15)e^{-1}； (16)e^{-1}.

5. 不存在.

6. (1)5； (2)1； (3)0； (4)2； (5)1； (6)0.

7. (1) $\frac{1}{\mathrm{e}}$； (2)e^2； (3)e^3； (4)e^{-5}； (5)e^{-1}； (6)e^{2a}.

8. (1) $\frac{3}{5}$； (2) $\frac{1}{2}$； (3)5.

习题 1.5

1. $x = 1$ 处间断，$x = 2$ 处连续.

2. $a = 1$.

3. (1)$x = 2$； (2)$x = 1$； (3)$x = 1$； (4)$x = 1$.

4. (1)0； (2)1； (3)1； (4)0； (5)1； (6)e^2.

5. (1) -2； (2)2； (3)e^3； (4) $\frac{1}{2}$； (5) $\sqrt{2}-1$；

(6)5； (7)1； (8)1； (9) $\frac{3^{30}}{2^{80}}$； (10) $\frac{2}{\pi}$.

6.(1)ln3； (2)$a \in \mathbf{R}, b = 0$.

7.$a = 1$.

8.略.

第2章 导数及其应用

习题 2.1

1.略.

2.略.

3.(1)$-f'(x_0)$； (2)$2f'(x_0)$.

4.(1)-2； (2)$-\frac{1}{4}$.

5.(1)$2x, 0, 6$； (2)$-\frac{1}{2}x^{-\frac{3}{2}}, -\frac{1}{2}, -\frac{1}{16}$.

6.(1)$y - 2 = \frac{1}{4}(x-4), y - 2 = -4(x-4)$； (2)$y = -x + \pi, y = x - \pi$.

7.略.

8.(1)$-\sin x$； (2)$-\frac{1}{x^2}$.

9.连续,可导.

10.$a = 2, b = -1$.

习题 2.2

1.(1)$6x - 1$； (2)$18x^2 - x$； (3)$3x - x^{-\frac{1}{2}} - \frac{1}{3}x^{-\frac{4}{3}}$； (4)$2x + 2\sin x$；

(5)$-3x^2\ln x + (1-x^3)\frac{1}{x}$； (6) $\frac{\sin x(1+x) - (1-\cos x)}{(1+x)^2}$；

(7)$-\frac{1}{x^2}\ln x + \frac{1}{x^2}$； (8)$-\frac{1}{x(\ln x)^2}$； (9) $\frac{2}{(1+x)^2}$； (10) $\frac{-(1+2x)}{(1+x+x^2)^2}$；

(11) $\frac{-2\csc x[\cot x(1+x^2)+2x]}{(1+x^2)^2}$； (12)$\tan x + x\sec^2 x + \frac{1}{x}$；

(13) $\frac{1}{x} - \frac{2}{x\ln 10} + \frac{3}{x\ln 2}$； (14)$\sec x\tan x + 2\sec^2 x$.

2.(1)$8(2x+5)^3$； (2)$(1-x^2)^{-\frac{3}{2}}x$； (3)$3\sin(4-3x)$； (4) $\frac{2x}{1+x^2}$；

(5)$\cos x^2 \cdot 2x + \sin 2x$； (6)$\dfrac{1}{x\ln x}$； (7)$\dfrac{2a}{a^2 - x^2}$； (8)$\sec^2 \cos x \cdot (-\sin x)$；

(9)$(3 - \cos 2x)^{-\frac{1}{2}} \cdot \sin 2x$； (10)$-\sin(\sin\sqrt{1+x^2})\cos\sqrt{1+x^2} \cdot (1+x^2)^{-\frac{1}{2}}x$；

(11)$\dfrac{2\cos 2x \cdot x - \sin 2x}{x^2}$； (12)$\cot\dfrac{x}{2} \cdot \sec^2\dfrac{x}{2} \cdot \dfrac{1}{2}$；

(13)$(1+\ln^2 x)^{-\frac{1}{2}}\ln x\dfrac{1}{x}$； (14)$\dfrac{1}{\sqrt{1+x^2}}$.

3.(1)$-e^{-x}$； (2)$\dfrac{1}{\sqrt{1-1/x^2}} \cdot \dfrac{1}{x^2}$； (3)$-e^{-\frac{x}{2}}\left(\dfrac{1}{2}\cos 3x + 3\sin 3x\right)$；

(4)$e^{\sin x}\left(\cos x \cdot \arctan x^2 + \dfrac{2x}{1+x^4}\right)$； (5)$\dfrac{4-x}{\sqrt{4x-x^2}}$；

(6)$\dfrac{1}{(1+x^2)}$； (7)$e^{\sin\sqrt{x}}\cos\sqrt{x}\,\dfrac{1}{2}x^{-\frac{1}{2}}$； (8)$\dfrac{\cos x}{|\cos x|}$.

4.(1)$\dfrac{y^2}{e^y - 2xy}$； (2)$\dfrac{2x\sin(x^2-y^2)}{2y\sin(x^2-y^2)-1}$； (3)$-\dfrac{y}{x}$；

(4)$\dfrac{y}{y-x}$； (5)$\dfrac{y(x\ln y - y)}{x(y\ln x - x)}$； (6)$\dfrac{a^2\cos x + y^2\sin x}{2y\cos x}$.

5.(1)$(\cos x)^x\left(\ln\cos x - \dfrac{\sin x}{\cos x}x\right)$； (2)$\sqrt[x]{x} \cdot \dfrac{1}{x^2}(1-\ln x)$；

(3)$\dfrac{y}{2}\left(\dfrac{3}{x} - \dfrac{1}{x-1}\right)$； (4)$y\left[\dfrac{2}{3(2x-1)} + \dfrac{1}{x} + 2\cot 2x - \dfrac{x}{1+x^2} - 1\right]$.

6.(1)$-4e^x\cos x$； (2)$3^{10}\sin(3x+5\pi)$； (3)$-(a^2+x^2)^{-\frac{3}{2}} \cdot x$； (4)$a^{bx}(b\ln a)^n$.

7.可导.

8.略.

9.$y - y_0 = -\dfrac{x_0}{y_0}(x - x_0)$，$y - y_0 = \dfrac{y_0}{x_0}(x - x_0)$.

10.$y = \dfrac{2}{3}x - \dfrac{1}{5}$，$y = -\dfrac{3}{2}x - \dfrac{1}{5}$.

11.$a = 0$，$b = 1$.

12.(1)$4x^2 f'' + 2f'$； (2)$\dfrac{f''f - (f')^2}{f^2}$； (3)$\dfrac{f'' - 2xf'}{(1+x^2)^2}$；

(4)$-\sin f(e^x)(f'e^x)^2 + \cos f(e^x)f'' \cdot (e^x)^2 + \cos f(e^x)f' \cdot e^x$.

习题 2.3

1.(1)$\Delta y = 9$，$dy = 5$； (2)$\Delta y = 0.531$，$dy = 0.5$； (3)$\Delta y = 0.050\,301$，$dy = 0.05$.

2.(1)$\dfrac{5}{2}x^2 + C$； (2)$-\dfrac{1}{w}\cos wx + C$； (3)$\ln(1+x) + C$；

(4)$-\dfrac{1}{2}e^{-2x} + C$； (5)$2\sqrt{x} + C$； (6)$\dfrac{1}{2}\tan 2x + C$.

3.(1)$(6x-4)\mathrm{d}x$；(2)$(\sin x+x\cos x)\mathrm{d}x$；(3)$\dfrac{2}{(1-x)^2}\mathrm{d}x$；

(4)$\mathrm{e}^{\arcsin x}\dfrac{1}{\sqrt{1-x^2}}\mathrm{d}x$；(5)$-\dfrac{\sin\sqrt{x}}{2\sqrt{x}\cos\sqrt{x}}\mathrm{d}x$；(6)$5^{\ln\tan x}\ln5\cdot\cot x\cdot\sec^2x\mathrm{d}x$.

4.(1)$\dfrac{\mathrm{e}^{x-y}}{1+\mathrm{e}^{x-y}}$；(2)$\dfrac{2\mathrm{e}^{2x}-\ln y/\sqrt{1-x^2}}{\sec^2y+\arcsin x/y}$.

5.(1)$-\tan t$；(2)$\dfrac{t}{2}$.

6.(1)0.8 747；(2)1.0 067.

7.1.169.

习题 2.4

1.3,(1,2),(2,3),(3,4).

2.(1)$-\dfrac{\sqrt{3}}{3}$；(2)$-\ln\ln2$.

3.略.

4.略.

5.(1)$\dfrac{1}{3}$；(2)$\dfrac{7}{4}$；(3)1；(4)0；(5)∞；(6)∞；

(7)0；(8)$\dfrac{1}{2}$；(9)0；(10)a；(11)1；(12)1.

习题 2.5

1.$f(x)$ 单调递减,$g(x)$ 单调递增.

2.(1) 单调递增区间$(-\infty,0)$,单调递减区间$(0,+\infty)$；

(2) 单调递增区间$\left(-\dfrac{1}{\sqrt{3}},\dfrac{1}{\sqrt{3}}\right)$,单调递减区间$\left(-\infty,-\dfrac{1}{\sqrt{3}}\right)\cup\left(\dfrac{1}{\sqrt{3}},+\infty\right)$；

(3) 单调递增区间$\left(\dfrac{1}{2},+\infty\right)$,单调递减区间$\left(-\infty,\dfrac{1}{2}\right)$；

(4) 整个定义域内递减；

(5) 在$(-\infty,-1)$,$(3,+\infty)$ 上严格递增,在$(-1,3)$ 上严格递减；

(6) 在$[0,+\infty)$ 上单调递增.

3.略

4.(1) 在$(-\infty,0)\cup(1,+\infty)$ 内下凸,$(0,1)$ 内上凸,拐点$(0,1)$,$(1,0)$；

(2) 在$(-\infty,-1)\cup(0,+\infty)$ 内下凸,$(-1,0)$ 内上凸,拐点$(-1,0)$；

(3) 在$\left[0,\dfrac{\pi}{2}\right]$上下凸,无拐点.

5.(1) 单调递增区间$(0,2)$,单调递减区间$(-\infty,0)\cup(2,+\infty)$,上凸区间$(2-\sqrt{2},2+$

$\sqrt{2})$，下凸区间$(-\infty,2-\sqrt{2})\cup(2+\sqrt{2},+\infty)$，拐点$(2-\sqrt{2},(6-4\sqrt{2})e^{-2+\sqrt{2}})$，$(2+\sqrt{2},(6+4\sqrt{2})e^{-2-\sqrt{2}})$；

(2) 单调递增区间$[-1,1]$，单调递减区间$(-\infty,-1)\cup(1,+\infty)$，上凸区间$(-\infty,-\sqrt{3})\cup(0,\sqrt{3})$，下凸区间$(-\sqrt{3},0)\cup(\sqrt{3},+\infty)$，拐点$\left(-\sqrt{3},-\frac{\sqrt{3}}{4}\right)$，$(0,0)$，$\left(\sqrt{3},\frac{\sqrt{3}}{4}\right)$.

6. $a=-\frac{3}{2}$，$b=\frac{9}{2}$.

习题 2.6

1. (1) 极小值 $f\left(\frac{7}{2}\right)=-\frac{25}{4}$；(2) 极小值 $f(1)=-1$；(3) 极小值 $f\left(\ln\frac{\sqrt{2}}{2}\right)=2\sqrt{2}$；

(4) 极小值 $f\left(-\frac{7}{6}\pi\right)=-\frac{\sqrt{3}}{2}-\frac{7}{12}\pi$，$f\left(\frac{5}{6}\pi\right)=-\frac{\sqrt{3}}{2}+\frac{5}{12}\pi$，极大值 $f\left(-\frac{11}{6}\pi\right)=\frac{\sqrt{3}}{2}-\frac{11}{12}\pi$，$f\left(\frac{1}{6}\pi\right)=\frac{\sqrt{3}}{2}+\frac{1}{12}\pi$

(5) 极小值 $f(1)=0$；极大值 $f(e^2)=\frac{4}{e^2}$；

(6) 极大值 $f\left(\frac{3}{4}\right)=\frac{5}{4}$.

2. $a=2$ 时取极大值$\sqrt{3}$.

3. (1) 最大值为 142，最小值为 7；(2) 最大值为 8，最小值为 0；(3) 最大值$\sqrt{2}$，最小值$-\sqrt{2}$；(4) 最大值$\frac{4}{5}$，最小值 $-5+\sqrt{6}$；(5) 最大值 11，最小值 -14；(6) 最大值 ln5，最小值 0.

4. 190.

5. $\frac{1}{\sqrt{2}}a$.

6. 有盖圆柱形容器高与底圆直径相等时用料最省.

习题 2.7

1. $R(15)=255$；$R'(15)=14$，其经济意义是销售 15 个单位产品时，再多销售一个(或少销售一个) 单位产品，其增加的效益为 14(或减少的效益为 14).

2. $C'(100)=9.5$，其经济意义是当产量是 100 吨时，每增加 1 吨产量，成本增加 9.5 元.

3. $\frac{3P}{2+3P}$，$\frac{9}{11}$.

4. (1) $\eta(P)=\frac{P}{5}$；

(2)$\eta(3)=\frac{3}{5}<1$,说明需求变动的幅度小于价格变动的幅度;此时降价将使总收益减少,提价将使总收益增加. $\eta(5)=1$,说明需求变动的幅度与价格变动的幅度相同;此时提价或降价对总收益没有明显影响. $\eta(6)=\frac{6}{5}>1$,说明需求变动的幅度大于价格变动的幅度;此时降价将使总收益增加,提价将使总收益减少.

5. 当产量为 5 000 单位时获得最大利润,最大利润为 30 000 元.

6. 生产 50 单位产品时的平均单位产品的收益为 199.5,边际收益为 199.

7. (1) $\frac{P}{P-20}$; (2) $-\frac{3}{17}$; (3) 总收益增加 0.82%.

第3章 不定积分

习题 3.1

1. (1) 是; (2) 不是; (3) 是; (4) 不是.

2. $y=x^3$.

习题 3.2

1. 略.

2. (1) $-\frac{1}{x}+C$; (2) $2\sqrt{x}+C$; (3) $\frac{1}{5}x^5+\frac{2}{3}x^3+x+C$; (4) $2\sqrt{x}-\frac{4}{3}x^{\frac{3}{2}}+\frac{2}{5}x^{\frac{5}{2}}+C$; (5) $x-\arctan x+C$; (6) $3\arctan x-2\arcsin x+C$; (7) $\frac{1}{2}(x+\sin x)+C$.

习题 3.3

1. (1) $3x+x^2+\frac{1}{3}x^3+C$; (2) $2x^{\frac{1}{2}}+\frac{2}{3}x^{\frac{3}{2}}+C$; (3) $\frac{2^x}{\ln 2}-\cos x+C$;
(4) $-\cot x-x+C$; (5) $2(x-\arctan x)+C$; (6) $x-\cos x+C$.

2. (1) $\frac{1}{3}\arctan 3x+C$; (2) $\frac{1}{12}(1+2x)^6+C$; (3) $-\cos(x+3)+C$;
(4) $\arcsin\frac{x}{4}+C$; (5) $e^{x^2}+C$; (6) $\ln|1+\sin x|+C$;
(7) $\frac{1}{2}\arctan(\sin^2 x)+C$; (8) $\frac{1}{10}(2+x^2)^5+C$; (9) $2\sqrt{1+\ln x}+C$;
(10) $\ln(x^2+4x+5)+C$; (11) $\cos x+\frac{1}{\cos x}+C$; (12) $-\frac{1}{x\ln x}+C$.

3. (1) $\frac{2}{3}(x-1)^{\frac{3}{2}}+\frac{2}{5}(x-1)^{\frac{5}{2}}+C$; (2) $\frac{1}{2}(\arcsin x-x\sqrt{1-x^2})+C$;

(3) $-\arccos\frac{1}{x}+\sqrt{x^2-1}+C$； (4) $\ln|x+1+\sqrt{x^2+2x+2}|+C$；

(5) $\ln\left|\frac{\sqrt{1+e^x}-1}{\sqrt{1+e^x}+1}\right|+C$.

4. (1) $x\arctan x-\frac{1}{2}\ln(1+x^2)+C$； (2) $x\sin x+\cos x+C$；

(3) $e^x(x^2-2x+2)+C$； (4) $x^2\sin x+2x\cos x-2\sin x+C$；

(5) $-\frac{1}{9}x^3+\frac{1}{3}x^3\ln x+C$.

习题 3.4

(1) $\frac{1}{3}\arctan\frac{x+1}{3}+C$； (2) $\frac{1}{32}\left(\frac{x}{x^2+16}+\frac{1}{4}\arctan\frac{x}{4}\right)+C$；

(3) $2\sqrt{x+1}+\ln\left|\frac{\sqrt{x+1}-1}{\sqrt{x+1}+1}\right|+C$； (4) $\frac{1}{2x+1}-\ln\left|\frac{2x+1}{x}\right|+C$；

(5) $\frac{1}{8}\ln\frac{x^2}{x^2+4}+C$； (6) $\frac{1}{2}\ln\left|\frac{x-1}{x+1}\right|+C(x>1)$, $-\frac{1}{2}\ln\left|\frac{x-1}{x+1}\right|+C(x<1)$；

(7) $\frac{1}{3}\left(\sqrt{x^2-4}-\arccos\frac{2}{|x|}\right)+C$；

(8) $(x+5)\sqrt{\frac{x-2}{x+5}}-7\ln(\sqrt{|x-2|}+\sqrt{|x+5|})+C$；

(9) $\frac{1}{5}\sin^5x-\frac{2}{3}\sin^2x+\sin x+C$； (10) $\frac{\sqrt{5}}{5}\ln\left|\frac{\tan\frac{x}{2}+\sqrt{5}}{\tan\frac{x}{2}-\sqrt{5}}\right|+C$.

第 4 章　定积分及其应用

习题 4.1

1. 略.
2. 略.
3. $\frac{1}{2}(b^2-a^2)$.

习题 4.2

1. (1) $\frac{e^x}{x}$； (2) $-\frac{x}{\sin x}$； (3) $2x\tan x^2-\tan x$； (4) 0.

2.(1) $\frac{1}{4}$； (2)1； (3)0.

3.(1)1； (2) $\frac{e^2-1}{2}$； (3)arctan $\frac{\pi}{4}$； (4)4.

4. $\Phi(x)=\begin{cases}\frac{1}{3}x^3, x\in[0,1),\\ \frac{1}{2}x^2-\frac{1}{6}, x\in[1,2].\end{cases}$

习题 4.3

1.(1) 正； (2) 正； (3) 负.
2.(1) 大于； (2) 小于； (3) 大于.

3.(1) $\frac{13}{6}$； (2) $\frac{\pi}{4}$； (3)0.

4.(1)0； (2) $\frac{4}{3}$； (3)0.

习题 4.4

1.(1)20； (2)$e-e^{-1}$； (3)$3-3\ln\frac{5}{2}$； (4)2； (5) $\frac{\pi}{4}$； (6) $\frac{14}{3}$.

2.(1) $\frac{51}{512}$； (2) $\frac{3}{2}$； (3)$1+\ln 2-\ln(1+e)$； (4) $\frac{\pi}{2}$； (5) $\frac{1}{5}(e-1)^5$； (6) $\frac{\pi a^4}{16}$.

3.(1) $\frac{\pi}{4}-\frac{1}{2}$； (2) $\frac{1}{4}(e^2+1)$； (3)π^2-4； (4)$1-\frac{2}{e}$； (5)1； (6)$e-\sqrt{e}$.

习题 4.5

(1)π； (2)1； (3)1； (4)1.

习题 4.6

1.(1)$e+e^{-1}-2$； (2) $\frac{32}{3}$； (3)$2\pi+\frac{4}{3}$(上部分)，$6\pi-\frac{4}{3}$(下部分).

2.(1) $\frac{3\pi}{10}$； (2) $\frac{\pi}{3}$； (3)32π.

3.(1)$1+\frac{1}{2}\ln\frac{3}{2}$； (2) $\frac{52}{3}$； (3)$8a$.

4.1 899.5 J.
5.392 N·m.
6.1 680 N.
7.180 N.

第5章　微分方程与差分方程

习题 5.1

1.(1) 一阶线性；(2) 二阶线性；(3) 二阶非线性.

2.(1) 否；(2) 是；(3) 是.

3.是，特解为 $y=\frac{34}{7}e^{2x}+\frac{8}{7}e^{-5x}$.

习题 5.2

1.(1)$x=Ce^{\arctan y}$；(2)$Ce^{x}(1-e^{y})=1$；(3)$y=Ce^{y+\frac{1}{2}e^{-2x}}-1$.

2.(1)$y=xe^{1+Cx}$；(2)$e^{-\frac{y}{x}}+\ln|x|=C$.

3.(1)$x-\ln(1+e^{x})+ye^{-y}+e^{-y}+\ln 2-1=0$；(2)$x=\sin\frac{y}{x}$.

4.(1)$y=(\sin x+C)e^{x^2}$；(2)$y=x\sec x$；

(3)$y=-(\cos x+1)^2+Ce^{\cos x}$；(4)$x^2=y^2\left(\frac{x^4}{2}+C\right)$.

习题 5.3

1.(1)$y=\frac{1}{6}x^3-\cos x+C_1x+C_2$；(2)$y=x^2+C_1\ln|x|+C_2$；

(3)$x=\frac{1}{\sqrt{C_1}}\arctan\frac{y}{\sqrt{C_1}}+C_2(C_1>0)$，$y=\frac{1}{C_2-x}(C_1=0)$，

$x=\frac{1}{2\sqrt{-C_1}}\ln\left|\frac{y-\sqrt{-C_1}}{y+\sqrt{-C_1}}\right|+C_3(C_1<0)$；(4)$C_1y+1=C_2e^{C_1x}$；

(5)$y=-\sqrt{2}\arctan\frac{x}{\sqrt{2}}$；(6)$y=\frac{x-3}{x-2}$.

习题 5.4

1.(1)$y=C_1e^{4x}+C_2$；(2)$y=(C_1x+C_2)e^{2x}$；(3)$y=e^{-2x}(C_1\cos x+C_2\sin x)$.

2.(1)$y''-5y'+6y=0,y=C_1e^{2x}+C_2e^{3x}$；

(2)$y''-6y'+9y=0,y=(C_1+C_2x)e^{3x}$；

(3)$y''-2y'+5y=0,y=e^{x}(C_1\cos 2x+C_2\sin 2x)$.

3.(1)$y=C_1e^{-x}+C_2e^{\frac{1}{2}x}+e^{x}$；

(2) $y=C_1+C_2e^{-\frac{5}{2}x}+\frac{1}{3}x^3-\frac{3}{5}x^2+\frac{3}{25}x$;

(3) $y=C_1e^{-x}+C_2e^{-2x}+\left(\frac{3}{2}x^2-3x\right)e^{-x}$;

(4) $y=e^x\left(C_1\cos 2x+C_2\sin 2x+\frac{1}{4}x\sin 2x\right)$;

(5) $y=C_1\cos x+C_2\sin x+\frac{1}{2}x\sin x$;

(6) $y=C_1e^x+C_2e^{-x}-\frac{1}{2}\sin x$.

4. (1) $y=2\cos 5x+\sin 5x$； (2) $y=(2+x)e^{-\frac{x}{2}}$；

(3) $y=e^x-e^{-x}+x^2e^x-xe^x$； (4) $y=-\cos x-\frac{1}{3}\sin x+\frac{1}{3}\sin 2x$.

习题 5.5

1. $\frac{dy}{dt}=10-\frac{3y}{50+2t}$, $y(0)=10$, $\left(108-\frac{1\,250}{27}\sqrt{3}\right)$.
2. 略.
3. 18 人,374 天.
4. $y^2=20t^2+500$,270 cm/s.
5. $x^2\pm y^2=C$.
6. $T=20+80e^{\frac{t}{20}\ln\frac{1}{2}}$, $t\approx 60$ min.
7. $t=Ce^{-\frac{R}{L}t}+\frac{aER}{R^2+a^2L^2}\left(\frac{\sin at}{a}-\frac{L}{R}\cos at\right)$.

习题 5.6

1. (1) $\Delta y_n=2n+3$, $\Delta^2y_n=2$； (2) $\Delta y_n=1$, $\Delta^2y_n=0$；
   (3) $\Delta y_n=4\times 5^n$, $\Delta^2y_n=16\times 5^n$.
2. (1) 一阶线性差分方程； (2) 二阶线性差分方程； (3) 一阶非线性差分方程.
3. (1) $y_n=6\times 8^n$； (2) $y_n=\frac{1}{2}(n^2-n+2)3^n$.
4. (1) $y_x=-\frac{3}{4}+A5^x$, $y_x=-\frac{3}{4}+\frac{37}{12}\cdot 5^x$;

   (2) $y_x=\frac{1}{3}\cdot 2^x+A(-1)^x$, $y_x=\frac{1}{3}\cdot 2^x+\frac{5}{3}(-1)^x$;

   (3) $y_x=-\frac{36}{125}+\frac{1}{25}x+\frac{2}{5}x^2+A(-4)^x$, $y_x=-\frac{36}{125}+\frac{1}{25}x+\frac{2}{5}x^2+\frac{161}{125}(-4)^x$;

(4)$y_x = 4 + A\left(\frac{1}{2}\right)^x + B\left(-\frac{7}{2}\right)^x, y_x = 4 + \frac{3}{2}\left(\frac{1}{2}\right)^x + \frac{1}{2}\left(-\frac{7}{2}\right)^x$;

(5)$y_x = 4^x\left(A\cos\frac{\pi}{3}x + B\sin\frac{\pi}{3}x\right), y_x = 4^x\left(\frac{1}{2\sqrt{3}}\right)\sin\frac{\pi}{3}x$;

(6)$y_x = (\sqrt{2})^x\left(A\cos\frac{\pi}{4}x + B\sin\frac{\pi}{4}x\right), y_x = (\sqrt{2})^x 2\cos\frac{\pi}{4}x$.

5. 91.24 元.

第 6 章　空间解析几何与向量代数

习题 6.1

1. Ⅳ,Ⅴ,Ⅷ,Ⅲ.
2. (1) 关于 Oxy:$(2,-4,5)$,Oyz:$(-2,-4,-5)$,Ozx:$(2,4,-5)$;
   (2) 关于 x 轴$(2,4,5)$,y 轴$(-2,-4,5)$,z 轴$(-2,4,-5)$;
   (3) 关于原点$(-2,4,5)$.
3. $\sqrt{38}$.
4. 到 x 轴 $\sqrt{34}$,　到 y 轴 $\sqrt{41}$,　到 z 轴 5.
5. $(0,1,-2)$.
6. 略.

习题 6.2

1. $\overrightarrow{M_1M_2} = \{1,-2,-2\}$.
2. $|\overrightarrow{M_1M_2}| = 2, \cos\alpha = -\frac{1}{2}, \cos\beta = -\frac{\sqrt{2}}{2}, \cos\gamma = \frac{1}{2}, \alpha = \frac{2}{3}\pi, \beta = \frac{3}{4}\pi, \gamma = \frac{\pi}{3}$.
3. (1) 与 x 轴垂直;(2) 与 y 轴平行;(3) 与 Oxy 平面垂直.
4. $(3,3\sqrt{2},3)$.

习题 6.3

1. 略.
2. $\pm\left\{\frac{6}{11},\frac{7}{11},-\frac{6}{11}\right\}$.
3. $13\boldsymbol{i}, 7\boldsymbol{k}$.
4. $m = 4, n = -1$.
5. $0,-8$.

6. $e_a = \left(-\frac{2}{3}, -\frac{1}{3}, \frac{2}{3}\right), e_b = \left(\frac{2}{7}, -\frac{3}{7}, -\frac{6}{7}\right)$.

习题 6.4

1.(1) -1； (2) -15； (3) $\{3, -7, -5\}$； (4) $\{42, -98, -70\}$.

2. $\cos\theta = \frac{\sqrt{3}}{6}$.

3.略.

4.(1) $\pm\left\{\frac{3}{5}, \frac{12}{25}, \frac{16}{25}\right\}$； (2) $S = \frac{25}{2}$.

5. $\lambda = 2\mu$.

习题 6.5

1. $3x - 7y + 5z - 4 = 0$.
2. $2x + 9y - 6z - 121 = 0$.
3. $x - 3y - 2z = 0$.
4. $x + y - 3z - 4 = 0$.
5.(1) $y + 5 = 0$； (2) $x + 3y = 0$； (3) $9y - z - 2 = 0$.

习题 6.6

1.(1) $\frac{x}{1} = \frac{y}{-1} = \frac{z}{1}$； (2) $\frac{x-2}{3} = \frac{y-5}{-1} = \frac{z-8}{5}$；

(3) $\frac{x-2}{1} = \frac{y+8}{2} = \frac{z-3}{-3}$.

2. $\frac{x+1}{1} = \frac{y-2}{2} = \frac{z-5}{-1}$.

3. $\frac{x-\frac{11}{7}}{3} = \frac{y}{1} = \frac{z+\frac{15}{7}}{-1}$.

4. $k = \frac{3}{4}$.

5. $\frac{x+1}{-9} = \frac{y-2}{14} = \frac{z-5}{10}$.

6. $\frac{x-2}{7} = \frac{y}{2} = \frac{z+1}{-8}$.

7(1) 平行； (2) 垂直； (3) 直线在平面上.

8. $\frac{x}{-2} = \frac{y-2}{3} = \frac{z-4}{1}$.

9. $8x-9y-22z-59=0$.

10. $16x-14y-11z-65=0$.

习题 6.7

1. $y^2+z^2=5x$.

2. $x^2+y^2+z^2=1$.

3. 绕 x 轴:$4x^2-9y^2-9z^2=36$,绕 y 轴:$4x^2+4z^2-9y^2=36$.

4. 略.

习题 6.8

1. 略.

2. 平行于 x 轴:$3y^2-z^2=16$,平行于 y 轴:$3x^2+2z^2=16$.

3. (1)$x=\dfrac{3\sqrt{2}}{2}\cos\theta, y=\dfrac{3\sqrt{2}}{2}\sin\theta, z=3\sin\theta$;

(2)$x=1+\sqrt{3}\cos\theta, y=\sqrt{3}\sin\theta, z=0$.

习题 6.9

1. 略.

第 7 章　多元函数微分学

习题 7.1

1. $\dfrac{4y^2}{1+y^4}$.

2. $f(tx,ty)=t^2x^2+t^2y^2-t^2xy\tan\dfrac{x}{y}$.

3. $(xy)^{x+y}$.

4. $f(x,y)=4xy$.

5. (1)$x^2+y^2\leqslant 1$;　(2)$y>x$ 且 $|y|\leqslant|x|\neq 0$;

(3)$x>|y|$;　(4)$x^2\geqslant y\geqslant 0$ 且 $x\geqslant 0$;

(5)$0\leqslant x<y$ 且 $x^2+y^2<1$;　(6)$r^2<x^2+y^2+z^2\leqslant R^2$.

6. (1)1;　(2)ln2;　(3)$-\dfrac{1}{4}$;　(4)0.

7. 略.

习题 7.2

1. $z_x = \frac{1}{2}, z_y = \frac{1}{2e}$.

2. 1.

3. 1.

4. (1) $z_x = y + \frac{1}{y}, z_y = x - \frac{x}{y^2}$;

(2) $z_x = \frac{1}{y}\cos\frac{x}{y} + e^{-xy} - xye^{-xy}, z_y = -\frac{x}{y^2}\cos\frac{x}{y} - x^2e^{-xy}$;

(3) $z_x = \frac{1}{2x\sqrt{\ln(xy)}}, z_y = \frac{1}{2y\sqrt{\ln(xy)}}$;

(4) $z_x = y[\cos(xy) - \sin(2xy)], z_y = x[\cos(xy) - \sin(2xy)]$;

(5) $u_x = zx^{z-1}y^z, u_y = zx^zy^{z-1}, u_z = (xy)^z\ln(xy)$;

(6) $u_x = \frac{z(x-y)^{z-1}}{1+(x-y)^{2z}}, u_y = \frac{-z(x-y)^{z-1}}{1+(x-y)^{2z}}, u_z = \frac{(x-y)^z\ln(x-y)}{1+(x-y)^{2z}}$;

(7) $z_x = \sin y \cdot x^{\sin y - 1}, z_y = x^{\sin y}\ln x \cdot \cos y$.

5. 略.

6. (1) $z_{xx} = 12x^2 - 8y^2, z_{xy} = 12y^2 - 8x^2, z_{yy} = -16xy$;

(2) $z_{xx} = \frac{1}{x^2+y^2} - \frac{2x^2}{(x^2+y^2)^2}, z_{xy} = \frac{-2xy}{(x^2+y^2)^2}, z_{yy} = \frac{1}{x^2+y^2} - \frac{2y^2}{(x^2+y^2)^2}$;

(3) $z_{xx} = y^x\ln^2 y, z_{xy} = x(x-1)y^{x-2}, z_{yy} = xy^{x-1}\ln y + y^{x-1}$.

7. 略.

8. $\frac{\partial z}{\partial x} = 4x, \frac{\partial z}{\partial y} = 4y$.

9. 略.

10. (1) $\frac{dz}{dt} = 2t + \frac{3}{t^2}$;　(2) $\frac{dz}{dt} = \frac{e^x(1+x)}{1+x^2e^{2x}}$;　(3) $\frac{du}{dx} = e^{ax}\sin x$.

*11. (1) $\frac{\partial z}{\partial x} = 2xf_1 + ye^{xy}f_2, \frac{\partial z}{\partial y} = -2yf_1 + xe^{xy}f_2$;

(2) $\frac{\partial u}{\partial x} = \frac{1}{y}f_1, \frac{\partial u}{\partial y} = -\frac{x}{y^2}f_1 + \frac{1}{z}f_2, \frac{\partial u}{\partial z} = -\frac{y}{z^2}f_2$;

(3) $\frac{\partial u}{\partial x} = f_1 + yf_2 + yzf_3, \frac{\partial u}{\partial y} = xf_2 + xzf_3, \frac{\partial u}{\partial z} = xyf_3$.

12. (1) $z_x = \frac{z}{z+x}, z_y = \frac{z^2}{y(z+x)}$;

(2) $z_x = \frac{yz}{e^z - xy}, z_y = \frac{xz}{e^z - xy}$;

(3) $\dfrac{\mathrm{d}y}{\mathrm{d}x}=\dfrac{yx^{y-1}}{1-x^y\ln x}$.

(4) $\dfrac{\mathrm{d}y}{\mathrm{d}x}=\dfrac{y^2}{x(1-y\ln x)}$

习题 7.3

1.(1) $\mathrm{d}z=2x\mathrm{d}x+\mathrm{d}y$；(2) $\mathrm{d}z=ayx^{ay-1}\mathrm{d}x+ax^{ay}\ln x\mathrm{d}y$；

(3) $\mathrm{d}z=2\mathrm{e}^{x^2+y^2}(x\mathrm{d}x+y\mathrm{d}y)$；(4) $\mathrm{d}u=\dfrac{2(x\mathrm{d}x+y\mathrm{d}y+z\mathrm{d}z)}{x^2+y^2+z^2}$.

2. $\mathrm{d}z=\dfrac{2x}{y\mathrm{e}^z-2z}\mathrm{d}x+\dfrac{2y-\mathrm{e}^z}{y\mathrm{e}^z-2z}\mathrm{d}y$.

3.(1) $\mathrm{d}z\Big|_{\substack{x=2\\ \Delta x=0.02}\ \substack{y=-1\\ \Delta y=-0.01}}=-0.2$；(2) $\mathrm{d}z\Big|_{\substack{x=1\\ \Delta x=0.15}\ \substack{y=1\\ \Delta y=0.1}}=0.25\mathrm{e}$.

4.(1)2.95；(2)108.908.

5.减少 5 mm.

习题 7.4

1.(2，－2) 为极大值点，极大值为 8.

2.(a,a) 为极大值点，极大值为 a^3；(0,0) 不是极值点.

3.极小值为 $f\left(\pm\dfrac{1}{\sqrt{2}},\pm\dfrac{1}{\sqrt{2}}\right)=\sqrt{2}$.

4.不存在极值.

5.长、宽、高各取 $\sqrt[3]{2}\ m$ 时用料最省.

6.长方体三棱长均为 $\dfrac{2\sqrt{3}}{3}a$ 时体积最大.

第 8 章　二 重 积 分

习题 8.1

1. $I_1>I_2$.

2.(1) $\iint\limits_D(x+y)^2\mathrm{d}\sigma>\iint\limits_D(x+y)^3\mathrm{d}\sigma$；(2) $\iint\limits_D(x+y)^2\mathrm{d}\sigma<\iint\limits_D(x+y)^3\mathrm{d}\sigma$；

(3) $\iint\limits_D\ln(x+y)\mathrm{d}\sigma>\iint\limits_D\ln(x+y)^2\mathrm{d}\sigma$；(4) $\iint\limits_D\ln(x+y)\mathrm{d}\sigma<\iint\limits_D\ln(x+y)^2\mathrm{d}\sigma$.

3. (1) $0 \leqslant I \leqslant 2$； (2) $0 \leqslant I \leqslant \pi^2$； (3) $2 \leqslant I \leqslant 8$； (4) $36\pi \leqslant I \leqslant 100\pi$.

习题 8.2

1. (1) $\dfrac{8}{3}$； (2) $\dfrac{20}{3}$； (3) 1； (4) $-\dfrac{3}{2}\pi$.

2. (1) $\dfrac{6}{55}$； (2) $\dfrac{64}{15}$； (3) $\mathrm{e}-\mathrm{e}^{-1}$； (4) $\dfrac{13}{6}$.

3. (1) $I=\int_0^4 \mathrm{d}x\int_x^{\sqrt{4x}} f(x,y)\mathrm{d}y=\int_0^4 \mathrm{d}y\int_{y^2/4}^{y} f(x,y)\mathrm{d}x$；

(2) $I=\int_{-r}^{r} \mathrm{d}x\int_0^{\sqrt{r^2-x^2}} f(x,y)\mathrm{d}y=\int_0^{r} \mathrm{d}y\int_{-\sqrt{r^2-y^2}}^{\sqrt{r^2-y^2}} f(x,y)\mathrm{d}x$；

(3) $I=\int_1^2 \mathrm{d}x\int_{x^{-1}}^{x} f(x,y)\mathrm{d}y=\int_{\frac{1}{2}}^{1} \mathrm{d}y\int_{y^{-1}}^{2} f(x,y)\mathrm{d}x+\int_1^2 \mathrm{d}y\int_y^2 f(x,y)\mathrm{d}x$.

(4) $$I=\int_{-2}^{-1} \mathrm{d}x\int_{-\sqrt{4-x^2}}^{\sqrt{4-x^2}} f(x,y)\mathrm{d}y+\int_{-1}^{1} \mathrm{d}x\int_{\sqrt{1-x^2}}^{\sqrt{4-x^2}} f(x,y)\mathrm{d}y$$
$$+\int_{-1}^{1} \mathrm{d}x\int_{-\sqrt{4-x^2}}^{-\sqrt{1-x^2}} f(x,y)\mathrm{d}y+\int_1^2 \mathrm{d}x\int_{-\sqrt{4-x^2}}^{\sqrt{4-x^2}} f(x,y)\mathrm{d}y;$$
$$I=\int_1^2 \mathrm{d}y\int_{-\sqrt{4-y^2}}^{\sqrt{4-y^2}} f(x,y)\mathrm{d}x+\int_{-1}^{1} \mathrm{d}y\int_{-\sqrt{4-y^2}}^{-\sqrt{1-y^2}} f(x,y)\mathrm{d}x$$
$$+\int_{-1}^{1} \mathrm{d}y\int_{\sqrt{1-y^2}}^{\sqrt{4-y^2}} f(x,y)\mathrm{d}x+\int_{-2}^{-1} \mathrm{d}y\int_{-\sqrt{4-y^2}}^{\sqrt{4-y^2}} f(x,y)\mathrm{d}x$$

4. 略.

5. (1) $\int_0^1 \mathrm{d}x\int_x^1 f(x,y)\mathrm{d}y$； (2) $\int_0^4 \mathrm{d}x\int_{\frac{x}{2}}^{\sqrt{x}} f(x,y)\mathrm{d}y$；

(3) $\int_{-1}^{1} \mathrm{d}x\int_0^{\sqrt{1-x^L}} f(x,y)\mathrm{d}y$； (4) $\int_0^1 \mathrm{d}y\int_{2-y}^{1+\sqrt{1-y^2}} f(x,y)\mathrm{d}x$；

(5) $\int_0^1 \mathrm{d}y\int_{\mathrm{e}^y}^{\mathrm{e}} f(x,y)\mathrm{d}x$； (6) $\int_{-1}^{0} \mathrm{d}y\int_{-2\arcsin y}^{\pi} f(x,y)\mathrm{d}x+\int_0^1 \mathrm{d}y\int_{\arcsin y}^{\pi-\arcsin y} f(x,y)\mathrm{d}x$.

6. $\dfrac{7}{2}$.

7. $\dfrac{17}{6}$.

8. 6π.

9. (1) $\int_0^{2\pi} \mathrm{d}\theta\int_0^{a} f(r\cos\theta,r\sin\theta)r\mathrm{d}r$；

(2) $\int_0^{2\pi}d\theta\int_0^1 f(1+r\cos\theta, r\sin\theta)r\mathrm{d}r$ 或 $\int_{-\frac{\pi}{2}}^{\frac{\pi}{2}}d\theta\int_0^{2\cos\theta} f(r\cos\theta, r\sin\theta)r\mathrm{d}r$;

(3) $\int_0^{2\pi}d\theta\int_a^b f(r\cos\theta, r\sin\theta)r\mathrm{d}r$;

(4) $\int_0^{\frac{\pi}{2}}d\theta\int_0^{\frac{1}{\sin\theta+\cos\theta}} f(r\cos\theta, r\sin\theta)r\mathrm{d}r$.

10. (1) $\int_0^{\frac{\pi}{4}}d\theta\int_0^{\frac{1}{\cos\theta}} f(r\cos\theta, r\sin\theta)r\mathrm{d}r+\int_{\frac{\pi}{4}}^{\frac{\pi}{2}}d\theta\int_0^{\frac{1}{\sin\theta}} f(r\cos\theta, r\sin\theta)r\mathrm{d}r$;

(2) $\int_{\frac{\pi}{4}}^{\frac{\pi}{3}}d\theta\int_0^{\frac{2}{\cos\theta}} f(r)r\mathrm{d}r$;

(3) $\int_0^{\frac{\pi}{2}}d\theta\int_0^1 f(r\cos\theta, r\sin\theta)r\mathrm{d}r+\int_{\frac{-\pi}{4}}^{0}d\theta\int_0^{\frac{1}{\cos\theta}} f(r\cos\theta, r\sin\theta)r\mathrm{d}r$;

(4) $\int_0^{\frac{\pi}{2}}d\theta\int_0^2 r^3\mathrm{d}r$.

11. (1) $\frac{3}{4}\pi a^4$; (2) $\frac{\sqrt{2}a^3}{6}+\frac{a^3}{12}\ln(3+2\sqrt{2})$; (3) $\sqrt{2}-1$; (4) $\frac{\pi a^4}{8}$.

12. (1) $(e^4-1)\pi$; (2) $(2\ln2-1)\pi/4$.

13. (1) $\frac{9}{4}$; (2) $14a^4$; (3) $\frac{2}{3}\pi(b^3-a^3)$.

14. $\frac{3}{32}\pi a^4$.

习题 8.3

1. (1) 重心 $\left(\frac{3}{5}x_0, \frac{3}{8}y_0\right)$; (2) 重心 $\left(0, \frac{4b}{3\pi}\right)$; (3) 重心 $\left(\frac{a^2+ab+b^2}{2(a+b)}, 0\right)$.

2. (1) $\frac{a^3b}{4}\pi$; (2) $I_x=\frac{72}{5}, I_y=\frac{96}{7}$; (3) $I_x=\frac{ab^3}{3}, I_y=\frac{a^3b}{3}$.

3. $F=\left\{2G\left[\ln\frac{2+\sqrt{5}}{1+\sqrt{2}}+\frac{\sqrt{2}}{2}-\frac{2}{\sqrt{5}}\right], 0, -\frac{\pi}{2}G\left(\sqrt{2}-\frac{2}{\sqrt{5}}\right)\right\}$.

第9章 无穷级数

习题 9.1

1. (1) 发散; (2) 收敛; (3) 发散; (4) 收敛.

2. (1) 收敛; (2) 收敛; (3) 发散; (4) 收敛; (5) $0<a\leqslant 1$ 时发散, $a>1$ 时收敛;

(6) 收敛； (7) 收敛； (8) 收敛； (9) 收敛； (10) 发散； (11) 发散； (12) 收敛；
(13) 收敛； (14) 收敛.

3. (1) 条件收敛； (2) 绝对收敛； (3) 发散； (4) 绝对收敛； (5) 条件收敛；
(6) 绝对收敛.

4. 略.

5. 选(c).

习题 9.2

1. (1) $R=3, x\in[-3,3)$;
(2) $R=1, x\in[-1,1]\ (p>1), x\in(-1,1]\ (0<p\leqslant 1)$;
(3) $R=1, x\in[1,3]$.

2. (1) $s(x)=\ln(1+x)\ (x\in(-1,1])$;
(2) $s(x)=-x-\frac{1}{4}\ln\frac{1+x}{1-x}+\frac{1}{2}\arctan x, (|x|<1)$;
(3) $s(x)=\frac{1-x^2}{(1+x^2)^2}, |x|<1$;
(4) $s(x)=\frac{x^2}{(1-x^2)^2}, |x|<1$.

3. $\frac{1}{2}\ln\frac{1+x}{1-x}, \frac{1}{4}\ln 3$.

4. $\arctan x, \frac{\sqrt{3}}{6}\pi$.

5. (1) $\sum\limits_{n=1}^{\infty}\frac{(-1)^n}{(2n-1)!}x^{4n-2}, x\in(-\infty,+\infty)$;
(2) $\sum\limits_{n=0}^{\infty}\frac{1}{n!}x^{n+1}, x\in(-\infty,+\infty)$;
(3) $\ln 2+\sum\limits_{n=0}^{\infty}\frac{(-1)^n}{2^{n+1}(n+1)}x^{n+1}, -2<x\leqslant 2$;
(4) $\sum\limits_{n=0}^{\infty}\left(1-\frac{1}{2^{n+1}}\right)x^n, |x|<1$.

6. $e^x=e^{-2}\sum\limits_{n=0}^{\infty}\frac{1}{n!}(x+2)^n, x\in(-\infty,+\infty)$.

习题 9.3

1. (1) $f(x)\sim\frac{2}{\pi}-\sum\limits_{n=1}^{\infty}\frac{4}{\pi(4n^2-1)}\cos 2nx$;

(2) $f(x) \sim 1-\frac{\pi}{4}+\sum_{n=1}^{\infty}\left\{\frac{1-(-1)^n}{\pi n^2}\cos nx+\left(-\frac{(-1)^n}{n}+\frac{2(1-(-1)^n)}{n\pi}\right)\sin nx\right\}$;

(3) $f(x) \sim \frac{\pi}{4}+\sum_{n=1}^{\infty}\frac{(-1)^n}{n}\sin nx$;

(4) $f(x) \sim \frac{4\pi^2}{3}+\sum_{n=1}^{\infty}\left(\frac{4}{n^2}\cos nx-\frac{4\pi}{n}\sin nx\right)$.

2. $2\sin\frac{x}{3}=\frac{18\sqrt{3}}{\pi}\sum_{n=1}^{\infty}(-1)^{n-1}\frac{n}{9n^2-1}\sin nx, x\in(-\pi,\pi)$.

3. $f(x)=\sum_{n=1}^{\infty}\frac{\sin nx}{n}, x\in(0,\pi]$.

4. $f(x)=\frac{1}{\pi}+\frac{1}{\pi}\cos x-\frac{4}{\pi}\sum_{n=1}^{\infty}\frac{1}{4n^2-1}\cos 2nx, x\in[0,\pi)$.

5. (1) $f(x)=\frac{1}{2}+\frac{2}{\pi}\sum_{n=0}^{\infty}\frac{1}{2n+1}\sin\left(\frac{2n+1}{2}\pi x\right), x\in(-\infty,+\infty)$ 且 $x\neq 0,\pm 2,\pm 4,\cdots$;

(2) $f(x)=\frac{16}{\pi}\sum_{n=1}^{\infty}\frac{(-1)^{n-1}n}{(4n^2-1)^2}\sin 2nx, x\in(-\infty,+\infty)$;

(3) $f(x)=\frac{l}{2}-\frac{4l}{\pi^2}\sum_{n=1}^{\infty}\frac{1}{(2n-1)^2}\cos\left(\frac{2n-1}{l}\pi x\right), x\in(-\infty,+\infty)$.

参 考 文 献

[1] 同济大学应用数学系.高等数学(上册)、(下册)[M].北京:高等教育出版社,2002.
[2] 同济大学应用数学系.微积分(上册)、(下册)[M].北京:高等教育出版社,2000.
[3] 李心灿.高等数学[M].北京:高等教育出版社,2003.
[4] COMAP.数学的原理与实践[M].北京:高等教育出版社、施普林格出版社,1998.
[5] 李心灿.高等数学应用 205 例[M].北京:高等教育出版社,1997.
[6] 谢国瑞,汪国强.高职高专数学教程[M].北京:高等教育出版社,2002.